Mit digitalen Extras: Exklusiv für Buchkäuferinnen und Buchkäufern!

Ihre digitalen Extras zum Download:

- Checklisten
- Fragebögen

Den Link sowie Ihren Zugangscode finden Sie am Buchende.

Konfliktmanagement in der Personalarbeit

Andreas R. Basu/Esther Basu

Konfliktmanagement in der Personalarbeit

Wie Sie Schritt für Schritt schwierige Situationen lösen

1. Auflage

Haufe Group
Freiburg · München · Stuttgart

Bibliografische Information der Deutschen Nationalbibliothek

Die Deutsche Nationalbibliothek verzeichnet diese Publikation in der Deutschen Nationalbibliografie; detaillierte bibliografische Daten sind im Internet über http://dnb.dnb.de/ abrufbar.

Print: ISBN 978-3-648-14814-3 Bestell-Nr. 14142-0001
ePub: ISBN 978-3-648-14815-0 Bestell-Nr. 14142-0100
ePDF: ISBN 978-3-648-14816-7 Bestell-Nr. 14142-0150

Andreas R. Basu/Esther Basu
Konfliktmanagement in der Personalarbeit
1. Auflage, Dezember 2022

www.haufe.de
info@haufe.de

Bildnachweis (Cover): © Mjgraphics, shutterstock

Produktmanagement: Dr. Bernhard Landkammer
Lektorat: Maria Ronniger, Text + Design Jutta Cram, Augsburg

Für Marshall

Inhaltsverzeichnis

»… Gerade in Zeiten des Fachkräftemangels und wachsenden Selbstbewusstseins der Mitarbeiter ist ein systematisches Konfliktmanagement wichtig, das die zentrale Rolle der Mitarbeiter nicht nur in Sonntagsreden betont.«

Professor Dr. Dirk Holtbrügge, Universität Erlangen-Nürnberg.
Autor des Standardwerks »Personalmanagement«.

Vorwort

»Konfliktmanagement lernen Personaler doch im Studium.«

»Das brauchen Personaler nicht, die können doch immer gut mit Menschen umgehen.«

»Konflikte lösen können Personaler, wozu haben wir sie denn sonst?«

Vielleicht kennst du solche oder ähnliche Sprüche aus deinem Berufsalltag. Laien, die deinen Ausbildungsweg als Personaler oder Personalerin nicht kennen, »wissen« plötzlich, was du alles gelernt hast, fragen nicht nach und verwechseln ihre Erwartungen mit ihren Hoffnungen.

Wenn du im Konfliktmanagement gerade deine ersten praktischen Erfahrungen sammelst oder dieses Thema berufsbegleitend erlernst, erleichtert dir dieses Buch deinen ersten, zweiten und dritten Schritt – du erfährst, wie du dich auf Konfliktgespräche vorbereitest, wie es dir gelingt, nicht mehr auf deine üblichen Verhaltensweisen unter Druck hereinzufallen, und wie es möglich ist, Konflikte auch unter widrigen Bedingungen anzusprechen.

Du gehst damit Schritt für Schritt auf ein höheres Gesprächs- und Konfliktmanagementlevel und entwickelst dich parallel auch auf Führungsebene zu einer gefragten Persönlichkeit.

Moderne Personalarbeit geht schon lange weit über Gehaltskostenabrechnung, die Verwaltung von Urlaubstagen und Outplacement hinaus. Vermutlich ergänzt du: »Ja, das stimmt, denn Personalarbeit zeichnet sich vor allem durch eine abgestimmte Steuerung komplexer Prozesse in einem sich ständig wandelnden ökonomischem und sozialen Umfeld aus«.

Abgesehen von den internen Prozessen ist ein Faktor, der dich vermutlich bewogen hat, Personaler zu werden, der: Wie gehen wir Menschen idealerweise miteinander um? Und wie machen wir das im Ernstfall der Kommunikation: dem Konflikt?

Tatsächlich spielen für den Erfolg von Menschen in Unternehmen folgende Fähigkeiten eine entscheidende Rolle:

- Konflikte zu Situationen ohne Verlierer führen zu können
- basierend auf einer wertschätzenden Haltung die Menschen ans Unternehmen zu binden, anstatt sie zu vertreiben
- unternehmerische Entscheidungen zu treffen und unangenehme Handlungen trotz eigener Ängste auszuführen

Kommunikationsfähigkeit, die unter Druck wertschätzend bleibt, ist dabei leider noch eine Seltenheit. Wenn du diese Kunst jedoch beherrschst, kannst du dir die vielen Folgen sparen, die dir Lebenszeit und -qualität rauben.

Durch die Qualität der Kommunikation wird die tatsächlich vorgelebte Kultur sichtbar, nicht durch Unternehmensleitbilder an der Wand, die oft weniger wert sind als das Papier, auf dem sie stehen. Die gelebte – nicht die vorgespiegelte – Realität ist die, über die Mitarbeiter in der Kaffeeküche miteinander sprechen. Dort wird gelästert über die Differenz zwischen den gut gemeinten Wertelisten an der Wand des Besprechungsraums und dem, was Chefs in Konfliktsituationen tatsächlich tun.

Das Gegenteil von »gut« ist »gut gemeint«.

Was nutzen Shared Service Center, neue Betreuungsmodelle und die Entwicklung von Leitbildern und Führungsgrundsätzen, wenn diese nicht widerspiegeln, wie es im Unternehmensalltag tatsächlich zugeht? Vielleicht kennst du ja Leitbilder, die eher einer Karikatur des gelebten Managements entsprechen – natürlich nur »aus fernen Ländern« ;-)? Da wird, anstatt den Kern des Problems anzupacken, häufig »außen herum« gedoktert, was zu Fehlzeiten, verlagerten Konflikten z. B. zu anderen Abteilungen und Abwanderung der besten Mitarbeiter führt. Es gibt ein paar schnelle oberflächliche Lösungen – weder gibt es eine sinnvolle Aufarbeitung der Kündigungsgründe von Mitarbeitern noch wird erkannt, wo die Ursache des Konflikts lag. Die Folge? »Und täglich grüßt das Murmeltier« – ganz und gar nicht die Art von Führung und Konfliktmanagement, die sich Unternehmen, geschweige denn »lernende Organisationen« wünschen.

Solange Sie nicht wissen, weshalb Ihre Mitarbeiter wirklich kündigen,
solange wissen Sie auch nicht, wie sich das Unternehmen entwickelt.

Oft fehlt es an fundiertem Wissen zu Konflikten und deren Ursachen, aber auch an pragmatischer Anwendungs- und Lösungserfahrung, weil Konflikte meist vermieden oder deren Lösungen mit heißer Nadel gestrickt werden. Das führt oft zu Lösungen, die keine Tragfähigkeit haben und Unternehmen unglaublich viel Geld kosten. Wie ein Auto, das nicht von A nach B fahren kann – das wird auch nicht gekauft. Ein Online-Händler, dessen Produkte mühevoll in der Stadt abgeholt werden müssen, wird nicht bestehen bleiben. Ein Produkt, das kein Problem löst, wird sich nicht gut verkaufen. Und doch gehen wir durchs Leben und versuchen, Konflikte zu vermeiden, ihnen auszuweichen – oder wir kämpfen, bis einer verliert. Eigentlich Irrsinn – ist doch der einzige Existenzgrund für Unternehmen der, Probleme und Schwierigkeiten (anderer!) zu lösen. Konflikte sind immer noch ein gesellschaftliches Tabu, das dazu führt, dass nur wenige damit professionell umgehen können.

Wir sind zwar mit den Überlebenstaktiken Kampf, Unterwerfung und Ausweichen gerüstet,
wissen jedoch nicht, wie wir Konflikte lebensdienlich nutzen können.

Kompetente Entlastung für den Personalbereich

Aus den genannten Gründen ist in den letzten Jahren die längerfristige strategische Entwicklung der Personalarbeit, die die Umsetzung der Dinge fördert, deutlich stärker in den Fokus der Unternehmensstrategie gerückt. Vorgesetzte und Mitarbeiter, die diesen Prozess begleiten und wahrhaftig (!) fördern, schaffen insbesondere ein Umfeld, in dem sich Menschen wohlfühlen und ihre Stärken gezielt und freiwillig einbringen.

Was hat das nun mit der Personalarbeit zu tun?

Die meisten Menschen, die zu dir kommen, gehen insgeheim davon aus, dass du jede Menge Konfliktmanagementfähigkeiten hast. Doch dem ist oft gar nicht so. Die wenigsten werden damit geboren. Auch im Studium ist das meist kein Bestandteil der Ausbildung. Viele Mitarbeiter wissen gar nicht, dass »ihre« Personalerin Juristin, Betriebswirtschaftlerin oder Psychologin ist. Manche haben ihre Konfliktmanagementfähigkeiten erst nach schmerzhaften Erfahrungen im Beruf durch Schulungen ausgebaut.

Wie sieht es aus, wenn Konflikte über Jahre in der Abteilung reifen, dem Abteilungsleiter schließlich um die Ohren fliegen und er mit dem eskalierten Konflikt zu seiner Personalerin geht und hofft, von ihr die »Heilungspille« zu erhalten, mit der das Thema mal schnell erledigt wird? Dass Konfliktmanagement so nicht funktionieren kann und überzogene Erwartungen an Personaler gestellt werden, die diese überfordern, hat schon viele diesem Thema aus dem Weg gehen lassen. Du bist nicht allein!

Das »Keiner gewinnt«-Spiel

Unsere Sprache haben wir von unseren Eltern mitbekommen.
Das Konfliktverhalten unserer Eltern folgt deren eigener inneren Sprache.
Unsere innere Sprache bestimmt, wie wir in Konflikten agieren.
Gerade in Konflikten neigen wir oft zu Ausweichen, Rückzug oder Angriff.
Damit gibt es in 95 Prozent der Fälle Verlierer.
Wenn wir verlieren, haben wir beim nächsten Konflikt noch weniger Lust, beteiligt zu sein.
Wenn wir bei Konflikten nicht beteiligt sind, entscheiden andere über uns.
Je mehr andere über uns entscheiden, desto mehr ziehen wir uns zurück.
Ein »Keiner gewinnt«-Spiel.

Den steinigen Weg gehen

Entscheide, aus dem »Spiel« auszusteigen, *ohne* bereits zu wissen, wie es besser geht.

- Lerne zwischen destruktiver und konstruktiver Alltagssprache zu unterscheiden.
- Beteilige dich bei kleineren Konflikten, die dich betreffen, auf konstruktive Weise.
- Widerstehe deinen Überlebensmechanismen von Ausweichen, Rückzug oder Angriff.
- Erschaffe dir eine gefestigte Sprache, die zunehmend deiner inneren Haltung entspricht und dich jeden Tag stärkt.

Willst du mehr darüber wissen? Willst du über deine aktuelle Situation hinauswachsen und selbst schwierige Konflikte souverän lösen können? Dann begleiten wir dich gern auf dieser Reise zu deiner Konfliktexzellenz.

Einleitung

»Eine Bedrohung, die alle Welt wahrnimmt, über die jedoch niemand spricht, ist sehr viel destruktiver als eine Gefahr, die offen zutage tritt und in Angriff genommen wird. Wie die Menschen sind auch die Unternehmen zumeist so krank wie ihre Geheimnisse.«
Richard Pascale

Du hältst das erste Buch zum »Konfliktmanagement in der Personalarbeit« in deinen Händen.

Schon erstaunlich, das *erste* Buch?!, könntest du sagen – gibt es doch eine Vielzahl an Büchern zum Thema Konfliktmanagement und eine ebenso große Anzahl an Büchern über das Personalwesen. Wieso also haben der Verlag und wir uns dazu entschlossen, dieses Buch zu schreiben?

Weil wir mit Erstaunen festgestellt haben, wie viele Personaler Konflikte klären sollen, ohne das Handwerkszeug dafür zu haben. Vielleicht kennst du das:

- Du hast gerade zu Berufsbeginn keine Ausbildung im Konfliktmanagement. Gleichzeitig merkst du, dass die Konflikte, die in einer Abteilung bereits hochgekocht sind, zu dir wandern.
- Du bist frustriert, weil du gern unterstützen willst und gleichzeitig Spezialkenntnisse benötigst, die du für bereits eskalierte Konflikte jedoch nicht hast. Dies bekommst du in den »mal schnell« anberaumten Gesprächen schmerzlich zu spüren. So wirst du überlastet von Firmenmitarbeitern, die, ohne nachzufragen, das nötige Spezialwissen bei dir voraussetzen.
- Vielleicht neigst du dazu, Konflikte zu vermeiden, weil Konflikte die Möglichkeit des Scheiterns mit sich bringen. Würdest du dadurch nicht deiner Karriere schaden? Also lieber aus dem Weg gehen …
- Du wirst mit Konflikten konfrontiert, die die Führungskraft einer Abteilung an dich »delegiert«, weil sie selbst überfordert ist. Du wirst mit Forderungen nach einer »schnellen Lösung« für ein kochendes Thema konfrontiert und kennst noch nicht mal die Vorgeschichte dazu. So kannst du nicht genau erkennen, wo die Krux liegt – beim Mitarbeiter, beim Vorgesetzten, beim Vorvorgesetzten, bei den Strukturen, bei …?

Und du hast als Personaler – obwohl nicht oder nur rudimentär in Konfliktmanagement ausgebildet – oft Vorbildfunktion, repräsentierst du doch vornehmlich die Unternehmensseite.

Was den Druck noch erhöht …

Die Beteiligten des Konflikts kommen häufig mit Vorurteilen, die sie nicht überprüfen. So können *Führungskräfte* mit folgenden (unausgesprochenen) Ideen kommen:

- »Ich kann mit meinem voll eskalierten Konflikt ad hoc zu meinem Personaler kommen und er/sie hat sicher 'ne schnelle Feuerwehr-Lösung.«
- »Ich brauche gar nicht zu versuchen, den Konflikt zu lösen. Ich hab schon so viel zu tun und außerdem so viele weitere Herausforderungen. Das macht die Personalabteilung schon, dafür sind die doch da!«
- »Die Personaler haben doch alle Tools, um mit diesen Themen umzugehen, schließlich sind sie doch Personalmanager! Die sind fit im Lösen von Konflikten, machen das doch sicher jeden Tag. Kann gar kein Problem für sie sein!«

Mitarbeiter haben ebenfalls meist eine hohe Erwartungshaltung an dich:

- »Das kann meine zuständige Personalerin doch, sie versteht mich ganz sicher, das ist doch ihr täglich Brot. Also lass ich mal *alles* raus, was so vorgefallen ist.«
- »Die Personalerin wird mich verstehen und vor der Kollegin, der Abteilung, dem Abteilungsleiter, dem Bereichsleiter, dem Geschäftsführer … retten.«
- »Meine Personalerin wird sicher für mich Partei ergreifen und verstehen, wie es mir geht und wer der wahre Schuldige ist!«

Nicht wenige Mitarbeitende wählen Personaler allerdings auch als Feindbild, weil sie die Arbeitgeberseite vertreten. Die Arbeitnehmer werden vom Betriebsrat vertreten. Deshalb kommt es bisweilen zu »Stellvertreter-Konflikten«: Personaler gegen Betriebsrat. **Und meistens hält dich auch noch jemand für parteiisch.**

Vielleicht fragst du dich:

- Wie kann dieser gordische Knoten gelöst werden, ohne darin verwickelt zu werden oder ihn ewig aufzudröseln?
- Wie kann ich sinnvoll vorgehen, um nicht immens viel Zeit zu verlieren? Wie erkenne ich schneller den »Knackpunkt«?
- Was kann ich tun, damit das Thema dauerhaft gelöst ist und nicht alle paar Wochen in neuer Verkleidung auftaucht?

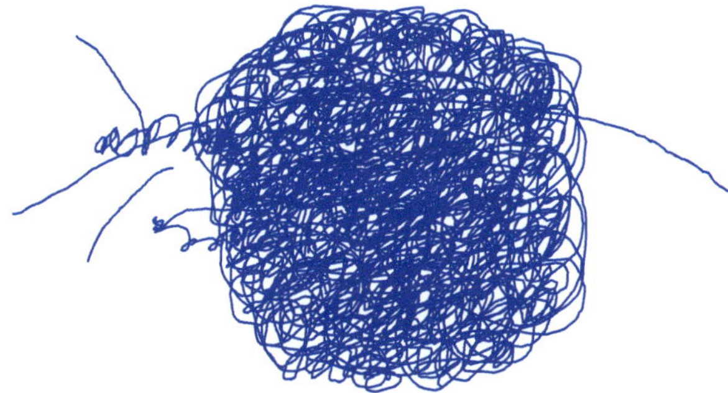

Abb.: Gordischer Knoten

Raus aus der Zwickmühle

Dieses Buch hilft dir dabei, nicht nur aktuelle Konflikte besser lösen zu können. Du erkennst, wann du besser eingreifst und wann nicht. Du erschaffst dir außerdem den zusätzlichen Karrierebaustein »Konfliktfähigkeit«. Du erfährst, welche Konflikte du nicht lösen und was du dann tun kannst. Du gehst den Weg vom »Personalverwalter« hin zum »Personalgestalter« und ergreifst *die* Chance, dich von anderen zu unterscheiden.

Hinweis

Um das Thema Konfliktmanagement eingängig zu gestalten, haben wir es eingebettet in eine weitgehend autobiografische Geschichte, die dich zum Nachdenken anregen soll, ohne dich mit theoretischem Wissen zu erschlagen. Dieses Buch ist aufgeteilt in einen Roman- und einen Fachteil. Die eingefärbten Passagen in der Geschichte greifen wir im Fachteil auf und vertiefen die Hintergründe dazu.

Wir wollen dir das Thema nicht nur mit Leichtigkeit näherbringen bzw. dein Know-how auffrischen und ausbauen – sondern auch deine Lust wecken, mit dieser neuen Fähigkeit andere zu unterstützen und auch dein eigenes Leben bewusst und beständig schöner zu gestalten.

Wenn wir in diesem Buch von Führungskräften, Chefs, Mitarbeitern, Seminarteilnehmern etc. sprechen, dann sind damit selbstverständlich auch weibliche Führungskräfte, Chefinnen, Mitarbeiterinnen, Seminarteilnehmerinnen etc. gemeint.

Wir benutzen in diesem Buch das respektvolle »du« anstelle des »Sie«, weil wir damit einerseits die Sprache vereinfachen wollen und andererseits, weil wir damit weniger aus einer übergeordneten Position, sondern vielmehr auf Augenhöhe sprechen wollen.

In diesem Buch sind zwei Frauen die Hauptfiguren, da einerseits im Bereich Human Resources ca. 70 Prozent Frauen vertreten sind und andererseits in immer noch sehr vielen Büchern und Filmen ein Mann der Held ist. Geschrieben ist es von Mann und Frau – und gedacht ist es für Frau und Mann.

Durch Ausweichen bleibt alles beim Alten. Durch das Bewältigen von Herausforderungen und das Aneignen neuer Fähigkeiten erschaffst du dir eine neue Zukunft. Mit diesem Buch wollen wir dir das Rätsel »Konfliktmanagement für die Personalarbeit« näherbringen und Fragen aus deinem Berufszweig beantworten. Sollten danach trotzdem Fragen offenbleiben, freuen wir uns über deine Nachfragen zum Thema unter info@sparks-journey.com.

1 Personaler haben's schwer

»Manchmal dürfen erst unangenehme Dinge passieren,
um uns daran zu erinnern, dass es an der Zeit ist,
etwas zu ändern.«
Unbekannt

»Halte die Stellung. Ich vertraue auf dich!« ist alles, was ihr Chef sagt, als er sich aus dem Büro verabschiedet und in seinen Karibikurlaub verschwindet. Paula weiß gar nicht, was sie sagen soll, und stammelt nur ein kurzes »Ja, klar, alles Gute und viel Spaß«. Ihre Augen weiten sich, als die Tür zufällt, und sie ahnt: Da kommt was auf mich zu!

Da ist Paula nun – auf sich allein gestellt. Sie spürt, dass die Vorstellung, ihren Chef – Peter Void – zum ersten Mal vertreten zu müssen, seit er sie vor acht Monaten zu seiner Stellvertreterin ernannt hat, sie beunruhigt. Sie darf in den nächsten zwei Wochen die Fahne der Personalabteilung hochhalten. Das dürfte spannend werden, denkt sie sich und weiß noch nicht, wie recht sie damit hat.

Vor einigen Jahren war sie in ihrem Traumberuf gelandet: als Personalverantwortliche mit Menschen arbeiten – großes Kino! Menschen stärken und durch ihr Angestelltenleben begleiten, unterstützen und Perspektiven aufzeigen und schaffen. So großartig, denkt sie sich, bestehen doch Unternehmen in echt aus Menschen. Menschen, die gemeinsame Aufgaben angehen, die in Teams arbeiten und Visionen verwirklichen, die größer sind als sie selbst.

Sie hatte den Wunsch, Menschen zusammenzubringen und dazu zu bewegen, gemeinsam an einem Strang zu ziehen. Ihr war klar, dass das herausfordernd werden würde, doch sie wusste auch, weshalb ihr das etwas bedeutete: Die schwierigen Jahre in ihrer Herkunftsfamilie hatten etwas in ihr wachsen lassen – den Wunsch, zum Leben etwas Bedeutendes beizutragen.

Doch jetzt waren erst mal die Telefonate dran und natürlich die Organisation der Abteilungsbesprechung.

Auf ihrer Liste stand:

1. Wochenmeeting der Abteilung organisieren
2. die neuen Gehaltsbänder
3. Entwicklungsabteilung – die Situation mit der neuen Mitarbeiterin
4. Förderprogramm für junge Entwicklungsingenieure: Entwicklungsbausteine definieren

Das erste Wochenmeeting

Paula ist gut vorbereitet. Sie geht noch einmal ihre Checkliste durch, bevor die Kollegen hereinkommen: Begrüßung, Themen, Berichte der Kollegen und Kolleginnen, Anträge, Beschlüsse – nichts vergessen, super! Das sind die anderen ja gewohnt. Nichts Besonderes, außer, dass es halt diesmal nicht Peter, ihr Chef, macht.

Es ist 9 Uhr. Noch ist keiner da. Paula freut sich: Gut, dann wird es heute halt etwas kürzer sein. Ist ja eh wöchentliche Routine, die jeder absitzt. Umso besser. Sie liest noch mal ihre Unterlagen durch. Wann kommen die denn? Kaum ist der Chef weg, schon ... Ach, da ist ja der Erste. Heinz schaut herein, besser gesagt, er lugt um die Ecke und fragt Paula:

»Findet denn unser Wochenmeeting heute statt?«
»Ja, klar!«, antwortet Paula.
»Ach so, ich dachte, wenn der Chef weg ist, dann vielleicht nicht.«

Paula wundert sich, fragt sich: Hat ihr Chef denn niemandem Bescheid gegeben?

Heinz setzt sich und beide warten. Eine etwas unangenehme Stille entsteht. Schließlich entscheidet Paula, noch mal allen Bescheid zu geben. Sie steht auf und hetzt leicht außer Atem durch die Gänge, lugt zu den Türen herein und sagt: »Wochenmeeting, Raum A10, wie immer – kommt ihr?« Große Augen folgen ihr, während sie zum nächsten Zimmer stürmt. Als sie ihren Rundgang beendet hat, kommt sie wieder beim Konferenzraum A10 an. Mehrere Kolleginnen und Kollegen sitzen bereits da, bis auf einige, die allerdings nach und nach eintrudeln.

Paula fängt mit der Agenda an, denn begrüßt hat sie ja irgendwie jeden auf ihrem Rundgang schon. Heinz kommt auch wieder herein – er hat sich eine Fanta geholt. Als Berta und Irina das sehen, stehen sie auf und sagen: »Du, wir sind gleich wieder da, wir holen uns nur kurz etwas zum Trinken.« Paula denkt sich: Könnt ihr das nicht danach machen? Sie lächelt tapfer, nickt kurz und schaut auf die Uhr: 9:35 Uhr! Oh Gott, nur noch eine knappe halbe Stunde!

Sie versucht es noch einmal mit der Agenda, liest die Punkte vor. Doch irgendwie ist heute keiner wirklich bei der Sache. Also holt sie noch einmal aus, weshalb es heute so wichtig ist, mit den Themen weiterzukommen: »Wie ihr sicher wisst, ist Peter die nächsten zwei Wochen in Urlaub und hat mir die Vertretung übertragen. Daher würde ich mit euch heute gern folgende Punkte durchgehen ...« Bevor sie weitersprechen kann, fragt Irina: »Peter ist in Urlaub und du sollst ihn vertreten? Wieso denn ausgerechnet du?« Paula ist irritiert, denn Irina hat recht: Weshalb ausgerechnet sie? Ihr wird heiß, sie merkt, wie ihr die Röte ins Gesicht steigt. Irina ist doch viel länger im Betrieb ... Paula hasst diese Momente, in denen ihr heiß wird und sie ahnt, dass andere ihr ansehen, wie peinlich ihr die Situation ist. Sie antwortet: »Ja, also … Ich weiß auch nicht, aber er hat es mir so gesagt. Also gehen wir mal Thema 1 an: die neuen Gehaltsbänder.« Irina tuschelt mit ihrer Freundin Berta. Plötzlich meint Berta: »Ich weiß nicht, was das bringen soll – schließlich ist Peter nicht da!« Paula spürt, wie ihr die Kraft aus dem Körper weicht. Sie stammelt: »Nun, wir sollen aber doch die Wochenthemen besprechen.« »Hm, besprechen heißt ja nicht beschließen«, kontert Berta »Aber dann kommen wir doch nicht voran«, erwidert Paula. »Ja, dann ist das so. Aber ich werde hier nichts beschließen ohne Peter!« Bertas Standpunkt ist klar. Paula sieht, wie einige still nicken. Heinz sagt nichts, er nuckelt an seiner Flasche. Hat er überhaupt zugehört?

»Na gut, dann machen wir doch die Situation mit der neuen Mitarbeiterin in der Entwicklungsabteilung«, versucht Paula das nächste Thema auf der Agenda anzuschneiden. Berta meldet sich sofort zu Wort: »Ja, das ist eine schwierige Situation, die haben da ja jedes Mal nichts anderes zu tun, als bei uns neue Mitarbeiter onboarden zu lassen. Das ist doch nicht unser Job! Das muss man klären.« »Hm, ja. Wer kann das denn übernehmen? Kennt jemand die Abteilung gut?«, fragt Paula. Stille im Raum …

»Äh, oder ist das doch eher was für die Zeit, wenn Peter wieder da ist?«, fragt Paula in die Runde und könnte sich gleich auf die Zunge beißen. Irina bestätigt: »Ganz klar, das kann nur Peter. Er hat die nötige Autorität, um denen mal den Kopf richtig aufzusetzen.« Paula blickt verwirrt auf ihr Blatt: Das kann ja heiter werden, wenn Peter zurückkommt und sieht, dass sich nichts bewegt hat. Sie wagt noch einen Versuch: »Also, ich weiß nicht, ob Peter das gut findet. Sollten wir das nicht selbst mal in die Hand nehmen?« Irina entgegnet schnippisch: »Woher weißt du denn, was bereits gelaufen ist, was Peter mit denen vielleicht verabredet hat? Und dann soll einer von uns da hingehen und sich den Kopf waschen lassen?! Ich hab keine Lust, blöd dazustehen! Oder willst du mit denen sprechen?« Paula merkt, wie sie unsicher wird, und stellt sich vor, vom Abteilungsleiter zu hören: »Das haben wir doch schon alles mit Ihrem Chef besprochen!« Sie stammelt leise: »Macht wohl momentan keinen Sinn.« Irina triumphiert: »Sag ich doch!«

Paula versucht, betont entspannt zum dritten Thema überzuleiten: »Also dann gehen wir doch das Thema mit dem Förderprogramm für junge Ingenieure in der Entwicklung an. Da wollten wir doch wichtige Entwicklungsbausteine definieren. Wer kann dazu bereits erste Ideen beitragen?« Heinz löst sich von seinem Strohhalm und sagt: »Ich hab da keine Meinung. Ich bin da offen für alles.« Irina braust auf: »Was soll das denn jetzt heißen: keine Meinung? Jeder hat doch 'ne Meinung! Jetzt bezieh doch mal Stellung!« »Ich bin da offen«, erwidert Heinz scheinbar emotionslos. Irina kann es nicht fassen: »Oh Mann, wieder alles uns Frauen überlassen! Wie sollen wir denn so weiterkommen?« Das ist Paulas Stichwort: »Genau, Irina, wir wollen doch weiterkommen. Was hast du denn für eine Idee?« Irina antwortet: »Also, vielleicht braucht das ja gar keiner, wir suchen doch bereits gute Leute am Markt, und überhaupt ist das ja mein Bereich. Wir suchen nicht zufällig gute Leute – die braucht man nicht noch künstlich und für viel Geld weiterzubilden. Kann sich unser Unternehmen in der Wirtschaftslage ja gar nicht leisten.«

Alle nicken – bis auf Paula. Irgendwie hat sie Zweifel und kann Irinas Standpunkt doch nicht widerlegen. Etwas ärgerlich sagt sie: »Seid ihr also alle der gleichen Meinung?« Alle nicken stumm. »Gut, dann lautet der Beschluss: Wird nicht gebraucht.« In Paula rumort es. Sie schaut auf die Uhr: nur noch fünf Minuten! Sie blickt in die Runde. Es fällt ihr schwer, doch sie fragt: »Wie sieht es in den Abteilungen aus? Wollen wir die Berichte von euch kurz hören?« Von Irina und Berta kommt es wie aus der Pistole geschossen: »Ach, nö! Wozu denn?« und Irina ergänzt: »Bei uns läuft doch alles! Peter vertraut uns, du doch sicher auch!« Irina schaut Paula direkt in die Augen. Paula denkt: nein – und hört sich sagen: »Ja, klar doch.«

»Na gut, dann können wir ja jetzt gehen!«, sagt Berta und setzt ihre Fanta etwas zu geräuschvoll auf. Die anderen sagen nichts, nicken nur kurz und fangen dann nach und nach an, den Raum zu verlassen.

Paula sitzt noch am Konferenztisch – vor sich ihre Unterlagen und am anderen Ende des Tisches drei leere Flaschen. Sie hatte sich den Beginn dieses Tages weiß Gott anders vorgestellt. Ihre Begeisterung über die Gelegenheit, das Meeting zu leiten, ist dem alten Satz in ihrem Kopf gewichen: Du bist nicht gut genug! Bedrückt geht sie in ihr Zimmer und ist froh, dass niemand ihre stillen Tränen sehen kann.

Sie beschließt, für den Rest des Tages Routinearbeiten zu erledigen und sich nur mit Themen zu befassen, die sie allein bearbeiten kann. Auf die Kollegen hat sie gerade keine Lust. Sie fragt sich, wie das Meeting so schiefgehen konnte.

Am Abend, zu Hause, geht sie das Meeting noch einmal durch und versucht zu erkennen, welche Fehler sie gemacht hat: Was darf ich hier entscheiden? Was wollen die anderen von mir? Wie gehe ich mit Irina und Berta um? Was muss ich tun? Wieso ausgerechnet ich? Wieso passiert immer mir so etwas?

Mit jeder Frage wird sie noch kritischer mit sich. Paula holt sich eine Tüte Chips und setzt sich vor den Fernseher. Sie beschließt, früh ins Bett zu gehen, um am nächsten Tag ausgeschlafen im Büro erscheinen zu können. Doch sie wälzt sich im Bett und Bilder des Meetings – von Irina, Heinz und den Fantaflaschen – huschen durch ihren Kopf. Am nächsten Morgen wird sie um sieben Uhr von der Sonne geweckt, die ihr ins Gesicht scheint. Etwas wackelig und griesgrämig macht sich Paula fertig und fährt in die Firma.

An diesem Tag versucht Paula sich unsichtbar zu machen. Mittags bekommt sie die Blicke der anderen in der Kantine zu spüren. Sie setzt sich abseits und ist froh, als sich Heinz mit seiner ewigen Fanta zu ihr setzt. Wie sonst auch lächelt er nur kurz, isst und sitzt dann schweigend da. Schließlich sagt er: »War schon schwer gestern, oder?« Paula merkt, wie ihr die Tränen in die Augen schießen. Sie schaut auf ihr Essen, sodass die Haare vor ihr Gesicht fallen, und sagt: »Na ja, was soll man machen?« Heinz nickt und ist wieder still.

Als Paula am Abend nach Hause kommt und sich wieder mit einer Tüte Chips vor den Fernseher setzt, geht es ihr besser. Schon seltsam, da sie zum Berufsstart noch ganz sicher war, in ihrem Traumberuf angekommen zu sein …

»Kannst du jeden Tag leben, als wäre es dein letzter?«

Dieser Satz, den jemand im Fernsehen sagt, berührt Paula auf unangenehm schmerzhafte Weise und zieht sie gleichzeitig an. Paula schlägt die Augen nieder und hört ihre innere Antwort: ein zögerliches Nein.

Paula sieht, wie sie jeden Tag funktioniert. Sie arbeitet stundenlang, um die Zeit herumzukriegen, sie macht ihre Ablage neu – die war ja schon lange dran. Klar, sie muss arbeiten, um sich ihr Leben leisten zu können. Es ist kein ausschweifendes, aber eben doch eines, das Geld erfordert. Da ist die Miete, ihr kleines Auto, um in die Firma zu fahren, die Kleidung, die sie kauft, um in der Firma gut auszusehen, Essen gehen, Geschenke für Freunde, Urlaub, die Versicherungen … Da kommt eben einiges zusammen.

Nein, sie liebt nicht jeden Tag. Wer tut das schon? Immerhin hat sie einen Beruf, der mit Menschen zu tun hat. Das ist schon ein riesiger Gewinn. Und doch erwischt sich Paula an einigen Tagen dabei, wie sie aus dem Fenster ihres Büros starrt und denkt: Irgendwie »überlebe« ich meine Tage nur, ich »überlebe« mein Leben. Zu viel Alltag, zu viel der gleichen Routine, zu viel der immer gleichen Themen und Probleme … Ach, ich sollte nicht so griesgrämig sein. Ist doch alles nicht so schlimm. Anderen geht es ja auch nicht wirklich besser.

Erinnerungsfetzen tauchen auf. Sie sieht den Eingang zum Haus ihrer Eltern – ihr Zuhause, das sie viele Jahre geprägt hat. Dort hatte es immer wieder Stress mit ihrer Mutter gegeben. So oft war sie wegen ihrer Depressionen wie abwesend – und dann kamen wieder ihre Wutanfälle. Diese zu überstehen war zu Paulas Alltag geworden. Ihr Vater, der häufig unterwegs war, konnte ihr nicht helfen – das meiste bekam er ja gar nicht mit. So hatte sie früh gelernt, mit ihrer Mutter umzugehen. Doch es blieb oft ein schaler Geschmack nach diesen anstrengenden Situationen. Irgendetwas blieb dabei auf der Strecke: sie selbst.

Jetzt war sie zwar erwachsen, eigentlich frei – und doch fühlte sie sich noch immer gefangen. Und das mitten in dieser so wohlhabenden Umgebung in ihrer Stadt. Irgendwie verrückt. Jetzt stand ihr das Leben offen, hatten ihre Eltern zu ihr gesagt, als sie ihren Abschluss in der Tasche hatte. Weshalb fühlte sie sich dann so gefangen in dieser Freiheit? Sie wusste es nicht. Noch nicht.

Mitten im Abenteuer der Konfliktklärung – und einfache Wege, es zu bestehen

»Wie können wir andere Ergebnisse erwarten,
wenn wir immer wieder das Gleiche tun?«
Nach Albert Einstein

Im »Abenteuer der Konfliktklärung« findest du in jedem Kapitel die wichtigsten Werkzeuge und Ideen, die dir helfen, erfolgreich mit den täglichen Herausforderungen als Personaler oder Personalerin umzugehen.

Paula hat den großen Wunsch, Menschen zu unterstützen und sie auf ihrem Weg zu begleiten. Was sie zunehmend verzweifeln lässt, ist die resignative Anpassung ihrer Kollegen und Kolleginnen an die Strukturen, die in vielen hierarchisch ausgerichteten Unternehmen zu finden sind.

Nachfolgend sind einige von Paulas Stolpersteinen zu finden. Wenn sie diese verändert, steigert sie ihre Chance, erfolgreich zu sein. Einige Punkte lassen sich kurzfristig und einfach umsetzen – es gibt allerdings auch mittelfristige Maßnahmen, die erst über die Zeit, dafür umso tiefer greifen.

Bei diesen Maßnahmen geht es oft um die eigene Haltung. **Und Haltung ist kein Teil einer Überlegung, sondern entsteht, indem du zunehmend mehr über deine Werte erkennst, dich auch schmerzhaften Erkenntnissen stellst, die du vorher, wie blind, nicht hast sehen können, und dauerhaft veränderst, was der Person im Weg steht, die tatsächlich in dir steckt.**

Wenn wir von erfolgreichen Menschen sprechen, meinen wir oft, sie seien erfolgreich, weil ihnen einfach alles zufällt und ihnen eben ein göttliches Talent mitgegeben wurde – eines, das wir nicht haben. Dabei sind es eher Leute, die sich durch viele Schwierigkeiten gekämpft, die viele und bisweilen in ihrem Bereich die meisten Fehler von allen gemacht haben – und nahezu besessen davon waren, diese zu überwinden. Sie haben erkannt, dass auch konfliktreiche Situationen zu dem werden, was wir entscheiden, daraus zu machen.

1.1 Für sich und andere sorgen

Viele Mitarbeiter sind so darauf geprägt, andere zu unterstützen, dass sie selbst auf der Strecke bleiben. In Entscheidungssituationen übersehen sie sich selbst und machen es anderen recht. Ihre Idee »Wenn ich in Vorleistung gehe, werden die anderen mitziehen« scheitert daran, dass dazu eine Vorbildfunktion nötig ist.

Wir mögen glauben, dass wir Vorbild sein könnten durch all die Dinge, die wir tun und sagen. Tatsächlich werden wir jedoch dadurch zum Vorbild, dass das, was wir beabsichtigen, beim anderen auch wirklich ankommt und seine Welt berücksichtigt. **So gern wir dies auch anders hätten: Das Prädikat »Vorbild« wird** ***von anderen verliehen*****! Erst dann ziehen sie mit.**

Als Lösung für Probleme sieht Paula: sich selbst. Alternative Lösungen denkt sie nicht an, schließlich wäre dies doch »ihr Job«. Zu funktionieren ist ihr (noch) wichtiger als um Hilfe zu bitten.

1.1.1 Selbstüberlastung vermeiden

Selbstüberlastung entsteht beispielsweise durch den Versuch, alles in einem Gespräch zu klären. Die Folge sind überhastete Entscheidungen.

Würdest du ein Auto bei jemandem kaufen, der nicht weiß, wie der Typ heißt, der die Varianten nicht kennt, die Preise erst auf Anfrage nachschaut und bei der Lieferzeit mit den Schultern zuckt? Wenn wir in Meetings schauen, erleben wir bisweilen ganz ähnliche Zustände.

So wird *vor* einer Besprechung oft nicht geklärt:
1. Ist jeder Teilnehmer bereit, sich auf gemeinsame Termine vorzubereiten?
2. Wie viel Zeit haben und geben wir zur Vorbereitung?
3. Wie viel Zeit nehmen wir uns zur Entwicklung von Alternativen mit Vor- und Nachteilen?

Wir meinen, Zeit zu sparen, und verschwenden sie – unwiederbringlich. Die adäquate Fortsetzung einer Entscheidungsfindung im Folgemeeting ist kein Abbruch der Verhandlung!

Du kannst dich und das Team fragen:

- Was hält uns davon ab, das Meeting so zu führen, dass jeder davon profitiert?
- Was genau wollt ihr anders? Was oder wem wäre damit besser gedient?
- Wenn wir so vorgehen, wie von uns gewünscht, wie viel Zeit benötigen wir dann zur Entscheidungsfindung?

Du merkst: Fragen stellen weckt neue Ideen. Unser Gehirn sucht bei einer Frage automatisch nach einer Antwort. Intelligente Fragen wecken intelligente Antworten. Wenn wir glauben, immer eine passende Antwort haben zu müssen, und »Ich weiß nicht« als Aufgeben interpretieren, dann antworten wir oft, bevor wir die Fragestellung überhaupt verstanden haben.

»Wenn das deine Lösung ist, dann hätte ich gern mein Problem zurück.«
Ein Seminarteilnehmer zum anderen Seminarteilnehmer

Wie wäre es, anstelle eines »Ich weiß nicht« ein »Ich weiß es *noch* nicht« als Antwort zu geben?

1.1.2 Strukturen für dich arbeiten lassen

Fragen für deine Meetings

1. Welche (maximal drei) Alternativen stehen zur Diskussion?
2. Was ist wichtig, jetzt zu entscheiden, und was kann warten?
3. Welches System für Treffen und Meetings kannst du für dich entwickeln und eintrainieren?

Ad 1) **Maximal drei Alternativen**, da die meisten Menschen drei Alternativen gut behalten können. Ab vier Alternativen sind es bereits »viele« und das Gehirn kann diese kaum behalten. Teste es in den nächsten Besprechungen einfach mal aus.

Ad 2) **»Wichtig« ist nicht automatisch »dringlich«!** Allerdings gibt es Dinge, die sind wichtig *und* dringlich! Wichtige Aufgaben sind Aufgaben, deren Bedeutung groß ist, die jedoch oft nicht sehr dringlich sind. Im Privatleben kannst du dir z. B. den Routinebesuch beim Zahnarzt vorstellen.

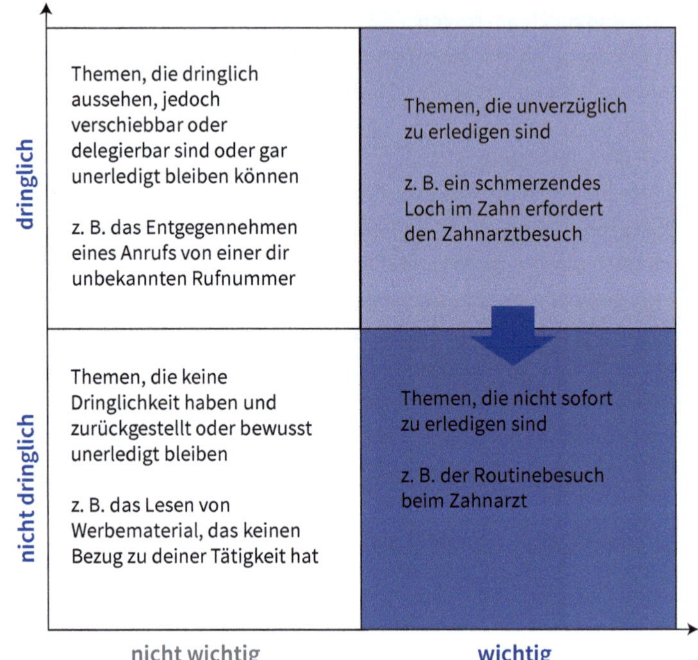

Abb.: Das Eisenhower-Prinzip

Wenn du jedoch die wichtigen Themen nicht angehst, werden sie wichtig *und* dringlich. In unserem Beispiel: Wenn du nicht zu den Routineuntersuchungen beim Zahnarzt gehst, dann hast du schnell ein Loch im Zahn und nun wird's wichtig *und* dringlich, ihm einen Besuch abzustatten.

Idealerweise bearbeitest du zunächst deine *wichtigen und* dringlichen Themen, lernst, *nicht wichtige und dringliche* Themen zu delegieren, und schaffst dir die Freiheit, dich *hauptsächlich den wichtigen Themen* zu widmen.

Ad 3) **Systeme sind logisch zusammengestellte standardisierte Abläufe, die wiederholt erfolgreich und erprobt sind.** In Unternehmen kennen wir viele solcher Systeme. Für uns als Einzelpersonen können wir solche Systeme auch entwickeln.

Fange an mit etwas, das du bereits als Routine hast, und kopple dies an die nächste Routine. Beispielsweise putzt du dir jeden Tag morgens die Zähne. Auf den Badezimmerspiegel hast du dir die drei Bekräftigungen geschrieben, z. B.: »Wer unersetzbar sein will, muss vor allem anders sein« von Coco Chanel, »Ich allein bin für mein Leben verantwortlich« und »Die Schwachen können nie vergeben. Vergebung ist eine Eigenschaft der Starken« von Mahatma Gandhi, die dich positiv auf den Tag einstellen. So verknüpfst du die Gewohnheit »Zähne putzen« mit der Gewohnheit »Mich auf den

Tag einstellen«. Wenn du wissen willst, welche täglichen Routinen sich erfolgreiche Schriftsteller, Erfinder und Politiker angeeignet haben, findest du mehr dazu in dem Buch »The Miracle Morning« von Hal Elrod.

1.2 Wer nicht versteht, wird nicht verstanden

In Meetings wird oft viel gesagt, doch nur wenig gehört. Steige aus dem häufig anzutreffenden »Meetingschweigen« aus und höre aktiv zu.

Was heißt »aktiv zuhören«? Das heißt, dass du wiedergibst, was jemand anderes gesagt hat, um sicherzustellen, dass du ihn oder sie richtig verstanden hast, z. B.: »Habe ich das richtig verstanden, dir geht es darum, ...?« Das zu tun erfordert den Mut, sich zu zeigen – es ist keine »technische« Übung, kein »Das hab ich im Seminar gelernt«, sondern erfordert ein echtes Interesse am anderen. Mehr dazu erfährst du im Verlauf des Buches.

Wo bleibt dein eigenes Anliegen?

Aktives Zuhören und wirklich zu verstehen, was der andere meint, kann ganze Teams, Bereiche und Unternehmen verändern. Bei vielen Personalern ist das eine große Stärke. Sie haben oft die Gabe, Gesprächen genau zu folgen, und nehmen die Untertöne wahr, die die Gefühle der Sprechenden widerspiegeln. Leider haben wir immer wieder festgestellt, dass viele dabei völlig vergessen, ihre eigenen Anliegen ebenfalls hörbar zu machen. Das Ergebnis: Sie werden als sehr verständnisvoll wahrgenommen, allerdings auch als nicht sehr durchsetzungsfähig.

Nutze diese Fähigkeit und vergiss dabei deine eigenen Anliegen nicht. Wenn du dich hier angesprochen fühlst, dann erfährst du dazu auf den folgenden Seiten noch vieles mehr und bekommst konkrete Hinweise.

1.3 Führen heißt beitragen

Führen heißt schon seit vielen Jahrzehnten nicht mehr, das »Ober-Unter-Spiel« bedingungslos mitzumachen, sondern vor allem zu sehen, wer in dem Fachgebiet bzw. bei der Aufgabenstellung, um die es gerade geht, *den größten Beitrag* leisten kann. Und das ist häufig nicht der Chef oder der Entscheider!

Lass dich nicht beirren: Jeder kann führen! Du kannst organisatorisch führen, inhaltlich führen, sozial führen, kreativ führen ... Der Titel ist dabei nicht ausschlaggebend. Einige Unternehmen und Verwaltungen sprechen noch immer von »Vorgesetzten«, anstatt vom Chef oder von der Führungskraft, oder von »Untergebenen« oder »unterstellten Mitarbeitern«. Und keinem fällt es auf, weil es immer noch zur Firmenkultur gehört. Allzu oft messen wir dem Titel mehr Bedeutung bei, als er de facto hat.

Von Herbert von Karajan wird erzählt, dass er ein Konzert leitete und sich mitten in einem Stück an die Seite stellte und sichtbar genüsslich seinem Orchester zuhörte. Als er von einem Journalisten nach dem Konzert befragt wurde: »Maestro Karajan, wieso haben Sie mitten im Stück aufgehört zu dirigieren? Die Leute haben doch schließlich viel Geld für das Konzert bezahlt!«, sagte er: »Was soll ich tun, wenn's bereits perfekt läuft?«

Wenn Wesentliches nicht gehört wurde, gehe im Meeting zu diesem Punkt zurück. Das ist besonders wichtig, wenn darauf aufgebaut wird und andere Entscheidungen davon abhängen. Wer kann dies ansprechen? Jeder! Ist das Führen? Ja.

Was ist Führung?

Führen ist nicht das Anhäufen von Privilegien. Führen ist eine Dienstleistung. Sie unterstützt Mitarbeiter, ihr ganzes Potenzial zu entfalten.

1.4 Die Meeting-Qualität verbessern

Fange mit maximal drei Fragen an. Variiere diese Fragen und entwickle auch deine eigenen. Im Laufe der Zeit kannst du zunehmend variieren. Wir empfehlen, die Kollegen und Kolleginnen von Beginn an als Betroffene zu beteiligen, da du damit viel mehr Unterstützung, Austausch und gemeinsame Zielsetzungen erreichst und somit die Freude daran erhältst:

Grundlegende Einstellung zu Meetings

- siehe oben

Vorbereitung des Meetings

- Ist jedem das gemeinsame Ziel klar? Verkünde das Ziel vor jedem Meeting, z. B.: »Ziel der heutigen Besprechung ist …«. So lässt sich das Team auch leichter einfangen, wenn es vom Thema abkommt.

Im Meeting

- Ist jeder vorbereitet?
- Werden Ergebnisse mit Terminen festgehalten und *ein* Verantwortlicher pro Punkt benannt? Zwei oder mehr Verantwortliche bedeutet: keiner ist verantwortlich!
- Ist jeder bereit, zur Umsetzung der Beschlüsse beizutragen?
- Gehen die Themen wirklich alle oder nur einen kleinen Kreis an (der somit unabhängig tagen könnte)?

Feedbackfrage für zwischendrin oder am Ende des Meetings

- Wurde heute abgeschweift? Oder positiver: »Waren alle bei der Sache?«
- Stimmen wir uns ausreichend ab, welche Tagungsordnungspunkte Vorrang haben?

Beteiligung ausgleichen

- Ist jeder »an Bord«?
- Ist die Aufmerksamkeit gleichmäßig verteilt oder haben die Lautesten den größten Gesprächsanteil?
- Habe ich die Leiseren dabei unterstützt, gehört zu werden?
- Habe ich die Stärkeren eher gefordert?
- Habe ich die Stärkeren darüber im Vorfeld aufgeklärt?

Worauf wir im Meeting achten und fürs nächste Meeting lernen können

- Gibt es einen qualitativen Kontakt zwischen den Beteiligten, bei dem Verständnis wichtiger ist als »recht haben«?
- Wird einander wirklich zugehört oder ist Zuhören mehr ein ungeduldiges Warten, »bis ich selbst drankomme«?
- Dient dieser Beitrag dem heutigen Ziel? Oder ergibt es mehr Sinn, dass wir dieses Thema zu einem anderen Zeitpunkt besprechen?
- »Worauf ich fürs nächste Meeting achte ...« Diese Frage kann sich auf jeden selbst beziehen oder auf das Team. Jeder benennt einen Punkt.

Vergiss nicht das *Debriefing* – also zu prüfen, welche der Fragen sich bewährt haben, wo besonderer Bedarf besteht und wo das Meeting bereits zufriedenstellend läuft.

1.5 Führen erfordert Aufrichtigkeit

Führung wird oft als Position gesehen und weniger als eine Fähigkeit. Gerade, wenn sie als Position gesehen wird, stellt sich in vielen Meetings eine gespenstische Ruhe ein, in der die »Zuhörer« ihre Zeit absitzen.

Kennst du Meetings, die sich zu einem Ort der Selbstbeweihräucherung, des Status und unmenschlicher Sachlichkeit entwickeln? Aus denen du nahezu gelähmt herausgehst und froh bist, anderen Kollegen in die Arme zu laufen? Wie kannst du Meetings zu einem Ort von Chancen, Entscheidungen und Veränderungen machen?

Trainiere deine Führungsfähigkeit – außerhalb von Konflikten!

Die eigene Persönlichkeit zu entwickeln und verborgene oder wenig ausgeformte Stärken zu fördern ist sowohl Eigenleistung als auch etwas, was Führungskräfte idealerweise fördern, um ihr Team zu stärken.

Wenn deine Führungskraft dies nicht tut, mache es selbst. Warte nicht auf andere – du könntest vorher sterben. **Fördere deine Talente – gleich ob andere das auch tun oder nicht. Mit diesem Buch hast du bereits einen Schritt in diese Richtung gemacht!**

> CFO fragt CEO:
> »Was passiert, wenn wir in die Weiterentwicklung unserer Leute investieren und sie uns verlassen?«
> CEO: »Was passiert, wenn wir es nicht tun und sie bleiben?«

Das Hauptwerkzeug von Führungskräften ist die Sprache

Sprache kann demotivieren, ein Team zu einer Ansammlung von Einzelgängern formen und diese sich gegenseitig zerfleischen lassen. Demotivation geht einfach und schnell. Demotivation wieder in Motivation umzuwandeln erfordert dagegen Feingefühl, Know-how und größeren Gesprächsaufwand.

Sprache kann Menschen allerdings auch begeistern, ein Team zusammenführen und durch dick und dünn gehen lassen. Motivation ist hauptsächlich eine Eigenleistung, die jedoch gefördert werden kann. Und das trifft zu – jedes Mal, wenn du führst.

Gallup »Engagement Index Deutschland«[1]
Dienst nach Vorschrift: 68 Prozent Anzahl innerlich gekündigter Mitarbeiter: 15 Prozent Hauptgrund: Verhalten der Chefs Volkswirtschaftlicher Schaden: ca. 120 Milliarden Euro/Jahr

Auch als Personaler führst du!

Im Unternehmen führst du: Du führst Gespräche – und jedes Gespräch ist eine Gelegenheit zu mehr Beitrag, Verbindung und Miteinander. Du führst auch deine Kollegen, ja selbst deinen eigenen Chef, deine Mitarbeiter und die Mitarbeiter, die zu dir kommen, gleich, ob sie Führungskräfte des Unternehmens sind oder deren Mitarbeiter. Und nicht zu vergessen: die Menschen zu Hause. Kurz gesagt: jeder führt. Die Frage ist vielmehr: Wie bewusst und wie trainiert bist du darin? Und wie kannst du dich darin weiterentwickeln?

1 Gallup Engagement Index 2020, erschienen am 18.3.2021, copyright Gallup-Healthways Well-Being Index, https://www.gallup.com/workplace/339842/decades-low-engagement-germany-turn-around.aspx, oder https://docplayer.org/210091172-Engagement-index-2020.html

Wenn du im Führen stärker werden willst, kannst du dein Auftreten, deine Stimme, deinen Fokus und zunehmend deine Wortwahl verändern. Sprache kann immens viel bewegen und gleichzeitig erfordert sie besonders viel Achtsamkeit. Dieses Buch wird dich dabei unterstützen.

Wir haben zu jedem Zeitpunkt die Wahl zwischen

- Opfersprache und Verantwortungssprache,
- Schuldsprache und Verständnissprache,
- Versagenssprache und Erfolgssprache.

So gern du das jeweils Zweite wählen würdest: Könnte es sein, dass du gerade in Konfliktsituationen zu folgenden Aussagen – gleich ob laut oder still ausgesprochen – neigst?

- »Ich habe keine Wahl« = Opfersprache
- »Er sollte sich gefälligst entschuldigen …« = Schuldsprache
- »Ich kann das nicht und werde das nie können …« = Versagenssprache

Wie weit kommst du im Konflikt, wenn du innerlich so mit dir oder anderen sprichst? Kann es sein, dass einige im Meeting gerade das Gleiche denken und es nur nicht zeigen, weil sie unangenehme Folgen fürchten? Und was macht das mit deiner Motivation und der Motivation der anderen Beteiligten?

Wenn du neugierig geworden bist, wie du deine Sprache verändern kannst …

… dann beginne mit kleinen Schritten. Starte z. B. mit »Ich kann das *noch* nicht« anstelle von »Ich kann das nicht und werde das nie können …«. Spürst du, wie sich der neue Satz sofort auf deine Stimmung auswirkt? Du kannst dich selbst führen und entscheiden, was dich mehr motiviert, an einer Sache dranzubleiben.

Wenn es dir noch schwerfällt, auf eigene Formulierungen zu kommen, dann mache dich erst mal in kleinen Schritten auf den Weg. Nach der Lektüre des Buches wirst du ganz woanders stehen …

Abb.: Kleine Schritte stetig ausgeführt sind großen Schritten oft überlegen

Du willst vorankommen? Dann mach kleine Schritte.

1.6 Darf es etwas mehr sein?

Diese Überschrift findest du auch in anderen Kapiteln. Darunter haben wir Impulse für dich zusammengestellt, die es dir ermöglichen, dein erworbenes Wissen noch zu vertiefen. Das Lesen der folgenden Abschnitte ist nicht unbedingt notwendig – Interessierte finden darin jedoch mehr Tiefe und Hinweise zur Anwendung im Alltag.

Fühl dich frei, dieses Kapitel zu lesen.

1.6.1 Fortschritt statt Perfektion

Deine Einstellung spielt bei allen Aktionen eine wichtige Rolle. Eine der Fallen dabei (so sehr uns das Zitat von Herbert von Karajan auch gefällt) ist der Perfektionismus. Perfektionismus ist nichts Natürliches, sondern ein Konstrukt, das aus der Angst vor den Bewertungen anderer entstehen kann.

Nach Perfektion zu streben bedeutet dann häufig zwei Dinge:

1. **Entweder du belügst dich und andere und tust so, als wärst du bereits perfekt, oder**
2. **du leidest fortan dauerhaft, weil du im Alltag ständig erlebst, dass du nicht perfekt bist.**

Beides hat mit dem wahren Leben nicht viel zu tun. Die Folge: Du wirst von anderen durchschaut und nicht ernst genommen – auch wenn die meisten das nicht offenlegen. Du verlierst Menschen, außer diejenigen, die in dir den verheißungsvollen »Messias« sehen, der angeblich so viel besser und weiter ist, als sie selbst. Im Perfektionsstreben sind wir festgefahren, denn Perfektion widerspricht jeder Weiterentwicklung.

Solange wir versuchen Perfektion zu erlangen, können wir uns nicht weiterentwickeln, denn nichts, was wir anpacken werden, wird fertig.

Zur menschlichen Entwicklung gehört paradoxerweise auch, unsere Unvollkommenheit zunehmend zu akzeptieren.

In der Realität können wir nur wachsen, solange wir nicht perfekt sind. In der Realität wächst die Natur bis zum Tode. Also akzeptiere deine momentanen (!) Grenzen und strebe lieber nach Fortschritt statt nach Perfektion.

1.6.2 Die verführerischen Rechtsmittel: Abmahnung und Kündigung

Kennst du das? Ein Problem mit einem Mitarbeiter taucht auf. Und irgendwann reicht es dir einfach und du überlegst, den Mitarbeiter zu kündigen. Vielleicht hast du das sogar schon mal gemacht. Nun, da bist du nicht der oder die Einzige. Im Vorfeld unseres Buches haben wir zahlreiche Personaler interviewt, und einige erzählten, wie sie »das Problem« eliminiert haben. Und doch hat an vielen später wiederholt eine Frage genagt: »Was hätte ich anders machen können?«

Klar, du kannst dich von deinem Mitarbeiter trennen.
Ja, das löst dein Problem in dem Moment.
Bis du jemanden triffst, der dich genauso wütend macht.

Auch wenn Abmahnung und Kündigung ihre Daseinsberechtigung haben, möchten wir an dieser Stelle eine andere Betrachtung anbieten. Dazu einige herausfordernde Behauptungen:

Jeder ist talentiert.

Bisher haben wir das bei jedem herausgefunden, wenngleich sich einige Menschen ihrer Talente nicht bewusst sind, weil sie nicht damit vertraut sind oder nicht wissen, wie sie damit Geld verdienen können. Leider können nur wenige ihre Talente an der Stelle, an der sie sich im Unternehmen befinden, gewinnbringend für alle Seiten einsetzen.

Konflikte sind unvermeidlich.

Konflikte können über Jahre ihr Eigenleben in Unternehmen entwickeln. Ihnen wird immer wieder aus dem Weg gegangen, keiner traut sich an das »heiße Eisen« heran. Sie zeigen sich z. B. in der unendlichen Suche nach Schuldigen oder dem mehr oder weniger schnellen Sterben von Abteilungen, Projekten und ganzen Unternehmen. Durch Entlassung und Neueinstellung sind sie nicht wirklich zu beseitigen.

Wenn ein Konflikt ignoriert wird

General Motors war nach Verkaufszahlen 77 Jahre lang der größte Automobilhersteller der Welt – bis 2007 mit einem Jahresumsatz von 180 Milliarden US-Dollar. 2007 war GM verschuldet mit 185 Milliarden US-Dollar, da das Unternehmen trotz der Ölkrise in den 70er-Jahren weiterhin Fahrzeuge mit hohem Spritverbrauch baute und sich seine Kunden zunehmend anderweitig umschauten. Toyota wurde unter anderem dadurch zum größten Automobilhersteller der Welt. War dies bei GM nicht bekannt? Klar war das bekannt und auf allen Gängen wurde darüber getuschelt, dass das auf Dauer nicht so weiterginge. Nur im Topmanagement wurde der Konflikt konsequent beiseitegeschoben.

So kam 2009 die Insolvenz. Der Konzern mit Marken wie GMC, Buick, Cadillac, Chevrolet und Hummer konnte nur mit Staatshilfe in Höhe von 51 Milliarden US-Dollar unter Präsident Obama gerettet werden. Von diesen wurden vier Jahre später 39 Milliarden US-Dollar durch Verkauf der Staatsanteile an der Börse zurückgeholt. 1,2 Millionen Arbeitsplätze wurden gerettet und 34,9 Milliarden US-Dollar Steuereinnahmen gesichert[2].

Ist ein Konflikt, den alle wahrnehmen, über den jedoch niemand spricht, nicht sehr viel destruktiver als einer, der offen zutage tritt und in Angriff genommen wird? **Wie die Menschen sind auch die Unternehmen gemeinhin so krank wie ihre Geheimnisse.**

Was, wenn es gar nicht am Mitarbeiter liegt?

Sondern eher an der Konfliktunfähigkeit der Führungskraft? Liegen dem Mitarbeiter die Aufgaben und werden seine Talente erkannt und gefördert? Oder wird die Arbeit schlichtweg irgendjemandem, »der gerade über den Gang läuft«, zugeteilt?

2 Center for Automotive Research, 880 Technology Drive, Ann Arbor, MI 48108, www.cargroup.org

Strukturelle Konflikte

Es gibt auch strukturelle Probleme und Konflikte, bei denen eine Partei ihre Ziele nur erreicht, indem sie die Ziele anderer durchkreuzt. Die daraus resultierenden Reibungsverluste basieren häufig auf Fehlentscheidungen auf höherer Ebene. Diese strukturellen Konflikte sind von Mitarbeitern nicht zu lösen. Strukturelle Konflikte sind auf der Ebene, auf der sie entstanden sind, bekannt zu machen und zu lösen, was häufig nicht passiert!

Die teuren Wege aus dem Schlamassel

- In größeren Unternehmen bieten sich Abteilungswechsel an, die eklatante Verbesserungen bringen können, wenn die Chemie zwischen Chef und Mitarbeiter wieder stimmt.
- Auch Wechsel innerhalb des Konzerns sind eine Alternative. So bleibt das jahrelang gewachsene und teure Know-how dem Unternehmen erhalten und es können Synergieeffekte entstehen, wenn das Know-how an anderer Stelle im Konzern genutzt werden kann.
- Die teuerste Alternative ist: ein *neuer* Mitarbeiter, der angeworben und oft über Jahre mühsam eingearbeitet wird. In vielen Fällen bringt dieser erst nach ein bis zwei Jahren die erwünschte »Rendite«.

  So betragen die Kosten für eine Neubesetzung ca. 60 Prozent des Jahresgehalts der zu besetzenden Stelle (Allen 2008). Die Gesamtumsatzeinbußen summieren sich schnell auf ca. 90 bis 200 Prozent des Jahresgehalts. Diese Kosten sind alltägliche Realität und erscheinen gleichzeitig in keiner Bilanz.

Vielleicht erkennst du bereits, wie viel geldwertes Potenzial sich darin verbirgt und welche Bedeutung dem Tabuthema Konfliktmanagement zukommt?

1.6.3 Ursachen statt Folgen beheben

Die Kosten unsinniger Fragen

Dr. Elmar Degenhart, später Vorstandsvorsitzender der Continental AG, damals noch Leiter einer Business Unit, untersuchte in seinem Bereich, wie viel Zeit durch folgende zwei Fragen verloren ging:

1. Wer hat recht?
2. Wer ist schuld?

Ergebnis: Mehr als 20 Prozent der gesamten Arbeitszeit gingen in endlosen und immer wieder auftauchenden rechthaberischen Debatten und unsinnigen Suchen nach dem Schuldigen verloren.

Wenn Mitarbeiter gefragt wurden, was sie wollten, kam häufig die Antwort: weniger Arbeit und mehr Leute. Dr. Degenhardt zeigte auf, dass bereits die Eliminierung dieser beiden Fragen mehr Zeit gebracht hätte, als durch weitere Einstellungen hätte gewonnen werden können.

Dr. Degenhardt hat sich konsequent der Ursache gewidmet (der Vermeidung der zwei unsinnigen Fragen) und nicht den Folgen (der Mitarbeiteranzahl als Kompensation für die Folgen unsinniger Fragen).

Wie wäre es, mehr als 90 Prozent dieser Kosten zu vermeiden und die frei werdende Energie konstruktiv zu nutzen?

1.6.4 Konflikte lösen spart Zeit und Geld

Die Zehnerregel[3] für Fehlerkosten in der Technik beschreibt, wie sich die Kosten in Zehnerschritten multiplizieren, je nachdem, wann der Fehler entdeckt wird. So kann die Beseitigung am ausgelieferten Endprodukt 100.000 Euro kosten, während die Behebung desselben Fehlers in der Entwicklung gerade mal 10 Euro kostet.

So wie bei der Zehnerregel für Fehlerkosten verhält es sich auch mit der Auswahl und Besetzung von Mitarbeiter- und Führungsposten.

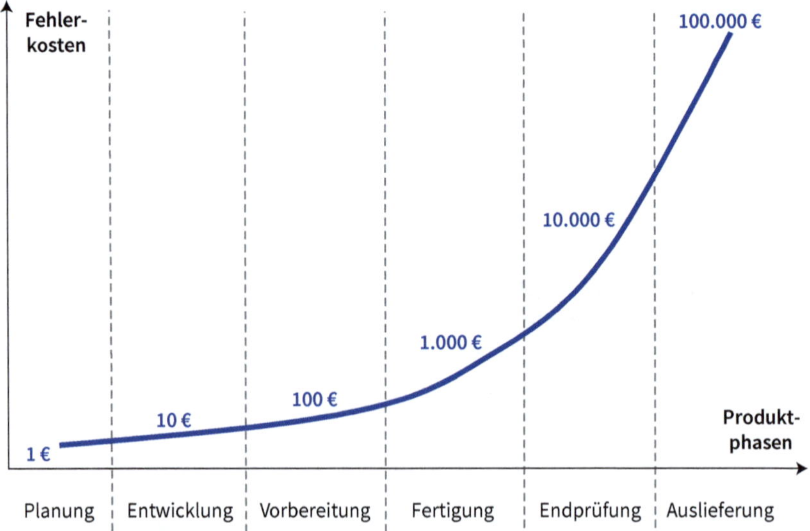

Abb.: Fehlerkosten steigen exponentiell

3 Failure costs, Fehlerkosten nach DIN 55350, https://www.en-standard.eu/din-standards/

Zu den Aufgaben von Führungskräften und Personalern gehört es, sich *kontinuierlich* die Frage zu stellen, wo Mitarbeiter entsprechend ihren Talenten und Neigungen optimal eingesetzt werden können. Viele Konflikte beruhen darauf, dass Mitarbeiter bereits seit vielen Jahren am falschen Platz eingesetzt werden bzw. zur Führung ungeeignete oder ungeschulte Kräfte ganze Abteilungen beeinträchtigen – und keiner sich jemals getraut hat, deren Eignung und Position infrage zu stellen.

Wenn dir jetzt bereits erste Fälle bewusst werden, siehst du, dass dort Handlungschancen für alle Seiten bestehen.

1.6.5 Typische Erwartungen an Personaler

Kennst du das?

- Du bist Personalerin geworden und jeder im Unternehmen glaubt, dass du gut mit Konflikten umgehen kannst. Konfliktmanagementfähigkeit wird als Grundvoraussetzung bei deiner Einstellung angenommen: von Mitarbeitern und deren Führungskräften (außerhalb der Personalabteilung).
- Daher glauben diese, sie könnten mit einem eskalierten (!) Konflikt »einfach mal schnell zur Personaltante« gehen, um ihn loszuwerden.
- Über Jahre und bisweilen Jahrzehnte angestaute Konflikte überfordern auch die Personalabteilung und müssten von Spezialisten geklärt werden, für die keiner das Geld lockermachen will. So bleibt der Konflikt erhalten und frisst sich in Abteilungen, Bereiche und ganze Unternehmen.

Aus unserer Praxis

In einem Unternehmen wird zwei Führungskräften über Jahre zugeschaut, wie sie sich gegenseitig sabotieren. Erst als dadurch ein Auftrag über fünf Millionen Euro verloren geht, fällt jemandem auf, dass es Sinn ergibt, sich um den Konflikt zu kümmern. Schließlich wird ein Mediator beauftragt, den Konflikt beizulegen. Zuvor wird allerdings heftig diskutiert, ob man seinem Honorar von 2.000 Euro zustimmen soll.

Die still vorausgesetzte Kompetenz

Viele sind der Überzeugung, dass Personaler Konfliktmanagement aus dem Effeff beherrschen. Der Personaler weiß, dass dem in vielen Fällen gar nicht so ist. Hinzu kommt, dass Personaler Teil der Unternehmensleitung sind und somit für das Unternehmen sprechen. Ein Dilemma, da der Mitarbeiter, der sich an »seinen Personaler« wendet, davon ausgeht, dass dieser nur für ihn da ist.

1.7 Abschlussfragen

Wir geben dir am Ende jedes Kapitels die Gelegenheit, dein neues Know-how in Situationen aus deinem eigenen Leben anzuwenden, um damit zunehmend mehr Souveränität im Umgang mit Konflikten zu erlangen. Beantworte die nachfolgenden Fragen und bleibe ehrlich mit dir.

In einem Lernprozess Geduld mit sich selbst zu haben ist etwas, was die meisten in der Schule verlernt haben. Wir haben dort eher gelernt zu funktionieren und die natürliche Freude am Lernen vergessen. Für viele von uns ist es daher eine Herausforderung, eigene Gedanken und die eigene Einstellung zu hinterfragen und zu verändern.

Nimm dir nun bitte mindestens 15 Minuten Zeit, in denen du ungestört über die folgenden Fragen nachdenkst und die Antworten aufschreibst. Hast du etwas zu trinken und zu schreiben? Dann kann's losgehen …

Bevor du eine Aufgabe übernimmst …

1. Welche besonderen Fähigkeiten werden dir zugesprochen?
2. Wie kannst du diese optimal einsetzen?
3. Wer kann dich unterstützen, dort, wo du deine Schwächen hast?

Wenn du eine Aufgabe von einem Auftraggeber übernommen hast …

4. Mit welchen Widerständen gilt es zu rechnen?
5. Woran hat es bisher meist gehakt?
6. Was ist deine Stärke und wie kannst du diese sichtbarer machen?

Du machst die Aufgabe mit der Einstellung …

7. »Das klappt nie« oder »Was kann ich dazu beitragen, dass es klappt?«
8. »Ich führe den Auftrag aus« oder »Ich übernehme die Führung«
9. »Das Feedback wird mich vernichten!« oder »Was kann ich lernen aus dem Feedback, selbst wenn es destruktiv formuliert wird?«
10. Wo möchtest du dich hin entwickeln? Was tust du dann? Was tust du dann nicht mehr?

Notiere deine wichtigsten Erkenntnisse:

Was antwortest du z. B. sechs oder zwölf Monate später? Kommen neue Aspekte zum Tragen? Wo hast du dich in deiner Sichtweise weiterentwickelt?

2 Erst wird es schwerer, bevor es leichter wird

»Klar kannst du schweigen. Klar kannst du vergessen.
Das klappt alles gut bei Unwichtigem.
Doch wenn Wichtiges vor sich hin schwelt,
kann jederzeit ein Feuer entfacht werden,
das dir die Augen öffnen wird.«

Die erste Urlaubswoche ihres Chefs neigt sich dem Ende zu. Eigentlich war das doch die erste Woche, in der Paula ihren Chef hätte vertreten sollen. Sie hatte mit einer aufregenden und schönen Zeit gerechnet. Nun ja, es war ja auch aufregend – aufregender, als sie es sich gewünscht hatte. Eher wie ein Spießrutenlauf: Die Blicke der anderen, wenn sie ihnen im Gang begegnete. Die Tatsache, dass niemand bei ihr vorbeikam und fragte, was ansteht, so wie sie es beim Chef oft machten. Das leise Tuscheln, das aufhörte, wenn sie durch das Großraumbüro zum Kopierer ging … Oder bildete sie sich das alles etwa nur ein?

Ich muss mich zusammenreißen und darf mich nicht verrückt machen. Ich muss kühl und rational bleiben, ermahnt sich Paula. Gleichzeitig macht sich ein schales Gefühl in ihr breit. Sie wollte doch »den Laden schmeißen« und nun – nach nicht einmal einer Woche – hatte sie sich verkrochen, regelrecht unsichtbar gemacht. Sie schwankt zwischen Kampf und Räson. Welche Seite wird wohl den Kampf in ihrem Herzen gewinnen?

Es klopft an Paulas Tür. Ein dunkelhaariger junger Mann mit einem freundlichen Lächeln tritt ein. Sie erkennt ihn vom Vorstellungsgespräch vor einigen Monaten wieder.

»Hallo, Herr Lenhart. Was verschafft mir die Ehre?«
Er fragt etwas schüchtern: »Kann ich mal mit Ihnen sprechen?«
»Klar!«, erwidert Paula und schiebt ihre Akten, die sie gerade einsortieren wollte, zur Seite. »Worum geht es denn?«
»Nun, es ist mir etwas unangenehm, das anzusprechen. Wir hatten doch das Einstellungsgespräch vor vier Monaten und uns damals über die Möglichkeiten einer Fortbildung unterhalten. Es ging um den Kurs für *Python*, die Software, wissen Sie noch?«
»Ja, klar.« Paula hat das Gespräch sehr gut im Kopf.
»Ich habe meinen Chef gefragt, wie's aussieht, ob wir die Weiterbildung nicht buchen sollten, weil ich das gerade im aktuellen Projekt so gut brauchen könnte. Und er meinte, dass das dieses Jahr nicht geht, er hätte auch in der Personalabteilung nachgefragt. Aber er könne da nichts machen.«

Paula spürt, wie die Hitze in ihr aufsteigt. Wie peinlich: Erst machen wir Versprechungen und dann halten wir sie nicht ein! Bei wem er wohl angerufen hat? Vor ihrem geistigen Auge taucht das Gesicht von Irina auf und sie hört Irina sagen: *Zu teuer!*

»Ja, äh, verstehe«, stammelt Paula. »Ich frage mal nach und gebe Ihnen Bescheid.« Bei Irina nachfragen? Nach dem letzten Meeting?! Der junge Mann tut ihr ja leid, aber im Ernst: Irina fragen? Sollte Paula ihn etwa anschwindeln – oder hatte sie das mit der Zusage bereits getan? Er wollte doch in diesem Unternehmen seine Talente als Programmierer einbringen. Das war doch gut für alle!

»Alles klar! Tut mir leid für die Störung! Danke auf jeden Fall!«, hört sie Herrn Lenhart in ihren Gedankenstrom hinein sagen, bevor er leise die Tür hinter sich schließt.

Ein gut ausgebildeter Mitarbeiter an einem Platz, an dem er seine natürlichen Fähigkeiten nicht einsetzen kann, ist verschwendetes Talent.

Ein nicht weitergebildeter Mitarbeiter kostet ein Unternehmen, das sich in sich stetig verändernden Märkten befindet, mehr, als er ihm bringt.

Paula schämt sich für die Zusage, die sie dem jungen Mann vor vier Monaten gemacht hatte. Klar, das Unternehmen hatte schon bessere Zeiten gesehen, aber da müsste doch etwas gehen.

Als sie Irinas mürrisches »Hallo?« am Telefon hört, nimmt Paula all ihren Mut zusammen und fragt:

»Hallo Irina, ich hätte da einen jungen Mann, den Herrn Lenhart. Dem habe ich bei der Einstellung gesagt, dass wir ihm eine Fortbildung zahlen, wenn er zu uns wechselt.«
»Kommst du jetzt auch noch?«, fällt ihr Irina ins Wort. »Das hab ich doch seinem Chef schon gesagt, dass das nicht geht! Das haben wir doch eindeutig im letzten Meeting besprochen! Du hast doch selber Protokoll geführt!«
»Aber ich habe ihm das vor einigen Monaten noch zugesagt!«
»Hätte ich nicht getan. Dann musst du eben den Gang nach Canossa machen und ihm reinen Wein einschenken! Der will doch nicht etwa seinen Chef umgehen, oder?«
»Können wir bei ihm nicht eine Ausnahme machen?«
»Da kann ja jeder kommen, so etwas spricht sich doch herum! Und dann will jeder eine Ausnahme.«

In Paula rumort es, sie spürt: Irgendetwas stimmt da nicht – sie weiß nur nicht, was. Sie kann es nicht greifen und denkt sich irgendwann, aus Gewohnheit an sich zweifelnd: Ich bin für den Job einfach nicht geeignet. Hoffentlich merkt das keiner. Also sagt sie nichts und fragt sich zerknirscht: Und was sage ich jetzt Herrn Lenhart?

Paula gelangt langsam zu der Überzeugung: So geht eben Unternehmen – da kann man sich nur anpassen und mitmachen. Kopf einziehen ist besser als sichtbar sein, da erwischen einen die »Kugeln« wenigstens nicht. Aber noch ist da ein Funke, der sich hartnäckig hält und der nicht erlöschen will. Paula überlegt: Vielleicht geht es ja, das Thema im nächsten Meeting noch mal anzustoßen? Vielleicht gilt es einfach nur, es geschickter zu platzieren?

Montagmorgen – Abteilungsmeeting

Diesmal hat Paula die Agenda kurz gefasst und hofft, auf diese Weise einige Themen »strategisch platzieren« zu können. Wie beim letzten Mal dauert es gefühlt eine Ewigkeit, bis alle im Raum sind. Wobei: »Alle« sind diesmal irritierend wenige. Wo ist Heinz und …? Oje, Irina fehlt! Paula schaut irritiert zu Berta. Berta lächelt süffisant: »Übrigens, Irina kann heute nicht, hat 'nen Termin in der Marketingabteilung.« Paula fragt, wieso Irina ihr nicht Bescheid gegeben habe. »Das musst du sie schon selbst fragen«, antwortet Berta.

Paula merkt, wie die Wut in ihr hochsteigt. Jetzt kann sie das Thema mit Herrn Lenhart wieder nicht ansprechen. Hatte sie das Thema extra aus der Agenda weggelassen, damit Irina nicht vorgewarnt ist und sich darauf einstellen kann – schon bereut sie es. Oder sollte sie es jetzt trotzdem anbringen? Das geht nicht, sagt ihr schlechtes Gewissen – sonst wird ihr Irina später schwer in die Parade fahren …

Sie fragt sich, was mit Heinz ist. Hat er jetzt auch etwas gegen sie? Paulas Mut fällt in sich zusammen. Hatte sie sich bis dahin noch innerlich gehalten, merkt sie, wie sie nun zunehmend aufgibt. Sie fragt sich, warum ihr die anderen nicht Bescheid gegeben haben. Jetzt erst bemerkt Paula die Blicke der anderen im Raum. Wie lange hatte sie eigentlich geschwiegen?

Ach ja, Irina fragen?! Nein, nie im Leben! Diese falsche Schlange! Das macht die doch mit Absicht und Berta unterstützt sie auch noch! In Paulas Kopf tauchen Bilder auf, die sie schnell wieder wegwischt. Und doch kommen die Bilder von Irina wieder und wie sie heimlich lacht in der Marketingabteilung. Paula plant, sich nach dem Meeting zu überlegen, wie sie es Irina heimzahlen kann … und auch noch Berta. Oje, und was sagt dann Peter? Mache ich damit mein Ansehen nicht kaputt? Okay, dann muss es eben genauso schamlos niederträchtig sein, wie Irinas Aktion …

»Was machen wir dann mit den Fortbildungsthemen«, fragt Paula in die Runde. »Ach, da ist ja nach letzter Woche nichts groß zu entscheiden. Ist ja grad kein Thema«, meint Berta mit einem leisen Unterton des Triumphes. »Und wie sollen wir entscheiden, wenn nicht alle da sind – wir sind ja gar nicht beschlussfähig!«

Paula merkt, wie sie wieder rot wird, wie sie immer mehr in den Kampfmodus gerät. Gedanken fliegen durch ihren Kopf: Wir sind nicht beschlussfähig? An wem liegt das wohl? Innerlich geht ihr der Hut hoch, doch sie versucht sich nichts anmerken zu lassen. Sie kocht. Paula macht gute Miene zum bösen Spiel. Sie hofft, dass der Kragen ihrer gelben Bluse die roten Flecken an ihrem Hals verdeckt, die sie bekommt, wenn sie wütend ist.

Weshalb schaut Berta sie so prüfend an? Hat sie die Flecken bereits gesehen? Ach so. Es dämmert Paula, dass sie wieder nichts gesagt hat. Sie stammelt kurz: »Na gut, dann ist es halt so. Kann man nichts machen.« Gleichzeitig denkt sie aber: Vielleicht sollte ich das einfach nicht akzeptieren? Sich so aus dem Meeting davonzustehlen, ohne Bescheid zu geben?!

Kurz kommt Paula eine wilde Szene in den Kopf: Sie sieht, wie sie sich im Meeting – par ordre du mufti – frei für die Fortbildung von Herrn Lenhart entscheidet – gegen alle Widerstände. Sie sagt: »Deswegen bin ich die Leiterin der Abteilung und ihr nicht!« Und Irina fügt sich ein, weil sie jetzt nichts mehr zu sagen hat.

Paula wacht aus ihrem Tagtraum auf und sieht die anderen wieder vor sich. Wenn ich das jetzt mache, denkt sie, dann habe ich sie alle gegen mich und mein Chef wird mich enttäuscht fallen lassen. Paula schweigt. Diese Augen! Wieso starren die mich immer so an?

»Ach so, äh, nächster Tagesordnungspunkt …«

Das Meeting geht weiter. Paula ist wie in Trance, sie schwankt zwischen Ärger, Wut, Schuld- und Schamgefühlen. Sie nickt die Themen nur ab, will möglichst schnell aus dem Raum und ihre Ruhe. Das ist ihr alles zu anstrengend. Vielleicht bin ich einfach keine Führungskraft, denkt sie. Offensichtlich muss man dazu geboren sein. Das ist halt nicht jedem gegeben. Die Gedanken toben noch in ihrem Kopf, als der Letzte schon lange den Raum verlassen hat.

Verloren sitzt Paula auf ihrem Stuhl. In nicht einmal zwei Wochen hab ich den Karren in den Dreck gefahren, denkt sie. In dieser Zeit ist nichts von Bedeutung entschieden worden. Gut, dass Peter bald wieder da ist! Oder doch nicht? Was, wenn er das alles sieht? Es ist ja nicht wirklich etwas vorangegangen. Werden die anderen mit ihm über die Meetings sprechen? Wieso hat er überhaupt mich zu seiner Stellvertretung berufen? Ich bin doch eine gewöhnliche Personalerin und Irina wäre die bessere Wahl – immerhin ist sie unsere Abteilungsexpertin für fortbildungs- und rechtsrelevante Themen?

Paula verkriecht sich in ihrem Büro und merkt erst nach einer ganzen Weile, dass sie auf ihren PC starrt, ohne etwas zu tun. Hoffentlich merkt keiner, wie schlecht ich bin. Warum machen die das? Wie komme ich da wieder raus? Fetzen des Meetings ziehen durch ihren Kopf. Sie fühlt sich einsam und irgendwie verloren. Doch sie drückt diese Gefühle aus Gewohnheit schnell weg, zu bedrückend! Das ist ja wie damals zu Hause. Irgendwie unlösbar …

Paula beschließt, noch schnell zu einem Discounter zu fahren, um einzukaufen. Als sie an der Kasse steht, merkt sie peinlich berührt, wie viele Süßigkeiten sie eingepackt hat. Hoffentlich sieht man mir das nicht an, denkt sie sich. Doch als sie es sich in ihrer Wohnung gemütlich macht und den Fernseher anschaltet, vergisst sie den Alltag im Bann der Süßigkeiten, die Zug um Zug in ihrem Mund verschwinden.

Zwei Tage später, Paula hat sich gerade ihren Morgenkaffee geholt, läutet ihr Telefon. Sie schaut aufs Display und sieht: »IT – Lenhart, Tobias«. Paula wird es heiß: Oje, jetzt will er auch noch Bescheid bekommen. Paula beschließt, »noch nicht im Büro zu sein«. Ach nein, geht nicht, sie hat ja die Abwesenheit ausgeschaltet. Okay, denkt sie sich, dann bin ich eben am Kaffeeautomaten, da war ich ja wirklich gerade erst. Sie wartet noch ein Weilchen und das Läuten hört auf. Nur das gelbe Lämpchen, das anzeigt, dass jemand angerufen hat, leuchtet Paula »vorwurfsvoll« an.

Die Scham, die ihren Körper gerade noch überschwemmt hat, wird von Erleichterung verdrängt. Ich muss erst mal nachdenken, bevor ich ihm etwas sage, denkt Paula. Schließlich ruft sie Herrn Lenhart an:

»Hallo, Herr Lenhart, haben Sie versucht mich zu erreichen?«
»Ja, Frau Aulett. Können Sie sich noch an unser Gespräch letzte Woche erinnern?«
»Ja, Sie meinen wegen der Fortbildung – wie hieß das doch gleich noch mal?«
»Python.«
»Ach ja, genau. Da kann man leider nichts machen.«
»Aber bei meiner Einstellung sagten Sie doch …«
»Ja, Herr Lenhart, das stimmt, aber leider hat sich die Sachlage für unser Unternehmen geändert. Da müssen wir jetzt alle durch.«

Noch während sie das sagt, schämt sich Paula für ihre Worte. Ist sie jetzt auch so berechnend geworden wie Irina? Sie schaut zu Boden, als sie den Hörer auflegt. Wie kann ich mich Herrn Lenhart gegenüber nur so verhalten?, fragt sie sich. Er hat mir doch gar nichts getan. Was ist mit mir nur geschehen?

Die Woche vergeht schrecklich langsam. Paula ist froh, dass kein Meeting mehr ansteht, bis Peter zurück ist.

Montag – Peter ist zurück aus seinem Urlaub

Als Peter am Montagmorgen braun gebrannt ins Büro kommt, versprüht er wie so oft gute Laune und erzählt ein paar Reiseanekdoten in der Kaffeeecke. Na klar – Irina und Berta sind natürlich auch dabei, denkt sich Paula.

Als Peter an Paulas Zimmer vorbeikommt, fragt er: »Und, Paula, wie war's, mal Chef zu spielen?« Paula könnte ihm an die Gurgel gehen. Mühsam ringt sie sich ein Lächeln ab und sagt: »Schwer!« »Echt? Haben die dir eingeheizt? Na ja, wenn die Katze aus dem Haus ist … Du kennst ja den Spruch. Alles halb so wild!«

Paula will gerade anfangen zu erzählen, schweigt dann aber lieber und schluckt alles herunter. Sie will ja keine schlafenden Hunde wecken und Peter suggerieren, dass er aufs falsche Pferd gesetzt hat. Wenn Peter das so locker nimmt, wieso kann ich das dann nicht?, fragt sich Paula. Vielleicht fehlt mir der Sinn für Lockerheit oder die Abgeklärtheit – oder tauge ich einfach nicht zur Führung?

»Wann genau gehst du eigentlich in Urlaub?«, fragt Peter. »Nächste Woche«, antwortet Paula und fügt innerlich hinzu: Und dann habe ich endlich meine Ruhe!

Mitten im Abenteuer der Konfliktklärung – und einfache Wege, es zu bestehen

»Die Definition von Wahnsinn ist, immer wieder das Gleiche zu tun und andere Ergebnisse zu erwarten.«
Albert Einstein

Im »Abenteuer der Konfliktklärung« findest du in diesem Kapitel die wichtigsten Werkzeuge und Ideen, die dir helfen, erfolgreich mit den täglichen Herausforderungen als Personaler oder Personalerin umzugehen.

2.1 In emotionalen Konflikten »kühl und rational« bleiben – eine gute Idee?

– Die Tatsache, dass niemand bei ihr vorbeikam und fragte, was ansteht, so wie sie das beim Chef oft machten. Das leise Tuscheln, das aufhörte, wenn sie durch das Großraumbüro zum Kopierer ging … Oder bildete sie sich das alles etwa nur ein? –

– Ich muss kühl und rational bleiben, ermahnt sich Paula. –

Einen »kühlen Kopf« zu bewahren ist in Konfliktsituationen sehr sinnvoll, da wir so die Chance haben, Situationen mit Bedacht einzuschätzen. Doch was, wenn wir versuchen, uns zu einem »kühlen Kopf« zu zwingen, obwohl wir ihn nicht haben?

Gerade in Konfliktsituationen ist es wichtig, uns da abzuholen, wo wir sind, sonst agieren wir an uns vorbei. Das ist, als würden wir eine Freundin, mit der wir in den Urlaub fahren wollen, bei uns zu Hause suchen, statt sie bei ihr zu Hause abzuholen. Das bringt eben nichts. Auch wenn uns das klar ist, tun wir das im Gespräch oft nicht – und noch viel weniger in schwierigen Gesprächen. So bleiben Emotionen ungehört – wir und andere bleiben ungehört. Und wir versuchen diese Emotionen zusätzlich noch zu unterdrücken, zu ignorieren oder nicht zu beachten.

Gefühle zeigen

Wie beendest du den folgenden Satz: »Das Zeigen von Gefühlen ist ein Zeichen von …«?
Viele ergänzen den Satz mit »Schwäche«. So haben sie es gelernt.
Bist du bereit, diesen Satz zu hinterfragen? Falls ja: Ist es für dich leicht, Hilflosigkeit oder Ohnmacht zu zeigen? Nein? Wie kann es dann eine Schwäche sein?
Verletzliche Gefühle zu zeigen erfordert also tatsächlich Stärke.

Zu wem zieht es dich eher: zu Menschen, die keine Gefühle zeigen und sich unnahbar verhalten, oder zu Menschen, die sich mitteilen und offenlegen, wie es ihnen gerade geht? Vorausgesetzt, sie übernehmen die Verantwortung für ihre Gefühle.

Wir tun so, als wären Emotionen ein »Fehler im System«, der nicht sein darf. Wir versuchen wie eine Maschine zu funktionieren und versagen. Wir versagen uns unsere eigene Natur! Wir vergessen, dass die Natur Millionen von Jahre investiert hat, um uns ins Leben zu bringen, und ignorieren die wertvollen Signale, die sie uns jeden Tag sendet.

Wie viele Menschen kennen den Sinn ihrer Gefühlswelt nicht? Wie leicht sind wir dann zu manipulieren – durch Werbung, Influencer, selbsternannte und gehypte Celebritys und schnelle Nachrichten aus aller Welt? Wie viel Gehalt ist in Informationen, die nichts mit uns zu tun haben, uns einen Lebenssinn vorgaukeln und doch nur unsere Lebenszeit verschwenden?

Dein Leben von innen in Selbstbestimmung führen

Zeit, uns selbst zu dechiffrieren, damit wir wieder einen Zugang zu unserer Gefühlswelt bekommen und unser Leben in die eigenen Hände nehmen, anstatt »fremdgesteuert mit dem Schwarm zu laufen«. Willst du wissen, was deine Gefühle dir sagen und was sie mit einem erfüllten Leben zu tun haben?

– Sie schwankt zwischen Kampf und Räson. –

Gerade in Unternehmen wird auf höheren Ebenen oft gekämpft wie unter Tieren in freier Wildbahn. Testosteron scheint den Erfolg zu bestimmen. Das Ego geht vor – vor den Führungsauftrag, vor den Mitmenschen, vor den eigenen Werten. Auf teuren Hochglanzpapieren stehen die Firmenwerte – dort steht etwas von Offenheit und Vertrauen. Und dann erleben die Mitarbeiter, dass ihr Chef nicht auf ihre Anliegen eingeht und ihre Fragen nicht beantwortet.

Weiteres dürftest du aus eigener Erfahrung kennen: endlose und fruchtlose Sitzungen, in denen Selbstdarstellung das Schweigen der Mehrheit dominiert. Wo Einzelne bestimmen, wo die Gemeinschaft hingeht, auch wenn das bedeutet, dass alle leiden und Ziele nur wenigen dienen. Sinnvoller Widerstand, sich infrage stellen und sinnvolle Entscheidungsfindungen, die am Erfahrungsstand der Beteiligten und den Bedürfnissen der Betroffenen orientiert sind: Fehlanzeige.

Im Extremfall werden die Unteren durch die Oberen unterdrückt. In solchen Unternehmen versucht jeder nach oben zu kommen, um der Unterdrückung zu entkommen: nach oben buckeln, nach unten treten.

Weitblick, Menschlichkeit und Miteinander? Im Business-Alltag bisweilen oft Mangelware. Unsere Sprache macht es uns dabei oft nicht leicht – sie ist eine Mischung von Kampfsprache (sich beherrschen, sich durchsetzen, andere überreden …) und gefühlloser Räson (da muss man durch, da kann man nichts machen, das ist halt so …). Wie also kommen wir da heraus, angesichts der Tatsache, dass sich diese Sprache jahrelang in unser System eingeprägt hat?

2.2 Entscheidungen treffen? Bitte mit achtsamem Blick

Hier ein paar »Erste Hilfe«-Fragen, die die Leiter und die Teilnehmer von Sitzungen dabei unterstützen, bessere Entscheidungen zu treffen:

- Wer von uns hat Erfahrung mit diesem Thema und nachgewiesene (!) Expertise?
- Was genau ist das Nadelöhr?
- Haben wir das nötige Know-how an Bord, um eine Entscheidung zu treffen?
- Können wir es uns leisten, auf die Realisierung des Themas zu verzichten?

Traust du dich, den Unsinn, den du gestern noch von dir gegeben hast, heute loszulassen? Wie oft hast du feststellen können, dass du heute schlauer bist als gestern? Und doch verteidigen wir unsinnige und überholte Entscheidungen, weil wir uns nicht die Freiheit geben, über uns selbst zu stehen. Das kleine furchtsame Ego beherrscht uns und will den Weg zu unserer Größe nicht freigeben.

Beispiele:

- Du kommst später, als von dir selbst vorgeschlagen?
- Du nickst die Team-Spielregeln ab und brichst sie mehrfach innerhalb der ersten vier Wochen?
- Du hast, wie Paula, zwei Leuten an zwei verschiedenen Orten gleichzeitig zugesagt? Dann hältst du dich nicht daran bzw. gibst ausweichende Antworten?

Tipp: Das Ego entmachten

Gib jeden Fehler, so schnell es geht, zu. Nur wenige werden dann darauf herumreiten.

Wehner zu Adenauer: »Das haben Sie letztens ganz anders gesagt!«
Adenauer zu Wehner: »Was kümmert mich mein Geschwätz von gestern? Oder wollen Sie mich etwa daran hindern, über Nacht klüger zu werden?«

Wie wir uns selbst begrenzen

– »Aber er könne da nichts machen.« –

Wie oft begrenzen wir uns selbst, stellen uns nicht, weichen vor dem aus, was sich uns in Konflikten zeigt? Sind Konflikte ein Zeichen dafür, dass wir uns dem Leben verweigern, oder ein Zeichen für stete Weiterentwicklung? Wie oft laufen wir davon? Wie oft bleiben wir stehen, halten inne und schauen, was das Leben uns *wirklich* sagen möchte? Wie willst du alles übers Leben wissen, wenn das Leben sich ständig weiterentwickelt? Geschieht uns das Leben oder geschieht es für uns – damit wir wachsen können?

»Ich erkenne, dass wenn ich immer stabil, ordentlich und ruhend wäre, ich im Tod lebte. Deswegen akzeptiere ich Verwirrung, Unsicherheit, Angst und emotionale Aufs und Abs; denn das ist der Preis, den ich bereit bin zu zahlen, für ein verblüffend aufregendes Leben im Fluss.«
Carl Rogers

Wie oft sind wir konfrontiert mit Menschen, die sich nicht die Arbeit machen herauszufinden, wie »Leben« wirklich geht, und doch meinen, andere führen zu können? Wie können wir uns abgrenzen, ohne einsam in einer Welt zu werden, in der Schmerz an anderen ausgelassen wird? Wo und wie können wir gesunden in einer Welt, in der uns vorgelebt wird zu schweigen und den Schmerz nach innen zu kehren?

Kann es sein, dass viele von uns einen Weg suchen, ein würdevolles und integres Leben zu führen, und die Mittel dazu oft nur im Verborgenen, im Stillen zu finden sind? Wie schnell geben wir den lauten Tönen Macht über uns? Dann gewinnt der Laute über den Leisen, doch wie oft hört der Blinde mehr als der Sehende sieht?

2.3 Wir tun das Beste, was uns zu diesem Zeitpunkt zur Verfügung steht

In einer Welt, in der viele ihren Träumen hinterherjagen und meinen, durch Anhäufung von äußerem Reichtum inneren Frieden zu finden, verschiebt sich die Perspektive schnell, wenn wir Menschen verlieren. Schlagartig erkennen wir unsere eigene Endlichkeit im Tod der anderen, die wir jahrelang verdrängt haben. Und plötzlich verändern sich unsere Werte. Was, wenn es gar nicht darum geht, was ich erreiche, erwerbe, sondern vielmehr darum, was ich beitrage zu einer schöneren und würdevolleren Welt? Worin besteht mehr Befriedigung: endlich einen Mercedes zu besitzen oder in völliger Hingabe geben zu können und wieder geliebt zu werden?

»Wer die Vorstellung von einem würdevollen Leben in sein Bewusstsein gehoben hat, kann nicht mehr anders als würdevoll leben.«
Dr. Gerald Hüther

Wir hoffen, du erlaubst uns diesen Ausflug in die Tiefe des Herzens. Denn gerade *das* ist für uns die Zukunft der Unternehmen. Eine Zukunft, in der weniger Oberflächlichkeit herrscht und mehr Tiefe und Verbindung, in der mehr miteinander gelacht wird und Menschen sich wirklich begegnen.

»Ich pflanze einen Baum, in dessen Schatten ich mich nie werde ausruhen können.«
Nach Rabindranath Thakur

Auch unser Bestes, kann fatale Wirkung haben

Daher ist Bildung und vor allem Herzensbildung so wesentlich, um wirkungsvoller und empathischer beitragen zu können in einer Welt voller Konflikte.

Ein paar Beispiele:

– »Das haben wir doch eindeutig im letzten Meeting besprochen!« –

»Eindeutig«: Wenn es so wäre, weshalb hat Paula dann Zweifel? Die Macht der Verallgemeinerung: Ich übertrage meine Sichtweise auf andere.

– »Du hast doch selber Protokoll geführt!« –

Ist gesagt, dass, wenn Paula das Protokoll führt, sie mit allem übereinstimmt, was protokolliert ist? Manchmal sind Protokolle nicht das Papier wert, auf dem sie geschrieben wurden. Wer sich die Mühe macht, die Protokolle vergangener Sitzungen – selbst auf Geschäftsführungsebene – anzusehen, und feststellt, wie viele Beschlüsse nie ausgeführt wurden, der kann schnell am Verstand der Beteiligten zweifeln. Doch es ist nicht der Verstand, sondern es ist eher unsere Schutzreaktion, die wahrheitsgetreuere Protokolle verhindert. Der Verstand wird nur vorgeschickt, um die Emotionen weiter unsichtbar zu halten.

– »Dann musst du eben den Gang nach Canossa machen …« –

Wie oft lassen wir uns von Worten täuschen, die andere und wir uns selbst sagen? Was »müssen« wir wirklich? Treffen wir nicht jedes Mal eine Entscheidung?

- Muss ich in die Firma gehen? Oder entscheide ich mich, in die Firma zu gehen?
- Muss ich die Kinder von der Schule abholen? Oder entscheide ich mich, die Kinder von der Schule abzuholen?

Und wenn ich mich entscheide, habe ich offensichtlich einen Grund dazu – ich könnte mich ja auch gegenteilig entscheiden.

- Ich entscheide mich, in die Firma zu gehen, weil ich gern etwas dazu beitrage, dass unsere Produkte in die Welt kommen.
- Ich entscheide mich, die Kinder von der Schule abzuholen, weil mir wichtig ist, dass sie sicher nach Hause kommen.

Gerade wenn wir unsere »Ich muss«-Sätze hinterfragen, können wir feststellen, dass wir vieles aus Gewohnheit tun und dies danach oft nicht mehr infrage stellen.

Jedes »Muss« ist eine Form der Tyrannei. Wo bleibt unsere Freiwilligkeit? Und wozu sagen wir anderen, was sie tun müssen? Etwa weil wir ein Nein vermeiden wollen? Und doch funktioniert das im Alltag so oft. Weshalb? Weil wir seit unserer Kindheit hören, dass andere zu uns sagen: »Du musst ...« Wir haben uns daran gewöhnt, und wenn dann noch Hierarchie mit ins Spiel kommt, dann wird es schnell zu einem Kampf, den wir – wie früher mit unseren Eltern – lieber nicht aufnehmen und uns bescheiden und begnügen.

»Man könnte das gesamte Leben eines Menschen verändern,
indem man nur die Worte ändert, die er gewohnheitsmäßig verwendet.
Die Worte, die er für gewöhnlich verwendet,
um seine Gefühle und Emotionen zu beschreiben.«
Tony Robbins

– »Der will doch nicht etwa seinen Chef umgehen, oder?« –

Und nun die nächste Form der Manipulation. Die Unterstellung in Frageform. So sehr wir Fragen lieben, um Erkenntnisse und Weiterkommen zu fördern, so manipulativ können Fragen sein, die lediglich zum Ziel haben, die Sichtweisen Einzelner zu stützen, ohne Rücksicht auf die Sichtweisen anderer zu nehmen.

– »Da kann ja jeder kommen, so etwas spricht sich doch herum! Und dann will jeder eine Ausnahme.« –

Und nun, nach dem falschen Spiel, der Appell an den Verstand, um die Person zum »Umkippen« zu bewegen. Wie schnell sind wir geneigt, dazu »Ja, okay.« zu sagen und unsere eigene Intuition zu verdrängen, dass »hier ein falsches Spiel läuft«?

2.4 Wie (Konflikt-)Strategien entstehen

– Vielleicht geht es ja, das Thema im nächsten Meeting noch mal anzustoßen? Vielleicht gilt es einfach nur, es geschickter zu platzieren? –

– Hatte sie das Thema extra aus der Agenda weggelassen, damit Irina nicht vorgewarnt ist und sich darauf einstellen kann – schon bereut sie es. –

Im Dschungel des Unternehmensumfelds ist die Verlockung groß, strategisch vorzugehen. Auch wenn Strategie ihren Platz hat, so kann sie zwischenmenschlich erheblichen Schaden anrichten. Einmal aufgedeckt werden andere uns gegenüber misstrauisch. **Dann beginnt ein Kampf der Strategien und unfassbar viel Energie, die auch für den Kunden hätte eingesetzt werden können, geht in diesen Kleinkriegen verloren. Das ist nicht nur die Energie, die für unnötige strategische »Spielereien« draufgeht – auch die Vor- und Nachbereitung dieser Spielereien nimmt bisweilen ganze Unternehmen in Beschlag und lässt sie ihre Wettbewerbsfähigkeit verlieren.**

Konfliktstrategien

Wir alle haben uns im Laufe unseres Lebens Konfliktstrategien zugelegt. Manche Verhaltensweisen haben sich für uns bewährt und wir haben sie so vertieft, dass sie uns in Auseinandersetzungen meist als erste in den Sinn kommen. Dass einige davon nicht zum Problem passen, ist uns dann oft gleich. Wir machen, was wir »schon immer« in solchen Situationen gemacht haben. Weshalb? Weil wir in unsicheren Momenten auf Sicherheit aus sind. So unsinnig das zunächst erscheint, handeln wir erst mal, um zu »überleben«. Unser über Jahrtausende geformtes Überlebensgehirn übernimmt und leitet uns.

»Ich habe die Lösung. Jetzt brauche ich nur noch ein passendes Problem dafür.«

Kennst du das auch, dass wir eine gewisse Flexibilität haben, zu welchen Konfliktstrategien wir bei welchem Gegenüber greifen? So nehmen wir z. B. im Konflikt in der Chefposition einen autoritären Stil ein, während wir vor dem eigenen Chef eher kuschen und uns unterwerfen. Woran liegt das? In diesem und dem nächsten Kapitel wollen wir uns ein paar Konfliktstrategien ansehen und deren Vor- und Nachteile beleuchten.

In Konflikten können wir unterschiedliche Haltungen annehmen. Um den abstrakten Begriff »Haltung« greifbarer zu machen, bedienen wir uns eines Modells aus der Transaktionsanalyse nach Thomas A. Harris (1973). Wir beziehen uns darauf,

1. aus welcher **Haltung** agiert wird,
2. **wie** du dich dann typischerweise **verhältst**, und
3. **was** aufgrund dieses Verhaltens das **Ergebnis** sein wird.

Um sich die Quadranten besser merken und leichter mit den Vor- und Nachteilen assoziieren zu können, nutzen wir ein Tiermodell. Wir ordnen den verschiedenen Quadranten Tiere zu, die wir im deutschsprachigen Sprachraum damit leicht assoziieren können und die dir die Zuordnung in der Praxis erleichtern sollen.[4]

4 Uns ist bewusst, dass wir die Tiere damit in eine Schublade stecken, die mit der Realität nicht übereinstimmt. Die Zuordnung dient allein dazu, dass du dich in Situationen von Stress schneller und leichter orientieren kannst.

2.5 Der »Tiger« und sein Gewinner-Verlierer-Spiel

Haltung des Tigers im Konflikt: Ich bin wichtig – du bist unwichtig

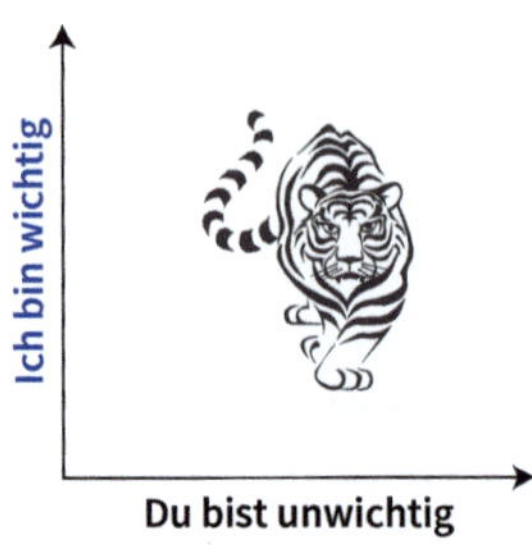

Abb.: Haltung des Tigers

Die Bedenken, Interessen und Belange anderer werden bei eigenen Entscheidungen und Handlungen kaum bzw. nicht berücksichtigt.

Die Pfeile zeigen, dass wir diese Haltung unterschiedlich stark einnehmen können.

Typische Verhaltensweisen des Tigers im Konflikt

- dominieren
- befehlen
- sich durchsetzen
- fordern
- drohen
- sich rächen
- fordern, ohne Widerspruch zu tolerieren

Aber es geht auch etwas perfider:

- Monolog halten
- betont verletzt gucken
- vorwurfsvoll gucken
- ...

Vermutlich kennst du noch viele weitere Formen, wie sich eine Person in Konflikten selbst sehr wichtig nimmt. Per se ist es ja nicht verkehrt, sich selbst wichtig zu nehmen, *allerdings* nimmt diese Person die Bedürfnisse der anderen *nicht* wichtig. Das bedeutet z. B., dass in Entscheidungsprozessen Betroffene nicht beteiligt werden. Und eigene Entscheidungen sind wiederum mit immensem Kontrollaufwand verbunden. Vielleicht kennst du das aus Hierarchien: wie Obere dazu neigen, solche Verhaltensweisen zu zeigen, ohne das größere Ganze – die Abteilung, das Unternehmen, den Staat – im Blick zu behalten.

Dominiert der Teamleiter und das Team unterwirft sich, so ist Wachstum meist nicht möglich. Dies geht heute noch in großen hierarchischen Unternehmen, doch auch dort zunehmend weniger. Der Preis: Die besten Mitarbeiter gehen und suchen sich einen Platz, an dem sie mehr Wertschätzung erfahren und sich mit ihren Ideen einbringen können.

Doch nicht nur in Unternehmen erlernen wir diese Verhaltensweisen – meist erleben wir sie bereits zu Hause. So können wir dort sehr herrschaftlich erzogen worden sein. Der Vater oder die Mutter hat das Sagen und die Kinder haben sich zu beugen, im Sinne von »Solange du deine Füße unter meinem Tisch hast, ...«.

Jedes Verhalten hat Wirkung auf andere und dich selbst. Hier ist das Ergebnis im Konflikt, dass ich (als Tiger) gewinne und der andere verliert: win-lose.

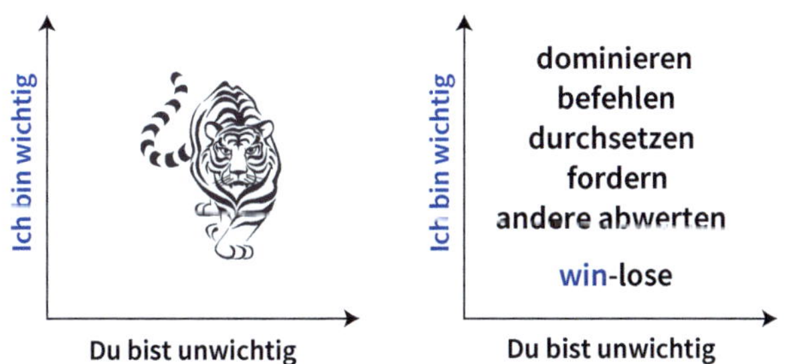

Abb.: Konfliktverhalten des Tigers

Die Wirkung vom Win-lose-Konfliktverhalten des Tigers

1. Motivationsverlust und »Verdummung« des Gegenübers, da dieses selbst nicht mehr trainiert ist, mögliche Auswirkungen z. B. von Entscheidungen vorauszuahnen. Die Kreativität und Kompetenzen der Mitarbeiter oder Kollegen lassen nach oder entstehen erst gar nicht.
2. Zunehmende Demotivation z. B. bei Teams, die nur noch Befehle ausführen und sich in der Folge selbst keine Gedanken mehr machen. Die Teamleistung lässt dadurch erheblich nach, die Fehlzeiten nehmen zu.
3. Besonders in einem zunehmend komplexeren Geschäftsumfeld wächst die Gefahr, dass der Alleinentscheider überfordert ist. Wenn er selbst am meisten darauf angewiesen ist, will dann leider keiner mehr kooperieren. Fehlentscheidungen haben dann schwerwiegende Folgen, sowohl für die Aufgabe als auch für den Alleinherrscher (Entlassung oder weggelobt[5]).

5 Mitarbeiter oder Führungskräfte, die z. B. wegen ihrer langjährigen Verträge nicht gekündigt werden können, werden vom Informationsfluss abgeschnitten, ihre Büros anderweitig belegt oder sie werden hochgelobt in Pseudopositionen. Manche werden in die Provinz verbannt, weit weg von ihren Familien, in der Hoffnung, dass sie dann selbst kündigen. Andere kommen ins Homeoffice, wo sie Berichte schreiben, die nie gelesen werden.

Wann Win-lose-Konfliktverhalten sinnvoll ist

- wenn kurzfristig, schnelle Handlungsfähigkeit erforderlich ist, z. B. in Gefahrensituationen, wenn Feuer ausbricht, aber nicht als Dauerzustand
- für die klare Zuweisung von Verantwortungen, z. B. in Sicherheitsfragen, in denen es um den Schutz von Menschen geht, beispielsweise das Tragen von Helmen oder speziellen Sicherheitsschuhen, oder in Krisensituationen[6]
- wenn das Gegenüber nicht in der Lage ist, Verantwortung zu übernehmen. Achtung: Das ist selten der Fall!

DIGITALE EXTRAS

Hinweis

Eine Zusammenstellung der wichtigsten Merkmale zu diesem Konfliktverhalten für Führungskräfte und Mitarbeiter findest du unter: https://sparks-journey.com/2022-kp/
Passwort: KMPersonaler_Tiermodell

2.6 Das »Stallpferd« und sein Verlierer-Gewinner-Spiel

Wie reagieren die »Unteren«, wenn die »Oberen« dominieren, befehlen, fordern …? Gerade in Hierarchien, in denen die strukturell Unteren glauben, »sie hätten eh keine Chance gegen die da oben«, nehmen diese in Konflikten eine »Stallpferd-Haltung« ein.

Haltung des Stallpferds im Konflikt: Ich bin nicht wichtig – du bist wichtig

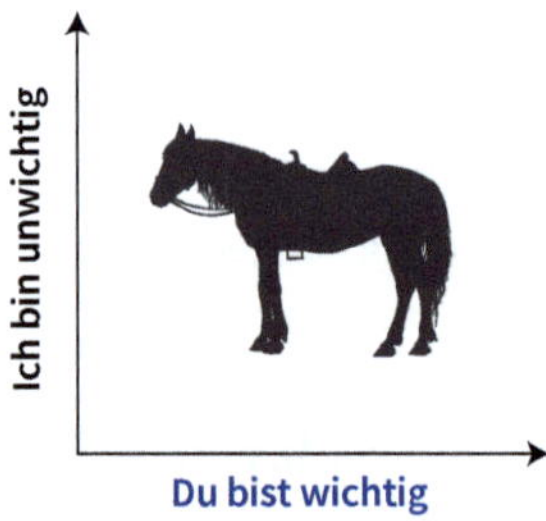

Abb.: Haltung des Stallpferds

Typische Verhaltensweisen des Stallpferds im Konflikt

- sich unterwerfen
- gehorchen
- sich anpassen
- sich abwerten
- auf eigene Ziele verzichten

6 Wenn das militärische Prinzip von Befehlsgeber und Befehlsempfänger strukturell gelebt wird, z. B. Polizei, Feuerwehr, Militär … Dies macht Planungsvorgänge effizient und einfach. Die Kompetenzen sind klar und übersichtlich geregelt.

- bei Gefahr weglaufen
- harmonisieren (gute Miene zum bösen Spiel machen)
- Ja sagen – und bisweilen »Nein« tun
- funktionieren, auch über die eigenen Grenzen hinweg
- ...

Du wirst, wie es einer unserer Teilnehmer sagte, »zur pflegeleichten Tussi«. Du übernimmst Lasten, gern auch mehr. Hier ist das Ergebnis im Konflikt, dass ich (als Stallpferd) verliere und der andere gewinnt: lose-win.

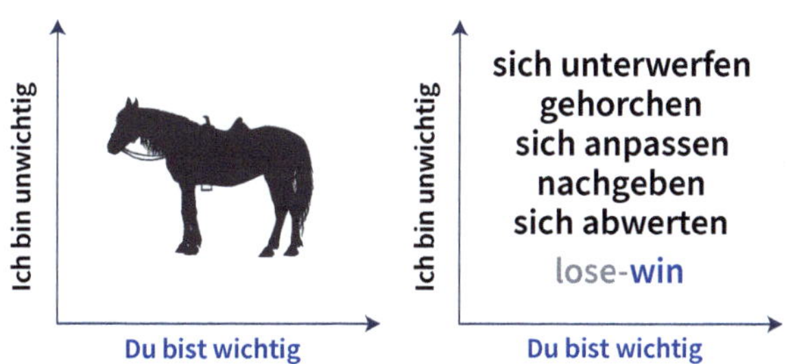

Abb.: Konfliktverhalten des Stallpferds

Die Wirkung von Lose-win-Konfliktverhalten des Stallpferds

1. Ich werde zum Arbeitstier der Abteilung, und da ich mich damit schwertue, Nein zu sagen, finden andere jedes Mal einen Grund, mir noch mehr Arbeit zu geben. Gemäß dem Sprichwort: »Je mehr ich mich zum Kamel mache, desto mehr Leute werde ich finden, die auf mir reiten.«
2. Ich verliere das Vertrauen in mich und meine Ideen, richte mich zunehmend an anderen (z. B. dem Chef) aus, werde unzufrieden und mürrisch, lege allerdings nicht offen, woran das liegt.
3. Ich nehme mich und meine Anliegen auf Dauer nicht mehr ernst. Und ich werde auch von anderen nicht mehr ernst genommen – selbst dann, wenn ich es nun wirklich ernst meine. Ein häufiger Effekt: Ich raste plötzlich aus, verstehe mich nun selbst nicht mehr und verurteile mich dafür, dass ich mich so benehme.

Wann Lose-win-Konfliktverhalten sinnvoll ist

- Wenn ich im Konfliktfall keine realistische Chance habe, an die andere Person heranzukommen – zum Beispiel wenn ich mit Entscheidungen des Vorstandsvorsitzenden nicht einverstanden bin und ihn nicht erreichen kann.
- Wenn schnelles selbstbezogenes Handeln kontraproduktiv wäre. Ich stelle zunächst meine Wünsche zurück und höre erst mal zu, worum es dem anderen geht. Zum Beispiel können Entscheider durchaus Informationen haben, die mir als Mitarbeiter nicht zugänglich sind.
- Wenn ich meinem Gegenüber zunächst deutlich machen will, dass ich ihn ernst nehme. Besonders, wenn mein Gesprächspartner in Rage ist, wirkt dies deeskalierend.

DIGITALE EXTRAS

Hinweis

Eine Zusammenstellung der wichtigsten Merkmale zu diesem Konfliktverhalten für Führungskräfte und Mitarbeiter findest du unter: https://sparks-journey.com/2022-kp/
Passwort: KMPersonaler_Tiermodell

Spielregeln und Entscheidungen

Auch Paulas Versuch, »strategisch« vorzugehen, führt zu einem schnellen Ende, da die Voraussetzungen für die Entscheidungsfähigkeit nicht gegeben sind.

– »Und wie sollen wir entscheiden, wenn nicht alle da sind – wir sind ja gar nicht beschlussfähig!« –

Peters Team hat keine gemeinsamen Spielregeln. Zur Handlungsfähigkeit eines Teams ist es elementar, gewisse sich wiederholende Entscheidungen nicht jedes Mal neu zu treffen, sondern dafür passende Spielregeln zu entwerfen. Kommt es öfter vor, dass Einzelne die Sitzungen verpassen bzw. meiden, um Entscheidungen zu verschleppen, die am Ende dem Team bzw. dem Unternehmen schaden, dann besteht Handlungsbedarf.

Tipp

Das Team kann sich entschließen, eine gemeinsame Vereinbarung festzulegen, wie »Wer nicht da ist, kann nicht mitentscheiden«. Das verhindert, dass wichtige Entscheidungen verschleppt bzw. ausgesessen werden.

Solche Regeln allein vom Teamleiter festlegen zu lassen wird die Umsetzung im Alltag eher behindern, da damit die Freiwilligkeit der Mitarbeiter eingeschränkt würde. Daher sind Leader hier sehr gefragt, Abstand vom eigenen Ego oder von eigenem Ausweichverhalten zu nehmen. **Teamthemen gehören ins Team, da alle davon betroffen sind. Spielregeln werden daher gemeinsam und einvernehmlich festgelegt. Der Teamleiter kann jederzeit Nein sagen, wenn ihm Regeln missfallen.**[7]

Ein Team wird sich schwertun, erfolgreich zusammenzuarbeiten, wenn es auf folgende Umstände trifft:

- Es gibt keine gemeinsamen Regeln, an die sich jeder bindet. Folge: Jeder macht seine eigenen Regeln. Konflikte sind vorprogrammiert.
- Die Regeln sind verhandelbar und bleiben interpretierbar. Folge: Es gibt Stress und Streit darum, was denn nun gilt.
- Es werden Mitarbeiter angezogen, die sich ihrer eigenen Werte und Regeln nicht bewusst sind und bleiben. Folge: Das Team wird zu einem lockeren Verbund aus Einzelplayern, die sich häufig gegenseitig bekriegen. Das Team existiert lediglich auf dem Organigramm.

7 Mehr zu diesem Prozess ist bei Blair Singer in »Team Code of Honor« nachzulesen.

Im Umkehrschluss braucht ein starker Verbund aus Mitarbeitern gemeinsame Regeln, an die sich jeder selbstbestimmt bindet. Dadurch werden Mitarbeiter angezogen, die sich ihrer eigenen Werte und Regeln bewusst sind. Bereits im Auswahlprozess wird geprüft, ob der neue Mitarbeiter mit den Regeln des Teams räsoniert. Die Regeln sind klar, werden gemeinsam auf Sinnhaftigkeit und Aktualität geprüft und sind nicht interpretierbar.

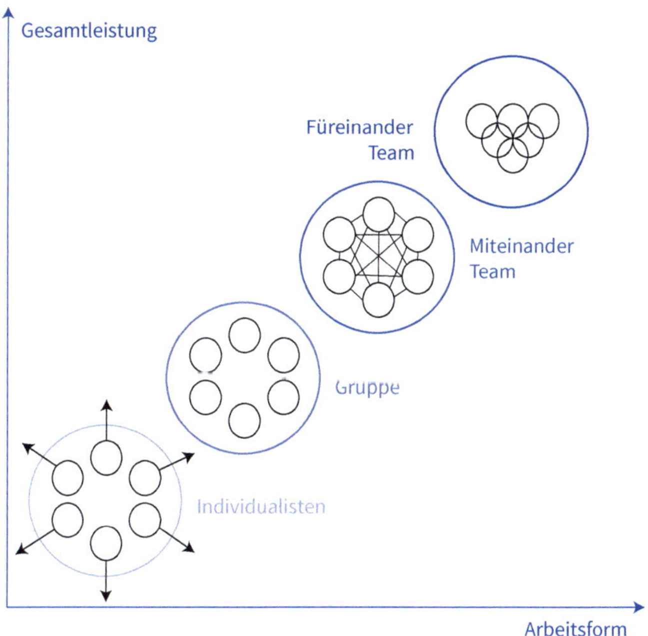

Abb.: Team ist nicht gleich Team

Fehlende Spielregeln haben Wirkung

– Vielleicht sollte ich das einfach nicht akzeptieren? Sich so aus dem Meeting davonzustehlen, ohne Bescheid zu geben?! –

– Vielleicht bin ich einfach keine Führungskraft, denkt sie. Offensichtlich muss man dazu geboren sein. Das ist halt nicht jedem gegeben. –

Kannst du erkennen, wie sich die fehlenden Spielregeln und damit auch die gemeinsamen Werte im Team auf das Selbstbewusstsein einzelner Engagierter auswirken? Die (Nach-)Lässigkeit von Peter führt zu einem unsicheren Umfeld für seine Stellvertreterin. Macht das Peter absichtlich? Sicher nicht, doch **Führungskraft zu sein heißt nicht zwangsläufig führen zu können.**

2.7 Konflikte klären ist wie »aus Mist Dünger machen«

– Das ist ja wie damals zu Hause. Irgendwie unlösbar ... –

Paula erkennt, wie sich die unsichtbaren Fäden bis in ihre Kindheit zurück erstrecken. Tatsächlich sind die Hintergründe trotz aller Aufklärung, des Internets und vieler Aus- und Fortbildungen nur wenigen Menschen bewusst und von noch weniger Menschen ins Leben integriert. Die meisten Menschen stellen ihre Kommunikation nur in eskalierten Konflikten infrage und vergessen, diese ebenso im Alltag infrage zu stellen. **Doch gerade aus unserer Alltagssprache heraus entstehen viele Konflikte erst.**

Wir brauchen mehr Menschen, die bereit sind, Überliefertes radikal infrage zu stellen – nicht radikal zu werden, sondern infrage zu stellen, um bessere Antworten für eine Zukunft zu entwerfen, in der es sich lohnt zu leben.

– Die Scham, die ihren Körper gerade noch überschwemmt hat, wird von Erleichterung verdrängt. Ich muss erst mal nachdenken, bevor ich ihm etwas sage, denkt Paula. [Angst] –

– Noch während sie das sagt, schämt sich Paula für ihre Worte. Ist sie jetzt auch so berechnend geworden wie Irina? Sie schaut zu Boden, als sie den Hörer auflegt. [Vorwurf an Paula selbst] Wie kann ich mich Herrn Lenhart gegenüber nur so verhalten?, fragt sie sich. Er hat mir doch gar nichts getan. [Schuldgefühl] Was ist mit mir nur geschehen? [Scham] –

Vielleicht kennst du das, wie du dich – oft unbewusst – in solch einen Kreislauf aus Angst, Vorwürfen, Schuld- und Schamgefühlen begibst. Dein Selbstbewusstsein nimmt mit jedem Durchlauf mehr Schaden. Und irgendwann wunderst du dich, weshalb du so wenig Selbstbewusstsein hast.

2.8 Vergleiche dich nicht mit anderen

Vergleiche dich nicht mit anderen, sondern nur mit der Person, die du gestern warst. Dann siehst du, wie du jeden Tag wächst, und wirst dein Leben genießen.

– »Echt? Haben die dir eingeheizt? Na ja, wenn die Katze aus dem Haus ist ... Du kennst ja den Spruch. Alles halb so wild!« –

– Wenn Peter das so locker nimmt, wieso kann ich das dann nicht, fragt sich Paula. Vielleicht fehlt mir der Sinn für Lockerheit oder die Abgeklärtheit – oder tauge ich einfach nicht zur Führung? –

Solange Paula nicht erkennt, in welchem Quadranten Peter unterwegs ist, wird es immens schwer, seine Sprüche einzuordnen. Ergebnis: Selbstzweifel. Dazu wird in den nächsten Kapiteln einiges klarer.

2.9 Abschlussfragen

Wir geben dir am Ende jedes Kapitels die Gelegenheit, dein neues Know-how in Situationen aus deinem eigenen Leben anzuwenden, um damit zunehmend mehr Souveränität im Umgang mit Konflikten zu erlangen. Beantworte die nachfolgenden Fragen und bleibe ehrlich mit dir.

Nimm dir nun bitte mindestens 15 Minuten Zeit, in denen du ungestört über die folgenden Fragen nachdenkst und die Antworten aufschreibst. Hast du etwas zu trinken und zu schreiben? Dann kann's losgehen …

Wenn du einen Konflikt ansprechen willst …

1. Was hält dich üblicherweise davon ab, den Konflikt anzusprechen?
2. Mit welchen Widerständen gilt es zu rechnen?
3. Was könnte dein Gegenüber entgegnen? Schreibe dir drei mögliche Antworten auf.

Die Kunst, wahr zu sprechen

4. Was sagt dein Bauch? Gibt es einen Unterschied zwischen aufrichtig sein und »dem anderen deine Urteile um die Ohren hauen«?
5. In welchem Gespräch hast dich nicht aufrichtig gezeigt?
6. Aus welchem guten Grund nicht? Achte darauf, statt einer Rechtfertigung wirklich den echten Grund zu finden!

Gewinner-Verlierer-Spiel oder Verlierer-Gewinner-Spiel? Win-lose oder lose-win: eindeutig machen oder beides behalten?

7. Was von beidem machst du häufiger in beruflichen Konflikten gegenüber …
   a) Vorgesetzten?
   b) Kollegen und Kolleginnen?
   c) Mitarbeitern?
8. Was ist deine häufigste Verhaltensweise in privaten Konflikten gegenüber …
   a) deinem Partner bzw. deiner Partnerin?
   b) deinem Kind, deinen Kindern?
9. Kannst du akzeptieren, dass dein Verhalten das beste war, zu dem du zu diesem Zeitpunkt fähig warst?
10. Bist du bereit, dein Verhalten diesbezüglich infrage zu stellen, um einen nächsten Schritt machen zu können?

Notiere deine wichtigsten Erkenntnisse:

3 Schlimmer geht immer

*»Was uns in Schwierigkeiten bringt, ist nicht das, was wir wissen.
Es ist das, was wir mit Sicherheit wissen, was jedoch in Wahrheit falsch ist.«*
Mark Twain

Endlich!, denkt Paula, als sie in ihrem Hotel in Palmares ankommt. Sie spürt die Erschöpfung in ihren müden Knochen aufsteigen. Doch sie ignoriert sie – wie gewohnt. Sie will den Strand sehen, das Meer riechen und endlich mal wieder ein Buch lesen. Nur nicht an die Arbeit denken – keine Personalgespräche, keine Probleme, keine Konflikte. Das Unternehmen soll einfach nur weit weg sein und bleiben.

In ihrem Zimmer packt Paula voller Vorfreude und in Windeseile ihren Koffer aus, steckt die mitgebrachten Bücher und ihre Strandutensilien in die große türkisfarbene Strandtasche und macht sich eiligen Schrittes auf den Weg zum Strand.

Ausgebootet

Doch Paula kann noch nicht abschalten und ihre Gedanken schweifen zurück in die Woche vor ihrem Urlaub. Wie sehr hatte es sie geärgert, dass im letzten Meeting ihr Chef und alle anderen so getan hatten, als sei nichts gewesen. Plötzlich waren auch alle im Montagsmeeting da – na ja, immerhin innerhalb der ersten zehn Minuten. Peter kam ja immer als Letzter. Gut, dachte sich Paula, er hatte als Chef ja auch das Recht, so spät zu kommen – hat eben viel zu tun.

Peter war mit den Worten hereingekommen: »So, schön, euch alle wiederzusehen! Wie gut, dass ihr die Stellung gehalten habt. Dann legen wir wieder los.« Paula hatte sich nur gedacht: Wieder? Wenn du wüsstest, wie die schon alle losgelegt haben in den letzten zwei Wochen!

In den zwei Jahren, die Paula nun schon im Unternehmen war, hatte sie Peter als locker und freundlich, wenngleich auch etwas unnahbar erlebt – manchmal war er für sie einfach nicht zu greifen. Jetzt kommen ihr erste Zweifel: Konnte es sein, dass Peter den schwierigen Themen aus dem Weg ging? Vertraut er den anderen? Oder lässt er jeden einfach tun, was er will?

Klar, er ist irgendwie ein supernetter Typ, eher wie ein Kumpel. Es ist angenehm, mit ihm zu arbeiten. Allerdings sagt er auch selten »gut gemacht«. Aber immerhin gibt es nie böse Worte. Ein Zweifel aber bleibt.

Paula erinnert sich an eines dieser Bilder aus ihrer Kindheit – eines dieser Zahlenbilder, die aus vielen nummerierten Punkten bestehen: Erst sieht das Bild aus wie ein bunt zusammengewürfelter Haufen von Zahlen und Punkten. Doch wenn du in der Lage bist, die Punkte miteinander zu verbinden, dann wird das Bild mit jedem Strich erkennbarer. Leider ist Paula zu diesem Zeitpunkt davon noch ein ganzes Stück entfernt. Sie spürt lediglich, dass in der Abteilung etwas schiefläuft.

Abb.: Erst wenn wir die Punkte miteinander verbinden, bekommen wir ein klares Bild

Paula schaut an einer Weggabelung auf die kleinen Schilder: Welches zeigt denn den Weg zum Strand? Ach ja, da ist es: »Playa«.

Fetzen des letzten Meetings lassen Paula immer noch nicht los. Ihre Gedanken gehen zurück zu dem Moment, in dem sie Peter gefragt hatte: »Ich wollte noch mal etwas ansprechen, was letzte Woche unterging. Können wir denn dem Neuen, Herrn Lenhart aus der IT, nicht einen Kurs in *Python* zukommen lassen?« »Herr Lenhart? Kurs in was? In *Python*? Was ist denn das für ein Zeug? Brauchen wir das, Irina?« Bitte frag doch jetzt nicht Irina, hatte Paula sich noch gedacht. Und prompt hatte Irina geantwortet: »Also, Peter, du kennst ja unser Budget und unsere Kostenstellen, da ist nicht viel Verhandlungsspielraum. Wollen wir uns das momentan nicht besser aufheben für Notfälle?«

Aufgebracht hatte Paula gedacht: Was ist denn jetzt plötzlich los? Jetzt lässt sie ihn entscheiden, und mir gegenüber tut sie so, als gäbe es »gar keinen« Verhandlungsspielraum. So eine falsche Schlange!

Peter hatte geantwortet: »Ja, klar, da riskieren wir nichts« und Irina hatte mit süffisantem Seitenblick auf Paula kommentiert: »Sag ich ja!«

Paula schüttelt sich, als wolle sie die Gedanken an die letzte Woche loswerden. Allerdings dauert es schon einige Meter, bis sie loslassen kann, und die vielen Gedanken verflüchtigen sich erst, als sie schließlich das Meer vor sich sieht. Dort will sie nun in Ruhe eine Weile lesen und mit einem vielversprechenden Cocktail den ersten Sonnenuntergang in ihrem Urlaub genießen. Wie wäre es mit einem »James-Bond-Martini« … oder doch lieber ein »Planter's Punch«?

Während Paula mit ihrer viel zu schweren Tasche noch an den Liegen vorbeitrottet, schaut sie auf die Nummern der Liegen: 40, 50, …, 70, 80. Da muss es gleich sein. 85, 86 … Doch, was ist das? Auf ihrer Liege mit der Nummer 89 liegt bereits jemand, eine Frau. Sie dürfte Mitte 60 sein, mit einem großen Strohhut und einer auffälligen runden Hornbrille. Sie hat es sich auf ihrem sonnengelben Strandtuch gemütlich gemacht, hat die Augen geschlossen und döst vor sich hin.

Gereizt denkt Paula: Das ist ja typisch! Kaum hat mein Urlaub begonnen, gibt es schon wieder Ärger! Kann ich nicht einfach mal meinen Frieden haben? Wie kommt diese Frau dazu, sich auf meine Liege zu legen? Ärgerlich runzelt sie die Stirn: Jetzt hat sie schon so eine fette Brille und ist immer noch zu blind, die Nummern der Liegen zu lesen!

In schnellem Stechschritt geht Paula auf die Dame zu: »Hallo! Sie liegen auf meiner Liege! Können Sie diese bitte verlassen, ich möchte mich jetzt hinlegen.« Kopfschüttelnd murmelt sie leise: »Diese Touristen! Werden immer unverschämter.« Überrascht blinzelt die Dame unter ihrem Strohhut hervor und fragt in ruhigem Ton: »Wie bitte?« Paula wird nun richtig ärgerlich und wiederholt ihre Ansage: »Bitte verlassen Sie die Liege, das ist meine!« Während sich die Dame langsam aufrichtet, denkt Paula: Hoffentlich ist das jetzt schnell geklärt und ich habe endlich meine Ruhe. Die Dame antwortet erstaunlich gelassen: »Sie sind wohl ziemlich genervt und möchten sich ausruhen?« »Genau so ist es!«, antwortet Paula ungeduldig und hofft, die Frau würde nun zügig die Liege verlassen.

Es verstreichen zwei Sekunden, bis die Dame weiterspricht: »Ich vermute, Sie sind gerade erst angekommen und haben eine anstrengende Anreise hinter sich?« Paula ist gar nicht nach Konversation, doch die Worte der älteren Dame lassen ihren Ärger etwas abflauen. In ihrem Kopf rumort es: Was ist denn das jetzt? Keine Entschuldigung, aber auch keine Widerworte. Wie kann es sein, dass sie in dieser Situation so gelassen bleibt? Ist sie einfach durch den Urlaub schon so ausgeruht? Paula beginnt ruhiger zu atmen und merkt, wie ihre Anspannung nachlässt. Ich glaube, ich hätte nicht gerade sanft auf meine Worte reagiert, denkt sie nun. Bin ich froh, dass das gleich geklärt ist. Das wäre mal ein »gelungener« Einstieg in den Urlaub gewesen: Gleich am ersten Tag ein Streit mit einem Gast, dem ich in dieser Hotelanlage womöglich mehrmals über den Weg laufe.

Während Paula ihren Gedanken folgt, fährt die sonnengebräunte Dame fort: »Ich bedaure die Aufregung. Vermutlich liegt ein Missverständnis vor und wir werden es schnell aufklären. Dann können Sie Ihren Tag noch in Ruhe genießen.« Paula ist verwirrt und ihr Ärger flammt wieder auf. Sie fährt die Dame an: »Was für ein Missverständnis? Ich weiß nicht, wovon Sie reden. Die Sache ist doch klar!« Sie kramt den von der Rezeption ausgehändigten Zettel mit der Nummer 89 hervor, um ihn der Dame »unter die Nase reiben«.

Während sie den Zettel hochhält, erkennt sie, dass noch eine kleine Schrift unter der Nummer steht, die ihr vorher nicht aufgefallen war. Die Schrift ist auf dem groben Papier des Bons nur schwer zu entziffern. Irritiert denkt Paula: Was ist denn das für ein Gekrakel? Sie nimmt ihre Sonnenbrille ab und hält den Zettel näher. Während sie ihren Kopf zur Seite legt und versucht, die Buchstaben zu lesen, fällt es ihr wie Schuppen von den Augen. Sie erkennt, dass die wenigen, schlecht leserlichen Buchstaben die Wörter »Hotel« und »Mirador« formen. Allerdings stehen sie auf dem Kopf!

Wie in Zeitlupe dreht Paula ihren Bon um 180 Grad. Sie kann nun »Hotel Mirador« entziffern, etwas klein und abgegrabbelt, aber eindeutig. Sie spürt, wie ihr ganzer Körper schwer wird wie Blei und wie ihr der Atem stockt. Damit dreht sich natürlich auch die Nummer der Liege. Was sie da liest, ist jetzt die Nummer 68. Oh nein!, denkt Paula. Ihr wird flau im Magen und die Beine werden kraftlos. Ich Trottel habe den Zettel falsch herum gehalten! Es ist nicht die Liege Nummer 89, die mir zugewiesen wurde, sondern die 68. Ihr wird ganz heiß. Oh, wie peinlich! Wie kann ich mich nur so irren und mich dann auch noch so aufregen?! Kein Wort davon kommt ihr über die Lippen …

Verunsichert wendet sie sich der Frau mit der seltsamen Brille zu, die sie erwartungsvoll ansieht. Irgendwie will immer noch kein Wort aus Paula heraus. Sie wünscht sich, im Boden zu versinken, und zwar jetzt sofort! Doch ihr innerer Wunsch bleibt ungehört. Es vergehen gefühlt Minuten, bis sie herauspresst: »Es ist mir superunangenehm, aber äh … ich weiß jetzt, was los ist: Ich habe die Nummern verwechselt. Ich habe den Zettel falsch herum gehalten. Oje, es tut mir furchtbar leid, dass ich sie so angefahren habe!«

Während sie das ausspricht, fällt ihr auf, dass auch einige andere Liegenbesitzer rings herum zu ihr blicken und das Schauspiel beobachten. Wie peinlich! Paula spürt, wie ihr die Röte ins Gesicht steigt. Oje, die haben das hier sicher alle mitbekommen. Und jetzt sehen sicher wieder alle meine roten Flecken. Der Dünne da drüben schaut mich auch so komisch an. Der hat sicherlich jedes einzelne Wort mitgehört. Der denkt sich bestimmt: Was für eine hysterische Zicke! Die spielt sich hier auf und beschuldigt grundlos diese ältere Dame!

Paula hört kaum die erstaunlich ruhige Antwort der Dame: »Nur mit der Ruhe. Es ist ja niemand zu Schaden gekommen. Nun suchen Sie sich Ihre Liege und entspannen Sie sich! Übrigens: Wir haben uns einander noch gar nicht vorgestellt: Mein Name ist Tara. Herzlich willkommen auf dieser wunderschönen Insel.« Paula nickt, immer noch geknickt, und schüttelt der älteren Dame wie automatisch die Hand: »Danke. Paula.« Dann schiebt sie sich ihre dunkle Sonnenbrille vom Kopf auf die Nase, drückt die Strandtasche fest an ihre Brust und versucht so unauffällig wie möglich ihre Liege zu finden. Paula kommt es vor, als wäre sie gerade um Jahre gealtert.

Nach schüchternen Blicken auf die umherstehenden Liegen sowie einigen Schritten vor und zurück wird Paula fündig und lässt sich auf Liege Nummer 68 sinken. Ganz ruhig bleiben, mahnt sie sich. Jetzt nur nicht weiter auffallen! Um den Blicken der anderen zu entkommen, kramt sie unsicher und verstohlen in ihrer Tasche. Das erste Buch, das ihr in die Hände fällt, ist »Konfliktmanagement in Unternehmen«. Ausgerechnet das noch, denkt Paula. Zuerst veranstalte ich hier so ein Theater und dann sehen die Leute mich dieses Buch lesen. Logisch, werden die sich jetzt denken – die hat es wohl bitter nötig, etwas über Konfliktmanagement zu lesen. Etwas verschämt blickt sich Paula um und hofft, dass niemand in der Nähe den Titel ihres Buches gesehen hat. Voller Scham und Frust denkt sie: Irgendwie stimmt es ja. Ich krieg's nicht hin. Was stimmt nur nicht mit mir? Nicht mal im Urlaub läuft es bei mir ohne Konflikte.

Mitten im Abenteuer der Konfliktklärung – und einfache Wege, es zu bestehen

»Wie könnte Verschweigen Konflikte einvernehmlich klären?«
Tara

3.1 Sich das eigene Konfliktverhalten bewusst machen

3.1.1 Verflixte Konflikte: Keiner will sie – jeder hat sie

Was macht für dich Konflikte belastend?

Viele von uns haben mit der Klärung von Konflikten schlechte Erfahrungen gemacht. Unsere Familien sind leider häufig weder vorbildliche Beispiele für gesunde Konfliktklärung noch für gesunde Beziehungen. **Wir brauchen zwar einen Führerschein für Fahrzeuge, damit möglichst keiner im Straßenverkehr verletzt wird. Doch im »Personenverkehr« erleben viele eine Verletzung nach der anderen. Wäre da nicht auch ein Kommunikations- und Beziehungsführerschein sinnvoll?**

Die Schwierigkeit liegt jedoch nicht in der Existenz von Konflikten, sondern in der Art und Weise, wie wir sie bewerten und (versuchen zu) klären.

3.1.2 Der Einfluss unserer Erfahrungen und Prägungen

»Ich dachte, das Leben stünde mir offen, hatte ich doch im Abitur eine Eins. Bis ich auf die Realität der Erwachsenen traf: auf Unterdrücker und Unterdrückte, auf Ehekrisen, auf Betrüger im Maßanzug, auf Kriege nah und fern. Es war, als hätte ich mir mit der Eins eine Sechs eingefangen. War doch alles, was ich in meiner Schule gelernt hatte, nicht wirklich hilfreich für das Bewältigen meiner tatsächlichen Probleme und Krisen.«
Anonym

Im letzten Kapitel haben wir uns angesehen, wie Dominanz und Unterwerfung aufeinandertreffen und wie eine Art Spiel in Unternehmen ablaufen: Je hierarchischer Unternehmen sind, desto häufiger wird es gespielt. Dabei spielt weniger das offizielle Organigramm eine Rolle, als vielmehr die (vor-)gelebte Kultur und das Verhalten in kritischen Situationen.

Im letzten Kapitel haben wir uns die Umgangsformen win-lose und lose-win im Konflikt angesehen. Meist werden wir in Bezug auf den Umgang mit Konflikten früh geprägt – aufgrund unserer Erfahrungen im Elternhaus und besonders in den jungen Jahren bis ca. 13.

Win-lose – Dominanz des »Tigers«
Zur Erinnerung: Meine Haltung im Konflikt ist: »Ich bin wichtig – du bist unwichtig«.

Habe ich als Kind erfahren, dass meine Meinung in Konflikten nicht zählt – z. B. weil mein Vater nach dem Prinzip »Solange du in meinem Haus bist, hast du zu tun, was ich sage« gehandelt hat –, kann ich geneigt sein, meinen Vater zu kopieren, und später in ähnlichen Situationen mit den eigenen Kindern das gleiche Verhalten zeigen und sogar die gleichen Worte verwenden.

Vielleicht kennst du das Erschrecken aus eigener Erfahrung: Oh Gott, jetzt klinge ich schon wie mein Vater/meine Mutter!

Lose-win – Unterwerfung des »Stallpferds«
Zur Erinnerung: Meine Haltung im Konflikt ist: »Ich bin unwichtig – du bist wichtig«.

Ich kann in der oben beschriebenen Situation eine andere »Lösung« für mich finden. So kann ich auf die Ansage »Solange du in meinem Haus bist, hast du zu tun, was ich sage« mit Unterordnung reagieren und lernen, meine Anliegen nicht mehr ernst zu nehmen.

Später im Leben vergessen wir diese auslösende Situation und kämpfen uns in schwierigen Situationen mit unterwürfigem Verhalten »den Großen« bzw. »Stärkeren« gegenüber durch. Ein Verhalten, das wir selbst zunächst gar nicht als unterwürfig erkennen – sondern als »natürlich« bezeichnen: »Natürlich« mache ich, was der Chef angeordnet hat. »Natürlich« hat die Karriere meines Mannes Vorrang vor meinen Ambitionen. »Natürlich« tue ich, was meine kranke Mutter will.

»Verwechsle nie ›natürlich‹ mit ›gewohnt‹.«
Marshall B. Rosenberg

3.1.3 Das »Rabattmarkenheft«

So kann sich viel Frust aufstauen. Doch wir ändern unsere Konfliktstrategie nicht. Dafür wird mit jedem Konflikt und jeder Unterwerfung eine Marke in unser »Rabattmarkenheft« geklebt.

- Manche Marken lösen sich auf.
- Manche Marken haften an anderen.
- Manche Marken werden durch Warten seltsamerweise von selbst dicker.

Und wenn das Rabattmarkenheft voll ist, wird es – meist ohne jede Vorwarnung (!) – komplett eingelöst, das heißt die Beziehung beendet, die Ehe aufgegeben, die Arbeitsstelle verlassen ... Zurück bleibt ein unkittbarer Scherbenhaufen und ein völlig überraschtes Gegenüber, das sagt: »Ich dachte immer, dir geht es gut mit mir.«

Nun gibt es noch ein weiteres mögliches Verhalten im Konfliktfall, das wir alle gelernt haben – besonders, wenn weder die Dominanz des Tigers noch die Unterwerfung des Stallpferds aussichtsreich ist.

3.2 Die »Schildkröte« und ihr Verlierer-Verlierer-Spiel

Haltung der Schildkröte im Konflikt: Ich bin unwichtig – du bist unwichtig

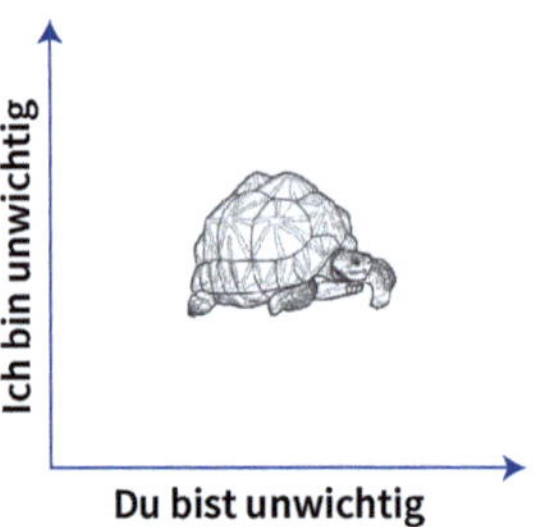

Abb.: Haltung der Schildkröte

Typische Verhaltensweisen der Schildkröte im Konflikt

- sich unsichtbar machen
- nichts tun
- vermeiden, verdrängen, wegschauen
- sich verkriechen, aus dem Weg gehen, unbeteiligt tun
- ausweichen, ignorieren, aushalten
- sich zurückziehen, still leiden, in Deckung gehen
- totschweigen, wenn Worte angebracht wären
- schönreden, sich und den anderen schonen (d. h. der andere kann nicht wachsen)
- in der Teeküche ablästern und dem Betroffenen nichts sagen
- zu allem Ja sagen und glauben »Das ist genau das, was der andere will« bzw. »Ich tue ihm einen Gefallen«
- ein Nein als Affront sehen, daher Ja zu allem sagen
- weder Sanktionieren von Fehlverhalten noch Honorieren von Erfolg
- vorauseilender Gehorsam

Und all das, obwohl es einen Konflikt gibt! Hier ist das Ergebnis im Konflikt, dass ich (als Schildkröte) verliere und der andere ebenfalls verliert: lose-lose.

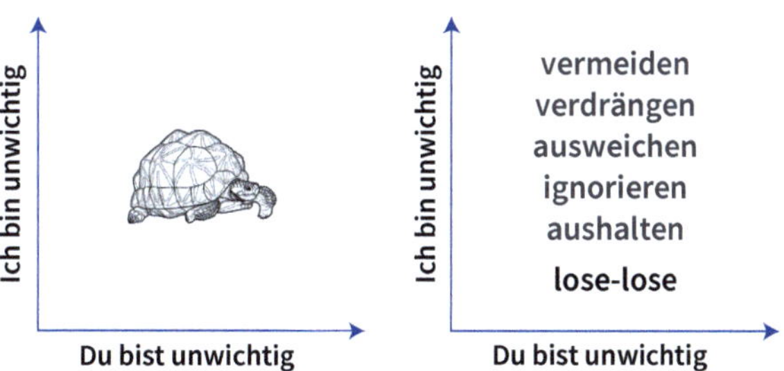

Abb.: Konfliktverhalten der Schildkröte

Die Wirkung des Lose-lose-Konfliktverhaltens der Schildkröte

1. Ich mache mich unsichtbar. Weder nehme ich meine Anliegen ernst noch die des anderen. Ich kehre die Angelegenheit unter den Tisch und stecke meinen Kopf in den Sand wie der Vogel Strauß, nach dem Motto: aus den Augen, aus dem Sinn. Leider verliere ich damit auch jede Motivation, den Konflikt anzugehen und aus der Welt zu schaffen oder gar neue Wege für solche Situationen zu entwickeln – für mich, für mein Gegenüber, für mein Team. Das fehlende Interesse, schwierige Themen zu lösen, führt zu einer höheren Toleranz schlechter Resultate. Das Zugehörigkeitsgefühl lässt nach.
2. Je häufiger ich dies mache und je mehr ich mich an den »bequemen« Weg des Vermeidens gewöhne, desto mehr verliere ich meine Fähigkeiten im Umgang mit Konflikten – ich »verdumme«. Die Gefahr von mangelnder Disziplin, unterschwelligen Rivalitäten, Mobbing und Chaos steigt.
3. Für den Umgang mit schwierigen Situationen und Herausforderungen bin ich keine Adresse für andere. Ich werde zunehmend als inkompetent bezeichnet – bisweilen auch dann, wenn es gar nicht zutrifft. Ich werde immer weniger wahrgenommen, andere sehen mich als pflegeleicht und unwichtig – so, wie ich mich selbst auch. Mein Selbstbewusstsein sinkt in den Keller.

Peters Neigung zu diesem Konfliktverhalten führt bei Mitarbeitenden, die sich damit schwertun, mit einem hohen Maß an Entscheidungsfreiheit umzugehen, zu Orientierungslosigkeit und einem Gefühl von Hilflosigkeit.

Fazit
Besonders im Konfliktmanagement wird Führung benötigt.

Wann Lose-lose-Konfliktverhalten sinnvoll ist

- Bei kleinen Konflikten, in denen »fünfe gerade sein lassen« der Organisation hilft, sich auf (zwischenmenschliche) Prioritäten zu konzentrieren, z. B. wenn
  - die interne Präsentation inhaltlich wichtig ist, aber nicht die formal schöne Darstellung (die eine Menge Zeit kostet).
  - Fehler verziehen werden, anstatt alles haarklein auseinanderzunehmen.
  - lieber ehrlich als höflich gesprochen wird, bevor es »friedhöflich« wird.
- Wenn die volle Entscheidungsfreiheit der Mitarbeiter verantwortlich (!) umgesetzt werden kann. Dies verleiht den Mitarbeitern Selbstbestimmung und lässt sie »einfach mal machen«. Dabei lernen sie, eigenständig und kreativ zu arbeiten und sich individuell zu entfalten.
- Bei unwichtigen Themen, die keine Dringlichkeit und keinen längerfristigen Nutzen haben und wo Toleranz wichtiger ist als eine kurzfristige Lösung und auf beiden Seiten keine Rabattmarke verbleibt.

Achtung: Die Verwechslung von lose-lose mit win-win

In *wichtigen* Konflikten kann Toleranz das Signal senden: »Mit *der* Person kann ich es machen!«. Das ist oftmals keine Toleranz, sondern mangelnde Selbstachtung.

Auroville und die Bauern im Stadtgebiet

Als die internationale Stadt Auroville 1968 im Süden Indiens entstand, wurde mit deren Größerwerden Zug um Zug Land von den umliegenden Bauern aufgekauft und besiedelt. Als einige Bauern bemerkten, dass jedem Kauf ein umfangreiches Abstimmungsverfahren in Auroville vorausging, das auf einem Ja *aller* Entscheider beruhte, entschieden sich diese Bauern, ihr Land nicht zu verkaufen. Sie erkannten, dass Auroville nach intensiven Gesprächen das Land auch zu einem höheren Preis kaufen würde, und sagten sich: Dann warte ich ab und werde beim nächsten Mal viel mehr bekommen. Das ist der Grund, weshalb bis heute landwirtschaftliche Flächen (von Indern, die nicht zu Auroville gehören) im Stadtgebiet zu finden sind.

DIGITALE EXTRAS

Hinweis

Eine Zusammenstellung der wichtigsten Merkmale zu diesem Konfliktverhalten für Führungskräfte und Mitarbeiter findest du unter: https://sparks-journey.com/2022kp/
Passwort: KMPersonaler_Tiermodell

Gut bei unwichtigen Konflikten, fatal bei wichtigen

Habe ich als Kind erfahren, dass meine Sichtweise in Konflikten nicht zählt, z. B. durch gewalttätige Reaktionen wie »Die was wollen, kriegen was auf die Bollen«, so kann ich verstummen, mich in Konflikten unsichtbar machen und lernen: Ich bin sicher, wenn ich der Konfrontation aus dem Weg gehe. Ich verzichte auf meine ursprünglichen Anliegen und verneine sie sogar auf Nachfrage.

Wenn uns weder Dominanz noch Unterwerfung zur Verfügung stehen, greifen wir Menschen oft zur Notlösung »sich tot stellen«. Die fatalen Nebenwirkungen:

- Je häufiger ich das mache, desto weniger weiß ich, was mir wirklich wichtig ist – ich orientiere mich ja hauptsächlich an den anderen. Ich bin zwar äußerlich sicher, doch ich fange auch an, ein Leben auf niedrigem Niveau zu führen. Ich verharre in einem Beruf, der mir wenig Freude bereitet, lebe an einem Ort, an dem ich nur bin, weil jemand anders dies entschied, und gebe mich zufrieden mit ein paar Wochen Urlaub, die mich die restlichen Wochen des Jahres leichter ertragen lassen.
- Ich werde pflegeleicht, unscheinbar – und mutlos.
- Ich vergesse, dass damit nicht nur ich, sondern auch die andere Person eine geringe Chance hat, ihre Bedürfnisse erfüllt zu bekommen.

Die häufigste Form der Konfliktbearbeitung in Unternehmen

Vielleicht kannst du dir vorstellen, wie häufig diese Form der »Konfliktbearbeitung« in hierarchischen Strukturen gewählt wird? Sie ist mit *großem* Abstand die häufigste Konfliktbewältigungsstrategie, die anzutreffen ist.

Unvorstellbar? Verständlich, weil du sie oft gar nicht mitbekommst. Sie fällt nicht auf, weil es zwischen den Beteiligten meist still ist und bleibt. Der Konflikt wird nicht zwischen ihnen besprochen, sondern wird z. B. in der Teeküche breitgetreten: Dort wird verurteilt, gelästert, gehetzt, hergezogen, ausgelacht, bis ... Na, bis die andere Partei zufällig auch in die Teeküche kommt. Dann ist plötzlich wieder alles still. Den Konflikt ansprechen? Nie im Leben! Lieber spielen wir das »Passt schon!«-Spiel.

Eine der anstrengendsten Versionen der »Konfliktbearbeitung«

Wird es zum persönlichen Stil, dass jeder Konflikt ungeklärt bleibt, so ist das kein entspanntes »Ruhen, bis der Sturm vorbei ist«, sondern ein ungemein anstrengender Stillstand. Das ist, als wärst du ein 400-PS-Ferrari, bei dem jemand Vollgas gibt, während er gleichzeitig voll auf der Bremse steht. Kannst du dir vorstellen, wie das den Ferrari bzw. dich durchbiegt? Äußerlich gute Miene zum bösen Spiel, innerlich ein Aufbäumen. **Kein Ablassventil für den Kochtopf. Der Druck steigt – alles andere als eine entspannte Variante.**

Wenn du dich immer wieder entscheidest, Konflikten aus dem Weg zu gehen, was ist dann mit deiner Konfliktfähigkeit? Sie nimmt ab! Nun wird es noch schwieriger, die – unvermeidlichen – Konflikte anzusprechen. Ein Teufelskreis, der auf Dauer psychisch und physisch belastet und krank macht.

Wir brauchen also Klarheit, wann wir tolerant fünfe gerade sein lassen und wann wir einen Konflikt angehen.

3.3 Sich der Wahrheit stellen

– Wie sehr hatte es sie geärgert, dass im letzten Meeting ihr Chef und alle anderen so getan hatten, als sei nichts gewesen. –

Das Team schützt sich vor den möglichen Konsequenzen und keiner übernimmt Verantwortung für sein Verhalten – weder sich selbst noch dem Team gegenüber. Und Paula schützt sich vor möglichen Urteilen ihres Chefs – vor Urteilen, die sie selbst bereits über sich hat: dass sie »unfähig« sei und einfach »nichts hinkriege«. Sie möchte diese Urteile nicht noch bestätigt bekommen, daher schweigt sie.

»Warum« oder »Wofür«?

Wenn wir uns fragen: »Warum habe ich dies getan?«, schauen wir zur unabänderlichen Vergangenheit. Wir können nichts mehr daran ändern, nur *endlos* darüber reden oder streiten. Wenn wir uns fragen: »Wofür habe ich dies getan?«, schauen wir automatisch nach dem »guten Grund« unserer Handlung. Selbst wenn daran etwas fehlerhaft ist, sind wir motivierter und wohlwollender mit uns und anderen.

Wofür spielen wir die »Mir geht's gut«-Show? Sie schützt uns vor einer möglichen Auseinandersetzung – besonders wenn wir damit bereits schlechte Erfahrungen gemacht haben. Doch damit ist es meist nicht gut. Nun klagen wir uns selbst an, wir vernichten regelrecht unser Selbstbewusstsein, werten uns innerlich ab und sagen uns Dinge wie »Ich bin zu schwach«, »Ich krieg das nicht hin«. Und wenn wir uns das oft genug sagen, glauben wir es auch. Haben wir Ähnliches bereits als Kind erlebt, dann können sich solche Gedanken zu Glaubenssätzen formen, die uns unterbewusst lenken.

3.3.1 Wozu wir uns selbst belügen

Wir belügen und betrügen uns – und bleiben in unseren blinden Flecken. Unsere Selbsttäuschung aufzudecken und sich der »ungeschminkten Wahrheit« zu stellen gehört zu den schmerzhaften Erfahrungen, vor denen sich viele – bisweilen ihr Leben lang – schützen. Auch intensive Selbstprüfung wird uns unsere eigenen blinden Flecken nicht vor Augen führen. Besonders dann nicht, wenn wir mit unserem Verhalten bisher »erfolgreich« waren. Dann braucht es andere Menschen und deren Feedback, um Selbsttäuschung und Wunschdenken zu erkennen.

Schubladendenken

Marshall B. Rosenberg, einer der erfolgreichsten Psychoanalytiker der USA – seine Praxis war voll mit Menschen, die von ihm behandelt werden wollten –, hängte seine Profession an den Nagel, als er erkannte, dass er Menschen mit seinen Analysen immer mehr in Schubladen steckte, die wie selbsterfüllende Prophezeiungen wirkten. Dies war ihm – wie auch anderen – genau so beigebracht worden.

In einem Krankenhaus, in dem er arbeitete, nahm er wahr, dass einige Patienten auffallend schnell gesund wurden. Was geschieht dort?, fragte er sich. Er erkannte, dass diese Patienten gesundeten, weil sie nicht wie »Kranke« oder »Patienten«, sondern wie Menschen behandelt wurden – nicht vom Krankenhauspersonal, nicht von den Psychologen und Therapeuten, sondern von »nicht ausgebildeten« Verwandten, die liebevoll mit ihnen sprachen und sich um sie kümmerten.

Das führte in der Folge dazu, dass Rosenberg seine Ausbildung infrage stellte, seine Praxis aufgab und sich auf die Suche danach machte, woran Menschen wirklich erkranken und was sie tatsächlich gesunden lässt. Er begründete in der Folge die »Gewaltfreie Kommunikation« und erhielt eine Vielzahl von Preisen und Ehrungen dafür.[8]

Das Ausmaß können wir jeden Tag feststellen, wenn wir in die Tageszeitung schauen oder im Internet surfen. Verschwörungstheorien brauchen wir nur oft genug vorgesagt bekommen, bis wir sie glauben. Das erleben wir seit Jahrzehnten und das war auch zentraler Bestandteil im Dritten Reich. Dort lief es unter dem Namen »Propaganda«. So wie in den 1930er- und 1940er-Jahren sind auch heute Verschwörungstheorien besonders bei Menschen erfolgreich, die sich »abgehängt« fühlen.

Tatsächlich aber »denken« sie sich »abgehängt«, bauen Fantasien und Behauptungen auf, um mit der eigenen Realität besser umgehen zu können und unangenehmen Wahrheiten aus dem Weg zu gehen. Das ist dann bedauerlicherweise vergleichbar mit einer »Lösung« wie Alkohol: hilft für den Moment, macht aber alles nur noch schlimmer. Was meist fehlt, sind kritische Fragen, die das eigene Denken infrage stellen, z. B.: »Denke ich das oder spüre ich das?« oder »Wen kann ich fragen, der dazu fundiertes Wissen hat?«

8 Eine Auswahl der Preise und Ehrungen für Marshall B. Rosenberg: 2014: Champion of Forgiveness Award from the Worldwide Forgiveness Alliance; 2006: Bridge of Peace Nonviolence Award from the Global Village Foundation; 2005: Light of God Expressing in Society Award from the Association of Unity Churches; 2004: Religious Science International Golden Works Award; 2004: International Peace Prayer Day Man of Peace Award by the Healthy, Happy Holy (3HO) Organization; 2002: Princess Anne of England and Chief of Police Restorative Justice Appreciation Award; 2000: International Listening Association Listener of the Year Award, Puddledancer Press (2022) https://www.nonviolentcommunication.com/about-marshall-rosenberg/.

Der Teufelskreis von mangelndem Know-how

Wenn Menschen in einem Bereich kein oder nur sehr wenig Know-how haben, neigen sie dazu,

- sich selbst zu überschätzen,
- die Kompetenz und Intelligenz anderer zu verkennen,
- das Ausmaß ihrer Inkompetenz nicht zu erkennen und
- nicht die Notwendigkeit zu sehen, sich weiterzubilden und damit ihre Kompetenz zu steigern.

Sie haben daher Schwierigkeiten, sich allein aus diesem Teufelskreis zu befreien. Je inkompetenter wir auf einem Gebiet sind, desto größer das Ausmaß unserer Selbstüberschätzung.[9]

Hat das menschliche Gehirn einen Vorteil davon, Lügen absichtlich für wahr zu halten? Das ist besonders dann der Fall, **wenn die Lüge zu akzeptieren uns leichter fällt als die Fakten zu sehen.** Es gibt viele solcher Situationen, in denen wir zu einer Art Notfalldenken tendieren. Das ist das Denken, das wir brauchen, um uns in dem Moment über Wasser zu halten. Das kann beispielsweise sein, wenn unser Ego gekränkt ist – dann greifen Mechanismen, die uns helfen, das Ganze als nicht ganz so kränkend wahrzunehmen: Wir sagen uns zum Beispiel, dass etwas »eigentlich gar nicht in unserer Kontrolle« lag, dass das »gar nicht so gemeint« war oder dass jemand anderes »schuld« ist.

Was verspricht uns der Populismus? Dass wir weniger hilflos sind und eine Gemeinschaft Gleichgesinnter finden. Dass wir die Umstände mehr unter Kontrolle haben, weil wir ja angeblich ganz viel von dem Unheil wissen. Mehr Fokus auf das, was nicht gewollt ist, und eine selbsterfüllende Prophezeiung, die die ursprünglichen Annahmen zu bestätigten scheint.

Das Denken des Populismus verschafft uns den Eindruck, die Welt irgendwie zu verstehen, doch tatsächlich wird sie viel weniger verständlich, denn jetzt brauchen wir auch noch 20 Verschwörungstheorien, um all das erklären zu können, was da nicht reinpasst – und die dürfen wir nicht infrage stellen und selbstverständlich auch kein anderer. Das könnte ja unsere auf tönernen Füßen stehenden Überzeugungen gefährden. Was zählt, ist, dass die neuen Freunde das Gleiche erzählen – ebenfalls ungeprüft.

9 David Dunning und Justin Kruger von der Cornell University (1999) zeigten in mehreren Experimenten, dass die schlechtesten 25 Prozent der Probanden die eigene Leistung als überdurchschnittlich beurteilten. Das beste Viertel zeigte Bescheidenheit: Sie unterschätzten ihre Leistungen etwas. Inzwischen Dunning-Kruger-Effekt genannt.

Und in den Medien sehen wir ja, wie gefährlich die Welt ist und sich entwickelt. Ja, die Welt wird noch bedrohlicher, besonders wenn wir die Nachrichten schauen oder die Tageszeitung lesen, wo 95 Prozent der Informationen uns selbst gar nicht betreffen. Zubereitet wie im Schnellimbiss und vorgekaut bekommen wir leicht verdauliche Gehirnnahrung vorgesetzt. Die hochwertigen Reportagen und Berichte lesen wir nicht mehr. Wir stumpfen ab, wir informieren uns nicht mehr kritisch, wir hinterfragen nicht und akzeptieren Meinungen über die Welt als Tatsachen. Wir schaffen uns unsere »schöne neue Welt«.

3.3.2 Jeder sieht es, keiner sagt was: Ein Aufruf zu mehr Chuzpe

– Peter kam ja immer als Letzter. Gut, dachte sich Paula, er hatte als Chef ja auch das Recht, so spät zu kommen – hat eben viel zu tun. –

Sind Führungskräfte nicht Vorbilder? Und wofür ist Peter in diesem Punkt Vorbild? Er ist Vorbild für »Wenn du Streifen auf den Schultern hast, kannst du dir Freiheiten herausnehmen.«

Anders gesagt lernen die Mitarbeiter damit: Anstatt Verantwortung zu übernehmen, dürfen die Oberen Verantwortung vermeiden. So wird das Verhalten der Führungskraft zu einem Vorbild der »wahren Spielregeln« im Unternehmen. Schnell fallen wir auf diese »Gutsherrenart« und »Selbstbedienungsmentalität« herein, bescheiden uns und sagen folgsam – nichts.

– … hatte sie Peter als locker und freundlich, wenngleich auch etwas unnahbar erlebt – manchmal war er für sie einfach nicht zu greifen. –

– Konnte es sein, dass Peter den schwierigen Themen aus dem Weg ging? Vertraut er den anderen? Oder lässt er jeden einfach tun, was er will? –

– Aber immerhin gibt es nie böse Worte. –

Wird es für dich leichter, Peters Konfliktverhalten einzuordnen? Peter übernimmt keine Verantwortung dafür, Konflikte zu lösen, sondern weicht ihnen aus. Seine gute Absicht: Er will Harmonie in der Abteilung. Doch was er tatsächlich erntet, ist eine gefährliche *Scheinharmonie*. Sie bereitet Platz für Intrigen und Unehrlichkeit, wird zum Stil – und sie kann, wenn sie aufgedeckt wird, in sich zusammenfallen.

Harmonie vs. Scheinharmonie

Harmonie, oder griechisch *harmonia*,
bezeichnet die Vereinigung von Gegensätzen (!).

Scheinharmonie ist das Gegenteil von Harmonie. Sie tut unter dem Deckmäntelchen der Harmonie so, als wäre alles in Ordnung, ohne die Gegensätze überbrückt und zusammengeführt zu haben. Der Wunsch nach echter Harmonie kann dem zugrunde liegen, doch die Angst vor Dissens und Verlust ist zu groß, um offen damit umzugehen. Eigene Gefühle werden unterdrückt und es wird versucht es allen recht zu machen. Der Effekt: Der Konflikt wird unter den Teppich gekehrt und sich gewundert, wenn jemand darüber stolpert.

Scheinharmonie beginnt in abhängiger Angst.

Harmonie beginnt in Selbstvertrauen.

– Bitte frag doch jetzt nicht Irina. –

Peter geht der eigenen Entscheidungsfähigkeit aus dem Weg. Sein Führungsstil wird zu einem »Laissez-faire« – nach außen hin begründet mit »die Mitarbeiter machen lassen«, »Freiraum geben« oder »den Dingen ihren Lauf lassen«. Tatsächlich übernimmt er keine Verantwortung aus Angst, Fehler zu machen bzw. die Kontrolle zu verlieren. Das, was er »Freiraum« nennt, gibt Raum, keine Verantwortung zu übernehmen – und damit durchzukommen.

Achtung

Verwechsle Führungsstile bitte nicht mit Konfliktstilen!
Vielleicht kennst du die Führungsstile autoritär, patriarchalisch, kooperativ oder laissez-faire, die sich jeweils an der Kontrolle durch den Chef bzw. den Freiheiten der Mitarbeiter orientieren. Der Konfliktstil kann davon erheblich abweichen!

So kann jemand, der ansonsten recht umgänglich ist und kooperativ führt, im Konfliktfall – mangels Fähigkeiten – sehr bestimmend und autoritär auftreten. Andere Führungskräfte wiederum werden im Konflikt ausweichend und unsichtbar.

Der Konfliktstil entspricht also häufig nicht dem Führungsstil.

Ein weiterer Effekt ist, dass Peter als Führungskraft so nichts lernt. In seinen Augen gibt ja keine Probleme oder Konflikte. Und damit keine Missverständnisse entstehen: Wenn auch das Lernen der Führungskraft gegen null geht, so lernen doch die Mitarbeiter durchaus etwas, nämlich: »So geht das hier mit Konflikten. Da wird nicht genau hingeschaut und ich komme mit allem durch.«

Wichtige Themen bleiben ungelöst und verlagern sich in den Untergrund der Abteilung, bis keiner mehr darüber spricht. Nach außen hin scheint alles friedlich, doch unter der Oberfläche brodelt es: Denn was denkt Herr Lenhart? – In meinem Unternehmen werden Zusagen nicht eingehalten. Der Preis: Misstrauen gegenüber den Führungskräften bzw. der Personalabteilung. Eine verpasste Chance!

Coach: »Welche Konflikte haben sie hier in der Abteilung?«
Aussage der Führungskraft: »Konflikte haben wir hier nicht.«
Nun wusste der Coach, dass er viel Arbeit vor sich hatte.

Wie unsere Prägung uns beeinflusst

Was hatte Paula früh in ihrem Leben gelernt, wer die Regeln macht? Paulas Eltern! Und ihr Job war zu kuschen. Beteiligung an Entscheidungen, die einen selbst betreffen: Fehlanzeige.

Unsere frühen Prägungen nehmen wir später mit in unsere Ehen *und* ins Unternehmen. Und unsere Kollegen links und rechts machen das ebenfalls. Auch die Führungskräfte. Wir sind da nicht allein. Wenn wir in einer machtvollen Position sind, imitieren wir oft unbewusst den Herrscher – und wenn wir in der Hierarchie weiter unten angesiedelt sind als unser Gegenüber, imitieren wir den Unterlegenen, ordnen uns unter oder machen uns unsichtbar. Hast du dir schon mal Gedanken gemacht, wen du vielleicht nachahmst?

Laissez-faire- oder situativer Führungsstil?

Ein Laissez-faire-Führungsstil ist häufig anzutreffen in kreativen Branchen, wie zum Beispiel in der Werbe- und PR-Branche, sowie in künstlerischen Bereichen oder bei Start-up-Unternehmen, in denen eine streng hierarchische Führung Kreativität und Innovation im Keim ersticken würde. Was für die Führung gilt, gilt aber nicht auch für das Management von Konflikten. Denn damit steigt das Ausweichverhalten in Konfliktfällen, was gerade bei Start-up-Unternehmen schnell und häufig zu Pleitefällen führt.

Der situative Führungsstil einer erfolgreichen Führungskraft wird ergänzt durch ihren Konfliktstil und ersetzt ihn nicht. Die Lösung ist also kein Entweder-oder, sondern vielmehr ein Sowohl-als-auch.

Kurt Lewin (deutscher Sozialpsychologe) konnte beobachten, dass Gruppen unter Laissez-faire-Bedingungen unzufriedener und weniger leistungseffizient als unter demokratischen Bedingungen waren. Sie waren schlechter organisiert, frustrierter, entmutigter und zeigten aggressiveres Verhalten als andere Gruppen. Auch wenn Laissez-faire alle möglichen Freiheiten verspricht, stellte sich bei seinen Forschungen heraus, dass der kooperative Führungsstil dem Laissez-faire-Führungsstil weitaus überlegen ist (Lewin/Lippitt/White 1939).

In Abwesenheit von Regeln macht jedes Teammitglied seine Regeln selbst

Da der Chef jede Entscheidung meidet, trifft Irina die Entscheidungen. Da ihr Chef nicht aktiv führt, erfährt sie größtmögliche Handlungs- und Regelfreiheit – sie kann ihre Arbeit selbst gestalten. Ihr Vorgesetzter kontrolliert ihr Handeln und ihre Ergebnisse nicht – er »vertraut« ihr blind, was bedeutet: Sie kontrolliert nur mehr sich selbst. Wenn diese Freiheit allerdings gestört wird ...

Paula weicht Herrn Lenharts Anruf aus. Die Wahrheit verschweigt sie und beginnt, sich »Ausweichspielchen« auszudenken. Allerdings beginnt sie auch, sich selbst infrage zu stellen:

– Noch während sie das sagt, schämt sich Paula für ihre Worte. Ist sie jetzt auch so berechnend geworden wie Irina? Sie schaut zu Boden, als sie den Hörer auflegt. Wie kann ich mich Herrn Lenhart gegenüber nur so verhalten?, fragt sie sich. Er hat mir doch gar nichts getan. Was ist mit mir nur geschehen? –

Paula erkennt ihr Lose-lose-Spiel, sie merkt, wie sie ihre Werte, ihre Verantwortung und Aufrichtigkeit aus den Augen verliert. Ihr Selbstbewusstsein und ihre innere Sicherheit nehmen ab.

– »Also, Peter, du kennst ja unser Budget und unsere Kostenstellen, da ist nicht viel Verhandlungsspielraum. Wollen wir uns das momentan nicht besser aufheben für Notfälle?« –

Peters Führungsstil verführt autoritär denkende Mitarbeiterinnen wie Irina dazu, das entstehende »Führungsvakuum« mit ihren Wünschen und Zielen zu füllen. Die Abteilung wird leicht manipulierbar, da **Mitarbeiter merken, wie Führungskräfte in schwierigen Situationen funktionieren**: Peter weicht aus, er zögert und verschleppt Entscheidungen. Er erkennt nicht, welch schweres Erbe er dabei seiner Stellvertreterin überlässt.

Vielleicht fragst du dich: Weshalb hat Peter ausgerechnet Paula als Vertretung gewählt?

Peter hat Paula bereits agieren sehen, bevor er sie zu seiner Stellvertreterin ernannte. Ebenso hat er gemerkt, dass Irina immer wieder ungefragt die Führung übernommen und somit seine Position in der Abteilung angekratzt hat. Daher ist es Peter wichtig, jemanden ins Boot zu holen, der integrativer aufgestellt ist. Er hat nur keinen Begriff davon, wie schwer er Paula durch seine Einstellung und sein damit verbundenes Verhalten die Arbeit macht – insbesondere, wenn er seine Überlegungen dazu im stillen Kämmerlein anstellt, anstatt sie den Betroffenen offenzulegen. Denn das würde aus seiner Sicht bedeuten, mit der eigenen Führungsschwäche sichtbar zu werden – doch genau das ist es, was er nicht will.

– Das ist ja typisch! Kaum hat mein Urlaub begonnen, gibt es schon wieder Ärger! –

– Jetzt hat sie schon so eine fette Brille und ist immer noch zu blind, die Nummern der Liegen zu lesen! –

Die ungelösten Konflikte liegen Paula auf der Seele. Obwohl sie das Herz am rechten Fleck hat, wird ihre Sprache härter. Frust mischt sich zunehmend hinein. Und sie fällt in eine Urteilssprache, in der sie sehr gut erkennt, was andere oder sie selbst »falsch« machen.

3.4 »Tierisches« Verhalten in Konfliktsituationen

	Tiger	Stallpferd	Schildkröte
Haltung	Ich bin wichtig – du bist unwichtig.	Du bist wichtig – ich bin unwichtig.	Ich bin unwichtig – du bist unwichtig.
Symbol			
Harmonieverständnis	Harmonie = geschickt manipulieren und überwältigen	Harmonie = recht machen	Harmonie = Scheinharmonie
Verhalten im Konflikt	kämpfen	fliehen	erstarren

	Tiger	Stallpferd	Schildkröte
z. B.	• dominieren • sich durchsetzen • befehlen • fordern • drohen • zwingen • verweigern • abwerten • bestrafen • dogmatisch agieren • Wohlwollen entziehen • ausbeuten • Vorwürfe • Schuldgefühle vermitteln • »ja, aber...« • ausagieren • bestrafen • ausbeuten • verweigern • Monolog halten • betont verletzt gucken • vorwurfsvoll gucken • manipulieren • Fakten verdrehen • sich rächen • ...	• sich unterwerfen • gehorchen • sich anpassen • sich abwerten • auf eigene Ziele verzichten • bei Gefahr weglaufen • beruhigen • beschwichtigen • beleidigt sein • harmonisieren (gute Miene zum bösen Spiel machen) • Ja sagen und »Nein« tun • funktionieren, auch über die eigenen Grenzen hinweg • mitmachen (entgegen eigener Ideen) • sich entmündigen • Herausforderungen ausweichen • »einen Gefallen« tun • eigene Ideen zurückhalten • ...	• Kopf einziehen, sich unsichtbar machen, sich tot stellen • vermeiden, verdrängen, »vergessen« • keine Initiative ergreifen, Verantwortung ablehnen, nichts tun • sich nicht beteiligen, sich zurückziehen, ins Lächerliche ziehen • schweigen, ausweichen, Missverständnis vortäuschen • sich selbst zum Opfer erklären, sich zurückziehen, gezielt nach Hindernissen suchen • sich klein machen, sich verkriechen, aushalten, still leiden • wegschauen, unbeteiligt tun, aus dem Weg gehen • ignorieren, den Konflikt unter den Tisch kehren, totschweigen • schönreden, schonen (d. h. der andere kann nicht wachsen) • nicht Mitdenken, in Deckung gehen, lästern und dem Betroffenen nichts sagen • »keine Meinung« haben • »Nein« als Affront sehen, daher Ja zu allem sagen • weder Sanktionieren von Fehlverhalten noch Honorieren von Erfolg • Hinhalten, Dienst nach Vorschrift, blind gehorchen • zu spät kommen, um Bedeutung zu gewinnen

	Tiger	Stallpferd	Schildkröte
			• Abwehr von Eigenverantwortung durch Opferhaltung • moralische Überlegenheit, intellektualisieren, aus Erfahrung nicht lernen • Schuldgefühle einflößen, Sorgen injizieren • sich rechtfertigen, sich zurückziehen, Wertschätzung verweigern • Scheinharmonie vortäuschen • …
Ergebnis	win-lose	lose-win	lose-lose

Hinweis

Willst du wissen, zu welchem Verhalten du neigst und wie sehr? Einen Test findest du auf unserer Website: https://sparks-journey.com/konflikttest/ Passwort: KTest2022

DIGITALE EXTRAS

3.5 Wie sich ungelöste Konflikte auswirken

Abb.: Die Lücke

Wo siehst du automatisch hin? Genau, zu der Lücke! **Wenn ein Kreis nicht geschlossen ist, schauen wir automatisch zur Lücke und wollen diese schließen.**

So können uns ungelöste Konflikte jahrelang quälen, wenn sie für uns eine Bedeutung haben und wir sie nicht auflösen können. Sie beschäftigen uns manchmal Tag und Nacht, wir grübeln und kommen nicht weiter, wir denken uns halb zu Tode und rauben uns den Schlaf.

Wie also kommen wir aus diesem Schlammassel heraus?

3.6 Der »Elefant« und sein Gewinner-Gewinner-Spiel

»Jenseits der Vorstellungen von richtigem und falschem Handeln gibt es ein Feld. Ich werde dich dort treffen.«
Rumi

Wir können uns jederzeit entscheiden, aus den üblichen Überlebensstrategien win-lose (kämpfen), lose-win (weglaufen) und lose-lose (sich tot stellen) auszusteigen und in das Win-win-Spiel einzusteigen. Wir gehen in eine Haltung, die jenseits der beschriebenen Überlebensstrategien beheimatet ist.

Haltung im Konflikt: Ich bin wichtig – du bist wichtig

Abb.: Haltung des Elefanten

Typische Verhaltensweisen des Elefanten im Konflikt

- die Fakten von den Interpretationen trennen
- eine Verbindung zwischen beiden Parteien herstellen
- nachfragen und den anderen abholen, wo er ist
- verhandeln, sodass beide zufrieden sind
- zuhören und die eigenen Anliegen sichtbar machen
- sich aufrichtig zeigen und fragen, wie etwas angekommen ist
- nachfragen, wenn etwas unklar geblieben ist
- Pausen einlegen, wenn die eigene Haltung im Begriff ist, verloren zu gehen
- kreative Zusammenarbeit
- Widerstände und Rückschläge akzeptieren

- gemeinsame Problemlösung
- eine optimale Lösung finden wollen, die für beide Seiten passt
- einen Konsens anstreben statt nur einen Kompromiss
- gemeinsam Erfolge feiern

Hier ist das Ergebnis im Konflikt, dass ich (als Elefant) gewinne *und* der andere gewinnt: win-win.

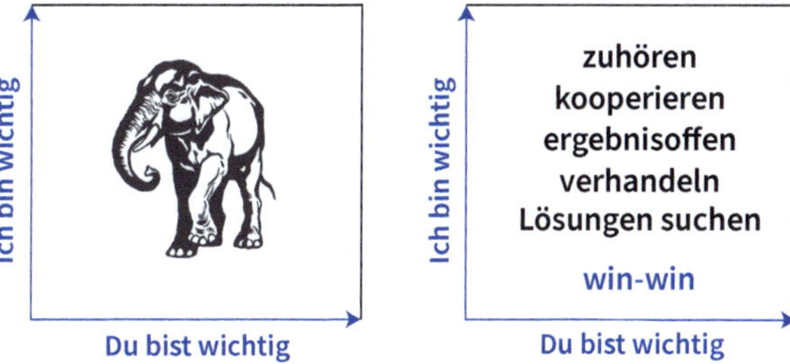

Abb.: Konfliktverhalten des Elefanten

Die Wirkung des Konfliktverhaltens des Elefanten

- Durch das zunehmend konstruktive Konfliktverhalten entsteht mehr Selbstvertrauen. Dadurch steigt die Motivation, Konfliktlösungen anzugehen.
- Das zunehmende Interesse daran, Konflikte zu lösen, geht Hand in Hand mit einer geringeren Toleranz schlechter Resultate auf zwischenmenschlicher und fachlicher Ebene.
- Die Fähigkeit, Konflikte zu klären, führt zu selbstverstärkender Konfliktfähigkeit: »Winning breeds winning.«
- Ich gewinne an Einfluss – werde zum gefragten Mitarbeiter und Kollegen.
- Das Risiko von Rivalitäten, Mobbing und Chaos sinkt.
- Wenn der Chef »Ich bin wichtig – du bist wichtig«-Konfliktverhalten zeigt, erhalten Mitarbeiter Orientierung und erleben Zugehörigkeit. Chefs werden als konfliktfähig, wertschätzend und klar in der Führung erlebt.

Mit zunehmender Erfahrung können

- Konflikte bereits im Entstehen erkannt und geklärt werden.
- Konflikte konstruktiv verhindert werden. Viele entstehen erst gar nicht – durch eine andere Haltung und Sprache in schwierigen Situationen.

Wann das Konfliktverhalten des Elefanten sinnvoll ist

- Bei allen Konflikten, in denen »fünfe gerade sein lassen« dem größeren Ganzen schadet. Das heißt überall dort, wo Toleranz zu Nachlässigkeit wird. Zum Beispiel, wenn sich der Chef von seinen Mitarbeitern Präzision und Reduktion aufs Wesent-

liche im Abteilungsmeeting wünscht. Gleichzeitig lebt er Nachlässigkeit vor, indem er nicht zur vereinbarten Zeit ins Meeting kommt bzw. kein Protokoll angefertigt und keine Termine mit einer verantwortlichen Person pro Auftrag vereinbart.
- Wenn Scheinharmonie durch echte Harmonie ersetzt werden soll. Wenn statt Ausweichen und Unterordnen ein Miteinander gewünscht wird, das auch größeren Belastungen standhalten soll.
- Wenn Konflikte zu Win-win-Ergebnissen statt faulen Kompromissen geführt werden sollen und die Dominanz Einzelner zu Ergebnissen führen würde, die zur Demotivation der Mitarbeitenden beiträgt.
- Wenn absolute Dringlichkeit angesagt ist. Wenn z. B. der Feueralarm losgeht, werde ich keinen Club gründen, um herauszufinden, in welcher Reihenfolge Frauen und Männer aus dem Gebäude gehen, sondern z. B. lautstark und bestimmt anweisen, den Alarmzeichen aus dem Gebäude zu folgen. Dies kann bei einigen als win-lose ankommen. Die Haltung bleibt die des Elefanten.

Situationen, in denen das Konfliktverhalten des Elefanten nicht sinnvoll ist

- Bei unwichtigen Themen. Hier ist »fünfe gerade sein lassen« (lose-lose) angesagt. Zum Beispiel wenn schon alles gesagt ist, nur nicht von mir.
- Wenn meine Möglichkeiten, eine Lösung herbeizuführen oder das Gegenüber zu erreichen, nur sehr gering sind, z. B. wenn ich meine Steuerlast mit dem deutschen Kanzler besprechen will.

DIGITALE EXTRAS

Hinweis

Eine Zusammenstellung der wichtigsten Merkmale zu diesem Konfliktverhalten für Führungskräfte und Mitarbeiter findest du unter: https://sparks-journey.com/2022-kp/
Passwort: KMPersonaler_Tiermodell

Die Bandbreite im Führungsstill beeinflusst den Entscheidungsspielraum der Mitarbeiter

Auch wenn wir hier jeden Konfliktstil einzeln beleuchten und von den anderen abgrenzen, ist es wichtig zu wissen, dass es in der Praxis selbstverständlich nicht ganz so schwarz-weiß zugeht.

Wir können
- in einem Quadranten verharren,
- im Laufe eines Gesprächs zwischen den Quadranten wechseln und
- im Privatleben einen anderen Lieblingsquadranten einnehmen als im Geschäftsleben.

Meist haben wir im Laufe unseres Lebens unseren »Lieblingsquadranten« gefunden, um mit Konflikten zurechtzukommen. Dabei sieht für die meisten in der Realität die Auswahl der zur Verfügung stehenden Quadranten so aus:

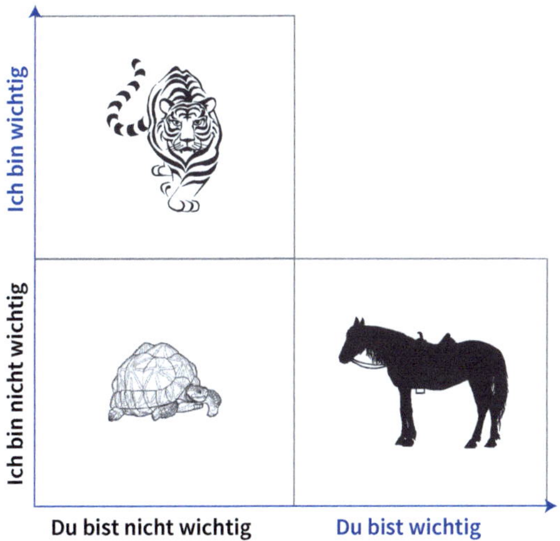

Abb.: Drei klassische Konfliktverhalten

Wir nutzen einen der Quadranten, um uns in Konflikten durchzusetzen, um uns sicherheitshalber zu unterwerfen – oder wir weichen dem Ganzen aus.

Hier zeigen wir dir, wie du dem Ganzen einen neuen mächtigen Quadranten und Lebensraum hinzufügst, um statt zu billigen Kompromissen zu Konsenslösungen zu kommen, die alle Seiten zufriedenstellen.

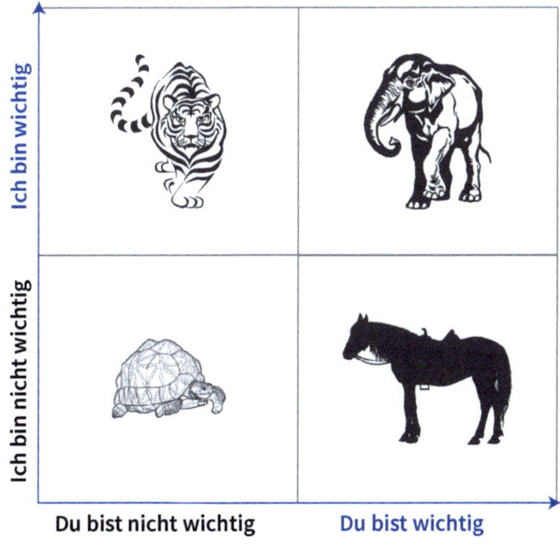

Abb.: Die vier Konfliktstile

3.7 Konstruktiv kommunizieren

3.7.1 Weshalb es oft von Beginn an schiefläuft

Paula geht durch ein Wechselbad aus Selbstanschuldigung und Fremdanschuldigung. Mal beschuldigt sie sich selbst, mal die anderen – und mit beidem kommt sie weder zurecht noch weiter. **Das ist der Grund, weshalb ein so großer Prozentsatz der Menschen Konflikte am liebsten vermeidet: Sie wissen schlichtweg nicht, wie sie Konflikte klären können.**

– »Bitte verlassen Sie die Liege, das ist meine!« –

Ein Beispiel aus dem »ganz normalen« Alltag, an dem wir erkennen können, wie Konflikte entstehen: Ist das, was Paula sagt, eine Annahme oder ein Fakt? Nun, zunächst erscheint das eindeutig – zumindest für Paula. Doch Annahmen werden auch durch Betonung nicht zu Fakten. Als Paula die Karte herumdreht und die Orientierung der Zahlen sieht, verändert sich schlagartig ihre Sicht auf die Situation.

Wie schnell wir bewerten

Der indische Philosoph Jiddu Krishnamurti bemerkte einmal, dass wahrnehmen, ohne zu bewerten, die höchste Form menschlicher Intelligenz sei. Als ich dies das erste Mal hörte, dachte ich sofort: »Höchste Form« – das ist doch eine Bewertung. Der weiß ja selbst nicht, was er sagt. Erst da merkte ich, wie schnell mir meine Bewertung durch den Kopf schoss.

Wenn wir unseren Sprachgebrauch umstellen, können wir nicht nur unnötige Konflikte vermeiden und nötige schneller lösen, wir reduzieren auch unseren Stress in kniffligen Situationen erheblich. Wenn wir diese Feinheiten im Sprachgebrauch nicht beachten, werden wir schnell eingenommen von eloquenten, manipulierenden »Menschenfängern« mit eigennützigen Absichten. Dann werden aus Unwahrheiten plötzlich »alternative Fakten«, also keine!

Wie kannst du Wahrnehmungen von Annahmen, von Bewertungen und Diagnosen unterscheiden?

3.7.2 »Qualitätskontrolle« fürs Miteinander

Wenn wir eine Aussage zu einem Konfliktthema formulieren und unsicher sind, ob wir nur die Wahrnehmungen benennen oder auch Interpretationen enthalten sind, dann ist etwas »**Qualitätskontrolle**« sehr hilfreich. Sie gibt uns die Chance, im Konflikt mit einem »Ja, genau!« von der anderen Seite zu starten, statt gleich zu Beginn ein Nein zu hören. Deswegen frage dich nach der Formulierung: **Könnte jemand dazu (sinnvoll) sagen: »Nein, das stimmt nicht«?**

Wenn das der Fall ist, dann hast du wohl eine Interpretation, Bewertung oder Ähnliches benannt. Diese Frage kannst du dir auch vor jedem kritischen Gespräch stellen. Welche Aussagen bleiben dann noch erhalten und wie kannst du sie so anpassen, dass kein Nein mehr kommen kann?

Bei »Bitte verlassen Sie die Liege, das ist meine!«: Könnte Tara hier sinnvoll »Nein, das stimmt nicht« sagen? Ja, weil sie selbst einen Bon hat. Würde sie diesen neben den von Paula legen, würde sich die Situation schnell aufklären.

Geht es dir auch manchmal so, dass du dir nach einem Konflikt gar nicht mehr erklären kannst, wieso du dich so aufgeregt hast? **Leider sind wir insbesondere dann, wenn wir schon angespannt und erschöpft sind, schnell in der Gefahr, in Rage zu geraten. Je gestresster wir sind, desto enger wird unser Tunnelblick. Und solange wir im Tunnel sind, sind wir eben nur schwer zu erreichen.**

– »Sie sind wohl ziemlich genervt und möchten sich ausruhen?« –

Tara kann erkennen, dass Paula gestresst ist, und reagiert empathisch, verständnisvoll. Sie geht weder in den Angriff noch in die Verteidigung – und auch nicht ins Ausweichen: Sie bleibt zugewandt. Noch weiß Paula nicht, dass sie auf einen Profi in Sachen Konfliktmanagement getroffen ist.

Worüber wir Kontrolle haben

Ich kann keine Kontrolle über das Verhalten anderer haben, nur über meines. Wir sind also nicht für das Verhalten anderer verantwortlich (wir gehen hier von Erwachsenen aus). **Allerdings durchaus dafür, wie wir mit deren Fehlverhalten umgehen.** Meist zeigt sich erst dann, mit welcher Haltung wir unterwegs sind.

Wie willst du mit Menschen umgehen, die gestresst sind, wenn du es selbst nicht bist? Was wäre, wenn dich immer weniger stresst und du Situationen und Handlungen zunehmend schneller durchschaust? Welche Leichtigkeit wirst du erleben?

– Es verstreichen zwei Sekunden, bis die Dame weiterspricht. –

Tara lässt einige Sekunden verstreichen, bevor sie antwortet. Sie weiß: **Wenn es uns gelingt, aus der schnellen impulsiven Reaktion auszusteigen und in Harmonie mit unseren Werten zu agieren, dann verändert sich unser Gegenüber.**

Über die Bedeutung der Pause in Konfliktgesprächen

Frage an Prof. Dr. Dr. Friedrich Glasl, Konfliktforscher: »Wie reagiere ich am besten auf einen Konflikt?«
Prof. Glasl nach einer kleinen Pause: »Indem Sie am besten zwei bis drei Sekunden erst mal nichts sagen.«
»Ah, okay. Und wie lange brauche ich dafür, bis ich das kann?«
»Nun ja, mit etwas Training brauchen Sie dazu nicht mehr als 20 Jahre.«

Auch wenn das mit Augenzwinkern gesagt wurde, so ist es wichtig, einerseits geduldig mit sich selbst zu sein und es sich zu erlauben zu lernen und nicht nur zu können oder zu wollen. Und andererseits ist es wichtig, den scheinbar kleinen Dingen im Gespräch Raum zu geben. Dazu gehört insbesondere, den eigenen Angriffs-, Verteidigungs- und Ausweichimpulsen nicht nachzugeben, sondern zu lernen, sie wahrzunehmen und bewusst über die Worte, die aus dem Mund kommen, zu entscheiden – oder sie eben besser nicht herauskommen zu lassen.

Marshall B. Rosenberg, internationaler Konfliktmediator, dazu: »In der Empathie sprichst du gar nicht. Du sprichst mit den Augen. Du sprichst mit deinem Körper. Wenn du überhaupt etwas sagst, dann stellst du eine Frage, weil du nicht sicher bist, ob du ganz bei der Person bist und sie verstanden hast.«

Von der Fähigkeit, unter Stress ruhig zu atmen

– Paula beginnt ruhiger zu atmen und merkt, wie ihre Anspannung nachlässt. –

Hast du schon mal Freundinnen gesehen, die sich angeregt im Café unterhalten und beide genau gleich dasitzen – nur spiegelbildlich? Menschen, die miteinander in Kontakt kommen und in Resonanz miteinander gehen, fangen an, sich ähnlich zu bewegen. Dies geschieht unbewusst.

Achtung

Wir empfehlen dir nicht (!), dich absichtlich so hinzusetzen, da wir dies für eine Form der Manipulation halten.

Wie atmest du in schwierigen Situationen? Die meisten werden sagen: schnell, zumindest schneller als sonst, kurzatmig, vielleicht sogar hektisch. Das ist eine natürliche Folge der Anspannung und von Ängsten, die wir haben. Wir sind angespannt, weil wir nicht wissen, wie die Situation ausgeht, haben Ängste, weil uns die Beziehung und unser Anliegen wichtig sind und wir noch keine Vorstellung von der Lösung haben.

Unser Atem in entspannten Situationen ist dagegen ruhig, langsam und fließend. So wie der Stress zu hektischer Atmung führt, kann auch das ruhige Atmen zum Stressabbau führen.

Du kennst sicher den Satz »Erst mal tief durchatmen!«. Der Volksmund hat das bereits erkannt. Wenn wir tief atmen, wirkt das gleichsam beruhigend. Wir werden zur Ruhe im Auge des Wirbelsturms. Ein ruhiges Atmen hat somit auch eine Wirkung auf unsere innere Haltung.

Vielleicht ahnst du es schon: Forscher, Kampfkünstler und Therapeuten haben genau das herausgefunden. Wir imitieren also ein Gefühl und erleben die positive Wirkung. Probiere es mal aus!

Taras Ruhe ist Folge ihres jahrelangen Atemtrainings, das in angespannten Situationen automatisch zu einer natürlichen Verlangsamung des Atmens führt und damit zur Beruhigung ihres emotionalen Systems.

Tipp: Box Breathing

Wenn du mehr darüber wissen willst, schau dir mal die Box-Breathing-App von Mark Divine an. Der ehemalige und vielfach ausgezeichnete Navy-SEAL-Offizier setzt unter anderem diese Technik zur Entwicklung eines unbeugsamen Willens und von innerer Stärke ein.

»Um ein ungewöhnliches Leben zu führen heißt es,
ungewöhnliche Fähigkeiten zu entwickeln.«
Mark Divine

Fehler in Wahrnehmungen übersetzen

– Ich Trottel habe den Zettel falsch herum gehalten! Es ist nicht die Liege Nummer 89, die mir zugewiesen wurde, sondern die 68. Ihr wird ganz heiß. Oh, wie peinlich! Wie kann ich mich nur so irren und mich dann auch noch so aufregen?! –

– »Ich habe die Nummern verwechselt. Ich habe den Zettel falsch herum gehalten. Oje, es tut mir furchtbar leid, dass ich sie so angefahren habe!« –

Als Reaktion auf ihre übertriebene Aggression und die anschließende Selbstbeschuldigung beginnt Paula, sich übertrieben zu entschuldigen. Wenn wir uns situativ unangemessen verhalten, hat dies in der Regel mit alten Verletzungen aus unserer Kindheit zu tun.

Wie kannst du diese gewohnten Verhaltensweisen umgehen?

Konzentriere dich auf deine Wahrnehmungen – das sind Fakten, die du mit deinen Sinnen erfassen kannst. Du kannst sie sehen und hören – wie z. B. ein Audiogerät oder eine Kamera, die die Situation neutral aufnimmt. Fakten kannst du auch nicht sehen bzw. nicht hören. Denn auch die Abwesenheit von etwas kann etwas auslösen, z. B. wenn du merkst, dass dich eine wichtige Nachricht nicht erreicht hat.

Und in einigen Situationen geht es noch darum, was du

- spürst,
- riechst bzw.
- schmeckst.

Die letzten drei spielen auch eine Rolle in Konflikten, jedoch eine weitaus geringere als Sehen und Hören. Daher beschränken wir uns meist auf diese beiden Wahrnehmungen.

Hinweis

In unserer Alltagssprache sagen wir bisweilen etwas wie »Ich spüre, dass du erstaunt bist ...«. Tatsächlich ist das eine *Interpretation*, die deutlich machen soll, dass wir uns in den anderen hineinversetzen. Allerdings kann diese gute Absicht sich ins Gegenteil verkehren, wenn der andere sagt: »Woher willst du denn wissen, wie ich mich fühle?!«

Was sieht Paula? Sie hat einen blauen Zettel, auf dem Zahlen stehen, die sie als »89« interpretiert.

Oft glauben wir, die Welt sei so, wie wir sie wahrnehmen. Doch andere sitzen auf einem anderen Stuhl und sehen die gleiche Sache aus einem anderen Blickwinkel.

Selbstkritik übertragen auf andere

– Der Dünne da drüben schaut mich auch so komisch an. Der hat sicherlich jedes einzelne Wort mitgehört. Der denkt sich bestimmt: Was für eine hysterische Zicke! Die spielt sich hier auf und beschuldigt grundlos diese ältere Dame! –

Auch die Welt »da draußen« können wir wild interpretieren. An Tagen, an denen wir eh schon kritisch mit uns selbst umgehen, werden unsere Bewertungen schnell zu Selbstabwertungen. So führt eine Situation, in der wir etwas tun, was wir eigentlich nicht wollten, zur Peinlichkeit (= Ich bin nicht okay) und in der Folge zur Selbstbestrafung durch Selbstabwertungen und Selbstbeschuldigungen.

Jenseits von Perfektionsstreben und Selbstabwertung

Wo haben wir diese Grausamkeiten uns selbst gegenüber erlernt? Leider häufig in unserer Kindheit. Wenngleich unsere Eltern dies – in den meisten Fällen – überhaupt nicht im Sinn hatten und versuchten, uns zu einem Menschen zu erziehen, der gut mit anderen zurechtkommt, haben sie oft vergessen, dass die erste Person, mit der wir zurechtkommen wollen, wir selbst sind. Der Preis dieser Erziehungsmethoden ist hoch und wir brauchen Aufrichtigkeit und Mut, um uns dem zu stellen, und Kraft, Zeit und Versöhnung, um uns davon zu lösen.

»Der gesunde Menschenverstand ist nur eine Anhäufung von Vorurteilen, die man bis zum 18. Lebensjahr erworben hat.«
Albert Einstein

– Dann schiebt sie sich ihre dunkle Sonnenbrille vom Kopf auf die Nase, drückt die Strandtasche fest an ihre Brust und versucht so unauffällig wie möglich ihre Liege zu finden. Paula kommt es vor, als wäre sie gerade um Jahre gealtert. –

Paula ist um Jahre gealtert durch ihre Selbstanschuldigungen. Viele von uns haben gelernt, uns selbst der ärgste Feind zu sein, uns stundenlang zu martern und zu zerfleischen, wenn wir Fehler gemacht haben. Wir haben gelernt, uns selbst Dinge zu sagen, die wir anderen nie sagen würden. Würdest du das Gleiche mit deinem besten Freund machen? Vermutlich nicht! Wir sind uns selbst dann oft der schlimmste Feind.

– Irgendwie stimmt es ja. Ich krieg's nicht hin. Was stimmt nur nicht mit mir? Nicht mal Im Urlaub läuft es bei mir ohne Konflikte. –

Wir zweifeln an uns, ohne eine Lösung für unsere Konflikte und Probleme zu haben. Als Kompromiss geben wir uns mit Lösungen geringer Wirkbreite bzw. Wirkzeit zufrieden, die demnächst den nächsten Konflikt zur Folge haben.

DIGITALE EXTRAS

Tipp

Wenn du wissen willst, wie du selbst geprägt bist, zu welchem Konfliktverhalten du in welchem Maß neigst und was du nun tun kannst, dann schaue auf unsere Website unter: https://sparks-journey.com/konflikttest/ Passwort: KTest2022

Das 1. Element in der Welt der Konstruktiven Kommunikation: Meine Wahrnehmungen zum Ausdruck bringen zu können und sie von meinen Interpretationen zu unterscheiden.

Wie wäre es für dich, Konflikte zunehmend so lösen zu können, dass die Lösungen über Jahre halten? Mit dem ersten Element – deine Wahrnehmungen zum Ausdruck zu bringen und sie von deinen Interpretationen unterscheiden zu können – hast du den ersten Schlüssel dazu. In den folgenden Kapiteln wirst du weitere Lebensschlüssel kennenlernen, die nur wenigen bekannt sind.

3.8 Darf es etwas mehr sein?

Bitte denke daran, dass du deinen Konfliktstil bereits seit einigen Jahren mehr oder weniger bewusst pflegst. Der Übergang zu einem neuen Stil darf sich also entwickeln. Warst du bisher als Führungskraft eher autoritär unterwegs, so wird es förderliche Erfahrungen und Fehler, die Teil des Lernens sind, erfordern, um voranzukommen.

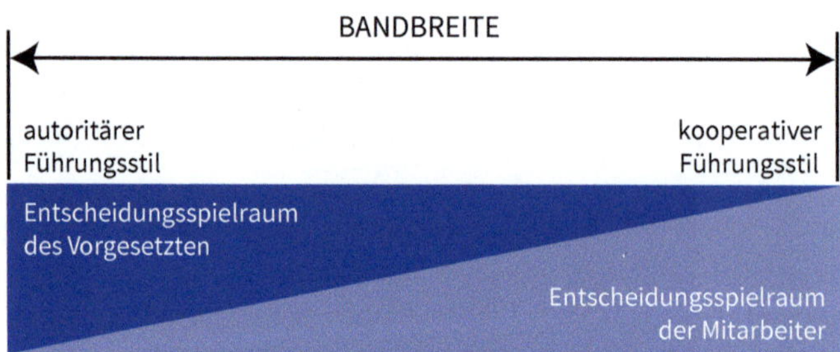

Abb.: Führungsstile und ihr Einfluss auf Entscheidungsspielräume

3.8.1 Entscheidungsfähigkeit in Teams

Häufig wollen Führungskräfte »gute Entscheidungen« treffen und die Teams ebenfalls. Doch wird die Entscheidungsform oft außen vor gelassen: Wie lange hält eine »Königsentscheidung« des Abteilungsleiters, der die Bedürfnisse seiner Mitarbeiter nicht berücksichtigt, die diese jedoch umsetzen und leben sollen? Wie viel Zeit wurde verschwendet bei einer Entscheidung, um die das ganze Team tagelang gerungen hat, wenn nur zwei Leute aus dem Team davon betroffen sind?

3.8.2 Entscheidungsfallen

Der faule Kompromiss

Zeigt sich häufig nach heftigen oder langandauernden Konflikten. Eine Seite gibt nach, damit man *endlich* zu einer Entscheidung gelangt.

Das Gewinner-Verlierer-Spiel

Hier setzt sich derjenige durch, der am überzeugendsten auftritt, jedoch die anderen nicht zum Zuge kommen lässt. Er bringt seine Gegner mittels Manipulation oder Herrschaftsausübung zum Schweigen oder zur Resignation.

Wie also kommen wir zu besseren Entscheidungen?

Entscheide *vor* der Entscheidung: *Wie* entscheiden wir das Thema?
Allein durch diese Frage wird mit jeder Entscheidung für die Beteiligten klarer, *welche Entscheidungsform zu welcher Aufgabe* besser passt. Das Team lernt so von Entscheidung zu Entscheidung.

3.8.3 Entscheidungsformen – eine Auswahl

	Handlungsfähigkeit	Tragfähigkeit	Notwendige Fähigkeiten	Hauptrisiken
Magischer Konsens	++ bis +++ abhängig von Person	+++	Win-win-win-Haltung, Integrität, Weitblick, Konsensfähigkeit, Präzision, Kreativität, ausgeprägte Kommunikationsfähigkeiten	• erfordert eine lebenserfahrene, klare, integre, stabile und flexible Persönlichkeit • Ungeduld mit sich und anderen • zu wenig Feedback
Strategischer Konsens	+	+ bis ++	Win-win-Haltung, Konsensfähigkeit, Präzision, Kreativität, sehr gute Kommunikationsfähigkeiten	• benötigt eine stabile und gleichzeitig flexible Persönlichkeit • Zeitaufwand fürs Erlernen kann zur Rückkehr zu anderen Entscheidungsformen führen
Konsensus-Verfahren	+	++	Flexibilität, Konsensbereitschaft, Basisvertrauen, Klarheit über eigenen Toleranzbereich, Kommunikationsfähigkeiten	Zeitaufwand fürs Erlernen führt zu früher Rückkehr zu anderen Entscheidungsformen
Vernünftiger Kompromiss	+	+	sachgemäß strukturieren können, Kommunikationsfähigkeiten	Spuren von Dissens bleiben, die von anderen nicht mitgetragen werden
Mehrheitsentscheide*/ Demokratie	+	0	Kommunikationsfähigkeiten, Fairness, Integrationsfähigkeit	• für Sachentscheidungen oft ungeeignet • Dominanz der Mehrheit über Minderheiten, Demotivation der »Verlierer«, Dissens bleibt => kalte Konflikte

	Handlungs-fähigkeit	Tragfä-higkeit	Notwendige Fähigkeiten	Hauptrisiken
Delegation an Kleingruppe/ Experten, danach Entscheidung durch Gremium	– bis + abhängig von Gremium	– bis + abhängig von Gremium	Fachwissen, Allgemeinwissen	• Zeitaufwand, ggf. Vorbereitungsaufwand vor der Entscheidung • unausgeglichene Teamzusammensetzung • Know-how-Mangel
Fauler Kompromiss	+	– –	Beharrlichkeit, Bereitschaft zur Einigung	• wird meist nach kurzer Zeit infrage gestellt • Schein-Einigung
Minderheit entscheidet	++	– –	Vertrauen, Fachwissen, erfordert hohes Kommunikations- und Einfühlungsvermögen	• Abstimmungsaufwand • geringe Beteiligung Betroffener
Einer entscheidet	+++	– – –	ausgeprägtes Vertrauen vorhanden bei Betroffenen und sehr breites Allgemein- und Fachwissen des Entscheiders erforderlich	• Selbstüberschätzung, Dominanz • Demotivation der Betroffenen, da sie ihre Bedürfnisse nicht berücksichtigt sehen • geringe Akzeptanz

* relative Mehrheiten, einfache Mehrheiten (> 50 % der abgegebenen Stimmen), absolute Mehrheiten (> 50 % der möglichen Stimmen) – sind nicht einheitlich definiert!

Erfordert diese Entscheidungsflexibilität Mut? Ja, denn sie braucht ein Umdenken in der Führung: weg vom üblichen Alleinbestimmer hin zu den besten Lösungen für die Abteilung bzw. das Unternehmen.

3.8.4 Veto als Sicherheitsanker

Was viele vergessen: Die Möglichkeit eines Vetos der Führungskraft bleibt unbenommen, denn diese hat die Entscheidungen in der Hierarchie zu vertreten. Das Vetorecht wird folglich mit der Einführung der Entscheidungsformen von Beginn an vereinbart.

3.8.5 Der Gewinn flexibler Entscheidungsformen

Flexible Entscheidungsformen bringen

- mehr fähige Mitarbeiter, die in ihrem Rahmen Fachentscheidungen treffen können und die Führungskraft entlasten,
- mehr Zeit für Mitarbeiterführung für Führungskräfte, die sonst oft »hinten herunterfällt«,
- bessere Aufstiegschancen für Führungskräfte, da zunehmend Raum für strategische Aufgaben und Unternehmensführung bleibt.

Ebene	Aufgabenspektrum
Geschäftsleitung (CEO)	Unternehmensstrategische Aufgaben; Unternehmensführung; Mitarbeiterführung
Geschäftsführer	Unternehmensstrategische Aufgaben; Unternehmensführung; Mitarbeiterführung; Fachaufgaben
Bereichsleiter	Strategie; Unternehmens führung; Mitarbeiterführung; Fachaufgaben
Abteilungsleiter	Unt.-führung; Fachliche und disziplinarische Mitarbeiterführung; Fachaufgaben
Teamleiter	Fachliche Mitarbeiterführung; Fachaufgaben
Sachbearbeiter	Fachaufgaben
	10 % 20 % 30 % 40 % 50 % 60 % 70 % 80 % 90 % 100 %

Abb.: Wie sich das Aufgaben- und Entscheidungsspektrum je nach Ebene verändert

3.8.6 Vom strategischen Konsens zum magischen Konsens

Im Folgenden wirst du Elemente kennenlernen, die dich befähigen, Konflikte mit hoher Tragfähigkeit bei hoher Handlungsfähigkeit zu klären. Ja, du wirst davon persönlich profitieren, du wirst als Mensch wachsen und dich zunehmend weniger mit Kompromissen und strategischen »Vereinbarungen«, die nicht allzu lange halten, beschäftigen wollen.

3.9 Abschlussfragen

Nimm dir nun bitte mindestens 15 Minuten Zeit, in denen du ungestört über die folgenden Fragen nachdenkst und die Antworten aufschreibst. Hast du etwas zu trinken und zu schreiben? Dann kann's losgehen ...

Inspirationen für die praktische Umsetzung

1. Wozu neigst du in Konflikten (kämpfen – fliehen – erstarren)? Wenn dir das nicht klar ist, empfehlen wir dir, den Test auf unserer Website zu machen (https://sparks-journey.com/konflikttest/ Passwort: KTest2022).
2. Was hast du davon, dich so zu verhalten? Was ist dein Gewinn?
3. Was ist der Preis, den du dafür bezahlst?
4. Was ist die Gefahr, wenn du dich in Scheinharmonie begibst?
5. Weshalb werden Konflikte in deinem Unternehmen so selten thematisiert?
6. Was genau kostet dich Energie bei einem ungelösten Konflikt?
7. Wie unterscheidest du Wahrnehmung und Interpretation?
8. Weshalb wird es schwierig, einen Konflikt zu lösen, wenn du zwischen Beschuldigen und Selbstanklage wechselst?
9. Wie kannst du deiner impulsiven Reaktion entgegentreten, wenn sie zwischen Aggression und Selbstabwertung pendelt?
10. Was willst du an deinem Verhalten ändern? Was tust du dann? Was tust du nicht mehr?

Notiere deine wichtigsten Erkenntnisse:

____

____

____

____

____

____

____

____

4 Warum Streit der einfachere Konflikt ist

»Den Kopf in den Sand zu stecken verbessert die Aussicht nicht.«
Anais Nin

Paula wacht langsam in ihrem gemütlich warmen Bett im Hotelzimmer auf. Erste Sonnenstrahlen scheinen durch die kleine Öffnung des gelben Vorhangs in ihr Gesicht. Sie kneift die Augen zusammen, gähnt, reckt und streckt sich. Was für ein schöner Start in den Tag. Endlich Urlaub! Keine Verpflichtungen, keine lästigen Anrufer, keine Termine – und vor allem: keine Irina.

Paula schwingt sich aus dem Bett, geht zum Fenster, zieht den Vorhang komplett zur Seite und öffnet es. Frische Meeresluft strömt ihr entgegen. Die Palme vor ihrem Fenster wiegt sich in der Brise. Sie sieht auf das türkisfarbene Meer, das sich hinter den Klippen unendlich auszudehnen scheint. Der Himmel strahlt wolkenlos blau.

Wie herrlich, denkt Paula. Hier lässt es sich aushalten! Endlich mehr bewegen und wieder meinen Körper spüren, gesund essen, mich entspannen und nicht nur wie ferngesteuert durch den Tag irren. Sie atmet tief ein. Kurzentschlossen schlüpft sie in ihren Bikini und geht schnellen Schrittes zum Meer, um vor dem Frühstück noch einige Schwimmzüge zu machen.

Zufrieden und hungrig schlendert Paula nach der warmen Dusche zum Frühstücksbuffet. Von Weitem sieht sie die weiß gedeckten Tische auf der mit rosa und weißen Oleandern umrankten Terrasse. Sie setzt sich an einen Tisch mit Meerblick und genießt das duftende Frühstück: Kaffee und frisches, noch warmes Brot, Schafskäse, Honig, frischer Obstsalat und ein kleines Omelett. Was für ein wunderbarer Urlaubsanfang, schmunzelt sie.

Sie liest das erste Kapitel des Romans, den sie mitgebracht hat, und lässt ihren Blick zwischendurch über das weite Meer streifen. Sie kann es kaum glauben: endlich da, endlich angekommen! Hier bleib ich. Immer wieder wirft sie vom Buch einen Blick aufs Meer – und plötzlich kommen ihr noch mal Fetzen des Aufeinandertreffens mit Tara in den Sinn. Oje, das war ja peinlich! Allerdings waren sich die beiden beim Abendessen noch über den Weg gelaufen und die ältere Dame hatte Paula für den nächsten Tag zu einem Cappuccino eingeladen, um ein wenig zu plaudern. Paula war erleichtert gewesen, dass Tara ihr den Vorfall mit der Liege nicht dauerhaft übelgenommen hatte – sie hatten sich für 15:00 Uhr in der Strandbar »Previsión« verabredet.

Ich bin neugierig, mehr zu erfahren, denkt Paula. Was Tara wohl beruflich macht? Mit ihrer seltsam extravaganten Brille könnte sie Optikerin sein, oder untersucht sie am

Mikroskop etwa seltene Käfer aus der Steinzeit? Paula hat Spaß dabei, Taras Beruf zu erraten und das Ganze nicht allzu ernst zu nehmen. Na, jedenfalls scheint sie eine interessante Person zu sein, sie hat so eine Aura des Geheimnisvollen. Tara hat auf jeden Fall recht: Ich sollte mich einfach entspannen.

Bei diesem Gedanken wird Paula ruhiger – so wie gestern, als Tara mit ähnlichen Worten zu ihr gesprochen hatte. Erstaunlich, denkt sie, welche Wirkung Worte auf uns haben: Manche öffnen die Tür zum Herzen, andere schließen sie.

Die Uhr zeigt 12:32 Uhr. Oje, da hat sie aber lange gelesen! Paula freut sich schon auf einen Mittagssnack in der Strandbar und das darauffolgende Treffen mit Tara. Aber vorher will sie sich noch umziehen.

Zu früh gefreut …

Als sie gerade dabei ist, die Tür zu schließen, klingelt Paulas Handy in ihrem Zimmer. Oh Mist, ich habe ganz vergessen, das Ding auszuschalten, schießt es ihr durch den Kopf. Echt doof, dass das Handy von der Firma gestellt wird, da ist man immer erreichbar. Wer ruft mich denn jetzt im Urlaub an? Ist was passiert?

Schnellen Schrittes geht sie zurück ins Zimmer und zu ihrem Nachttisch, auf dem das Smartphone liegt. Auf dem Display sieht sie den Namen des Anrufers: Peter Void. Sie traut ihren Augen nicht: Mein Chef? Was will *der* denn von mir? Er weiß doch, dass ich im Urlaub bin!

Irritiert starrt Paula einige Sekunden auf das Handy und beschließt, »bereits am Strand zu sein«. Das wird schon warten können, schließlich ist sie doch gerade mal zwei Tage im Urlaub. Irgendwie ist es ihr unangenehm – ist sie doch sonst immer sofort zur Verfügung, wenn Peter etwas braucht. Oje, denkt sie, jetzt mache ich das mit Peter schon so wie mit dem jungen Neuen, Herrn Lenhart. Ach, lasst mich doch alle in Ruhe!

Paula legt das Handy vorsichtig unter die Bettdecke. Bloß nicht an die grüne Taste kommen! Gerade als sie wieder vom Bett aufstehen will, hört es auf zu klingeln. Puh, geschafft! Dann leg ich es doch lieber wieder auf das Nachtkästchen, überlegt Paula. Nicht, dass die Putzfrau noch denkt, ich hätte sie nicht mehr alle. Als Paula das Handy auf das Nachtkästchen legen will, brummt es. Oje, jetzt hat Peter ihr auch noch eine Nachricht hinterlassen! Tausend Gedanken schießen ihr durch den Kopf: Mist, was, wenn ich etwas vergessen habe bei der Übergabe? Oder wenn wirklich etwas passiert ist? Minutenlang starrt sie auf das Handy, unsicher, ob sie die Nachricht abhören soll.

Lust auf den Strand hat Paula nun irgendwie nicht mehr. Lässt die Arbeit einen denn gar nicht mehr in Ruhe? Ob es etwas mit Irina zu tun hat? Oder mit Herrn Lenhart? Oder mit den verunglückten Meetings? Ihr schwirrt der Kopf. Paula zieht ihren Roman hervor und beschließt: Ich muss erst mal wieder zur Ruhe kommen. Sie legt sich aufs Bett, zieht ihr Lesezeichen aus dem Buch, gewillt, erst mal ein Kapitel zu lesen und dann zu entscheiden – und schläft erschöpft ein. Sie sieht sich im Traum, wie sie mühelos, geschmeidig, souverän und leicht ihre eigene Personalabteilung führt, Mitarbeiter ihr die wildesten Dinge aus anderen Abteilungen erzählen, sie vom Personalvorstand gebeten wird, einen Vortrag über Mitarbeiterführung zu halten, und angerufen wird von … Ja, von wem? Oh, das träumt sie ja gar nicht! Es ist schon wieder das Handy, das auf ihrem Nachttisch brummt und klingelt. Noch etwas gedankenverloren und schläfrig nimmt sie den Anruf aus Gewohnheit entgegen und sagt: »Hallo?«

»Hallo? Wer ist ›Hallo‹? Bist du es, Paula?« »Äh, ja!« Plötzlich ist Paula hellwach und sitzt aufrecht im Bett. Oje, sie hat seine Nachricht noch gar nicht abgehört! »Hallo Peter«, schiebt sie etwas beschämt nach. »Hi Paula. Du hast sicher meine Nachricht bereits abgehört? Also, sorry, dass ich im Urlaub stören muss, aber das verstehst du ja sicher …« »Äh, ja, klar«, stammelt Paula – hat sie doch keine Ahnung, worum es geht.

»Ich hoffe, du hast eine schöne Zeit?« Paula erwidert Peters gewohnten Small Talk: »Ja, es ist schön hier, und endlich Sonne pur! Aber das willst du doch nicht wirklich wissen, oder? Was gibt's denn?« »Wie jetzt, ›was gibt's denn‹? Hab ich dir doch schon draufgesprochen!« Oops, denkt sich Paula, falsche Frage!

Peter fängt an: »Also wegen der erwähnten Probezeitkündigung von Frau Möllenkopf in deinem Betreuungsbereich …« Paula schüttelt fassungslos den Kopf, hört gar nicht mehr richtig zu und denkt: Was? Und deshalb ruft er mich im Urlaub an? Ich habe doch eine Urlaubsvertretung, was ist mit Frau Meusel? Weshalb kümmert sie sich nicht darum? Sie will wohl nur keine Verantwortung übernehmen oder was?

Sauer aufgrund dieser Gedanken fragt sie: »Kann sich nicht Frau Meusel darum kümmern – sie vertritt mich doch?« »Aber Paula, ich verlass mich da lieber auf dich! Dir ist der Fall doch schon bekannt. Frau Meusel müsste ich erst alles erklären und es eilt. Die Frist zur Kündigung läuft am Tag nach deinem Urlaub aus. Die Abteilungsleitung muss sich jetzt entscheiden, ob sie die Mitarbeiterin behalten will oder nicht. Wir müssen daher schnell die Vorkommnisse durchgehen und eine Empfehlung aussprechen.«

Das gibt's doch nicht, denkt Paula gereizt. Und weil die Abteilungsleitung sich schnell entscheiden muss, belästigt man mich in meinem Urlaub? Doch aus ihrem Mund kommt nur: »Ja, klar.«

Peter, der Paulas Genervtsein in ihrer Stimme hört, reagiert mit: »Also, Paula, ist das ein Problem? Du wirst uns doch nicht im Stich lassen? Man wird dich doch in so einem Fall anrufen und nach deiner Einschätzung fragen dürfen!« Und nach kurzer Pause: »Du tust ja grad so, als ob ich dich aus dem Urlaub zurückholen würde!« Das wäre ja noch schöner, denkt Paula empört und wird von Minute zu Minute ärgerlicher. Doch sie beißt sich auf die Unterlippe, damit kein Wort aus ihr herauskommt.

Paula fragt sich: Weshalb klärt Peter diesen Fall nicht mit meinen Kollegen? Dann muss man sich halt in den Fall einarbeiten – das habe ich doch auch schon öfter getan! Liegt es jetzt an den Kollegen oder an Peter?

Peter wird nun bestimmter: »Also, Paula, lass uns jetzt loslegen. Es gibt ja Gründe dafür – überlass das mal ruhig mir. Schließlich habe ich auch noch anderes zu tun. Während wir hier reden, hätten wir den Fall ja schon längst erledigt. Du musst doch nicht immer aus allem ein Problem machen!«

Paulas Augen weiten sich. Wieso gibt er denn nicht »Butter bei die Fische« – hat Peter Angst, einen Fehler zu machen und dann von oben einen Rüffel zu kassieren? Doch Paula schweigt. Gekränkt durch seine »Ansage« gibt sie sich geschlagen. Widerwillig bearbeitet sie den Fall mit Peter und aus dem »kurzen Durchsprechen« werden schnell anderthalb Stunden. Sie verspricht, den Text gleich zu tippen und ihm zuzuschicken. Nachdem sie aufgelegt hat, kramt Paula ihren Laptop heraus und schreibt mit Missmut: »Empfehlung der Hauptabteilung Personal zu Frau Möllenkopf …« Sie ruft Peter noch mal an und stimmt, den Telefonhörer zwischen Ohr und Schulter geklemmt, den Wortlaut mit ihrem Chef ab. Peter beendet das Telefonat mit einem leicht schnippischen Unterton: »Na, dann *danke* für deine *Hilfsbereitschaft*. Ging doch!«

Paula schiebt eine kurzes »Ja klar, tschüss!« nach und legt ärgerlich auf. Dieser Seitenhieb mit der provokanten Betonung »*Hilfsbereitschaft*«. Und dann noch dieses »Ging doch«. Das hätte es nun wirklich nicht gebraucht. Paula schwankt zwischen Wut und Frust: Das werde ich mir merken! Da opfert man seine wertvolle Urlaubszeit und wird am Ende auch noch blöd angeredet. Und die Kollegen …! Ich werde künftig in der Vertretungszeit auch alles abschieben. Wie kann man nur so unkollegial sein? Und mein Vorgesetzter lässt das zu?! Null Führungskompetenz! Nur keine Konfrontation mit den Vorgesetzten und auf die Gutmütigkeit der Mitarbeiter hoffen. Irgendein Dummer wird es schon machen.

Plötzlich kommen ihr andere Gedanken in den Sinn: Habe ich mich vielleicht doch falsch verhalten? War ich zu unkooperativ und unfreundlich? Ich wurde ja im Grunde bei nichts Wichtigem gestört. Wenn ich wirklich anerkannt sein will, muss ich auch belastbar sein, und es ist doch eine Ehre, vom Chef gebeten zu werden. Schließlich setzt er offensichtlich mehr auf mich als auf Frau Meusel.

Paula bekommt ein schlechtes Gewissen und fängt an, sich – wie gestern am Strand – für ihr Verhalten zu verurteilen: Es stimmt schon – ich habe mal wieder zu impulsiv reagiert. Schon wieder mache ich aus einer Mücke einen Elefanten. Fehlt nur noch, dass ich nach dem Urlaub deshalb noch eins auf den Deckel bekomme, denkt sie verunsichert.

Plötzlich durchfährt Paula ein Schreck: Oh nein! Sie hat die Verabredung mit Tara ganz vergessen! Der Blick auf die Uhr zeigt 15:20 Uhr. Wie peinlich! Auch das noch! Panisch packt sie ihre Handtasche und rennt Richtung Strandbar. Außer Atem kommt sie dort an und sieht Tara gemütlich in einer Zeitung blättern. Gereizt denkt sie: Jetzt bitte kein Vorwurf, dass ich zu spät bin. Schließlich ist es ja nicht meine Schuld! Als sie vor Tara steht und gerade mit einer Rechtfertigung loslegen möchte, sieht diese sie fragend an:

»Alles in Ordnung?«
»Nichts ist in Ordnung«, erwidert Paula. »Mein Chef hat mich angerufen und ich musste noch schnell etwas für ihn erledigen. Jedes Mal bin ich die Dumme!«
Tara lugt über den Rand ihrer Brille: »Schnell? Bis 15:30 Uhr?«
»Na ja, äh, eigentlich hätte das auch jemand in der Abteilung machen können, glaube ich.«
»Hm.«
»Ach, ich hätte Nein sagen sollen, aber ich bin doch seine Stellvertretung.«
»Aha, du bist gar nicht in Urlaub, du bist hier in Stellvertretung«, blinzelt Tara sie an.
»Äh, ja, ich meine, nein. Ach, ich krieg einfach nichts auf die Reihe, nicht mal im Urlaub!«, entgegnet Paula.
»Hm, das klingt deprimierend. Setz dich doch und komm erst mal zur Ruhe. Du bist ja ganz außer Atem.«

Wie gestern wirken Taras Worte und ihr freundlicher Tonfall beruhigend auf Paula und sie lässt sich erleichtert auf den Stuhl sinken. »Du scheinst ja alles gelassen zu nehmen. Das gibt's doch nicht! Regt dich denn gar nichts auf?« Als sie merkt, dass sie nun auch noch Tara angeht, lässt sie den Kopf hängen und verbirgt die Tränen, die ihr in die Augen steigen. »Oh Mann, ich bin einfach nur scheiße – jetzt meckere ich dich auch noch an!« Tara sitzt da, schaut Paula in die Augen – und sagt nichts.

»Danke, dass wenigstens du nicht zurückmeckerst! Das tut gerade echt gut.«
»Ich finde, es genügt, wie du dich selbst anmeckerst. Das dürfte für den ganzen Tag reichen, oder?«
Paula erwidert mit einem traurigen Lächeln: »Oh ja, da ist was dran! Ich bin zu spät, weil mein Chef mich anrief und etwas zu einer Probezeitkündigung wissen wollte, statt das mit meiner Urlaubsvertretung zu klären. Ist das nicht unverschämt?«
Tara lächelt: »Verstehe ich dich richtig: Du möchtest dich im Urlaub erholen und endlich etwas Abstand von all der Arbeit bekommen?«
»Exakt! Ich möchte hier entspannen und nicht andauernd fremdgesteuert werden.«

Tara nickt und beide schweigen einen Moment.

Paula erfasst noch mal der Gedanke, es dem Chef »heimzahlen« zu wollen: »Ich werde mir das merken und es meinen Chef und die Kollegen bei nächster Gelegenheit spüren lassen!«
Tara sieht sie nachdenklich an: »Ich bin mir nicht ganz sicher, ob ich dir folgen kann. Wünschst du dir, dass in deinem Team kollegial miteinander umgegangen wird und jeder auf den anderen auch mal Rücksicht nimmt?«
»Ja. Ich möchte nicht ausgenutzt werden, nur weil die anderen zu faul sind und denken, mit mir kann man es machen!«
»Kann man ›es‹ denn mit dir machen?«
»Was? Äh, nein, natürlich nicht. Oh Mann, das stimmt nicht. Ehrlich gesagt: ja, man kann es mit mir machen!«
»Danke für deine Ehrlichkeit, Paula. Ich vermute du möchtest deinem Chef zeigen können, dass deine Grenze erreicht ist, ohne dass er dich gleich rauswirft?«
»Ja, das stimmt. Er soll mich wenigstens im Urlaub mal in Ruhe lassen – außer in Notfällen, natürlich. Ich verstehe nicht, weshalb mein Chef das Verhalten meiner Kollegen zulässt und sich nicht vor mich stellt. Das ist nun wahrlich kein Notfall!«
Tara nickt. »Vermutlich erwartest du von Führungskräften, dass sie ihrer Verantwortung gerecht werden und die Zuständigkeiten klar definieren.«
»Ja, so ist es. Und dass sie delegieren und nicht immer den leichtesten Weg gehen, indem sie auf die Gutmütigkeit der Mitarbeiter hoffen.«
»Hast du das deinem Vorgesetzten gesagt?«
»Ja, äh, nein, nicht direkt.« Paula bekommt ein schlechtes Gewissen, weil sie mal wieder nur ihrem Ärger Luft macht, ohne etwas zu lösen. »Ich schaffe es einfach nicht, anderen mitzuteilen, was mir wichtig ist. Entweder rede ich mich heraus, rege mich tierisch auf oder ich sag gar nichts und steh nur da. Was soll ich denn tun?«, sagt sie niedergeschlagen.

»Wer ist in der Not an erster Stelle?«
Hä?, denkt Paula und erwidert: »Das ist doch klar: Peter, ach nee, na ja, vielleicht Frau Möllenkopf – oder doch eher Frau Meusel? Ach, Mist, ich habe keine Ahnung! Prioritäten gibt doch Peter vor, er ist der Chef!«
»Magst du meine Sichtweise dazu hören?«, fragt Tara und schaut Paula mit leicht zusammengekniffenen Augen an.
»Na klar! Weshalb fragst du?«
»Nun, weil ich dir keinen Ratschlag geben will.«
»Wieso denn nicht?«
»Weil ich schlechte Erfahrungen damit gemacht habe. Heutzutage frage ich deshalb immer, wenn jemand einen Ratschlag will: ›Bist du bereit, zu 100 Prozent zu tun, was ich dir rate? Und ich will deine Zusage, dass, wenn das dein Leben ruiniert, du nicht zu mir kommst!‹«, sagt Tara mit Augenzwinkern. »Die meisten verzichten dann liebend gern.«

Paula grinst: »Was willst du mir denn dann geben?«
»Fragen, die du dir selbst beantwortest!«
»Fragen? Das ist alles? Aber ich frage mich doch selbst schon die ganze Zeit, was ich besser machen könnte!«
»Oh ja. Allerdings gibt es hilfreiche und weniger hilfreiche Fragen. Fragen haben den Effekt, dass das Gegenüber innerlich automatisch nach Antworten sucht. Mit hilfreichen Fragen kommst du in der Regel auch zu hilfreichen Antworten. Ist das verständlicher?«
Paula nickt langsam. So hat sie das noch nicht gesehen. »Okay, und wie legen wir los?«
»Wie wäre es, wenn du selbst die Priorität, wer in der ersten Not ist, festlegen würdest?«
Paula sieht Tara mit großen Augen und Fragezeichen im Gesicht an: »Na, das gibt ein Hauen und Stechen! Was meinst du, Tara, da haben wir nur noch Chaos in der Abteilung!«
»Oh, ich meine nicht wirklich die Abteilung! Sagen wir es mal so: Du vergisst den wichtigsten Menschen in deiner Abteilung. Obwohl es ihm so schlecht geht, kümmerst du dich nicht um ihn, siehst ihn nicht, nimmst ihn nicht ernst und pendelst zwischen all den Kollegen und Kolleginnen. Wen meine ich wohl?«
»Mich«, sagt Paula leise.
»Genau! Solange du dich selbst nicht annimmst, wie willst du jemand anderen annehmen? Solange du dich selbst nicht achtest, wie willst du jemand anderen achten? Und solange du dich selbst nicht achtest, wie willst du jemand anderen dazu bringen, dass er dich achtet?«

Taras Worte pulsieren in Paulas Kopf. Sie nickt leise vor sich hin und spürt die Wucht und die Bedeutung, die diese Worte für sie haben.

Ganz leise sagt sie: »Tara, ich habe keine Ahnung, wie das gehen könnte. Ich glaube, ich bin mir selbst mein ärgster Feind.«
»Nicht die schlechteste Erkenntnis«, sagt Tara und schaut Paula direkt in die Augen. »Ist es okay, wenn ich dir mal sage, was mir auffällt?«
Etwas unsicher sagt Paula: »Hm, äh, ja!«
»Das ist der erste Schritt: dich dir zu stellen. Damit aufhören, dir ständig selbst auszuweichen und alles zu bagatellisieren, damit aufhören, so zu tun, als wärst du besser, als du bist. Lerne, dich aufrichtig zu zeigen – wirklich aufrichtig und offen. Das heißt in anderen Worten: Geh in deine Verletzlichkeit, eine Verletzlichkeit, die jeder von uns hat und die die meisten nicht zeigen.«
»Aber zeige ich damit nicht meine Schwäche?«
»Hm. Ist es schwer, deine Verletzlichkeit zu zeigen, oder leicht?«
»Das ist verdammt schwer!«
»Wie kann es dann eine Schwäche sein?«

Paula sieht Tara verdutzt an: »Ja, oh mein Gott, das stimmt! Mein Leben lang habe ich gehört ›Das Zeigen von Gefühlen ist ein Zeichen von Schwäche‹. Das ist ja völliger Unsinn!«
»Tja, und in vielen Unternehmen bis heute an der Tagesordnung. Es wird Zeit, schlauer zu sein, als die hinderlichen Sprüche und Glaubenssätze der anderen zu übernehmen. Was meinst du?«
»Das klingt verdammt interessant. Wo kann ich das denn lernen?«
»Sag ich dir morgen. Ich bin jetzt etwas spät dran und will noch zu meiner Laufgruppe, da sind wir für 17 Uhr verabredet. Treffen wir uns morgen um 9:30 Uhr beim Frühstück?«
»Ja, klar. Ich bin um 9:30 Uhr da!«

Paula fühlt sich ermutigt. Seltsam, wundert sie sich: Seit ich Tara »gestanden« habe, was in mir vorgeht, geht's mir besser. Wie bei einer alten Freundin, die mich genau kennt. Auch wenn es mir erst mal etwas peinlich war – aber es tut so gut, sein Herz auszuschütten und damit auch ehrlich zu sich selbst zu sein. Sie spürt wieder ihren starken Willen, offene Dinge zu klären. Und sie freut sich über die Aussicht, dem Wie endlich näher zu kommen und sich nicht mehr dauerhaft damit zu belasten. Ich wollte doch in diesem Urlaub endlich unnötigen Ballast abwerfen, denkt sie sich. Das wäre ein erster Schritt. Doch was, wenn Tara mir niemanden nennen kann, bei dem ich das lernen könnte, oder die Person zu weit weg von mir wohnt? Dann wäre ich wieder am Anfang und genauso schlau wie vorher. Paula verwirft ihre Bedenken und sagt sich: Sie wird mir schon jemanden nennen können – ich sollte mir nicht so viele Gedanken machen.

Am nächsten Morgen hüpft Paula frischen Mutes um 7:30 Uhr aus dem Bett und geht an den Strand. Sie geht gemütlich den Strand entlang, wo nur wenige Leute um diese Zeit einen Spaziergang machen. Dann eilt sie zum Zimmer zurück, um rechtzeitig zum Frühstück da zu sein – diesmal will sie auf keinen Fall zu spät kommen.

Als sie durch den Frühstückssaal Richtung Außenbereich geht und ihren Tisch vom letzten Frühstück sieht, bemerkt sie enttäuscht, dass dort schon jemand sitzt. Als sie näherkommt, erkennt sie: Es ist Tara, die sichtlich ihren verwunderten Blick genießt.

»Woher weißt du …?«
»Na, das war nicht schwer. Gestern hast du stundenlang hier gesessen und gelesen, da kann dich fast jeder sehen!« Paula schmunzelt still in sich hinein: Oh Mann, die ist mir echt immer einen Schritt voraus! Kaum dass Paula Platz genommen hat, fragt sie Tara: »Also, wo kann ich das, wovon du gestern gesprochen hast, lernen?«
»Ich glaube, es geht nicht darum, wo, sondern *ob* du das lernen willst!«
»Ja, aber klar will ich das!«
»Wir werden sehen. Folge mir!«
»Wie? Ich dachte, wir frühstücken!«
»Schon am Einknicken?«

»Nein, nein, ich …« Paula verkneift sich den Rest des Satzes. Sie merkt: Das wäre wieder nur eine Ausrede geworden.

Tara geht mit Paula zum Strand. Tara ist so schnell unterwegs, dass Paula ihr kaum folgen kann. Sie bemerkt jetzt zum ersten Mal, wie sehnig und fit Tara aussieht. Fast wie eine Turnerin, zart und doch muskulös. Ihre Muskeln zeichnen sich unter ihrem Strandkleid ab. Und das in ihrem Alter – Tara dürfte über 60 sein!

Nun geht Tara noch schneller. Paula wundert sich: Warum hat sie es denn so eilig? Verdammt, was soll denn da am Strand schon sein?

Kaum fünf Minuten später, als Tara endlich zum Stehen kommt, schaut Paula Tara fragend an: »Und, was jetzt?« Tara sagt lediglich: »Zieh deine hübschen Pumps aus, die brauchst du hier nicht!« Paula, die etwas enttäuscht über Taras deutlichen Ton ist, zieht mürrisch ihre neuen Pumps aus, die sie sich extra für diesen Urlaub gekauft hatte. Na ja, immerhin achtet sie darauf, dass sie nicht kaputt gehen, denkt sie.

»Okay, folge mir!«, sagt Tara und grinst Paula an, die sie verwirrt ansieht. Als Paula begreift, dass Tara es ernst meint, ist diese ihr bereits 20 Meter voraus.

Hastig lässt sie ihre Pumps los und folgt ihr. Nun – zumindest versucht sie es. Nach bereits 100 Metern in dem warmen, aber eben doch schweren Sand bleibt sie stehen und stützt sich keuchend vornübergebeugt ab. Sie schaut auf und sieht, wie Tara immer noch weiterrennt. Also nimmt sie all ihre Energie zusammen und läuft fluchend weiter. Sie flucht über ihr Gewicht und die vielen Süßigkeiten, die sie immer wieder isst, ihre Kolleginnen und Kollegen, die ihr das Leben so schwer machen, dass sie das Zeug isst, und überhaupt, dass sie es so schwer hat. Schon wieder geht ihr die Puste aus, die Beine werden so schwer, als hätte sie zwei Kartoffelsäcke zu schleppen – sie spürt, wie ihre Lungenflügel schmerzen bei jedem Atemzug, als würden sie aus ihrem Körper herausspringen wollen.

Will die mich umbringen? Was soll das? Paula blickt Tara hinterher, die bald 200 Meter vor ihr locker durch den Sand pflügt. Verdammt, wie kann sie das in dem Alter? Und was ist jetzt eigentlich mit dem, was sie mir heute sagen wollte?

Paula nimmt ihre letzte Kraft zusammen und versucht weiterzulaufen, doch nach weiteren 50 Metern knickt ihr linkes Bein im Sand ein. Sie liegt am Boden, hektisch keuchend, und ihr kommen die Tränen. Sie schaut in den Himmel und sieht das Blau und die Sonne, die sie blendet. Sie blinzelt. Plötzlich schiebt sich ein Schatten zwischen sie und die Sonne. Sie schaut auf und sieht das Gesicht von Tara, die lächelnd fragt: »Na?«

Wie konnte Tara so schnell bei mir sein – sie war doch gerade noch 200 Meter voraus, wundert sich Paula. Irgendwie ist die irre! »Das ist doch ein guter Auftakt für den Tag, oder?«, meint Tara aufgeräumt. Was? Guter Auftakt? Ich bin völlig fertig! Meine Lunge pfeift, das Bein tut weh und wo sind eigentlich meine Pumps? Paula schaut Tara mit großen Augen an –genervt und erwartungsvoll zugleich.

»Was soll das, Tara? Willst du mich umbringen? Ich bin hier im Urlaub, um mich zu erholen.«
»Nun, gestern sagtest du, du wolltest lernen. Doch wer die großen Dinge im Leben lernen will, braucht ›Terrier-Qualitäten‹, so etwas wie Durchhaltevermögen, um sich für seine Ziele einzusetzen – für seine wahren Ziele! Was sind deine, wo sind sie aufgeschrieben, wie willst du etwas erreichen, wenn du nicht fit genug bist, um deinen Plan umzusetzen? Willst du fit, stärker und ein Stückchen weiser aus deinem Urlaub zurückkommen oder nur mal etwas Ausgleich haben, um dein gewohntes Elend wieder besser auszuhalten? Ich habe vieles, was du kennst, mal selbst erlebt – in meiner Zeit als Personalerin. Heute bilde ich Personaler und Personalerinnen aus, die mit den alltäglichen Schwierigkeiten und Konflikten so umgehen können wollen, dass sie am Ende des Tages wirklich zufrieden in den Spiegel schauen können.«
»Oh, wow, du warst auch einmal Personalerin?«

Tara nickt. Doch dann geht ein Ruck durch ihren Körper und sie sagt mit einem Strahlen und leidenschaftlichen Glitzern in den Augen: »Wenn du neugierig und bereit bist, Konflikte so zu klären, dass dich Hindernisse nicht mehr vom Weitergehen abhalten, wenn du die Sicherheit willst, etwas zum Miteinander und zum Leben aller beizutragen, anstatt gerade mal dein eigenes Überleben abzusichern – dann bin ich für dich da und lehre dich, durch dich und durch mich! Willst du für dein eigenes Leben lernen, nicht für Noten oder Ziele anderer, und dich da weiterentwickeln, wo du immer wieder scheiterst? Falls jetzt etwas in dir Ja sagt, dann nimm dir noch einen Augenblick, denn: Dieser Weg ist nicht immer leicht, er wird von dir einiges abverlangen. Daher entscheide weise: Was willst du wirklich?«

Paula hört Taras eindrückliche Worte, sie spürt ihr Herz aufgeregt schlagen – doch diesmal nicht vor Anstrengung. Ihr dämmert, welche Chance sich ihr hier gerade bietet: Lernen für das eigene Leben, nicht für Bewertungen oder Ziele anderer, und sich da weiterentwickeln, wo sie immer wieder scheitert! Das ist schon seit langer Zeit ihre tiefste Sehnsucht. Paula spürt diesen unzerstörbaren Kern in sich und ahnt, dass wohl viel mehr in ihr steckt, als sie nach außen hin lebt. Hoffnung keimt in ihr auf, endlich Frieden mit sich zu schließen und vielleicht sogar dauerhaft so leben zu können. Keine Energie mehr in unsinnigen Reibereien zu stecken, sondern in ihre eigene Kraft zu kommen. *Ihr* wahres Potenzial zu leben, das verdeckt ist – wie Muskeln, über denen eine dicke Fettschicht liegt.

Dann sieht sie, wie ihr Bauch aus der Hose hervorquillt, und fühlt, wie ihre Lunge immer noch schmerzt.

»Ich habe keine Ahnung, wie ich das umsetzen kann.«
»Das haben die wenigsten! Willst du deinen Umgang mit schwierigen Situationen auf ein neues, höheres Level bringen oder wieder zurück in dein allzu gewohntes Unglück?«
»Woher weißt du …?« Den Rest verschluckt sie. Sie merkt, dass ihre Frage überflüssig ist. Sie atmet kurz durch und fragt: »Weshalb ich?«
»Hm. Nennen wir es ›Intuition‹. Ich habe gelernt, mehr nach meiner Intuition zu gehen als nach lückenlosen Lebensläufen und perfekten Bewerbungsschreiben. Das kennst du doch, oder?«
»Oh ja, da sprichst du mir aus der Seele. Schreiben und sich selbst darstellen können viele, und nach zwei Jahren fragen wir uns: ›Wer hat denn den eingestellt?‹ und dann lachend: ›Oops, das war ja ich!‹« Paula spürt, wie ein Energieschub durch ihren Körper schießt. Verwundert schaut sie Tara an und es kommt ein kurzes, aber umso entschlosseneres »Bin dabei!«. Und dann deutlich ernster: »Das bringt mich doch nicht um, oder?«
»Mal sehen …«, sagt Tara ernst – und fängt dann prustend zu lachen an.
»Äh, und was kostet mich das dann?«
»Das sag ich dir morgen früh!«, flüstert Tara geheimnisvoll und mit Schalk in den Augen.

Paula stockt der Atem. Irgendwie kann sie Tara noch nicht so richtig einordnen, doch sie beschließt, lieber nicht weiter nachzufragen. Alles, was sie herausbekommt, ist: »Es freut mich riesig und ich verspreche, eine gute Schülerin zu sein und vor allem nicht mehr zu spät zu kommen!« »Wir werden sehen«, erwidert Tara ernsthaft und immer noch mit diesem Glitzern in den Augen.

Paula spürt die Tränen in sich aufsteigen – irgendetwas an Taras Angebot berührt sie, doch sie merkt auch, wie verzweifelt sie im tiefsten Inneren ist. Nach außen spielt sie die Souveräne, aber innen ist sie unglücklich mit sich und ihrem Leben. Bei ihr keimt die Hoffnung auf, sich »aus alten Fesseln zu befreien«, um endlich ein erfüllteres Leben zu führen.

Tara schaut sie an: »Willst du herausfinden, wie du mit deinem Chef umgehen kannst, sodass ihr beide gewinnt?«
»Ja, auf jeden Fall!«
Tara ist kurz still, dann sagt sie langsam und eindrücklich: »Eine Kette ist so schwach wie ihr schwächstes Glied: Dein Körper sieht schwabbelig aus und du hast keine Ausdauer, du schonst dich und ich vermute, das tust du schon länger. Womit fangen wir wohl deswegen an?«
»Oh, nein«, schwant es Paula. »Mit Laufen?«
Tara grinst und nickt: »Wir sehen uns morgen vor dem Frühstück!« Wie? *Vor* dem Frühstück?!, denkt Paula. »Wir treffen uns am Strand.«

Paula ahnt, wie wichtig es ist, jetzt nicht zu kneifen.

»Dann bis morgen um zehn vor sechs.«
»Zehn vor sechs? Aber, aber, … Ist da überhaupt schon die Sonne aufgegangen?«
»Das wirst du merken, wenn du aufstehst! Trink bitte, bevor du losgehst, ein großes Glas warmes Wasser mit Zitronensaft – das ist gut zum Anregen deines Verdauungssystems, wenn du abnehmen möchtest.«
»Aha, okay, mach ich.«
»Tschüss, bis morgen früh an der Treppe zum Strand!« Tara gibt Paula noch ein Augenzwinkern und einen kleinen Klaps auf die Schulter, dann läuft sie los, den Strand entlang.

Paula schaut Tara kurz nach und schüttelt den Kopf. Schon unglaublich: Was war das? Und überhaupt, wie macht sie das? Paula rappelt sich langsam aus dem Sand auf. Wie sehe ich denn aus? Sie klopft sich den Sand aus den Kleidern und hört, wie ihre gewohnten Zweifel hochkommen: Ob das eine gute Entscheidung war? Bin ich jetzt komplett verrückt – oder diese Tara? Und wo sind eigentlich meine Pumps?

Mitten im Abenteuer der Konfliktklärung – und einfache Wege, es zu bestehen

»Konfliktlösungen brauchen nicht zwangsläufig einen Konsens, aber immer ein Miteinander.«

4.1 Was »kalte« Konflikte so gefährlich macht

– Ach, lasst mich doch alle in Ruhe! Paula legt das Handy vorsichtig unter die Bettdecke. Bloß nicht an die grüne Taste kommen! Gerade als sie wieder vom Bett aufstehen will, hört es auf zu klingeln. –

Vermutlich kannst du nun zunehmend leichter erkennen, dass Paula hier in die Vermeidung geht – in den Konfliktstil der Schildkröte (lose-lose).

Gerade wenn wir bereits schlechte Erfahrungen mit Konflikten gemacht haben: Wieso sie dann nicht vermeiden? Ist das nicht eine verbreitete Idee, um dem Problem Herr zu werden? Wir vermeiden die Konfrontation, weichen aus, suchen Wege, das Problem zu umgehen, machen uns unauffällig und melden sicherheitshalber keine eigenen Wünsche an, damit kein Konflikt sichtbar wird. **Wir beschwichtigen uns mit »Alles halb so schlimm«, »Es gibt Wichtigeres«, »Das wird schon wieder« und stecken den Kopf in den Sand, als wäre das Thema gelöst, wenn wir es nicht anschauen.**

Andere haben es dann leicht mit uns: Wir sind flexibel und anpassungsfähig. Das funktioniert prima – bei allen unwichtigen Themen! Wenn wir den Themen ausweichen, die für uns de facto wichtig sind – was ist dann der Preis, den wir zahlen? Wie gut nehmen wir noch wahr, was uns wirklich wichtig ist, wenn wir nicht wagen, dazu zu stehen und uns dafür einzusetzen? **Wie schnell bagatellisieren wir dann neben den zwischenmenschlichen Konflikten auch unsere eigenen Ziele, Träume und Lebensvisionen?**

4.2 Wie wir in Konflikten kommunizieren

Ist dir schon mal aufgefallen, wie wach Kinder in die Welt schauen, welch große Ziele und Visionen sie haben? Sie sprechen davon, Krankheiten heilen zu können (die ihre Großmutter hat), davon, Menschen zu retten als Feuerwehrmann, zum Mars zu fliegen …

Ein wesentlicher Aspekt, der ursächlich wirkt, unsere Lebenshaltung und die Art und Weise, wie wir denken und handeln, prägt, ist unsere Sprache. Vielleicht fragst du jetzt verdutzt: Unsere Sprache? Ja, tatsächlich ist Sprache viel mehr als eine grammatikalisch ordentliche Aneinanderreihung von Wörtern. Sie ist Ausdruck unseres Geistes, sie zeigt und prägt, wie wir die Welt sehen, ob wir in Feindbildern oder Versöhnung landen. Sie beschreibt, wie wir die Welt sehen, wie wir sie wahrnehmen und wie wir damit umgehen. Sie bildet pausenlos Worte in unserem Kopf – zum Beispiel gerade jetzt, während du dieses Buch liest. **Im Miteinander werden unsere Ziele und Überlegungen erkennbar durch die Sprache, die wir nutzen. Unsere Absichten werden für andere verständlicher, wenn wir sie äußern – anstatt darauf zu hoffen, dass andere sie erraten. Sie zeigen sich nicht nur darin, was, sondern vor allem auch darin, wie wir etwas äußern.**

Wünsche äußern

Ein Ehepaar, das seit vielen Jahren zusammen ist und bei einem Mediator um Unterstützung gebeten hat:

Sie: »Liebst du mich?«
Er: »Ja, aber klar, mein Schatz!«
Sie: »Du liebst mich nicht!«
Er: »Aber klar liebe ich dich!«
Sie: »Wieso sagst du es dann nicht?«
Er: »Äh, was denn?«
Sie: »Du weißt schon!«
Er: »Hm, nein, nicht wirklich. Was soll ich denn wissen?«
Sie mit etwas mehr Nachdruck in der Stimme: »Na, du weißt schon!«
Er: »Nein, ich weiß es wirklich nicht.«

Nachdem dies eine Weile hin und her geht, sagt er zum Mediator: »Sehen Sie, das ist genau, was jedes Mal abgeht. Es ist zum Verrücktwerden!«
Der Mediator hat etwas Mühe herauszufinden, was los ist. Schließlich ist sie schweren Herzens bereit, ihrem Mann ihr Anliegen zu offenbaren. Sie sagt zu ihrem Mann: »Ich will, dass du immer weißt, was ich will, und zwar bevor ich es selbst weiß!«

Unsere Sprache wechselt

Wir sprechen verschiedene Sprachen: Hast du schon bemerkt, wie deine Sprache im Konflikt einfacher und härter wird?

Nach den zwei Weltkriegen wurde viel erforscht: Was lässt Menschen miteinander Krieg führen? Was wir inzwischen recht gut können, ist, gewisse Aussagen einzuordnen, die entsprechend der Schwere bzw. dem Eskalationsgrad des Konflikts gesagt werden:

Eskalationsstufe 1 – Verhärtung:

- »Na gut, da müssen wir jetzt durch.«
- »So etwas, kann ja mal passieren.«
- »Wenn wir darüber reden, bekommen wir die Kuh vom Eis.«

Eskalationsstufe 2 – Debatte, Polemik:

- »Mit denen kann ja keiner.«
- »Dieser Unsinn ist doch nicht von Ihnen, oder?«
- »Das müssen wir jetzt kühl und mit klarem Verstand analysieren!«

Eskalationsstufe 3 – Taten statt Worte:

- »Die haben den Verstand verloren!«
- »Da hilft nur tun, reden bringt nichts!«
- »Da müssen wir uns durchsetzen!«

Und das sind die ersten drei der insgesamt neun Stufen von Prof. Glasls Eskalationsmodell mit typischen Aussagen (Glasl 2022). Mehr dazu am Ende des Kapitels.

4.3 Warum Konfliktlösungen mit der Schildkröte so schwierig sind

Wir verbinden Konflikte in der Regel mit verbalen – bisweilen auch körperlichen – Auseinandersetzungen. Eine Situation, in der »die Fetzen fliegen«. Vor Augen haben wir zwei Menschen, die miteinander darum kämpfen, wer recht hat bzw. wer der Schuldige ist. Es wird gestritten, argumentiert und am Ende hat meist einer gewonnen und der andere verloren.

Tatsächlich ist diese Form eine der selteneren Konfliktversionen. Die bei Weitem häufigste Variante ist die, wenn wir dem Gegenüber innerlich Vorwürfe machen, oft auch uns selbst beschuldigen – jedoch nichts sagen. Wie eine Schildkröte machen wir uns unsichtbar und ziehen den Kopf ein, und je mehr auf uns eingeredet wird, desto tiefer ziehen wir uns in unseren Panzer zurück.

Kennst du Abteilungen, in denen sich alle nach dem Chef richten, auch wenn er offensichtlichen Unsinn erzählt? Wenn er Anweisungen gibt, die dem Unternehmen schaden – und fast jeder mitmacht? Und die, die dagegen argumentieren, werden fortan gemieden?

Genauso kann das zu Partnerschaften führen, in denen seit Jahren einiges schiefläuft, jedoch nichts davon auf den Tisch kommt. Nach außen hin wird der »schöne Schein« gewahrt, nach innen hin: Streit, Wortlosigkeit, Vereinsamung – bis zum Ausweichen durch Fremdgehen und Parallelpartnerschaften. Wir leben dann in **Scheinharmonie** und weichen dem Konflikt aus, obwohl es um Menschen geht, die uns am Herzen liegen – wir weichen aus, weil wir unterbewusst Angst haben, dass uns »der Größere« auffrisst, wenn wir Kritisches ansprechen. Wir bagatellisieren, reden die Argumente klein und ziehen uns zurück. Wir sehen den Konflikt aufgrund unserer früheren Erfahrungen als Kind als unlösbar – so wie zu der Zeit, als Vater oder Mutter noch so viel größer und mächtiger waren als wir selbst.

Haben wir möglicherweise traumatische Erlebnisse im Zusammenhang mit unserem Großwerden erlebt, bringen wir uns unterbewusst immer noch zum Schweigen und Ausweichen. Die ursprünglichen Erlebnisse sind zwar schon seit vielen Jahren verschüttet, vergessen oder verdrängt und prägen doch noch unterbewusst unser Konfliktverhalten.

Konflikte werden zum Tabu, persönlich und auch gesellschaftlich, denn »gute Menschen haben keine Konflikte«. Wir tun so, als würde alles prima laufen, sagen im Außen »Schatz« und innerlich »so ein blöder Typ« oder »blöde Kuh«. Wir bauen uns eine Scheinwelt auf und »was nicht gesehen werden darf, ist auch nicht da«. Wenn Konflikte als »Fehler im System« gesehen werden, gibt es auch gesellschaftlich große Hemmungen, dieses wichtige Potenzial im menschlichen Zusammenleben zu erschließen. Wir sägen an dem Ast, auf dem wir sitzen: Anstatt z. B. den Konflikt zwischen Umwelterhalt und Wirtschaft zu lösen, der weltweit das Überleben von Hunderten Millionen gefährdet, weichen wir aus. »Bisher ist es ja immer noch gut gegangen.« Zu unangenehm sind die damit verbundenen Gefühle und so erfinden wir »wichtigere« Themen, mit denen die Zeitschriften gefüllt werden, die uns so wunderbar ablenken.

Ausweichen, ablenken, Angst nutzen – und Profit machen

Wenn dies ein Ausweichverhalten ist, wie kommt es das, das wir in den Nachrichten zu 90 Prozent von Konflikten hören? **Weil sich Angst gut verkauft. Insbesondere eine Angst, die ich morgen wieder verkaufen kann.**

Konflikte bestimmen die Nachrichtenlage. Doch wird auch ein echter und dauerhafter Lösungsansatz gezeigt, der beide Seiten berücksichtigt, ohne deren Taten zu bagatellisieren? Es werden Tausende Filme für Unsummen von Geld produziert, die von nichts anderem leben als von Mord und Totschlag. Und in vielen davon regiert folgender Irrsinn, den wir meist nicht mehr infrage stellen, weil wir uns an ihn gewöhnt haben: Der Held tötet den Verbrecher, weil dieser jemanden getötet hat.

Wir verurteilen und tabuisieren in unserer Gesellschaft Aggression, obwohl sie eine der wichtigsten und konstruktivsten Kräfte in uns ist. Das lateinische Wort »aggredi« bedeutet »auf ein Ziel zugehen«. **Wir verwechseln die Absicht mit den Mitteln. So wird Aggression – die Absicht, auf ein Ziel zuzugehen – gleichgesetzt mit Gewalt – den Mitteln, *wie* wir das Ziel erreichen wollen.**

4.4 Von »Macht über« zu »Macht mit«

Erlaubst du uns, die Idee von Konfliktlösung vorzustellen, die vor Jahren propagiert wurde? »Konfliktmanagement basiert auf Logik und purer Willenskraft, die mit kühlem Kopf angewandt wird und jedes Aufkommen verklärender und irrationaler Gefühle zu verhindern hat.«

Diese Idee konnte sich in hierarchisch aufgebauten Unternehmen gut verbreiten. Gleichzeitig sehen wir sie auch heute noch in vielen Bereichen, in denen sie längst obsolet ist und von den Mitarbeitern immer weniger akzeptiert wird. Doch so mancher Chef, der noch das alte Paradigma kennt, fährt weiterhin diesen Weg, obwohl es längst ausgedient hat. Unternehmen können hierarchisch strukturiert sein. Die Menschen sind es zunehmend weniger. Immer mehr wird ihnen klar, dass es keinen Wertunterschied zwischen Menschen gibt.

Heute wissen wir: Der Satz »Konfliktmanagement basiert auf Logik und Willenskraft, ...« ist Unsinn und ihm fehlt der Weitblick, den ein erfolgreiches Miteinander erfordert. Statt ausschließlich auf Logik und Willenskraft zu setzen, die schnell in »Macht über« andere Menschen mündet, geht es darum, eine Haltung und Sprache zu finden, die Lösungen für beide Seiten möglich macht. Dadurch werden diese Lösungen nachhaltig und bleiben lange bestehen oder werden bei Bedarf angepasst. Es geht also viel mehr darum, eine »Macht mit« dem anderen zu entwickeln. »Macht mit« bezieht sich daher neben der Logik auch auf die Gefühle und Bedürfnisse anderer.

4.5 Die emotionale Komponente von Konflikten zulassen

Die meisten Unternehmen sind maskulin geprägt

Durch das Aufkommen der Sinnhaftigkeit weicher Faktoren wie Gefühle und Bedürfnisse hat sich unsere gesellschaftliche Einstellung geöffnet für neue Herangehensweisen. Trotzdem dürfen wir nicht vergessen, dass sich Frauen in Unternehmen immer noch erheblich anzupassen haben. Kaum ein Büro strahlt Weiblichkeit aus – die meisten sind steril und einfach gehalten.

Gehört dann die Zukunft den Frauen?

Es geht wohl eher um eine Integration sowohl der männlichen als auch der weiblichen Kräfte – ein Sowohl-als-auch anstelle des bekannten Entweder-oder. Was aus unserer Sicht zunimmt, ist die Integration der emotionalen Fakten. Denn, Hand aufs Herz, welcher Konflikt ist nicht emotional? Weshalb sich auf die Logik allein verlassen, wenn das Thema (auch) ein emotionales ist?

Konflikte sind hochemotional und jeder von uns kennt das aus eigener Erfahrung. Die Frage ist eher: Wie kann ich mit meinen Gefühlen stimmig umgehen und sie nutzen, anstatt sie abzuwerten, zu bagatellisieren, zu ignorieren oder auszuagieren?

Wir können heute auf der Grundlage von Untersuchungen mit Menschen, die aufgrund einer Gehirnschädigung jede Emotion ausschalten, sagen, dass diese *jeden* Konflikt in den Sand setzen.[10]

Mit dem Aufkommen der Akzeptanz »weicher« Faktoren wurden Frauen zunehmend auch als Führungskräfte akzeptiert. Viele von den ersten weiblichen Führungskräften hatten dabei einen hohen Preis zu zahlen, waren – und sind – Unternehmen doch nach wie vor überwiegend maskulin geprägt. Es gibt nur wenige Strategien, die es Frauen erlauben, eine Führungsposition zu bekleiden und gleichzeitig ihre Kinder verantwortlich aufzuziehen. Unternehmen waren in der Vergangenheit meist so streng getrennt vom Familienalltag, dass es nur ein Entweder-oder gab. Das schwedische Modell[11], das beides integrierte, kannten und kennen in Deutschland nur wenige.

Unser jahrzehntelanger Blick auf Logik und Willenskraft hat uns davon weggebracht zu vertrauen, dass die Mittel, die wir zur Lösung von Konflikten benötigen, uns längst zur Verfügung stehen: Haltung und Sprache. So glauben wir, wir müssten jeden Konflikt eiskalt und mit kühler Berechnung angehen – und scheitern an unserer Unmenschlichkeit. Wir glauben, uns durchsetzen zu müssen, und verlieren unser Gegenüber, das über genügend Wege verfügt, um uns auszuweichen. Ein Spiel, in dem alle verlieren, Konflikte immer wieder aus der Versenkung auftauchen und über Jahre erhalten bleiben können.

4.6 Von der Schwierigkeit, kalte Konflikte zu lösen

Was macht es so schwer, »kalte Konflikte«, also Konflikte, über die zwischen den Beteiligten nicht gesprochen wird, zu lösen? Einerseits sind sie meist über unsere veränderte Gestik und Mimik zu erkennen, die jedoch im Berufsalltag selten angesprochen wird. Andererseits ist die Tendenz stark, den einmal eingeschlagenen Weg, das Thema nicht anzusprechen, beizubehalten – ein Selbstverstärkungseffekt.

10 Dies wurde untersucht an Menschen, die aufgrund einer Gehirnschädigung den präfrontalen Cortex nicht einsetzen konnten, um Emotionen bei sich und anderen zu erkennen und auszuwerten. (Damásio 2005)

11 Der Platz für das erste Kind kostet in Schweden maximal 140 Euro im Monat (2021), Verpflegung inklusive. Die Kinder besitzen einen Rechtsanspruch auf mindestens 15 Stunden wöchentliche Betreuungszeit. Die Einrichtungen sind i. d. R. täglich von 6:30 Uhr bis 18:30 Uhr geöffnet. 90 Prozent der Kinder in Schweden gehen in die Kita. Innerhalb von drei Monaten bietet die Kommune einen Platz für sie an. (Jönsson 2000)

Gründe, kalte Konflikte nicht heiß zu machen

- ein »schlechtes Gewissen«, die Angst vor Entdeckung des bisweilen jahrelangen Verschweigens
- die Angst, in der eigenen (Konflikt-)Inkompetenz erkannt zu werden
- Überforderung, da keine Lösungsstrategien für Konflikte zur Verfügung stehen, diese jedoch innerlich von sich selbst erwartet werden

Die Vermeidung der Schamerfahrung

»Passt schon!« – »Kriegen wir schon hin.« – »Hab ich kein Problem mit.«
Diese ernst gesagten, aber nicht ernst gemeinten Aussagen verführen dich schnell dazu, sie zu überspringen oder ungeprüft stehen zu lassen. **Im Gegensatz zu heißen Konflikten, bei denen meist beide Seiten darauf drängen, als Erster gehört zu werden, wird dein Gegenüber bei kalten Konflikten versuchen so zu tun, als wäre alles okay.**

> Die Vermeidung der Schamerfahrung ist das zunächst Wichtigste für dein Gegenüber.

Erst Vertrauen aufbauen – dann lösen

Daher ist Vertrauensaufbau in so einem Fall wesentlich. Du brauchst die Bereitschaft ggf. einen etwas längeren Weg zu gehen, da Vertrauen nicht »mal schnell« aufgebaut ist. Erst wenn dein Gegenüber vertraut, dass seine Bedürfnisse genauso zählen wie deine, öffnet er sich.

Die Besonderheiten kalter Konflikte

1. Keine Konfliktform ist häufiger anzutreffen!
2. Kalte Konflikte haben die Tendenz, bestehen zu bleiben und unerkannt zu eskalieren, da sie nicht angegangen werden.
3. Der Preis, den die Beteiligten für kalte Konflikte zahlen, ist hoch: innere Kündigung, Mobbing und kalter Krieg. Im Privaten sieht es da nicht viel besser aus, nur dass Beziehungen und selbst jahrzehntelange Freundschaften häufig aufgrund kalter Konflikte enden.
4. Die Beteiligten lernen meist nicht viel aus dieser Art Konflikt, außer sie beizubehalten.

Unnötige Konflikte lassen sich vermeiden

In diesem Buch geben wir dir nicht nur einige Strategien an die Hand, sondern ein in sich schlüssiges System, mit dem du nicht nur Konflikte lösen kannst, sondern auch unnötige Konflikte vermeidest.
Wie wäre es, wenn 80 Prozent der Konflikte gar nicht erst entstünden, weil du die Prinzipien in deine Sprache integriert hast?

– Sie sieht sich im Traum, wie sie mühelos, geschmeidig, souverän und leicht ihre eigene Personalabteilung führt, Mitarbeiter ihr die wildesten Dinge aus anderen Abteilungen erzählen, sie vom Personalvorstand gebeten wird, einen Vortrag über Mitarbeiterführung zu halten. –

– »Wir müssen daher schnell die Vorkommnisse durchgehen und eine Empfehlung aussprechen.« –

Paulas Chef will nur »schnell die Vorkommnisse durchgehen« – weshalb? Weil er sich nicht traut zu sagen, »das könnte eine Stunde dauern«? Und was macht Paula: Sie fragt nicht nach. Fragt nicht, ob »schnell« oder »gründlich und durchdacht« wichtig sei.

4.6.1 Das Angst-Vorwürfe-Schuld-Scham-Spiel

Vielleicht kennst du das: Wie schnell du in angespannten Konfliktsituationen in einen Kreislauf gerätst, aus dem es gar nicht so leicht ist, wieder herauszukommen. Da könntest du an dir verzweifeln und irgendwann gar von dir selbst denken, »nur schlecht zusammengesetztes Protoplasma« zu sein.

Wenn es mir z. B. nicht gelingt zu verstehen, was mein Chef von mir will, werfe ich mir vor, »dumm« zu sein. Dann bekomme ich Schuldgefühle, »weil ich das doch sofort verstehen müsste«. Daraus resultiert mein Schamgefühl – ich frage mich, »was mit mir nicht stimmt, dass ich das nicht sofort verstehe«. Nun bekomme ich Angst, »dass irgendjemand entdeckt, wie inkompetent ich bin«. Nun kann ich mir vorwerfen, »dass ich in der Uni besser hätte aufpassen sollen« usw.

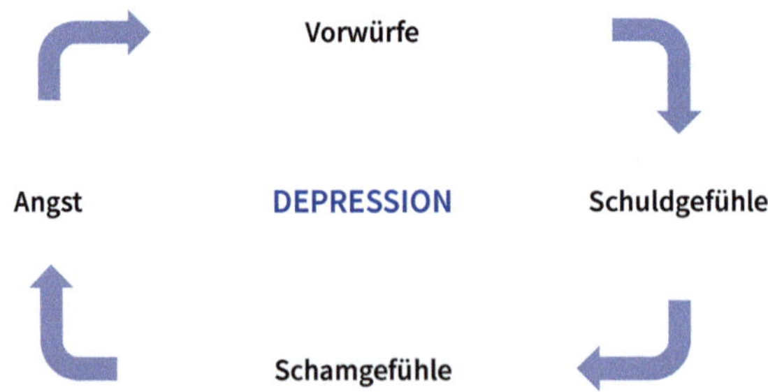

Abb.: Wie wir uns selbst in die Depression manövrieren

Im besten Fall kommst du da heraus, indem dein Chef sagt: »Ach, ich habe ganz vergessen, Ihnen eine wichtige Information zu geben!« Da dies jedoch recht selten vorkommt, zeigen wir dir in diesem Buch, was du aus eigener Kraft tun kannst.

4.6.2 Wie wir uns selbst zum Opfer machen

Wir hoffen, dass unsere Hoffnungen erfüllt werden – Hoffnungen, die wir nicht aussprechen und deren Chance, erfüllt zu werden, daher gegen null geht. Wir werden nicht aktiv für uns und hoffen, dass es ein anderer für uns tut. Hoffnungen und Erwartungen halten uns ab, selbst aktiv zu werden – wir geben unser Schicksal in die Hände anderer ab.

– »Vermutlich erwartest du von Führungskräften, dass sie ihrer Verantwortung gerecht werden und die Zuständigkeiten klar definieren.« –

– »Hast du das deinem Vorgesetzten gesagt?« –

Paula darf zunächst beginnen, sich selbst infrage zu stellen. Sich selbst besser kennenzulernen, damit sie in solchen Situationen auch besser für sich eintreten kann. Eines der hilfreichsten Mittel dafür ist: Fragen stellen – und zunehmend bessere.

– »Allerdings gibt es hilfreiche und weniger hilfreiche Fragen. Fragen haben den Effekt, dass das Gegenuber innerlich automatisch nach Antworten sucht. Mit hilfreichen Fragen kommst du in der Regel auch zu hilfreichen Antworten. Ist das verständlicher?« –

Beispiele für Fragen, die meist nicht hilfreich sind:

- **Wieso**- und **Warum**-Fragen – Sie zielen auf die unabänderliche Vergangenheit und führen bei unserem Gegenüber meist zu Rechtfertigungen oder Gegenangriffen.
- **Mehrere Fragen** in einem Satz, z. B. »Wie soll das gelöst werden, von wem und in welcher Reihenfolge?« – Jetzt liegt es am Gegenüber, welche Frage er auswählt und beantwortet. Oder er ist überfordert und beantwortet keine davon.

Beispiele für Fragen, die hilfreicher sind:

- »Ich will deine Motivation, so zu handeln, besser verstehen. Was ist der gute Grund dafür, dich das machen zu lassen?«
- »Ich habe das nicht verstanden. Kannst du das Gleiche bitte noch mal in anderen Worten sagen?«
- »Wie können wir das lösen, sodass wir beide danach zufrieden sind?«

Die Kunst, Fragen zu stellen, ist eine Fähigkeit, die du schrittweise ausbauen kannst. Beginne mit Standardfragen (wie oben) und entwickle von Gespräch zu Gespräch mehr offene Fragen, die dein Gegenüber dabei unterstützen, die Fakten zu benennen, seine Absichten offenzulegen und Bitten zu äußern, die euer beider Bedürfnisse besser erfüllen.

– »Sagen wir es mal so: Du vergisst den wichtigsten Menschen in deiner Abteilung. Obwohl es ihm so schlecht geht, kümmerst du dich nicht um ihn, siehst ihn nicht, nimmst ihn nicht ernst und pendelst zwischen all den Kollegen und Kolleginnen. Wen meine ich wohl?« »Mich!« sagt Paula ganz leise. –

Der erste Frieden

Der erste Frieden, der wichtigste, ist der,
welcher in die Seele des Menschen einzieht;
wenn die Menschen ihre Verwandtschaft,
ihre Harmonie mit dem Universum einsehen,
und wissen, dass im Mittelpunkt der Welt
das große Geheimnis wohnt.
Und dass diese Mitte tatsächlich überall ist;
sie ist in jedem von uns.
Dies ist der wirkliche Friede.
Alle anderen sind lediglich Spiegelungen davon.
Der zweite Friede ist der,
welcher zwischen einzelnen geschlossen wird.
Und der dritte ist der zwischen Völkern.
Doch vor allem sollt ihr sehen,
dass es nie Frieden zwischen Völkern geben kann,
wenn nicht der erste Frieden vorhanden ist,
welcher innerhalb der Seele wohnt.

Altes Navajo-Gedicht

Wie kann ich anderen helfen, wenn ich mir selbst nicht helfen kann? Wie kann ich andere unterstützen, wenn ich mich selbst nicht unterstützen kann? Wie kann ich für jemanden da sein, wenn ich nicht für mich da bin? Wie kann ich jemanden wirklich sehen, wenn ich mich selbst nicht sehen kann? Wie kann ich jemanden ernst nehmen, wenn ich es noch nicht bei mir selbst kann?

Das ist der Hintergrund für Tara zu sagen:

– »Das ist der erste Schritt: dich dir zu stellen. Damit aufhören, dir ständig selbst auszuweichen und alles zu bagatellisieren, damit aufhören, so zu tun, als wärst du besser, als du bist. Lerne, dich aufrichtig zu zeigen – wirklich aufrichtig und offen. Das heißt in anderen Worten: Geh in deine Verletzlichkeit, eine Verletzlichkeit, die jeder von uns hat und die die meisten nicht zeigen.« –

Wir misstrauen unserer Natur

– »Es wird Zeit, schlauer zu sein, als die hinderlichen Sprüche und Glaubenssätze der anderen zu übernehmen.« –

Die meisten Menschen erschaffen sich Glaubenssätze aufgrund traumatischer Erlebnisse in der Kindheit. Diese Erlebnisse werden häufig bagatellisiert und die Psyche des Kindes in seiner Zartheit nicht gesehen. So entwickeln wir insbesondere zwischen fünf und 13 Jahren hinderliche Glaubenssätze, die, wenn wir sie nicht umwandeln, unser Leben unterbewusst mitformen und -prägen.

Was wird beispielsweise aus dir, wenn du glaubst, nicht »gut genug« zu sein? Was passiert, wenn du glaubst, »es nicht wert zu sein«? Und wie sehr gehst du nach deinen Wünschen und Bedürfnissen, wenn du gelernt hast, »funktionieren zu müssen«?

– »Nein, nein, ich …« Paula verkneift sich den Rest des Satzes. Sie merkt: Das wäre wieder nur eine Ausrede geworden. –

Wir weichen aus, reden uns heraus, versuchen den Schein zu wahren, wir verlieren uns und unsere Authentizität, spielen ein glückliches Leben vor, auch dann, wenn wir unglücklich sind.

– Sie flucht über ihr Gewicht und die vielen Süßigkeiten, die sie immer wieder isst, ihre Kolleginnen und Kollegen, die ihr das Leben so schwer machen, dass sie das Zeug isst, und überhaupt, dass sie es so schwer hat. –

Paulas Bewältigungsstrategie, um mit Schmerz und Leiden umzugehen, ist fluchen und »sich still beschweren«. Sich zu beschweren führt dazu, dass wir uns im wahrsten Sinne des Wortes eine Last auferlegen und uns zum Opfer der Umstände erklären. Ergebnis: Wir tun nichts, um aus der schwierigen Situation herauszukommen.

Schmerz können wir nicht vermeiden. Er ist Teil des Lebens und seine Aufgabe ist es, uns dazu zu bewegen, besser für uns zu sorgen. Jammern und leiden dagegen ist optional. Leiden ist Teil des Dramas – hier überhöhen wir etwas, um uns ernst zu nehmen, handeln jedoch oft auf eine Weise, die uns nicht guttut.

Wie viel förderlicher ist es für dich, ganz durch den Schmerz hindurchzugehen, statt ihm auszuweichen – und ihn damit zu verlängern? Was, wenn du stattdessen würdigst, was du geschafft hast, weil du vollständig durch deinen Schmerz gegangen bist?

Das gewohnte Elend verlängern

– »… wenn du nicht fit genug bist, um deinen Plan umzusetzen? Willst du fit, stärker und ein Stückchen weiser aus deinem Urlaub zurückkommen oder nur mal etwas Ausgleich haben, um dein gewohntes Elend wieder besser auszuhalten?« –

Wie viele Menschen wählen den Weg des gewohnten Elends? Sie leben mit jemandem zusammen, der sie weder inspiriert noch berührt noch liebt. Die Ehe ist dann oft nicht das Papier wert, auf dem sie beurkundet ist. Oder wie ein Freund sagte: »50 Prozent der Paare lassen sich scheiden und bei den anderen 50 Prozent bin ich nicht sicher, ob ich Teil der Beziehung sein will.«

Zugegeben, das ist eine Botschaft, die wir nur ungern hören. Und doch steckt viel Wahrheit darin. Wie oft »verlieben« wir uns in unsere Vorstellung von einer Person – jedoch nicht in die Person selbst?

Einzigartig sein und doch verbunden

– »Wenn du neugierig und bereit bist, Konflikte so zu klären, dass dich Hindernisse nicht mehr vom Weitergehen abhalten, wenn du die Sicherheit willst, etwas zum Miteinander und zum Leben aller beizutragen, anstatt gerade mal dein eigenes Überleben abzusichern – dann bin ich für dich da und lehre dich, durch dich und durch mich! […] Dieser Weg ist nicht immer leicht, er wird von dir einiges abverlangen. Daher entscheide weise: Was willst du wirklich?« –

Einen anderen Weg zu gehen als die Masse der Menschen, den Weg einer Magierin oder eines Magiers zu gehen heißt auch, die Jahre des Lernens zu beschreiten. Sich zu entwickeln ist eine Arbeit wie bei einer Raupe, die sich zu einem Kokon entwickelt, aus dem ein Schmetterling geboren wird – in seiner Geschwindigkeit.

Wie wir Menschen wächst auch eine Pflanze nicht schneller, wenn wir daran ziehen. Wir können sie allerdings pflegen und hegen, düngen und mit Nährstoffen versorgen, ihr das geben, was sie braucht, um zu gedeihen. Wer von uns hat das zu Hause gelernt, insbesondere auf geistiger und seelischer Ebene?

Überforderung führt zu »Zurück auf Start«

Für alle, die sich häufig als Schildkröte oder Stallpferd erleben, Konflikte aber konstruktiv lösen und in die Win-win-Ecke des Elefanten wollen: Der Weg dorthin führt über den Quadranten des Tigers.

Weshalb? Wenn du dich selbst vor lauter Menschlichkeit vergisst, es allen recht machst außer dir, dann lerne deine Schwachstelle auszumerzen und dich wieder kraftvoll *auch* für dich einzusetzen. Dann kannst du von dort aus viel leichter in den Win-win-Quadranten des Elefanten gelangen.

Ansonsten passiert es schnell, dass du zwar in die Win-win-Ecke des Elefanten willst, jedoch zum Beispiel mit der Energie eines Konfliktpartners, der als Tiger agiert, nicht umgehen kannst. Du knickst schnell ein und ehe du dich versiehst, landest du wieder in der »bewährten« Haltung des Stallpferds oder der Schildkröte.

Wird dir jetzt verständlicher, weshalb Streit der einfache Konflikt ist? Da sind beide Konfliktparteien im Tiger-Quadranten. Da wird gesprochen, die Themen kommen auf den Tisch. Was es jetzt noch braucht, ist zumindest eine Person, die die Urteile übersetzen kann. Wieso nicht du?

4.7 Die vier häufigsten Konfliktstrategien im Überblick

Ich bin wichtig
Ich bin nicht wichtig
Du bist nicht wichtig
Du bist wichtig

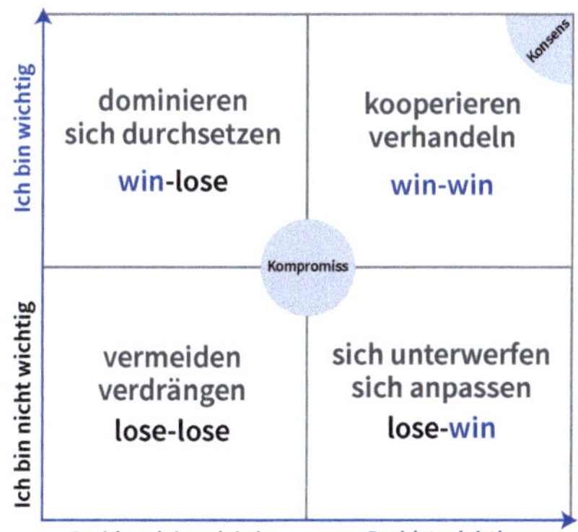

Abb.: Prägnante Konfliktstrategien

Im Folgenden wirst du die nächsten Bausteine auf dem Weg zum Elefanten kennenlernen:

Nachdem du zunehmend Wahrnehmungen benennen kannst, statt dich in Interpretationen zu verlieren, wirst du

- deine Gefühle besser kennenlernen und erfahren, wie sie zusammenhängen mit deinen Bedürfnissen.
- deine menschlichen Bedürfnisse kennenlernen und erkennen, wie sie jede Entscheidung, jede Handlung und jeden Konflikt beeinflussen.
- erkennen, welche Fragen und Bitten du stellen kannst, um in Konfliktsituationen voranzukommen.

»Zwischen Reiz und Reaktion gibt es einen Raum.
In diesem Raum liegt unsere Macht, unsere Reaktion zu wählen.
In unserer Reaktion liegen unser Wachstum und unsere Freiheit.«
Victor Frankl

4.8 Darf es etwas mehr sein?

4.8.1 Eskalationsstufen: In welchen Schritten Konflikte eskalieren

Konflikte entwickeln sich in Stufen und gleiten nicht in winzigen Schritten ins Verderben. Prof. Dr. Dr. Glasl hat sich der Erforschung der Ursachen von Konflikten gewidmet und berät heute höchste Führungsebenen in Unternehmen und Regierungen bei der Konfliktbewältigung.

Seine neun Eskalationsstufen zeigen dem Interessierten, in welchen Schritten Konflikte eskalieren und welche Worte typischerweise in den verschiedenen Stufen benutzt werden.

DIGITALE EXTRAS

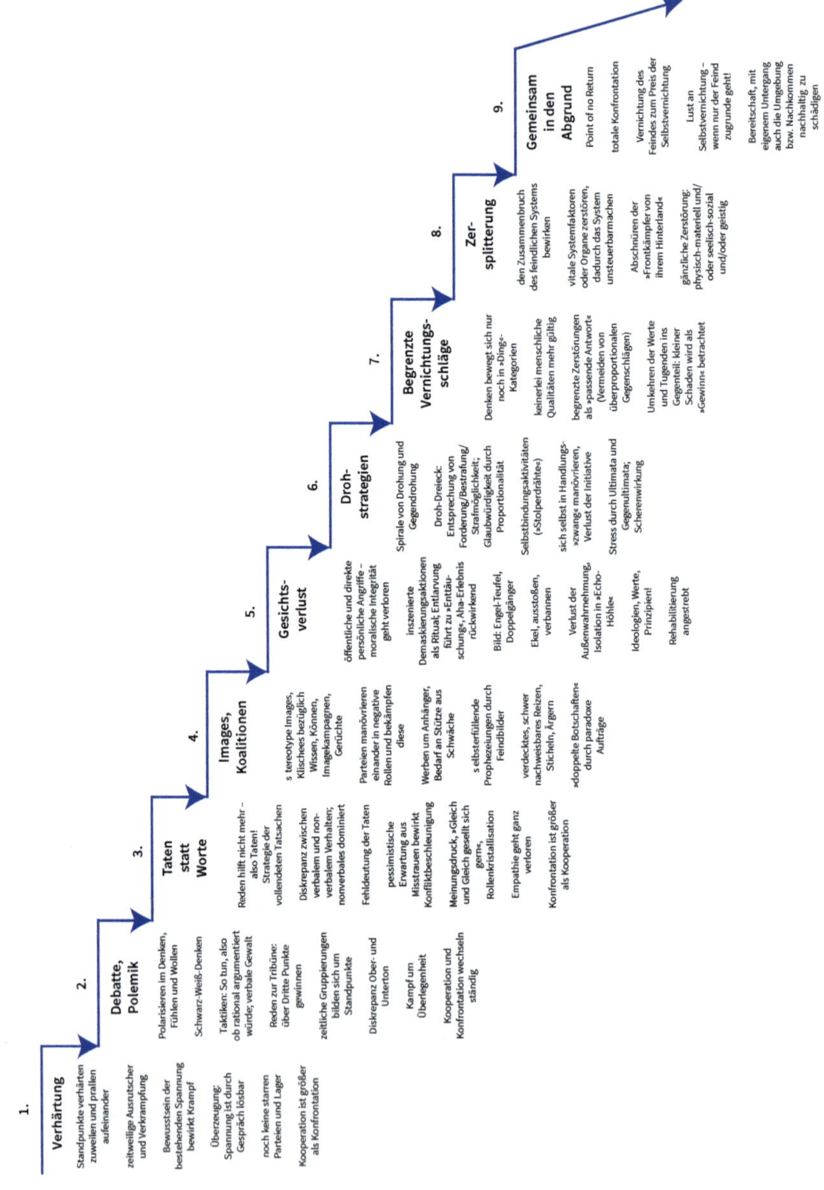

Abb.: Neun Eskalationsstufen nach Prof. Dr. Dr. Glasl (2022, S. 124–125)

4.8.2 Die Klaviatur der Konfliktbewältigung

Im Folgenden kannst du erkennen, mit welchen Bewältigungsmitteln du bei welcher Eskalationsstufe agieren kannst. Sich vor Selbstüberforderung zu schützen ist ein wesentlicher Schritt hin zu Lösungen, von denen alle Beteiligten profitieren.

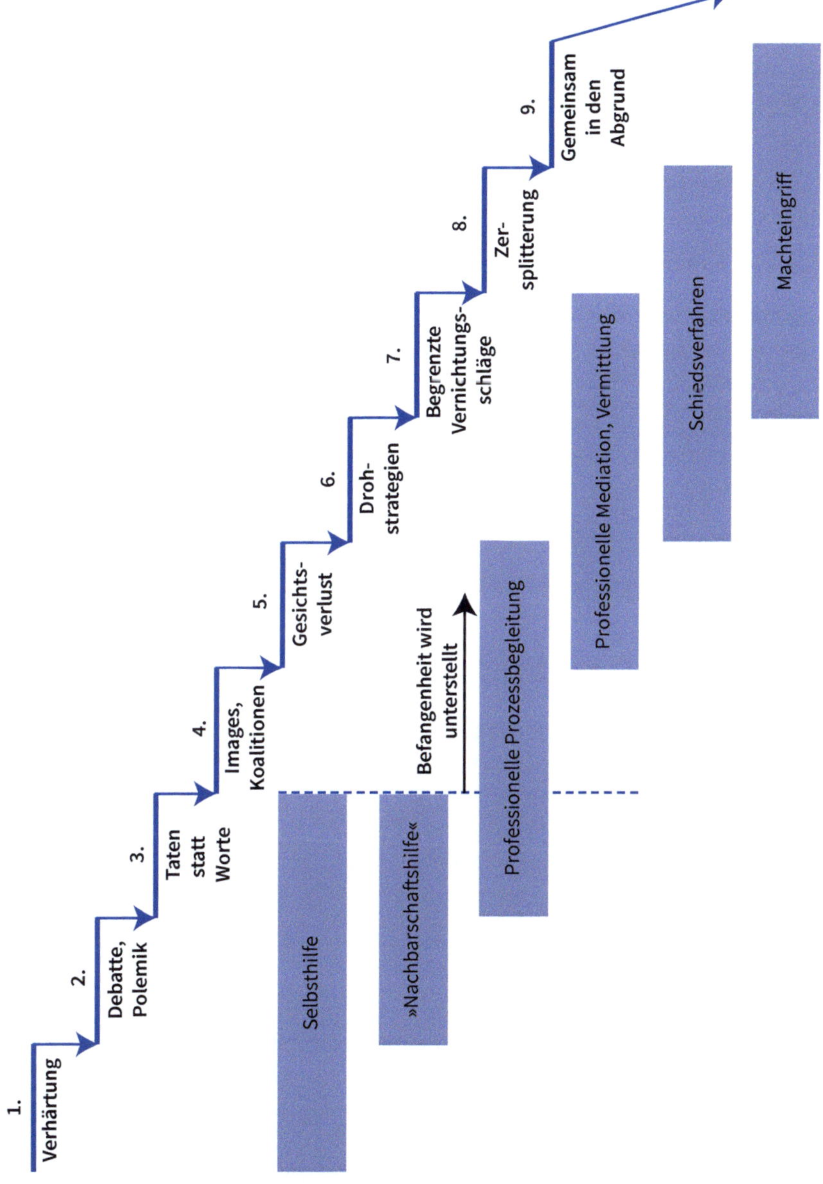

Abb.: Die Eskalationsstufen und Mittel zur Lösung (nach Glasl 2022, S. 141)

4.8.3 Heiße und kalte Konflikte in den Eskalationsstufen

Ein Beispiel aus einem Unternehmen in zwei Versionen: heißer und kalter Konflikt (Glasl 2020, S. 78–92). Die blau markierten Bereiche zeigen das Verhalten in einem kalten Konflikt.

Im Bericht von Frau Maier fehlt eine Management-Zusammenfassung. Ihr Chef, Herr Wolf, hat den Bericht ungeprüft an den Vorstand weitergeleitet. Der Bericht kam an ihn zurück mit dem Vermerk: »Bitte eine Zusammenfassung beifügen, vorher hat der Vorstand keine Zeit dafür.«

1. Verhalten wertend kritisieren
»Bei diesem Bericht haben Sie sich offensichtlich keine Mühe gegeben.«
»Ich hätte mir doch besser Zeit genommen, um alles zu prüfen.«

2. Verhalten pauschal kritisieren
»Sie kriegen ja ihre Arbeit überhaupt nicht auf die Reihe.«
»Ich krieg das nie auf die Reihe.«

3. Person wertend kritisieren
»Sind Sie zu dumm, einen Bericht zu schreiben?«
»Ich bin einfach zu dumm.«

4. Person pathologisieren
»Sie sind ja krank!«
»Mit mir stimmt was nicht – ich bin krank im Kopf.«

Hier ist die Grenze für die meisten, die Konflikte nicht hauptberuflich klären! Ab hier wird oft der vermittelnden Partei Befangenheit unterstellt.

5. Person diskreditieren
Im Abteilungsmeeting: »Also die Maier hat mal wieder unsere ganze Abteilung bloßgestellt!«
»Oh mein Gott, ich habe die ganze Abteilung bloßgestellt!«

6. Sanktionen, Gewalt androhen
»Wenn das noch mal passiert, dann können Sie aber mit mehr rechnen als einer Abmahnung.«
»Ich halte das nicht mehr aus. Wenn mir das noch mal passiert, dann bringe ich mich um.«

7. Beschränkten Schaden zufügen
»Hier ist Ihre Abmahnung – die haben Sie sich verdient!«
Frau Maier isst mehr, als ihr guttut, fängt an zu trinken.

8. Den Feind wirtschaftlich, materiell, psychisch oder physisch vernichten
»Tja, das war's dann! Die Kündigung können Sie sich in der Personalabteilung abholen.«
Frau Maier kündigt entnervt und vernichtet vorher alle Unterlagen, an die sie herankommt.

9. Vernichtung des Feindes und sich selbst
Drei Tage nach der Kündigung tötet Frau Maier ihren ehemaligen Chef, zwei ihrer Kollegen und anschließend sich selbst.

4.9 Abschlussfragen

Nimm dir nun bitte mindestens 15 Minuten Zeit, in denen du ungestört über die folgenden Fragen nachdenkst und die Antworten aufschreibst. Hast du etwas zu trinken und zu schreiben? Dann kann's losgehen …

Inspirationen für die praktische Umsetzung

1. Bei welchen deiner Konflikte ergibt es keinen Sinn auszuweichen?
2. Weshalb greifen die meisten Menschen in hierarchischen Unternehmen und Familien zur Variante der Schildkröte (lose-lose)?
3. Was lässt Konflikte eskalieren?
4. Was verstehst du unter einem »kalten Konflikt«?
5. Was ist die »alte Idee«« von Konfliktmanagement – was lässt sie außen vor?
6. Was steht in der Konfliktklärung vor der »Lösung« an?
7. Was passiert, wenn du deine Reaktion von anderen abhängig machst?
8. Wo liegt der Fokus bei den zwei Varianten von Fragen, die hilfreich bzw. wenig hilfreich sind?
9. Weshalb beginnt Tara mit Paulas Fitness und nicht mit inhaltlicher Arbeit?
10. Was willst du an deinem Verhalten ändern? Was tust du dann? Was tust du nicht mehr?

Notiere deine wichtigsten Erkenntnisse:

____

____

5 Eine Sprache des Lebens entwickeln

»Die Ältesten werden Mut unterstützen, wo Angst ist, Einigungen beflügeln, wo Konflikt ist, Hoffnung bringen, wo Verzweiflung ist.«
Nelson Mandela

Paulas Wecker klingelt unbarmherzig um 5:30 Uhr. Schlaftrunken tastet sie umher, um den Lichtschalter im Dunkeln zu finden. Sie macht die Lampe an und hievt ihre müden Beine über die Bettkante.

Oh Mann, was tue ich mir da an? Das kann doch nicht gesund sein! Erst der Mist in der Firma und jetzt früh aufstehen, nur weil jemand anderes das sagt?, fährt es ihr durch den Kopf, doch sie wischt ihre Bedenken weg. Sie kennt sich und weiß, dass ihr morgens oft unangenehme Gedanken durch den Kopf gehen.

Als sie in ihren Badeanzug hineinschlüpft, darüber ihre Sportsachen zieht und die Schuhe bindet, merkt sie, wie ihr Körper aufwacht und ihr Geist sich bereits freut auf diese wilde Tara. Was für ein verrücktes Huhn und was für ein Abenteuer!, denkt sie. Jetzt aber los, sonst komme ich wieder zu spät! Sie packt ihre Taschenlampe, ihr Badetuch und ihr Schreibzeug und geht erst langsam, dann immer zügiger Richtung Strand. Etwas atemlos kommt Paula dort an und sieht Tara an einer Liege stehen – an der Liege Nummer 89. Sofort fällt Paula wieder die peinliche Situation mit der verdrehten Liegennummer ein – doch sie schiebt den Gedanken weg und tut so, als wäre sie erfreut, in der Nacht und morgendlichen Frische am Strand zu stehen.

»Was für ein herrlicher Morgen. Bist du bereit?«, fragt Tara bedeutungsvoll. Paula nickt und lässt sich nicht anmerken, dass ihr Kopf voller Fragezeichen ist. »Hast du das Zitronenwasser getrunken?« Oops … Paula merkt, wie sie rot wird – das hat sie völlig vergessen. Tara lächelt und gibt ihr eine Thermosflasche: »Woher kenne ich das wohl? Hier trink!« Paula trinkt Taras Zitronenwasser.

»Gratulation! Du hast die erste Hürde genommen!«, sagt Tara nun.
»Was meinst du?«, fragt Paula.
»Was schätzt du, wie viele lediglich sagen, sie wären bereit, und geben beim ersten Schritt bereits auf?«

Oh, dann hätte ich ausschlafen können, ja, was für eine verlockende Idee!, schießt es Paula durch den Kopf und sie nickt still.

»Vielleicht wärst du heute am liebsten in diesem Kreis geblieben – so wie rund 98 Prozent der Menschen«, sagt Tara, als könne sie ihre Gedanken lesen. »Doch da ist etwas in dir, das dich hat aufstehen lassen, um etwas zu tun – für dich! Und dein Körper weiß, dass er immer wieder an die Grenzen gehen darf, um sich energetisch anzufühlen und spürbar fit zu bleiben.«

Ja, da ist was dran, denkt sich Paula und nickt still, nun aber lächelnd.

»Dann gehen wir mal an eine deiner Schwachstellen ran, so weit, dass sie deinen Stärken nicht mehr im Weg steht.« Ein Fragezeichen entsteht förmlich über Paulas Kopf: Was meint sie damit? »Wir starten mit Chi Kung und einigen Tai-Chi-Bewegungen in den Tag.« Tara macht die Übungen vor und während sich die Sonne langsam und wunderschön rot über dem Horizont erhebt, merkt Paula, wie sie anfängt es zu genießen, ihren Körper trotz der Anstrengung zu bewegen und ihn zu spüren. Sie ist froh, sich heute Morgen überwunden zu haben.

Nach einer halben Stunde fragt Tara: »Und, wie geht es dir?«
»Oh, wunderbar! Das tut echt gut, auch wenn ich von diesen komischen Bewegungen noch nicht viel Ahnung habe.«
»Ja, sie sind Tausende von Jahren alt und ich dachte mir, dass das, was über viele Generationen weiterentwickelt und angewandt wurde, sich auch gut für dich anfühlt und seine Wirkung entfaltet. Das machen wir nun jeden Morgen!«
»Oh, super, dann gehen wir gar nicht laufen?«
»Oh, doch!«, meint Tara lächelnd und der Schalk sprüht wieder aus ihren Augen.
Paula, die bereits heimlich gehofft hatte, dass der Kelch heute an ihr vorübergehen würde, spürt noch den Muskelkater vom Tag zuvor: »Ah, okay!«
»Und los geht's – folge mir!«

Tara geht strammen Schrittes los. Dadurch, dass Paula heute schon aufgewärmt ist, folgt sie ihr mühelos. Diesmal bleibt Tara in diesem Tempo, das tut Paula gut. Paula läuft neben Tara und fragt:

»Heute nicht schneller?« – und sofort schießt es ihr durch den Kopf: Oje, bin ich doof? Ich will sie ja nicht auf Ideen bringen!
Tara antwortet: »Nein, das war gestern nur ein Test, um zu sehen, wozu du bereit bist und wo du stehst! Heute fangen wir an, deinen Körper aufzubauen, da ist Überlastung kein Mittel, dann würdest du nicht durchhalten. Disziplin wirkt nur kurzfristig. Was wir wollen, ist eine gesunde Besessenheit.«
»Was ist denn das: ›gesunde Besessenheit‹?«
»Was meinst du, wie viele Menschen mit guten Vorsätzen starten und wie viele von ihnen nach kurzer Zeit in den alten Trott zurückfallen? Anfangen ist nicht schwer! Schwer ist es durchzuhalten, bis deine neue Angewohnheit so selbstverständlich ist wie das morgendliche Zähneputzen. Und dazu heißt es, die Routine zu entwickeln und zu verknüpfen mit anderen bereits etablierten Routinen. Wenn du weit kommen

willst, fange langsam an. Und«, fährt Tara fort, »solange du keinen verdammt guten Grund dafür hast, wirst du wieder aufhören, denn die Disziplin haben die meisten von uns nicht, um grundlos weiterzumachen. Also suche dir einen wichtigen Grund, wofür du das machst! Ich schätze du hast ihn bereits.«
»Was meinst du?«
»Wofür machst du das hier um 6 Uhr mit mir? Wofür tust du dir das an?«
»Äh, gute Frage«, stammelt Paula. Ihr wird klar, dass es ihr gar nicht um Fitness geht, sondern um das Thema mit den Konflikten. Dort endlich klarer zu sehen und wieder eine Perspektive zu haben. Als sie Tara das mitteilt, lächelt diese: »Gut, das kann dich lange genug motivieren, bis es eine Routine geworden ist, die du machst, ohne nachzudenken.«

Paula wird nun klar, weshalb ihre zaghaften Laufversuche in Deutschland von Beginn an zum Scheitern verurteilt waren: Schon beim ersten Mal hatte sie sich überfordert und nach dem dritten Mal trug sie ihre Laufschuhe nur noch in der Freizeit, »weil sie so bequem« waren. Tara und Paula kehren um und gehen strammen Schrittes zurück zur Liege Nummer 89.

»Und jetzt die Krönung!« Paula schaut erstaunt und neugierig auf. »Wenn du wirklich aufwachen willst, dann folge mir!« Tara zieht die Sportsachen aus und läuft im Bikini direkt auf die Wellen zu. Paula entledigt sich ihrer Sachen im Zeitlupentempo, macht ihre zu vielen weißen Kilos bis auf den Badeanzug frei und geht zögerlich zum Wasser. Sie schreckt zusammen bei jeder kühlen Welle, überwindet sich schließlich, in die Fluten zu springen, und fängt an, langsam in Richtung Tara zu schwimmen. Diese genießt sichtlich den Wellengang und das frühmorgendliche kühle Bad.

»Ist das nicht herrlich, so den Tag zu beginnen? Da kann doch kommen, was will, oder?«
Paula entgegnet noch zögerlich: »Wie zum Beispiel die nächste Welle in mein Gesicht?«
Tara lacht: »Teil zwei geschafft! Bis gleich, beim Frühstück in der Strandbar!«
»Aber die Strandbar macht doch erst um 10 Uhr auf!«
»Nicht für uns!«, lacht Tara und zwinkert Paula zu.
»Machen die denn Frühstück?«
»Ja, nur für uns!«, sagt Tara bedeutungsvoll.

Wie macht die das? Paula schüttelt den Kopf und freut sich gleichzeitig auf das Frühstück …

Sie umarmt Tara etwas schüchtern und geht zu ihrem Zimmer, um zu duschen. Als sie an den anderen Zimmern vorbeigeht, merkt sie, wie die ersten Lichter in einigen Zimmern angehen. In einem innerlich aufkeimenden Stolz hört sie sich leise sagen: Wie cool ist das denn? Ich bin vor den anderen auf und habe bereits etwas Gutes für den wichtigsten Menschen in meinem Leben getan!

Wissbegierig und voller Tatendrang stampft Paula, bewaffnet mit Laptop und Schreibzeug, zu ihrer Verabredung. Sie spürt ihre Motivation, alles aufzusaugen, was Tara ihr heute an Know-how zum konstruktiven Umgang mit Konflikten anbietet. Endlich Hoffnung in Sicht, denkt sie sich.

»Also, was machen wir?«, fragt Paula, kaum dass sie in der Strandbar und am Tisch angekommen ist. Tara schaut sie an und fragt sie mit einem verschmitzten Gesichtsausdruck: »Hast du dein Handy dabei?« Paula schaut in ihre volle Strandtasche: »Ja, habe ich meistens!« – und kramt ihr Handy hervor. »Gut, hier haben wir offenes WLAN. Lade dir mal die Box-Breathing-App herunter, die kostet nichts. Sie wird dir guttun – unter einer Voraussetzung.« »Und die wäre?«, fragt Paula. »Unter der Voraussetzung, dass du sie auch nutzt!« Paula denkt: Schon wieder hat sie mich erwischt!

»Am besten nutzt du sie dreimal pro Tag. Sie hilft dir unterbewusst, in Stresssituationen aus deinen üblichen Reaktionen herauszukommen. Ist was von den U.S. Navy SEALs, probiere es hier im Urlaub aus. Wenn es dir hilft, bleib dabei.«
»Okay, ich dachte, wir machen Konfliktmanagement?«
»Genau. Was hilft es dir, wenn du Konfliktmanagement lernst und nichts anwenden kannst, weil der Stress dich übermannt? Das ist bereits ein elementarer Teil, damit du nicht ein hilfloser Helfer wirst.«
»Oh ja, da ist was dran. Ich hab mir schon so oft vorgenommen …«
»Genau dafür ist es gedacht! Denn was hilft es, wenn du weißt, was du sagen willst, doch vor lauter Stress kein Wort herausbringst? Oder genau weißt, was du sagen wolltest – bis eine Sekunde vor Beginn des Gesprächs?«
Paula lacht. »Woher weißt du das alles?«
»Alles ausgetestet an mir«, sagt Tara und zwinkert Paula zu.
»Du hast das auch alles durchgemacht?«
»Na klar, oder könnte ich überzeugend reden, wenn ich das nur aus der Illustrierten hätte?«
»Hm, da ist was dran. Und was mache ich jetzt?«
»Du machst das Atemprogramm. Es ist erstaunlich einfach, denn unter Stress reduziert sich unsere Intelligenz! Da sind wir oft nur noch im Überlebensmodus. Kommt dir das bekannt vor?«
»Das ist ja peinlich, aber es stimmt. Da sag ich manchmal Dinge, die ich hinterher echt bereue!«
»Gut, nur wissen reicht nicht. Jetzt geht es ums Umsetzen! Du brauchst also etwas, was einfach und jederzeit verfügbar ist. Denn Konflikte kommen nicht immer, wenn wir vorbereitet sind. Hast du die App geladen?«
»Fast, ist gerade noch dabei … Okay, ist drauf!«
»Dann machen wir das jetzt gemeinsam.«

Tara und Paula sitzen in der Strandbar und atmen gemeinsam entsprechend der Anweisung der App. Paula denkt sich: Hoffentlich kommt hier so früh niemand vorbei. Die denken sich sonst wieder, ich sei völlig durchgeknallt. Nach der dritten Runde merkt Paula, wie sie gelassener wird, ruhiger, entspannter. Dabei dachte sie, sie sei doch recht entspannt nach dem erfüllten Start in den Tag.

»Mache sie, so oft du willst, allerdings mindestens dreimal am Tag.«
»Mindestens dreimal?«
»Ja, die meisten trainieren viel zu wenig, wenn es um Automatismen geht, deswegen bleibt es oft bei Absichtserklärungen. Automatismus heißt, es geht *nicht* um tägliches Training, sondern um *täglich mehrmaliges* Training! So, das ist genug für jetzt!« Taras Augen blitzen hinter der runden Brille lebendig hervor. »Heute Nachmittag erzähle ich dir mehr dazu, wie du mit Stress umgehen kannst. Und dann sehen wir uns wieder morgen für unsere Morgenroutine um 5:40 Uhr! Jetzt lass uns dieses Frühstück genießen.«

Wo bin ich da nur reingeraten?, denkt sich Paula still und schüttelt lächelnd den Kopf.

Paulas nächster Trainingstag – Feiere wie eine Olympiasiegerin

Auch am zweiten Tag quält sich Paula aus dem Bett. Wieder dauert es gefühlt ewig, bis sie wirklich aufwacht, doch die Chi-Kung- und Tai-Chi-Anwendungen werden bereits leichter. Es war hilfreich, dass sie ihre Notizen am Vorabend noch mal überflogen hatte, doch der Schlafmangel macht ihr zu schaffen.

Diesmal ist Paula gewillt, sich nach dem »Morgenspaziergang« wild in die Fluten zu stürzen, doch das will ihr noch nicht so recht gelingen: Langsam und etwas verfroren geht sie in die Wellen. Als beide aus dem Wasser kommen, gibt Tara ihr ein High five und sagt:

»Wieder geschafft! Gerade jetzt am Anfang ist es sehr wichtig, jeden deiner Erfolge zu feiern. Übrigens: Je intensiver, desto länger kannst du davon zehren. Ich hab viel aus meiner Wettkampfzeit von früher gelernt. Willst du wissen, was einige herausragende Athletinnen gesagt haben, wie sie aus ihrem Einbruch im Wettkampf herauskamen?«
»Ja, klar!«
»Sie sagten: ›In diesem Moment, als meine Kräfte zu schwinden begannen, erinnerte ich mich an meine frühere Siegesfeier: wie ich mit den anderen zweien zum Podium ging, dort aufgerufen wurde, dann aufs Podest sprang, die Medaille umgehängt bekam, meine Nationalhymne hörte und danach fotografiert wurde.‹ Wenn du ca. 20 Minuten feierst, ist das wie eingebrannt in deine Nervenbahnen und du glaubst leichter an dich, auch in herausfordernden Situationen! Klar, dass das nicht jedes Mal geht, doch bei großen Siegen über dich: Erinnere dich daran, dies zeitnah zu würdigen und zu feiern.«

»Oh, das wusste ich gar nicht. Darüber redet sonst nie jemand.«
»Ja, wir Deutschen haben – wie übrigens viele Menschen in den Industrieländern – nahezu verlernt zu feiern. Dafür funktionieren wir umso besser. Ein Erfolg jagt den nächsten und irgendwann verwechseln wir das Funktionieren mit dem Leben. Und genauso gilt es zu trauern, wenn etwas, das uns etwas bedeutet, nicht gelingt. Trauern ist ein Teil unseres Lebens, auch wenn wir versuchen, ihn von uns fernzuhalten. Wenn wir nicht wirklich trauern können, können wir auch nicht wirklich feiern. Gerade wir Deutschen haben da noch viel aufzuholen, aber das ist ein anderes Thema.«

Als sie beim Frühstück sitzen, klingen Taras Worte in Paula nach: Wenn wir nicht wirklich trauern können, können wir auch nicht wirklich feiern. Irgendwie ist da was dran. Sie sieht Szenen ihres Lebens vor sich und sieht, wie sich Südländer so viel leichter tun zu feiern und auch ganz zu trauern. Könnte das tatsächlich ein Teil sein, den sie sich zurückholen durfte? Kein Wunder, dass sie so gern in den Süden fuhr, wenn Urlaub angesagt war. Ja, einiges, was so selbstverständlich funktionierte in Deutschland, war schon angenehm. Doch irgendwie war hier im Süden so viel mehr Lebendigkeit.

»Darf ich mal etwas Grundsätzliches fragen? Was steht uns eigentlich am meisten im Wege?«, fragt Paula. Tara schaut Paula ins Gesicht. Sie denkt nach. Dann schenkt sie sich ein halbes Glas Wasser ein und stellt das Glas vor Paula. »Würdest du das trinken?«, fragt sie Paula. »Ja, klar«, antwortet diese. »Okay.« Dann nimmt Tara ihre Strandsandale und klopft den anhaftenden Sand direkt in das Glas. Sie nimmt Papierservietten, Pfeffer und Salz und noch ein paar Zigarettenstummel aus dem Aschenbecher des Nebentisches und stopft alles in das Glas. »Wie sieht es jetzt aus? Würdest du das trinken?« »Natürlich nicht!«, sagt Paula angewidert. »Okay. Gut, dann nehme ich das alles wieder heraus.« Tara nimmt den Abfall heraus und den Sand, so gut sie kann. »Und wie sieht es jetzt aus? Würdest du das trinken?« Paula starrt auf das trübe Wasser, in dem gerade noch einige unaussprechliche Dinge schwammen, und verzieht angeekelt ihr Gesicht »Auf keinen Fall! Aber ich verstehe nicht: Was willst du mir damit sagen?«

»Nun, aus meiner Sicht und der Erfahrung meiner letzten 30 Jahre: Wir leben nicht mehr authentisch, wir sprechen kaum mehr authentisch und unser Denken ist seit Generationen verschmutzt – wie dieses Wasser. Klingt seltsam, oder?«
»Ich bin nicht sicher, ob ich dich verstehe. Was meinst du denn damit?«
»Was meinst du, wie können wir schwierige Lebenssituationen mit Klarheit lösen, wenn wir selbst nicht klar sind?«
»Hm, ich glaube, das geht nicht.«
»Das sehe ich auch so. Und was, wenn wir mit uns selbst nicht authentisch sind, wie soll das dann mit anderen gehen?«
»Ich glaube, das geht dann auch nicht.«
»Tja und was, wenn unser Denken schon frühzeitig in unserem Leben ›verschmutzt‹ wurde wie dieses Wasser?«

»Wie meinst du das? Verschmutzt mit was?«

»Mit all dem Kram, den wir zu hören bekommen, seit wir ein Jahr alt sind. Wir lernen bereits frühzeitig zu *bewerten*, was ›richtig‹ und was ›falsch‹ ist. Und wenn du es noch steigern willst, dann lass die Menschen, wenn du mit ihren Ideen nicht einverstanden bist, darüber nachdenken, ob sie *noch normal* sind oder, wenn sie etwas tun, womit du nicht einverstanden bist, in die Kategorie ›*gut*‹ oder ›*böse*‹ gehören. Lass sie nach einem Fehler über sich *urteilen*, was angeblich ›nicht mit ihnen stimmt‹, was sie zu tun haben, damit sie ein ›*guter*‹ Mensch werden. Lass sie menschenverachtende *Diagnosen* kennenlernen wie ›du bist ein *Nichtsnutz*‹ oder ›du bist ein *Versager*‹, die sie in eine Schublade stecken, aus der manche ein Leben lang nicht mehr herauskommen.

Und wenn sie all das über sich gelernt haben, dann wird es noch erschreckender: Sie haben zu *gehorchen*, ihre Freiheit aufzugeben und zu tun, was andere ihnen sagen, und wenn sie das nicht tun, werden sie verachtet und verdienen *Strafe*. Und wenn andere versuchen, sie dabei zu unterstützen, ihre Freiheit zu leben, verdienen diese ebenfalls Strafe.

Und schaue, dass Menschen am besten keinen Spaß in Unternehmen haben, sondern sich ihrer *Pflicht* und *schuldigen Rolle* ergeben und *sich schämen*, so fehlerhaft zu sein, wie sie sind. So lernst du zu akzeptieren, dass nur wenige Menschen dazu auserkoren sind, ein reiches selbstbestimmtes Leben zu führen und diese andere *dominieren* und *manipulieren* dürfen und dass Menschen mit eigenen Wünschen unerwünscht sind, denn sie geben keine guten Untertanen. Bringe sie dazu, an sich selbst zu zweifeln oder sich gar zu hassen, und sie werden in beherrschende, hierarchische Strukturen besser hineinpassen. Damit sie bekommen, was sie wollen, lehre sie, sich abhängig von *Belohnungen* zu machen. Nun kannst du diese Menschen über *Belohnung und Bestrafung* kontrollieren.

Und wenn das noch nicht genügt, dann mache *Gewalt genießbar.* Lehre sie, sich daran zu laben, wenn Menschen in Filmen töten und täglich Angst machende Nachrichten verbreitet werden. So lernen sie zu glauben, dass viele Menschen von Natur aus schlecht sind und ebenfalls bestraft werden müssen. Deswegen sollen Menschen darüber nachdenken, *was mit ihnen nicht stimmt*, und wenn sie das nicht herausfinden, dann sollen sie darüber nachdenken, *was andere über sie denken* könnten, was mit ihnen nicht stimmt, insbesondere wenn sie herausfinden, dass sie offensichtlich *nicht genug* darüber nachgedacht haben, was mit ihnen nicht stimmt. Mehr braucht es nicht, um in dieser Welt depressiv zu werden!«

Taras Wangen sind gerötet. Ihre ganze Leidenschaft scheint durch diese Worte hindurch, ihre Augen glühen und sie wirkt auf Paula nicht mehr wie eine 60-, sondern eher wie eine 35-Jährige. Woher hat sie nur diese Energie, eine Energie, die Paula von sich nur aus ihrer Kindheit kennt?

Tara atmet tief durch und fragt sanft: »Kommt dir da irgendetwas bekannt vor, Paula?«

Paula sitzt stumm da. Sie schluckt. Sie sieht große Teile ihres Lebens in dieser leidenschaftlichen Rede, ist schockiert, kann es nicht fassen, denn zu erschreckend sind die menschlichen Abgründe, die sich da auftun. In dieser Klarheit hatte sie dies noch nie vor Augen.

»Das ist, als würdest du über mein Leben sprechen!«, stammelt Paula
»Liebe Paula, das sind unsere Leben, über die ich gesprochen habe: deines, meines und das von Hunderten von Millionen anderer Menschen auf dieser Welt. Wir alle haben das gelernt. Und leider kennen nur wenige den Weg da heraus. Also: Wie bekommen wir das Wasser wieder sauber?«
»Ehrlich gesagt, ich habe keine Ahnung!«
»Willst du denn wieder ›sauberes Wasser‹?«, fragte Tara. »Aber ich warne dich: Wenn du so nicht mehr lebst, gehörst du nicht mehr zu den netten toten Menschen, die es millionenfach da draußen gibt.«
»Aber, 100 Prozent! Ich will so nicht weitermachen, da bin ich ja lebendig tot. Oops, das ist genau das, was du gerade gesagt hast!« Und dann sagt Paula nachdenklich und etwas traurig: »Ich kann diesen Schmutz, wie du ihn bezeichnest, doch nicht ewig in mir lassen, das ist doch kein Leben!«
Tara schaut Paula ins Gesicht. Der Schalk ist wieder in ihre Augen zurückgekehrt: »Dann sehen wir uns heute Nachmittag um 17 Uhr am Strand, Liege 89?«
»Ja, klar, auf jeden Fall!«

Tag 3 bis 5 des Trainings – Umsetzungsdiamanten

An diesem und den folgenden drei Nachmittagen gibt Tara Paula das Geheimnis der vier Lebensschlüssel für ein erfülltes und glückliches Leben mit. Schlüssel, mit denen sie zu ihrem eigenen und dem Herzen anderer gelangen kann. Es gilt nun, diese Schlüssel genau kennenzulernen, sie zu verinnerlichen, denn zu lange hatte sie ganz anders gelebt – und sie mit Bedacht anzuwenden, in einer Haltung, die den anderen genauso ernst nimmt wie sie sich nun zunehmend selbst.

In ihrem Kopf rumort es, wenn sie abends im Bett liegt. Meist ist an Einschlafen nicht zu denken. Sie spürt: Etwas Neues ist in ihr Leben gekommen, dessen Dimension sie nur erahnen, aber noch nicht genau einschätzen kann.

Paula verwirft die Gedanken und erinnert sich an das Box Breathing. Sie blickt hinaus aufs Meer und zählt bis acht, während sie einatmet, dann zählt sie noch einmal bis acht, während sie die Luft anhält, noch einmal bis acht, während sie ausatmet, und noch einmal bis acht, während sie erneut den Atem anhält, um dann wieder zu starten mit Einatmen … Was für eine seltsame Aufgabe, aber irgendwie tut sie ihr gut.

Mitten im Abenteuer der Konfliktklärung – und einfache Wege, es zu bestehen

»Was kann verwegener sein, als dich verletzlich zu zeigen?«
Tara

Als Paula und Tara sich am Nachmittag treffen, ist Paulas Spannung ihr anzusehen, sie hat wieder mal rote Flecken am Hals. »Lass uns beginnen, das Wasser zu säubern«, sagt Tara. Paula ist gespannt auf das, was kommt. Tara beginnt: »Wir sprechen nicht, um etwas zu sagen, ...«

5.1 Wir sprechen, um gehört zu werden

Vielleicht kennst du das: In manchen Gesprächen, können einige es gar nicht abwarten dranzukommen. Nicht mit Zuhören, sondern damit, etwas zu sagen. Oft bekommen wir dann zu hören: »Ich will dir nur etwas sagen!« Würden wir darauf entgegnen: »Wenn du nur etwas sagen willst, kann ich in der Zwischenzeit die Zeitung lesen?«, dann wären sie beleidigt. Das zeigt: **Wir wollen nicht etwas sagen, wir wollen, dass uns der andere mit ganzer Aufmerksamkeit zuhört.**

Kommunikation ist also viel mehr als der Austausch von ein paar Worten. Wir kommen darüber in Verbindung – oder eben nicht. Kommunikation heißt technisch gesagt: senden, empfangen und prüfen. Egal ob du redest oder beredt schweigst, mit den Händen gestikulierst oder zu Boden schaust, du kommunizierst fortwährend. Du sendest Signale und Botschaften aus, die dein Gegenüber wahrnimmt und interpretiert.

Damit beim anderen möglichst das ankommt, was deiner Absicht entspricht, werde dir bewusst darüber, was, wie und aus welcher Haltung heraus du kommunizierst.

Um dich aufrichtig zu zeigen, helfen dir **vier grundlegende Lebensschlüssel:**
1. Von meiner **Interpretation** hin zu meiner **Wahrnehmung**
2. Von meinen **Gedanken** hin zu meinem **Gefühl**
3. Von meiner **Strategie** hin zu meinem **Bedürfnis**
4. Von meiner **Forderung** hin zu meiner **Frage/Bitte**

5.2 Lebensschlüssel situationsangemessen einsetzen

Damit du alle vier Lebensschlüssel erfolgreich anwenden kannst, erläutern wir dir im Folgenden, was damit genau gemeint ist. Dann kannst du sie zunehmend sicherer anwenden und je nach Anwendungsfall kombinieren. **Das heißt auch, dass du nicht in jedem Satz alle vier Lebensschlüssel zu sagen brauchst. Du kannst sie situationsangemessen nutzen und kombinieren.**

»Manchmal weiß ich genau, dass ich etwas Falsches gesagt habe und dass dies vermutlich an genau einem Wort liegt. Ich habe nur keine Ahnung, an welchem!«
Ein Seminarteilnehmer

Anhand des folgenden Beispiels erläutern wir dir den linken Bereich der liegenden Acht: »sich aufrichtig zeigen«.

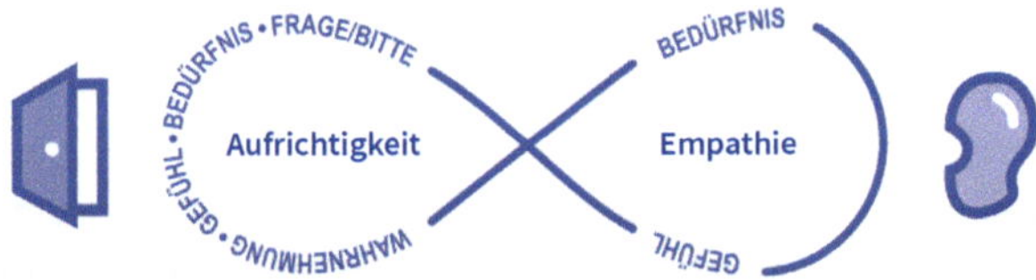

Abb.: Aufrichtigkeit und Empathie, die zwei Seiten des Dialogs

Tara malt Paula ein Beispiel auf: »Stell dir vor, ich bin Chefin und habe mit meiner jungen Mitarbeiterin Frau Müller am Vortag besprochen: ›Schicken Sie mir die Vertriebszahlen bis morgen Früh, dann kann ich den Monatsbericht für meinen Vorgesetzten fertigstellen!‹ Nach einem kurzen Zögern sagt sie: ›Ja klar, mach ich.‹ Am nächsten Tag will ich nachmittags den Bericht schreiben. In meinem Posteingang finde ich keine E-Mail von Frau Müller. Letzten Monat lief das ganz ähnlich ab.

Nehmen wir an, ich will dies ansprechen und in meinem Kopf laufen Gedanken ab, wie: Das hätte ich mir doch gleich denken können. Das war ja zu erwarten. Auf sie ist einfach kein Verlass! Dann würde das in einer schnellen Reaktion vielleicht so klingen: ›Hallo, Sie haben mir die Vertriebszahlen wieder nicht geschickt! Wieso lassen Sie mich damit immer wieder hängen?‹ Wenn ich so reagiere – verwechsle ich dann nicht ›sich aufrichtig zeigen‹ mit ›dem anderen aufrichtig meine Urteile um die Ohren hauen‹?

Meine Chance, mit meinem Frust wirklich gehört zu werden, ist nicht sehr groß bei dieser Variante, da bei Frau Müller schon beim Wort ›wieder‹ der ›Rollladen heruntergeht‹. Und das Wort ›immer‹ steckt sie in eine Schublade, aus der sie nur schwer wieder herauskommt. Kannst du mir folgen?«

Paula nickt. Sie erinnert sich an ähnliche Situationen, in denen sie an der Stelle von Frau Müller war – superunangenehm.

»Sprechen allein hilft nicht – lerne die Kunst, so zu sprechen, dass du gehört wirst und das ankommt, wovon du gern hättest, dass es ankommt! In unserem Beispiel werde ich sicher auch wahrgenommen – jedoch hauptsächlich als Bedrohung. Und meine Chancen, gehört und ernst genommen zu werden, sinken erheblich«, sagt Tara.

»Die vier grundlegenden Lebensschlüssel unterstützen dich außerdem, die erforderliche Haltung zu entwickeln und gleichzeitig mehr Sicherheit in der Anwendung der **Konstruktiven Kommunikation** zu erlangen. Für jeden Lebensschlüssel gibt es typische Verwechslungen. Damit dein Gespräch erfolgreich verläuft, gilt es, diese möglichst zu vermeiden.

Du hast letztens bereit erkannt, dass es einen riesigen Unterschied in der Wirkung macht, ob du unterscheiden kannst zwischen

- Interpretationen und Wahrnehmungen
- Gedanken und Gefühlen
- Strategien und Bedürfnissen
- Forderungen und Fragen/Bitten

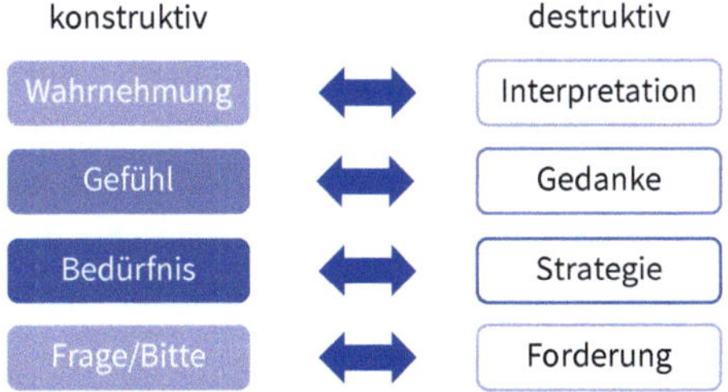

Abb.: Vier Lebensschlüssel

Lebensschlüssel sind Schlüssel, die helfen, in den »Überlebensquadranten« des Tigers, des Stallpferds und der Schildkröte die Türchen, Türen und Tore zu finden, die ins Reich des Elefanten führen. Sie fördern Augenhöhe in schwierigen zwischenmenschlichen Situationen.

5.3 Wir interpretieren fortwährend

Uns bewusst zu werden, dass wir ständig interpretieren, ist ein erster Schritt zur Erkenntnis, weshalb manche Konflikte so schnell eskalieren. Interpretation liegt in unserer Natur, denn wir brauchen sie für unser Überleben.

Beispiel für schnelle fehlerhafte Interpretation

Wenn ein Auto auf uns zukommt und wir dies aus dem Augenwinkel erkennen, gilt es, blitzschnell die Situation zu interpretieren, um zu entscheiden: Springe ich zur Seite oder bleibe ich stehen – und sterbe womöglich?
Es kann sein, dass wir zur Seite springen, nur um anschließend zu sehen, dass das Auto abbiegt.

Um zu überleben, sind Interpretationen sehr hilfreich, doch sie erfolgen blitzschnell und sind deswegen oft ungenau. Unsere Interpretationen infrage stellen zu können ist eine zentrale erste Fähigkeit, die wir entwickeln dürfen. Sonst ernten wir in Konflikten sehr viele »Nein, so ist das nicht!« und verlieren uns zunehmend in sinnlosen Diskussionen.

Tipp

Interpretationen erfolgen blitzschnell und sind gleichzeitig recht ungenau. Trainiere, Wahrnehmungen anstelle deiner Interpretationen zu benennen.

Wie hilfreich ist es, eine Konfliktklärung mit einem Nein zu beginnen? Wäre es nicht viel hilfreicher, mit einem »Ja, genau!« zu starten?

5.4 Erster Lebensschlüssel: Von Interpretationen hin zu Wahrnehmungen

Abwehr entsteht bei deinem Gesprächspartner in der Regel dann, wenn er Verurteilungen oder negativ ausgelegte Interpretationen hört. Wenn du eine faire Gesprächsbasis für beide Seiten schaffen willst, lerne, kommentarlos zu beschreiben, was du wahrnimmst – so wie eine Kamera oder ein Mikrofon. **Du sprichst den Konflikt an, indem du *ausschließlich* die wahrgenommenen Fakten benennst – inklusive des Problems.**

5.4.1 Wahrnehmung ausdrücken

- **Sinnlich wahrnehmbare Fakten** beschreiben: was du gesehen, gehört, gerochen, körperlich gespürt bzw. nicht gesehen, nicht gehört … hast
- **Bleibe bei dir**
  - »*Ich* habe gesehen …« statt »Das kann doch jeder sehen …«
  - »*Mir* ist klar …« statt »Das ist ja klar …«
- **Frei von**
  - Kommentaren, wie z. B. »War ja klar – wie üblich!«
  - moralischen Bewertungen und Verallgemeinerungen, wie z. B. »Mal wieder voll daneben!« »Immer machst du …«
  - Kritik, wie z. B. »Bist du noch ganz klar im Kopf?«
  - Interpretationen, wie z. B. »Das ist richtig.« »Das ist falsch.«
  - Analysen, wie z. B. »In Ihrer Position können Sie das nicht wissen.«
  - »kostenlosen« Diagnosen, wie z. B. »Sie sind halt dumm.«

Jetzt sagst du vielleicht: Dann kann ich ja gar nichts mehr sagen. Genau deswegen betrachten wir, wie Kommunikation geht, die Menschen verbindet statt trennt. Wir haben leider unser Leben lang viel von Letzterem gelernt, und im Konflikt wird das besonders deutlich.

»Es sind nicht die Tatsachen, die uns das Leben schwer machen.
Es ist unsere Interpretation der Tatsachen.«
Epiktet

5.4.2 Der hilfreiche Test

Besonders in der Wahrnehmung benötigen wir viel Präzision, damit beim Gegenüber nicht gleich Widerstand entsteht.

Wie kannst du erkennen, ob du eine interpretationsfreie Wahrnehmung nennst? Teste deine Idee – besonders im Konflikt –, **bevor** du etwas sagst. Wie so ein Test aussieht: Wenn dein Gegenüber zu deiner »Wahrnehmung« – sinnvoll – sagen könnte: **»Nein, so ist das aber nicht!«**, dann hast du mit großer Sicherheit eine Interpretation im Kopf.

Ändere dann deine Wahrnehmung und bleibe bei dir, bei den wahrnehmbaren Fakten, bis dein Test nur noch ein »Ja, genau!« ergibt.

Einige Beispiele, um dies verständlicher zu machen:

Interpretation	Wahrnehmung
Du hast mich heute gar nicht gegrüßt!	Ich habe nicht gesehen, ob du mich heute gegrüßt hast.
Du hast mir nicht Bescheid gegeben!	Ich weiß nicht, ob du mir Bescheid gegeben hast.
Du verstehst mich nicht!	Mir ist unklar, was du von mir verstanden hast.
Du hast doch keine Ahnung!	Du hast gesagt »Ich weiß genau, was du willst!«, ohne nachzufragen, ob das auch so ist.
Ich entscheide das, weil du nicht weißt, was du willst!	Ich weiß nicht, was dich zögern lässt.
Der Chef ist ein Egoist.	Ich frage mich, was den Chef davon abhält, mich in Entscheidungen einzubinden, die mich betreffen.

5.4.3 Checkliste zu deiner Haltung bei Wahrnehmungen

1. Prüfe, ob du das Wort »du« oder »Sie« in der anklagenden Form einer Du-Botschaft benutzt. Falls ja, wechsle zu einer Ich-Botschaft.
2. Versuchst du, recht zu haben? Frage dich: Bin ich bereit, mich zu irren? Falls deine Antwort Nein ist, dann nimm dir Zeit und mache z. B. die Atemübung, um wieder in die Haltung des Elefanten zurückzufinden, die den anderen so wichtig nimmt wie du dich.

3. Im Konfliktfall sind 90 Prozent unserer Interpretationen negativ. Findest du eine positive Interpretation – z. B. statt »Das hat sie sicher wieder nicht getan« – »Sie kann auch einen Grund für ihr Verhalten haben, der nichts mit mir zu tun hat, oder?«?

Je häufiger es dir gelingt, deine Aufmerksamkeit auf die wahrnehmbaren Fakten zu lenken, desto weniger wirst du in beurteilenden Interpretationen landen, was jemand »richtig« oder »falsch« macht.

Achtung

In der Wahrnehmung ist es wichtig, auch den Grund für den Konflikt offenzulegen.

Beispiel: »Ich habe keine E-Mail von dir in meinem Postfach gesehen.« Da könnte das Gegenüber auch mit den Achseln zucken und denken: Na und? Verständlicher inklusive Benennung des Problems: »Ich habe keine E-Mail von dir bezüglich des Teammeetings in meinem Postfach gesehen, obwohl ich verstanden habe, dass du sie mir bis 12 Uhr schickst.«

5.5 Zweiter Lebensschlüssel: Von Gedanken hin zu Gefühlen

Mit dem ersten Lebensschlüssel drückst du deine Wahrnehmung aus, ohne Interpretationen hineinzumischen. Nun drückst du dein Gefühl aus, denn jede konfliktäre Situation löst Gefühle aus – sonst wäre sie kein Konflikt.

Klingt einfach, ist es aber für viele nicht, wenn sie vorbelastet sind mit dem Thema »Gefühle«.

Sie: »Willst du wissen, wie ich mich gerade fühle?«
Er: »Nein, danke!«

Im Folgenden findest du einen Ausschnitt der Gründe, weshalb manche Menschen Gefühlsäußerungen meiden.

Gefühle tabuisieren, die du nicht hören, spüren oder aussprechen willst

Einige Gründe, die uns dazu veranlassen, Gefühlsäußerungen zu meiden, sind:

- »Ich verstehe nicht, wie Gefühle entstehen und wofür sie gut sein sollen. Sie sind unkontrollierbar und ich fühle mich ihnen ausgeliefert.«
- »Es kommen unpassende Gefühle im unpassenden Augenblick in der unpassenden Intensität – und dagegen kann man nichts tun!«
- »Manchmal weiß ich einfach nicht, was ich fühle. Meine Frau quält mich immer wieder mit Fragen nach meinen Gefühlen, aber manchmal fühle ich einfach nichts. Was soll ich denn dann sagen?«

5.5.1 Vom Umgang mit Gefühlen im Alltag

Wie oft wurde dir suggeriert, für die Gefühle anderer verantwortlich zu sein – wobei dir dies nicht direkt gesagt oder mitgeteilt wurde? Beispiele: »**Ich** bin verärgert, weil **du** so spät kommst!«, »Ich fühle mich manipuliert **von dir**!«, »Ich fühle mich verraten **(von dir)**!«.

Hast du unangenehme Erfahrungen mit als Gefühlen getarnten moralischen Bewertungen anderer gemacht, z. B.: »**Ich fühle**, dass etwas mit dir nicht stimmt!«, »**Ich spüre**, dass du mir etwas sagen willst! Nun rück schon damit heraus!«?

Vielleicht hast du schlechte Erfahrungen mit den Reaktionen anderer auf das Aussprechen deiner Gefühle gemacht, z. B.: »Kaum sage ich ›Ich bin ganz traurig‹, schon gibt mein Mann mir Ratschläge: ›Kopf hoch, wird schon wieder!‹«

Der Sinn der verschiedenen Gefühle bleibt rätselhaft

Du könntest glauben, dass es »positive« Gefühle gibt, wie z. B. Freude oder Glück, und »negative« Gefühle, wie z. B. Angst oder Resignation – wobei die Letzteren unbedingt zu vermeiden seien.

Vielleicht weißt du nicht, wie Gefühle entstehen, und fragst dich nach deren Sinn. Sie sind dann eher wie etwas, was Störungen und Konflikte noch schwieriger macht. Die Idee, dass andere dafür verantwortlich seien, bringt noch mehr Schwierigkeiten, denn **wenn andere hören, sie seien für unsere Gefühle verantwortlich, fühlen sie sich schuldig und können nicht mitfühlend sein** – was bedeutet, dass sie dann nicht offen sind für unsere Bedürfnisse.

»Ein Zeichen von Schwäche«

In Unternehmen wird das Ansprechen von Gefühlen aus weiteren Gründen vermieden: Uns wurde beigebracht, Gefühle zu zeigen sei ein Zeichen von Schwäche. Wir glauben, der Verstand sei wertvoller als die Gefühle (= irrationales Zeug). Und: durch Gefühle werden rationale, vernünftige Entscheidungen verkompliziert oder sogar verhindert. Zeit, mit dieser weit verbreiteten Vorstellung aufzuräumen und weiter zu blicken!

Gefühle und das Märchen von der »rein sachlichen« Klärung

Forschungen haben gezeigt, dass wir ständig Gefühle haben. Sie wechseln spätestens alle 40 Sekunden – mit Ausnahme der Trauer, die länger anhalten kann. Das bedeutet auch, dass, was immer wir entscheiden oder klären, unsere Gefühle eine Rolle spielen – gleich ob sie unbewusst bleiben oder ob wir sie bewusst wahrnehmen.

Einen Konflikt »rein sachlich« zu klären ist unmöglich!

Egal ob wir unsere Gefühle unterdrücken oder sie nicht zeigen: Sie sind da. Wie entstehen Gefühle, was ist ihre Ursache und was ihr Sinn?

Die Ursache von Gefühlen zu kennen hilft dabei, sie sich zunutze zu machen. Die Evolution hat sie nicht unnötig über Jahrmillionen entwickelt. Sie helfen dir, Alltagssituationen und – sinnvoll genutzt – schwierige Konfliktsituationen besser zu verstehen und deine Anliegen besser greifen und artikulieren zu können.

Gefühle sind ein wichtiger Helfer in der Beziehung zu dir selbst und zu anderen.

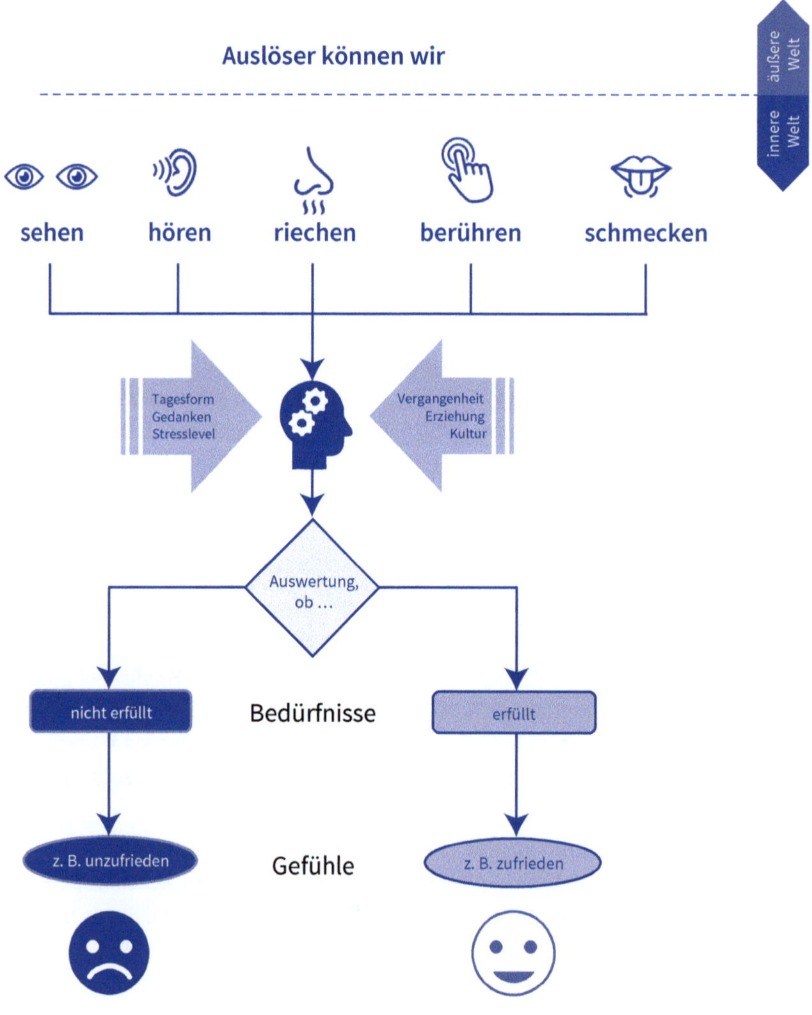

Abb.: Wie Gefühle entstehen

5.5.2 Die Ursache unserer Gefühle

Beispiel: Der verpasste Termin

Nehmen wir an, einer deiner Kollegen kommt nicht zur Montagsbesprechung. Keiner weiß Bescheid. Das lief letzte Woche genauso. Das ist der Auslöser, den du wahrnimmst. Blitzschnell wertet dein Gehirn die Situation aus.

1. Wenn du vorhattest, dich in dieser Besprechung mit deinem Kollegen bezüglich eines gemeinsamen Projekts abzustimmen, erfüllt sich dein Bedürfnis »voranzukommen« nicht. Du bist vermutlich frustriert.
2. Wenn du zurzeit nichts mit ihm abzustimmen hast, erfüllt sich dein Bedürfnis »voranzukommen« besser, weil eine Person weniger im Meeting ist. Du bist z. B. erfreut.
3. Hast du auf den Kollegen gesetzt als Fürsprecher für einen Projektauftrag, dann erfüllt sich dein Bedürfnis nach »Unterstützung« nicht. Du bist z. B. unsicher.

Der Kollege verhält sich in allen Fällen genau gleich (er kommt nicht), und doch können ganz unterschiedliche Gefühle bei dir entstehen (Frust, Freude, Unsicherheit). Er **kann** also nicht die Ursache deiner Gefühle sein – er ist nur der Auslöser!

Die Ursache deiner Gefühle sind deine Bedürfnisse – und nie etwas, was außerhalb von dir passiert: das sind Auslöser. Sieh dir dazu noch mal die oben genannten Beispiele an. Dies in der Tiefe zu verstehen und zu verinnerlichen befreit dich von der alltäglichen Willkür in der Gefühlswelt.

Gefühle können von außen ausgelöst werden, die Ursache liegt in uns.

5.5.3 Der Sinn unserer Gefühle

Da Bedürfnisse nicht spürbar sind, hat uns die Natur Gefühle gegeben, damit wir

- erkennen, dass wir **etwas brauchen**: wir fühlen uns z. B. frustriert, besorgt, unsicher …, bzw.
- **etwas Erfüllendes wiederholen**: wir fühlen uns z. B. erleichtert, motiviert, stolz …

Gefühle sind körpereigenes Feedback, die signalisieren, ob sich deine Bedürfnisse gerade erfüllen oder nicht.

Ein Gefühlsrepertoire aufbauen

Viele von uns haben nur ein kleines Repertoire an Gefühlen im aktiven Sprachgebrauch. **Damit du dich differenzierter ausdrücken und somit besser verstanden werden kannst, hilft dir ein größeres Repertoire.**

Du kannst z. B. drei Minuten lang aufschreiben, was du fühlst – so wirst du schnell eine Liste von Gefühlen erhalten. Unsere Sprache bietet die Möglichkeit, unsere Gefühle viel verständlicher auszudrücken als durch »Mir geht's gut« oder »Mir geht's schlecht.«

Tipp

Es gibt weder positive noch negative Gefühle. »Positiv« und »negativ« sind Bewertungen. Besonders die »negative« Bewertung der Gefühle, bei denen sich unsere Bedürfnisse nicht erfüllen, bringt uns dann ausgerechnet dazu, diese Gefühle vermeiden zu wollen, anstatt aktiv zu werden für unsere Bedürfnisse – also so, wie die Natur das eigentlich gedacht hat!

Gefühle, wenn sich unsere Bedürfnisse erfüllen		
aufgeregt	froh	mutig
belebt	geborgen	neugierig
berührt	gelassen	ruhig
bewegt	glücklich	satt
dankbar	heiter	selig
energetisiert	hoffnungsvoll	sicher
erfüllt	inspiriert	stark
erleichtert	lebendig	stolz
erlöst	leidenschaftlich	überrascht
fasziniert	liebevoll	wach
frei	motiviert	zufrieden
friedlich	munter	zuversichtlich
Gefühle, wenn sich unsere Bedürfnisse nicht erfüllen		
alarmiert	gehemmt	sauer
angespannt	genervt	schamvoll
ängstlich	hasserfüllt	schuldig
aufgeregt	hoffnungslos	ungeduldig
besorgt	hilflos	unruhig
betrübt	irritiert	unsicher
deprimiert	konfus	verbittert
durcheinander	krank	verletzt
einsam	matt	verwirrt
entmutigt	müde	verzweifelt
enttäuscht	mutlos	wütend
frustriert	nervös	zögerlich
furchtsam	niedergedrückt	zornig

Wofür Gefühle aussprechen?

In jeder Konfliktklärung hat dein Gefühlszustand Einfluss auf den Gesprächsverlauf und kann auch wichtig für dein Gegenüber sein. So lässt ein »Ich bin inzwischen frustriert« dein Gegenüber darauf schließen, dass du bereits **mehrfach** »enttäuscht« warst – ein wertvoller Hinweis, den er aus »Mir geht's schlecht« nicht heraushören kann.

Das Aussprechen von Gefühlen in einer Haltung, in der du die volle Verantwortung dafür übernimmst, schafft Vertrauen und fördert das Miteinander.

Beispiel

- *Keine* Verantwortung für die eigenen Gefühle übernehmen: »Da müssen wir als Projektteam durch ...«
- Verantwortung für die eigenen Gefühle übernehmen: »Ich bin unsicher, ob wir das alles in der gewünschten Zeit schaffen. Gleichzeitig bin ich zuversichtlich, dass wir in unserem Team von und miteinander lernen, noch schneller zu werden.«

5.5.4 Von Gedanken hin zu Gefühlen

Gefühle äußern – Gedanken vermeiden

Ähnlich wie beim ersten Lebensschlüssel, der interpretationsfreien Wahrnehmung, gilt es auch bei Gefühlsäußerungen achtsam zu bleiben – und Gefühle nicht mit Gedanken zu verwechseln.

Gefühle von Gedanken unterscheiden

Solange wir Gefühle mit (verurteilenden) Gedanken verwechseln, bleiben wir ängstlich im Umgang mit Gefühlen. Unsere Alltagssprache kann dabei ziemlich verwirrend sein, daher hier die häufigsten Fallstricke:

Checkliste: Gedanke oder Gefühl?	
»Ich habe das Gefühl, dass ...« – z. B. »... etwas mit dir nicht stimmt.«	Lass dich nicht täuschen: Nach dem Komma folgt immer ein wertender Gedanke, kein Gefühl!
»Ich fühle mich, wie ...« – z. B. »... ein Hampelmann.«	Bildhafte Vergleiche lassen die verschiedensten Interpretationen zu. Das ist keine echte Gefühlsäußerung. Weißt du, wie sich ein Hampelmann fühlt?
»Ich fühle mich von dir ...« + Adverb – das beschreibt, was jemand mit mir macht, z. B. »Ich fühle mich von dir betrogen...«	Solche »Opfergedanken« werten das Verhalten anderer. Wir machen den anderen zum Täter, der angeblich für unsere Gefühle verantwortlich ist. Du willst vom Opfergedanken auf das Gefühl schließen? Dann z. B. so: »**Wenn ich denke, ich werde** ›betrogen‹, **dann fühle ich mich** unsicher.«
»Ich fühle ..., weil du etwas (nicht) getan hast.« – z. B. »Ich bin enttäuscht, weil du das Geschirr nicht gewaschen hast.«	Dies ist eine Du-Botschaft, die die Verantwortung für deine Gefühle dem anderen zuschreibt. Eine Version, in der du die Verantwortung für dein Gefühl übernimmst: »**Ich bin** enttäuscht, **weil ich** mich auf Absprachen verlassen möchte.«

Achtsam bleiben

Stell dir vor, du bist in einem Arbeitsmeeting mit deinem Chef und einigen Kollegen. Als ihr zu deinem laufenden Projekt kommt, erzählst du authentisch und voller Leidenschaft, wie frustriert du bist, wie genervt du von dir selbst bist, dass du noch keine Lösung gefunden hast, und wie enttäuscht du bist, dass dein Chef dir bisher keine Unterstützung gegeben hat, die Probleme im Projekt zu lösen.

Auch wenn du dein Gefühl »ich bin enttäuscht« benennst, gibt es immer noch eine Restchance, dass bei deinem Gegenüber eine Schuldzuweisung ankommt. Er hört dann »ich bin enttäuscht **von dir**« – auch wenn du es nicht gesagt oder gedacht hast. Das tritt besonders dann auf, wenn er bereits Erfahrungen damit gemacht hat, wie andere versucht haben, ihn für ihre Gefühle verantwortlich zu machen.

Kannst du dir die Gesichter der anderen im Raum vorstellen – und wie still es wird?

In solchen Situationen Gefühle anzusprechen wird euch eher auseinander- als zusammenführen. In Geschäftsumgebungen, in denen noch der irrige Glaubenssatz »Gefühle sind ein Zeichen von Schwäche« kolportiert wird, kann das Aussprechen deiner Gefühle kontraproduktiv sein. Zum Beispiel

- wenn du tatsächlich versuchst, den anderen für deine Gefühle verantwortlich zu machen, oder
- in Auseinandersetzungen, in denen der andere Angst hat, für deine Gefühle verantwortlich gemacht zu werden.

> Sich seine Gefühle bewusst zu machen heißt nicht unbedingt, sie auszusprechen.

Besonders wenn wir es am liebsten hätten, dass unser Gegenüber unsere Gefühle genau kennt, kann es sein, dass der- oder diejenige sie am wenigsten hören kann.

In erster Linie ist es wichtig, dass *du* deine Gefühle erkennst und volle Verantwortung dafür übernimmst. Gut für dich zu sorgen heißt auch: dir bewusst sein, dass du – mit Blick auf die vier Lebensschlüssel – am ehesten darauf verzichten kannst, Gefühle auszusprechen.

> Wir wollen nicht etwas sagen, wir wollen damit gehört werden.

Wenn erst ein menschlicher Kontakt zwischen beiden Seiten entstanden ist, ist es unproblematisch, Gefühle auch in Geschäftsumgebungen zu benennen. Darauf zu verzichten, sie auszusprechen, heißt nicht, sich ihrer nicht bewusst zu sein und sie nicht zu nutzen, um die eigenen Bedürfnisse zu erkennen!

Das Ding mit Ärger, Zorn und Wut

»Ich bin wütend auf dich!« ... Wer hat jetzt noch Lust, mehr von diesem Gegenüber zu hören?

In der westlichen Kultur und zunehmend weltweit nutzen wir Gefühle, die Schuld implizieren, wie Ärger, Zorn und Wut. Im Gegensatz zu vielen anderen Gefühlen wirken Ärger, Zorn und Wut trennend (Sekundärgefühle). Wie kann das sein?

Ärger, Zorn und Wut tragen alle die impliziten Botschaften:

1. **Meine Bedürfnisse erfüllen sich nicht** – *und*
2. ich gebe jemandem die **Schuld** dafür.

Wenn ich jemandem die Schuld gebe, habe ich ein »muss«, »soll« oder »sollte« im Kopf. Daher gehen Menschen, denen ihre Freiheit wichtig ist, in Deckung und versuchen sich zu schützen, wenn sie hören, dass jemand verärgert ist.

Völker, die das künstliche Schuldkonzept nicht kennen, kennen übrigens auch keinen Ärger, keinen Zorn und keine Wut. Sie kennen durchaus starke Gefühle wie Frust und Ohnmacht, doch sie beruhigen sich auch schnell wieder, da sie sich nicht als Opfer der anderen erleben.

Nimm dir, wenn du ärgerlich, wütend oder zornig bist, in deinem eigenen Interesse die Zeit, die darunter liegenden Primärgefühle herauszufinden, wie z. B. ich bin frustriert, traurig, ohnmächtig, hilflos, ängstlich ... Vielleicht erkennst du, dass es viel einfacher ist, ärgerlich, wütend und zornig zu sein? Das liegt daran, dass du bei diesen Gefühlen deine Kraft spürst. Bei Trauer und Hilflosigkeit spüren wir diese Kraft nicht und glauben, der Situation ausgeliefert zu sein. **Doch wir sind nicht unser Gefühl, wir haben es.** Und meist haben wir mehrere und auch nicht alle gleichzeitig in stärkster Ausprägung.

Im nächsten Kapitel wirst du erfahren, wie du dein Gefühl nutzen kannst, um zu deinem Bedürfnis zu kommen, also deiner Motivation, dich für dich einzusetzen.

5.6 Dritter Lebensschlüssel: Von Strategien hin zu Bedürfnissen

Wie unsere Gefühle sind unsere Bedürfnisse ständiger Veränderung unterworfen. Sie sind der tiefere Beweggrund für *jede* unserer Handlungen und Nicht-Handlungen. Sie zu erfüllen ist unser kontinuierliches Bestreben.

Liest du dieses Buch, um dich weiterzuentwickeln? Schon bist du bei deinem Bedürfnis: Entwicklung.

Wir haben festgestellt, dass wir von Natur aus weder egoistisch (nur die eigenen Bedürfnisse zählen) noch selbstlos (nur die Bedürfnisse anderer zählen), sondern »selbstvoll« daran interessiert sind, dass sich unsere Bedürfnisse und gleichzeitig die anderer erfüllen. Trotz der zunehmend kritischer gesehenen Auswüchse in Wirtschaft und Politik bewegen wir Menschen uns immer wieder aufeinander zu.

Dahinter steht ein Prinzip des Lebens, das der Mönch und Unternehmensgründer von Kyocera und KDDI Dr. Kazuo Inamori so benennt: »Menschen haben keine höhere Berufung, als zum Wohl der Menschheit und Gesellschaft etwas beizutragen.« (Inamori 2009)

Jeden Augenblick versuchen wir, unsere Bedürfnisse zu erfüllen, unser Leben und auch das anderer Menschen ein Stückchen schöner zu gestalten. Eine erstaunliche Behauptung angesichts von Mord und Totschlag in der Welt? Die Krux liegt darin, dass wir uns über den **Unterschied zwischen unseren Bedürfnissen und unseren Handlungsstrategien so wenig bewusst sind.**

Wenn du Bedürfnisse aussprichst,

- werden deine Absichten verständlicher, dadurch
- hast du größere Chancen, gehört zu werden, wodurch
- die Kooperationsbereitschaft des Gegenübers steigt.

5.6.1 Bedürfnisse, die alle teilen

Wenn wir erkennen, dass alle Menschen (Chef, Mitarbeiter, Mann, Frau, Kind, Lehrerin, Schüler, Terrorist, Vorstand, Selbstmörder, Präsident …) die gleichen menschlichen Bedürfnisse teilen, dann können wir neue Wege gehen, unsere Welt lebenswerter zu gestalten.

Prof. Manfred Max-Neef, Wirtschaftswissenschaftler und erster lateinamerikanischer Träger des Alternativen Nobelpreises 1983, fand heraus, dass Menschen gerade einmal neun Grundbedürfnisse haben, die wir alle teilen – unabhängig von Geschlecht, Alter, Kultur, Hautfarbe oder Religion (Max-Neef 1991). Dies gibt eine erste Orientierung, wenn wir unsere Bedürfnisse identifizieren wollen:

Die neun Grundbedürfnisse und ihre Variationen	
Selbsterhalt	Schutz, Sicherheit, Fürsorge …
Liebe	Zuwendung, Nähe, Kontakt …
Verständnis	Empathie, Einfühlung, ernst genommen werden …

Die neun Grundbedürfnisse und ihre Variationen	
Aufrichtigkeit	Offenheit, Authentizität, Ehrlichkeit …
Zugehörigkeit	Beteiligung, Miteinander, Gemeinschaft …
Kreativität	Spiel, Ruhe, Muße …
Freiheit	Selbstbestimmung, Mitbestimmung, Entfaltung …
Feiern	Anteilnahme, trauern, würdigen …
Sinnhaftigkeit	Identität, Selbstverwirklichung, Spiritualität …

Wer mag nicht gerne Freundlichkeit, Rücksichtnahme, Aufrichtigkeit, Verständnis oder Freiheit? Wir haben noch keinen Menschen getroffen, der bereit gewesen wäre, auf eines davon für den Rest seines Lebens zu verzichten. Oder bist du der Erste?

Wir Menschen teilen diese Bedürfnisse und versuchen sie jeden Tag zu erfüllen, was nicht heißt, dass wir alle zur gleichen Zeit dasselbe Bedürfnis hätten. Gerade in schwierigen zwischenmenschlichen Situationen hat die Klarheit über die Bedürfnisse beider Seiten eine verbindende Wirkung, sie fördert erheblich die Kooperationsbereitschaft – ein wahrer »Gamechanger«.

»Bei einem Streit ist der Wunsch, ernst genommen zu werden, auf beiden Seiten gleich groß.«
Marshall B. Rosenberg

5.6.2 Wie du zu deinen Bedürfnissen findest

Wie du in der Abbildung »Wie Gefühle entstehen« siehst, sind Bedürfnisse und Gefühle direkt miteinander verbunden. Leider besteht keine Eins-zu-eins-Zuordnung der einzelnen Gefühle zu Bedürfnissen. Dein Gefühl kann mit verschiedenen Bedürfnissen zusammenhängen.

Beispiel: Ein Gefühl – verschiedene Bedürfnisse
Paula hat ihre Kollegin Frau Meusel gebeten, sie während ihres Urlaubs zu vertreten. Paulas Chef Peter hat jedoch Paula um Unterstützung gebeten und nicht Frau Meusel.

Nun kann Paula sich fragen: Bin ich enttäuscht, weil
1. ich mir wünsche, dass meiner Einschätzung vertraut wird?
2. ich möchte, dass der Nachwuchs eine Chance bekommt, sich zu bewähren?
3. ich möchte, dass junge Kräfte gefördert werden?

Wie kann Paula aus dieser Vielfalt ihr aktuelles Bedürfnis herausfinden? Indem sie in sich hineinspürt: Ihre innere Reaktion beim Durchgehen der Fragen zeigt ihr, welches Bedürfnis im Moment die höchste Priorität hat.

Weshalb ist das wichtig? Weil die aus den Bedürfnissen resultierenden Handlungen sehr unterschiedlich sein können.

Ad 1. würde Paula z. B. eine Liste all der Dinge erstellen, in denen sie sich selbstbewusst selbst vertraut, oder einen Kollegen bitten, drei Punkte zu nennen, in denen er ihrer Einschätzung von Mitarbeitern voll vertraut.
Ad 2. geht Paula z. B. zu ihrem Chef und fragt ihn, was aus seiner Sicht erforderlich ist, damit Frau Meusel ihre nächste Urlaubsvertretung komplett verantworten kann.
Ad 3. schaut sie, welches »heiße Eisen« Frau Meusel übernehmen kann, das sie heraus-, aber nicht überfordert.

Wenn wir die Lösung haben, bevor klar ist, was das Problem ist

Je bedeutsamer die Situation für dich ist, desto mehr empfehlen wir dir, deine Bedürfnisse zu klären. Solange dir deine Bedürfnisse nicht klar sind, werden deine Handlungen zum Lotteriespiel!

Stell dir vor, du packst das »heiße Eisen« im Team an: die Qualitätssicherung der Personalabteilung. Eigentlich geht es dir um Wertschätzung. Und nun meckert jeder herum, da du dieses unangenehme Thema angepackt hast. Du bekommst alles andere als Wertschätzung. So wird deine Enttäuschung schnell umschlagen in Frust, weil deine Handlung nicht zu deinem Bedürfnis passt.

Beispiel: Wenn Ratschläge eher schaden als helfen

Sie: »Mein Chef ist so anstrengend. Immer will er, dass ich am Abend ›noch schnell‹ etwas für ihn erledige.« Er: »Da musst du dich einfach wehren. Lass dir das nicht gefallen.« Sie: »Lass mich mit deinen Ratschlägen in Ruhe, das weiß ich doch selber!« Er: »Was willst du denn dann von mir?«

Solange ihm unklar bleibt, dass sie Verständnis für ihren Frust sucht und damit ernst genommen werden will, solange werden Beschwichtigung, Trost, Ermutigung oder Ratschläge keine Hilfe sein, da diese Strategien nicht ihr Bedürfnis erfüllen. Sein Wunsch, sie zu unterstützen, endet in Frust.

> Einer der Gründe für den Frust anderer ist häufig: Wir meinen, die Lösung zu haben, bevor klar ist, dass das eigentliche Thema der Wunsch nach Empathie ist.

Allen, die wissen wollen, was sie in so einer Situation antworten können, empfehlen wir Kapitel 8.

5.6.3 Was Bedürfnisse charakterisiert

Bedürfnisse

- sind abstrakt,
- sind positiv formuliert,
- sind universell, das heißt, alle Menschen teilen sie, unabhängig von Kultur, Status, Alter, Geschlecht und Religion,
- korrespondieren mit unseren momentanen Gefühlen und
- sind ergebnisfrei, das heißt, sie beinhalten keine Lösung (!) und können über unterschiedlichste Handlungsstrategien erfüllt werden.

Bedürfnisse sind die Triebfedern unseres Handelns, die alle Menschen teilen. Deshalb streiten wir niemals über Bedürfnisse. Wir streiten über Lösungen, Strategien oder Forderungen.

Übersicht: Eine Auswahl an Bedürfnissen		
Achtsamkeit	Frieden	Rücksichtnahme
Akzeptanz	Fürsorge	Ruhe
Anerkennung	Geborgenheit	Schutz
Angemessenheit	Gemeinschaft	Selbstbestimmung
Ästhetik	Genuss	Selbsterhalt
Aufrichtigkeit	Glaubwürdigkeit	Selbstvertrauen
Augenhöhe	Gleichwertigkeit	Selbstwert
Authentizität	Harmonie	Sexualität
Autonomie	Humor	Sicherheit
Balance	Identität	Sinn
Beitragen	Inspiration	Spiel
Bewegung	Integrität	Spiritualität
Distanz	Klarheit	Transparenz
Effizienz	Kooperation	Überleben
Ehrlichkeit	Kreativität	Unterstützung
Empathie	Liebe	Verständnis
ernst genommen werden	Miteinander	Vertrauen
Ernsthaftigkeit	Muße	Vielfalt
Fairness	Nähe	Wärme
Feiern	Ordnung	Wertschätzung
Flexibilität	Perspektive	Wohlwollen
Freiheit	Präsenz	Zugehörigkeit
Einfachheit	Regeneration	Zuversicht

Checkliste: Bedürfnisse erkennen

Zu Beginn tun wir uns nicht so leicht damit herauszufinden, welche Bedürfnisse wir haben. Hier drei Hilfestellungen, die es dir erleichtern, deine Bedürfnisse zu erkennen:

1. Manche **Gefühle** lassen dein Bedürfnis bereits anklingen:

Gefühl	Bedürfnis
Ich fühle mich **hilf**los.	Ich brauche Hilfe.
Ich fühle mich ohn**mächt**ig.	Ich brauche Macht bzw. Einfluss.
Ich bin mir un**klar**.	Ich brauche Klarheit.
Ich fühle mich un**sicher**.	Ich brauche Sicherheit.

2. Gehe die **Bedürfnisliste** durch und spüre nach, was dich spontan anspricht.

Sind es mehrere, dann suche dir das mit der für dich momentan höchsten Dringlichkeit heraus, z. B.: »Es fällt mir nicht leicht, Sie darauf anzusprechen, weil ich die *Sicherheit* brauche, dass uns unser Gespräch nicht nur sachlich weiterbringt, sondern dass wir auch als Kollegen zueinanderfinden ...«

Wenn bei allen Versuchen, immer noch zwei Bedürfnisse gleichrangig sind, kannst du auch beide offenlegen, z. B. »Ich bin hin und her gerissen, weil ich dazu *beitragen* möchte, dass unsere Mitarbeiter die Information erhalten, die sie brauchen, um sich hier sicher zu fühlen, und gleichzeitig möchte ich auch *ehrlich* sein, dass ich momentan noch keine Lösung habe.«

3. Nutze die »**Gegenteilmethode**« bei moralischen Urteilen und unerwünschten Verhaltensweisen, um deinen Bedürfnissen auf die Spur zu kommen:

Beispiel 1:

Abb.: Spürnase für Bedürfnisse bei moralischen Urteilen

Beispiel 2:

Abb.: Spürnase für Bedürfnisse bei unerwünschtem Verhalten

»Jedes Urteil ist ein verunglückter Ausdruck eines zutiefst menschlichen Bedürfnisses.«
Marshall B. Rosenberg

Woran kannst du erkennen, ob du dein Bedürfnis gefunden hast? Das erkennst du an der Erleichterung, die dein Körper signalisiert – plötzlich fühlt sich der Satz stimmig an. Mit wachsender Erfahrung wird dir dies einfacher und schneller gelingen.

5.6.4 Die Strategie-Flexibilität erhöhen

Zunächst dürfen wir lernen,

1. unsere Bedürfnisse zu erkennen und sie von Strategien zu unterscheiden,
2. dann zu ihnen zu stehen und
3. sie offenzulegen – ohne die Strategien vorwegzunehmen.

Bedürfnisse offenzulegen hat die Kraft, uns mit anderen zu verbinden. Doch diese abstrakten Bedürfnisse zu äußern ist nicht immer einfach, denn erstens zeigen wir uns damit auch verletzlich und zweitens neigen wir dazu, die Lösung (= Strategie), wie unser Bedürfnis zu erfüllen ist, vorwegzunehmen.

Damit sieht unser Gegenüber oft nur noch zwei Wahlmöglichkeiten, um zu antworten: »Ja« oder »Nein«. Und bei einem »Ja« weiß ich noch nicht mal, ob er es auch so meint, besonders wenn er in der Haltung des Stallpferds oder der Schildkröte unterwegs ist.

Beispiel: Bedürfnisse von Strategien trennen

Mitarbeiter: »Ich habe das Bedürfnis nach einer Gehaltserhöhung.« Chef: »Schön für Sie. Das gibt der Etat nicht her, außerdem haben Sie letztes Jahr schon eine Zusatzleistung bekommen.«

Wenn Menschen Strategien hören, ohne die Bedürfnisse bzw. Absichten dahinter zu kennen, sehen sie ihre Wahlfreiheit gefährdet und werden misstrauisch. Sie reagieren dann eher mit Abwehr, weichen aus oder beginnen sich zu rechtfertigen.

»Das Gehalt erhöhen« beschreibt kein Bedürfnis, auch wenn wir das noch so gern hätten, sondern eine Strategie. Das Bedürfnis wäre z. B. die Wertschätzung besonderer Leistungen (= abstrakt und positiv formuliert). Die Gehaltserhöhung wäre dafür eine mögliche Strategie (= messbar). Alternative Strategien für Wertschätzung wären etwa gemeinsam essen zu gehen und den Mitarbeiter alle Fragen stellen zu lassen, die er hat, eine Weiterbildung oder ein Gespräch über anspruchsvolle Projekte und unter welchen Rahmenbedingungen der Mitarbeiter solch ein Projekt führen könnte …

Das kennzeichnet **Strategien** im Gegensatz zu menschlichen Bedürfnissen:

- Strategien kannst du **tun**, z. B. umarmen, sprechen, schweigen.
- Strategien kannst du **anfassen**, z. B. Menschen, Handy, Auto.
- Strategien kannst du **messen**, z. B. Luft, Wasser, Einkommen, Leistungsprämien.
- Strategien beschreiben **konkrete Lösungen**, z. B. Zielvereinbarung, Balanced Scorecard, Konstruktive Kommunikation.

Es gibt unfassbar viele Strategien, was uns die Auswahl oft erschwert. Menschliche Bedürfnisse gibt es hingegen nur ca. 100. Was uns motiviert, diese vielen Strategien in unserem Leben zu verfolgen, sind also gerade mal einhundert Bedürfnisse! **Konflikte auf der Bedürfnisebene zu klären ist daher um ein Vielfaches leichter als auf der Strategieebene.** Wir erreichen mit Bedürfnissen Menschen auf der ganzen Welt, da wir alle die gleichen Bedürfnisse teilen. Hingegen gibt es regional, national und international große Unterschiede bei den Strategien, also *wie* wir unsere Bedürfnisse erfüllen.

Konflikte entstehen auf der Strategie-Ebene, nie auf der Bedürfnis-Ebene.

Ein Beispiel aus dem internationalen Alltag

In jedem Land und jeder Kultur gibt es Begrüßungsriten. In Japan zum Beispiel verbeugen sich Menschen voreinander (jap.: *aisatsu*). Dabei werden von Kindesbeinen an große Unterschiede gemacht, je nach Alter, Stand und Rang. Die Verbeugung kennt 15 Grad, 30 Grad und 45 Grad, je nach gezolltem Respekt … Und es gibt noch viele weitere Punkte zu beachten für einen Japaner unter Japanern. Und ein Händedruck wird, wie viele wissen, nicht gegeben – außer uns Ausländern.

Ich gehe davon aus, dass du weißt, wie wir das hier bei uns im deutschsprachigen Raum machen: z. B. mit einem »Hallo!« oder »Guten Tag!« unter Ranggleichen. Doch schon beim

Händedruck in Hierarchien wird es auch bei uns komplizierter: Wer gibt wem zuerst die Hand – oder überhaupt?

All dies sind Strategien, also *wie* wir uns ausdrücken. Das kann somit recht kompliziert werden – auf der Strategieebene. Auf der Bedürfnisebene bleibt es recht einfach: Respekt und Freundlichkeit. Daher ist eine hilfreiche Frage in fremden Kulturen: »Bitte helfen Sie mir. Wie darf ich Sie hier begrüßen?«

Da die meisten von uns in ihrer Sprache nicht von Bedürfnissen sprechen bzw. Bedürfnisse und Strategien nicht klar unterscheiden, gilt es, diesen Lebensschlüssel zu trainieren, damit er zum »Gamechanger« in Konflikten werden kann. Eine Falle, in die wir laufen können, ist, beide zu vermischen.

Beispiele

Bedürfnis vermischt mit der Strategie
Mitarbeiterin zum Chef: »Ich brauche Vertrauen in meine Leistungen **von Ihnen**« (= Strategie, denn Personen können wir anfassen). Damit wäre die Lösung eingeengt allein auf den Chef. Wie viel Freude wird der Chef haben, wenn er die einzige Lösung für das Problem der Mitarbeiterin ist?

Bedürfnis ohne Strategie: »Ich brauche Vertrauen in meine Leistungen.«
Es sind viele Strategien denkbar, wie das Bedürfnis der Mitarbeiterin nach Vertrauen erfüllt werden könnte: durch den Ehemann, eine Freundin, einen Kollegen, einen Coach usw. oder durch Selbstvertrauen: was sie an ihrer Leistung schätzt und wo sie sich selbst vertrauen kann.

Besonders wenn wir bestimmte Menschen als ausschließliche Möglichkeit zur Erfüllung unserer Bedürfnisse sehen, wittern diese die Gefahr von Abhängigkeit und wehren sich. Oder sie handeln aus Pflicht statt aus freiem Herzen. In beiden Fällen zahlen wir einen hohen Beziehungspreis.

5.7 Vierter Lebensschlüssel: Von Forderungen hin zu Fragen/Bitten

Konstruktive Fragen und Bitten führen die abstrakten Bedürfnisse auf eine reale Ebene. An dieser Stelle entscheidet sich, aus welcher Haltung wir tatsächlich sprechen.

5.7.1 Beziehungen auf Augenhöhe aufbauen – auch in Hierarchien

Wenn wir ein Win-win-Ergebnis aushandeln wollen, sind wir daran interessiert, Lösungen zu erzielen, bei denen *beide* gewinnen, nicht nur eine Seite. Dies respektiert und berücksichtigt hierarchische Unterschiede in Unternehmen und Organisationen.

Verborgene Absichten kosten Vertrauen

Uns mithilfe von **Konstruktiver Kommunikation** manipulativ und einseitig durchzusetzen mag eine Versuchung sein. So zu handeln ist jedoch, wenn es aufgedeckt wird, umso nachhaltiger mit Vertrauensverlust verbunden. Tatsächlich waren wir dann im Quadranten des Tigers (ich bin wichtig – du bist unwichtig), nicht des Elefanten unterwegs.

Nachzugeben um des lieben Friedens des Stallpferds oder des Scheinfriedens der Schildkröte willen führt in kalt eskalierende Konflikte. Und dein Gegenüber lernt: »Wozu soll ich ihn ernst nehmen, wenn er es selbst nicht tut?«

> Das Ziel: Eine wertschätzende Verbindung auf Augenhöhe herzustellen, die nachhaltige Lösungen für beide Seiten ermöglicht.

Was bedeutet »auf Augenhöhe«?

Augenhöhe bedeutet: die menschlichen Bedürfnisse beider Seiten sind gleichwertig – unabhängig von Rang bzw. strukturellen Machtverhältnissen.

Augenhöhe bedeutet **nicht**:

- Autorität respektlos zu behandeln
- sich aus Angst vor der Autorität zu unterwerfen und die eigenen Bedürfnisse zu negieren

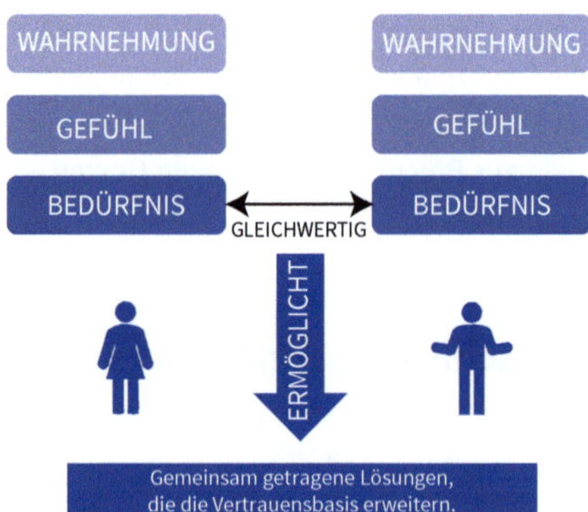

Abb.: Auf Bedürfnisebene gibt es keine unlösbaren Konflikte, auf Strategieebene sehr wohl

Freiwillig erfüllte Bitten

Wenn du Konflikte auf Augenhöhe lösen willst, empfehlen wir dir, dich mit folgender Frage auseinanderzusetzen: »Aus welchen Gründen möchte ich, dass mein Gegenüber mir meine Frage beantwortet oder meine Bitte erfüllt?«

Dein Preis wird hoch sein, wenn die andere Person deine Fragen beantwortet bzw. deine Bitte erfüllt, weil

- sie sich **schämt oder Schuldgefühle** hat, weil sie glaubt, für deine Gefühle verantwortlich zu sein: »Wenn sie so frustriert ist, dann muss ich natürlich ... tun.« (und bei nächster Gelegenheit wird sie dir ausweichen)
- sie aus **Gehorsam oder Pflicht** handelt und sich damit einer inneren oder äußeren Autorität unterordnet: »Der Chef hat's gesagt. Ich muss besser werden und hart an mir arbeiten.« (nicht weil das für mich Sinn ergibt)
- sie sich **Wohlwollen erkaufen** will: »Wenn ich das mache, dann bekomme ich sicher ein Lob.« (und hat ihren Fokus auf Lob erhalten, anstatt etwas Sinnvolles beizutragen)
- sie **Angst vor den Konsequenzen** hat, falls sie Nein sagt: »... sonst werde ich sicher bestraft.« (so schützt sie sich vor möglichen Konsequenzen, erkennt jedoch den Sinn deines Anliegens nicht)

In all diesen Fällen werden die Lösungen nicht nachhaltig sein, denn sobald sich dein Gegenüber in Sicherheit wiegt, wird ein Nein in Worten oder Taten folgen – ein typischer Effekt fauler Kompromisse. Im günstigen Fall kann ich nun mit der Verhandlung neu beginnen. Im ungünstigen Fall bemerke ich nicht mal, was passiert, und trage doch die Folgen mit!

Wenn mindestens einer der oben genannten Punkte auf deine Bitte zutrifft, dann empfehlen wir dir, diese Bitte lieber nicht zu äußern, sondern zunächst deine eigene Haltung zu hinterfragen:

- Bin ich wirklich auf Augenhöhe?
- Bin ich bereit, die Bedürfnisse der anderen Person genauso ernst zu nehmen und gelten zu lassen wie die meinen?
- Was hält mich davon ab, von meinen alten Strategien loszulassen?

> Jede Bitte ist die Chance, jemandem ein Geschenk zu machen. Der einzige Grund, dem Menschen gern folgen, wenn sie uns Geschenke machen, ist: Sie tun es freiwillig.

5.7.2 Forderungen von Bitten unterscheiden

Wenn du versuchst, dich mit einer Forderung durchzusetzen, dann sieht dein Gegenüber meist nur zwei Optionen: Unterwerfung oder Rebellion. Und in beiden Fällen verlierst du das Vertrauen und das Wohlwollen deines Gegenübers. Die Herausforderung ist: Wie gehst du mit einem Nein deines Gegenübers um?

Beispiel: Terminabgabe

Frau Mayer: »Frau Lehmann, können Sie nächste Woche für mich drei Vorstellungsgespräche übernehmen, während ich im Urlaub bin?« Frau Lehmann: »Nö, ich habe selbst zig Gespräche nächste Woche. Legen Sie die Termine doch in die Zeit nach Ihrem Urlaub.« Frau Mayer: »Aber das sind Sie mir schuldig!! Letzte Woche habe ich schließlich für Sie ...«

Ob du wirklich eine Bitte formulierst oder doch eine Forderung unter dem Deckmäntelchen einer Bitte stellst, kannst du am besten anhand deiner Reaktion auf ein Nein erkennen. Wenn du auf das Nein hin die Achtung vor dem anderen verlierst und Machtspiele beginnst, dann hast du eine Forderung gestellt. Wenn der Elefant dagegen auf den Einwand eingeht – ohne sein eigenes Anliegen aus den Augen zu verlieren –, dann ist er auf Augenhöhe geblieben.

Unsere Selbstbestimmung wird mit am härtesten verteidigt.

Besonders kleine Kinder sind exzellent darin, jede Forderung zu entlarven. Sie beherrschen die Kunst, Nein zu sagen, wenn du forderst, dass sie ihr Zimmer aufräumen, wenn du forderst, dass sie alles aufessen, wenn du forderst, dass sie dir länger zuhören, als sie wollen. Da wir alle einmal kleine Kinder waren, ist diese Fähigkeit vielleicht verschüttgegangen. Verloren ist sie nicht.

Tipp

Jedes Nein ist ein Ja zu etwas anderem.
Daher ist es so wichtig zu erkennen, wozu ich Ja sagen könnte, und dann in diese Richtung zu handeln bzw. zu verhandeln. Wenn ich dies einmal verstanden habe, dann kann mich das Nein anderer auch nicht mehr erschrecken, denn dies heißt lediglich Nein zu meiner Strategie und nicht zu meinem Bedürfnis.

5.7.3 Beziehungsfragen vor Lösungsfragen stellen

In vielen Konflikten neigen wir dazu, Lösungsstrategien vorzuschlagen, obwohl wir auf Beziehungsebene noch nicht beieinander sind. Gerade zu Beginn eines Konfliktgesprächs geht »Beziehung vor Lösung«.

Solange wir noch nicht in der Lage sind,
- die Bedürfnisse (!) des Gegenübers zu benennen und bestätigt zu bekommen,
- die Freiwilligkeit noch unsicher ist und
- wir emotional noch nicht beieinander sind,

wird jede Lösung ein Schuss ins Dunkel sein.

Der Elefant fragt sich: »**Sind wir schon so weit beieinander, dass wir darauf vertrauen können, dass jeder bereit ist, aus freiem Willen Vereinbarungen einzugehen *und* zu halten?**«

Falls sein Bauch Nein sagt, was kannst er dafür tun? Solange er noch keine Vertrauensbasis hat, wird er immer wieder Beziehungsfragen ins Gespräch bringen, um das gegenseitige Vertrauen zu stärken.

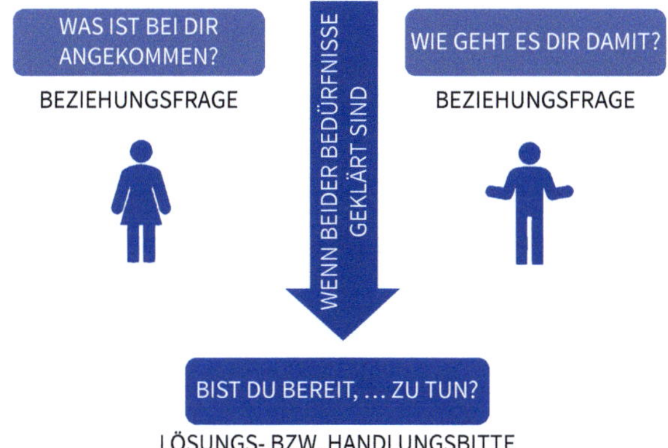

Abb.: Beziehungsfragen vor Lösungsfragen

Beziehungsfrage 1: Um Rückmeldung bitten

Wenn es dir wichtig ist sicherzustellen, dass deine Botschaft so, wie sie gemeint war, angekommen ist, dann frage nach, wie sie der andere verstanden hat. Wer schon einmal stille Post gespielt hat, weiß, wie schnell eine Botschaft, von der ich meine, sie eindeutig ausgesprochen zu haben, sich ändern kann, bis sie beim anderen ankommt. **Der Elefant ist sich bewusst, wie oft er sich nicht wirklich verständlich gemacht hat oder dass sein Gegenüber etwas anderes gehört hat, als er gemeint hat. Daher sind Beziehungsfragen so wichtig, um Missverständnisse zu vermeiden.**

Beispiele für solche Fragen sind:

- Ich bin nicht sicher, ob ich mich verständlich ausgedrückt habe. Kannst du mir sagen, was du verstanden hast?
- Was hast du verstanden, dass für mich im Kern wichtig ist?
- Willst du mir sagen, wie du die Situation erlebt hast?

Beispiel – die Ampel
Er: »Die Ampel ist rot!« – Sie: »Das sehe ich. Du glaubst wohl, ich sei zu doof zum Fahren!«
Gesendete Botschaft von ihm: »Ich habe Angst um meine Sicherheit.«
Empfangene Botschaft von ihr: Kritik an der Fahrerin.

Beziehungsfrage 2: Nach den Gefühlen fragen

Wenn es dir wichtig ist sicherzustellen, dass die andere Person sich im Gespräch wohlfühlt oder eine Vereinbarung von beiden Seiten voll getragen wird, kannst du nachfragen: »Wie geht es dir mit unserem Gespräch?« bzw. »Wie geht es dir mit unserer Vereinbarung?«

Manche Botschaften können bei allen Bemühungen, fair zu kommunizieren, für deinen Gesprächspartner schmerzlich sein. Dann kannst du nachfragen, was er bzw. sie gerade fühlt. Damit gibst du deinem Gegenüber auch Raum für seine Gefühle. **Vielen Menschen tut es gut, wenn ihre Gefühle da sein dürfen und willkommen sind.**

Beispiele für solche Fragen sind:

- Wie läuft unser Gespräch momentan für dich?
- Wie geht es dir mit dieser Lösung?
- Gibt es noch irgendwo Einwände und, wenn ja, welche?

Lösungsfrage bzw. Handlungsbitte: Was wir jetzt tun können …

Wann ergibt eine Lösungsfrage Sinn? **Wenn echter Kontakt entstanden ist und wir die Bedürfnisse auf beiden Seiten geklärt haben** und Lösungen für die Bedürfnisse auf beiden Seiten suchen.

Die fatale Botschaft eines »Ja«

Die Frage »Hast du mich verstanden?« führt dich meist nicht zum Ziel. Antwortet dein Gesprächspartner mit einem Ja, kann es dennoch sein, dass er dich nicht so verstanden hat, wie du es gemeint hast. Ein Nein ist in diesem Fall eine weitaus hilfreichere Antwort, denn jetzt kannst du sicher sein, dass deine Botschaft noch nicht angekommen ist, und kannst reagieren. Antwortet er dagegen mit »Natürlich, oder glaubst du, ich bin blöd?« – was kannst du dann tun?

Dann kannst du immer noch fragen: »Ich bin mir nicht sicher, ob ich mich wirklich verständlich gemacht habe. Kannst du mir in deinen Worten sagen, *was* du verstanden hast?« Die Antwort wird dir helfen zu erfahren, **ob deine Worte auch so angekommen sind wie beabsichtigt.**

5.7.4 Von der Tragik zur Tragfähigkeit von Lösungen

Wenn jemand nicht tut, was du erwartet hast, und dir die Beweggründe des anderen unverständlich sind, kannst du nach den »guten Gründen«, d. h. seinen Bedürfnissen fragen, die den anderen z. B. davon abgehalten haben. **Gleich was jemand tut, egal wie unverständlich seine Handlung aus unserer Sicht sein mag: Es gibt aus seiner Sicht einen Grund für ihn, so zu handeln – sonst würde er es nicht tun.**

Hinweis

Wir benutzen den Ausdruck »gute Gründe«, da das Wort »Bedürfnis« oft missverstanden wird. Bedenke, dass du auch in diesem Fall oft eine Strategie benannt bekommst. Also übersetze die Strategie in ein Bedürfnis und frage nach, ob es deinem Gegenüber darum geht.

Diese Gründe sind Versuche, Bedürfnisse zu erfüllen. Tragisch sind nicht die Bedürfnisse, sondern die Strategien, mit denen wir versuchen diese zu erfüllen. **Wenn wir den Konflikt und unsere Bedürfnisse erst wirklich verstehen, suchen wir automatisch bessere Strategien, um die Bedürfnisse zu erfüllen.**

Beispiel: Was ist los, Frau Albers?

Frau Hörmann: »Frau Albers, es fällt mir nicht leicht, dies heute anzusprechen. Ich bin in den letzten drei Wochen sehr unzufrieden mit Ihren Beiträgen in den Meetings. Besonders im letzten Meeting haben Sie sich nicht an der Diskussion zu der Aktualisierung der Arbeitsplatzbeschreibungen beteiligt. Ich brauche die Sicherheit, dass Sie wirklich ganz bei der Sache sind. Sind Sie bereit offenzulegen, ob es etwas gibt, das Sie davon abhält, ganz bei der Sache zu sein?«

An dieser Frage kann Frau Albers erkennen, dass Frau Hörmann sie nicht verurteilt, obwohl das Verhalten nicht ihren Erwartungen entspricht. Sie gesteht ihr zu, verständliche Gründe für ihr Verhalten zu haben. So kann Frau Albers erkennen, dass ihr Vertrauen entgegengebracht wird.

5.7.5 So prüfst du deine Haltung vor einem Konfliktgespräch

Um deine Haltung bei Fragen und Bitten vor einer Verhandlung zu überprüfen, helfen dir die folgenden Überlegungen:

- Gehe ich ergebnisoffen in die Verhandlung? Oder halte ich fest an meinen Lieblingsstrategien?
- Halte ich mehrere Lösungen für möglich? Wenn nicht, habe ich das Problem nicht wirklich verstanden! Erst ab drei Alternativen entsteht eine freie Wahl.
- Bin ich mir dessen bewusst, dass wir gemeinsam wohl mehr Lösungsoptionen finden als ich allein?
- Bin ich bereit zu sagen, was mir wirklich wichtig ist?[12]

---

12 Verzichte auch mal auf Höflichkeit, denn sie kann zur organisierten Gleichgültigkeit werden. Der Autor und Trainer Kelly Bryson (2006) sagt: »Sei nicht nett, sei echt.« Entscheidend ist dabei deine Haltung, nicht, ob du deine Worte »richtig« formulierst. Wenn du dich mit deinen Fragen und Bitten zumutest, ist das auch Ausdruck deines Zutrauens, dass andere in der Lage sind, »Geschenke« zu machen.

- Bin ich offen dafür, ein Nein zu hören – ohne die Achtung vor dem anderen zu verlieren?
- Sehe ich ein Nein als Chance zu mehr Gemeinsamkeit?
- Bin ich bereit, mir mein Bedürfnis auch selbst zu erfüllen?

5.7.6 Wie formulierst du Fragen und Bitten erfolgreich?

Die Worte und Sätze, mit denen du deine Fragen bzw. Bitten äußerst, können den weiteren Gesprächsverlauf entscheidend beeinflussen.

Übersicht: Kriterien für erfolgreich formulierte Fragen	
Kriterium	**Folge/Beispiel**
gegenwärtig	Statt ein unverbindliches Versprechen für zukünftige Handlungsweisen abzuringen – wie: »Ich möchte, dass Sie das Arbeitszeugnis *immer* zum Austritt des Mitarbeitenden erstellen.« – verbindlicher: »**Sind Sie *(jetzt)* bereit, darauf zu achten,** dass der Mitarbeitende das Arbeitszeugnis mit dem Austrittsbrief erhält?« Der Angesprochene kann *jetzt* Ja oder Nein sagen. Bei einem Nein sind die Gründe interessant, die dazu führen.
konkret statt vage	Vage: »Können Sie den Elternzeitantrag diese Woche bearbeiten?« Konkret: »Passt das für Sie, dass Sie den Elternzeitantrag bis Freitag 12.00 Uhr fertigstellen und mir per E-Mail senden?«
positiv formuliert	Statt »Ich will nicht, dass du bei Einstellungsgesprächen nichts sagst.« positiv formuliert: »Ich wünsche mir, dass wir unsere Gesprächsaufteilung vor Einstellungsgesprächen absprechen. Geht das für dich?«
einladend	Betont die Entscheidungsfreiheit der anderen Person: »**Sind Sie bereit,** ... zu tun?«

Hast du damit eine Garantie auf ein Ja? Eine Garantie: nein. Eine höhere Chance: ja. Bedenke: Lieber ein Nein als leere Versprechungen und Absichtserklärungen, die sich später zerschlagen. Jedes Nein deines Gegenübers ist gleichzeitig ein hilfreicher Hinweis darauf, dass mindestens ein Bedürfnis bei ihm oder ihr durch die angedachte Strategie nicht erfüllt wäre – du kannst dieses dann herausfinden und deine Bitte anpassen.

Was ist somit die schlimmste Antwort: Ja oder Nein?

Die schlimmste Antwort, die du bekommen kannst, ist ein Ja, bei dem unklar bleibt, ob es auch wirklich als Ja gemeint ist oder dich nur beschwichtigen soll. **Bei**

einem deutlichen Nein bekommst du die Gewissheit, dass wichtige Bedürfnisse des Gegenübers mit der Lösung nicht erfüllt wären, und kannst weiter verhandeln.

> Ein Nein verliert seinen Schrecken, wenn du erkennst:
> Jedes Nein ist ein Ja zu etwas anderem.

Anders als wir es gewöhnt sein mögen, beginnt bei einem Nein die Verhandlung erst so richtig, anstatt beendet zu sein.

> Jedes Vertrauen, das wir suchen, ist im Kern Selbstvertrauen.

An wen richtest du deine Frage bzw. Bitte?

Ziehe bei deinen Fragen oder Bitten folgende drei Adressaten in Betracht:

Dein Gegenüber: Achtung: Im Konflikt neigst du vielleicht dazu zu glauben, dass dein Gesprächspartner deine Bitten zu erfüllen hat. Bist du offen dafür zu erkennen, dass er möglicherweise die ungeeignetste Person unter acht Milliarden Menschen ist? Kann es sein, dass er, egal was du sagst, keine Frage, geschweige denn Bitte hören würde, sondern grundsätzlich eine Forderung? Vielleicht hat er die Erfahrung gemacht, dass viele Forderungen (nicht unbedingt von dir) an ihn gestellt wurden, und kann momentan nicht vertrauen, dass du tatsächlich sein Handeln aus freien Stücken willst.

Dritte Person(en): Falls du vor einer schwierigen Situation stehst bzw. dein Gegenüber dir Befangenheit unterstellt, so kannst du dir Unterstützung bei einem gemeinsamen Freund, Coach oder Mediator holen. Manchmal sind auch andere Abteilungen in der Lage, das gleiche Thema entspannter anzugehen, weil sie so ein ähnliches Thema bereits erfolgreich gelöst haben.

Dich selbst: Eine Person, die wir möglicherweise übersehen und die uns viele Bitten erfüllen kann (aber nicht muss), sind wir selbst.

> Habe ich nur eine Lösung, bin ich in einer Forderung.
> Bei zwei Lösungen wird es ein Entweder-oder.
> Erst bei dreien beginnt meine freie Wahl.

Frage oder Bitte? Bitte oder Frage? Womit beginne ich?

Zu Beginn deiner Verhandlung ist noch vieles offen. Selbst wenn du einige **Wahrnehmungen** kennst, kann es sein, dass du nicht alle relevanten Fakten kennst. Wenn du deine **Gefühle** benennen kannst, weißt du noch nicht, wie es dem Gegenüber geht.

Wenn du erkennst, welches **Bedürfnis** dir wichtig ist, weißt du noch nicht, welches der andere hat. Und wenn du deiner **Fragen und Bitten** gewahr bist, heißt das noch nicht, dass dein Gegenüber seine Fragen und Bitten klar hat.

Unter Hochdruck schnell zum Ergebnis kommen zu wollen ergibt dann keinen Sinn. Deshalb verwenden wir den Begriff »Mit-Arbeiter«. Wenn wir unsere Mitarbeiter nicht mitnehmen, mutieren sie etwas zugespitzt ausgedrückt zu »Gegen-Arbeitern«. Daher empfehlen wir, insbesondere Handlungsbitten zunächst wegzulassen und **zuerst einen vertrauensvollen Kontakt aufzubauen, auf dessen Basis Handlungsbitten dann viel mehr Sinn ergeben.**

Vertrauensvollen Kontakt kannst du aufbauen mit Beziehungsfragen, wie z. B.:

- Wie geht es dir in unserer Situation?
- Willst du mir sagen, was bei dir quer liegt?
- Was möchtest du jetzt von mir wissen?

In der Regel erwidert unser Gesprächspartner etwas auf unsere Wahrnehmungen, Gefühle, Bedürfnisse, Fragen und Bitten. Darauf können wir aufbauen.

Achtung

Fragen können, wenn sie ständig eingesetzt werden, so wirken, als ob sich die Person dahinter versteckt und einer Konfrontation ausweicht. Menschen reagieren dann mit Misstrauen, weil sie ihr Gegenüber dann als »nicht offen, sich zu zeigen« einschätzen.
Wenn sich z. B. eine Führungskraft nicht an einer Lösungsfindung beteiligt, weil sie ihren eigenen Standpunkt nicht offenlegen will, erleben die Beteiligten, dass sie in solch einer Situation für das Ergebnis allein verantwortlich gemacht werden. Sie sollen richten, was der Chef nicht hinbekommt. Ergebnis: Die Mitarbeiter lernen dazu und halten ihre Ideen und Beiträge zurück oder verweigern gar die Mitarbeit.

Der zweite Bereich der liegenden Acht »empathisch hören« ist von entscheidender Bedeutung, denn solange wir keine Ahnung von den Bedürfnissen unseres Gegenübers haben, ist Win-win lediglich ein Zufallsprodukt. Wie finden wir diese Bedürfnisse heraus? Durch empathisches Zuhören, Fragen und »Übersetzen« der Urteile unseres Gegenübers.

Abb.: Aufrichtigkeit und Empathie, die zwei Seiten des Dialogs

5.8 Abschlussfragen

Nimm dir nun bitte mindestens 15 Minuten Zeit, in denen du ungestört über die folgenden Fragen nachdenkst und die Antworten aufschreibst. Hast du etwas zu trinken und zu schreiben? Dann kann's losgehen ...

Inspirationen für die praktische Umsetzung

1. Womit verwechseln wir meist Wahrnehmungen?
2. Wozu benennen wir zu Beginn ausschließlich Wahrnehmungen?
3. Womit verwechseln wir im Alltag Gefühle?
4. Was ist in Unternehmen oft die Schwierigkeit, wenn wir unsere Gefühle erwähnen?
5. Womit verwechseln wir meist Bedürfnisse?
6. Auf welcher Basis entstehen tragfähige Lösungen: Bedürfnissen oder Strategien?
7. Was ist der Unterschied zwischen einer Bitte und einer Forderung?
8. Was sind die Nachteile, wenn wir Forderungen anstelle von Fragen/Bitten stellen?
9. Weshalb zeigt unsere Reaktion auf ein Nein unsere Haltung?
10. Was willst du an deinem Verhalten ändern? Was tust du dann? Was tust du nicht mehr?

Notiere deine wichtigsten Erkenntnisse:

____

____

____

____

____

____

____

____

____

____

6 Keiner weiß, was in ihm steckt – bis er es herausfindet

»Die Tür zur Erfahrung lässt sich nur von innen öffnen.«
Carl Rogers

Als Paula zum Strand kommt und die frische Luft ihr um den Kopf weht, kann sie nicht an sich halten und platzt direkt heraus: »Wieso stehen wir immer so früh auf und du lässt mich laufen – ich bin doch nicht im Fitnesskurs?« Doch Tara scheint die Frage gar nicht zu hören – sie legt einfach los und ist weg. Paula schleppt sich heute nur langsam durch den Sand, ihre Muskulatur schmerzt. Sie trottet Tara hinterher und denkt: Oh Mann, was will sie eigentlich noch von mir? Ich hab doch schon so viel gemacht! Wenn das so weitergeht, dann brauche ich noch Urlaub vom Urlaub!

Als Tara an der Liege auf sie wartet, sieht Paula sie lächeln. »Verdammt, wieso hast du eigentlich immer so gute Laune?«, ächzt sie. »Ich bin trainiert!«, gibt Tara zurück. »Ich trainiere jeden Tag! Klar kann ich mein Leben verkommen lassen und ich hätte das auch beinahe getan und einen hohen Preis dafür gezahlt. Die meisten Menschen haben zwar Ziele, besonders in den ersten zwei Wochen des Jahres, doch die Umsetzung, nicht die Planung zeigt die Wahrheit.« Und nach einer kurzen Pause schaut sie Paula an und fragt: »Wie steht's bei *dir* mit der Umsetzung deiner Jahresziele?« Paula blickt zu Boden. Ja, sie wollte abnehmen, doch daraus war nichts geworden, sie war irgendwie willensschwach – zumindest sagte sie sich das.

»Erwischt?« Paula nickt mit leicht zusammengekniffenen Lippen. »Du bist in guter Gesellschaft: Nur ein Drittel der Menschen nimmt sich überhaupt etwas fürs Jahr vor – viele wollen sich gesünder ernähren, andere mehr Sport treiben –, doch bei der Mehrheit halten diese Pläne nicht mal bis Ende Januar.«
»Woher kommt das?«
»Uns ist erstens meist nicht klar, was wir *wirklich* wollen, und zweitens haben die meisten keine Ahnung, was ihnen in die Quere kommt, und bereiten sich nicht auf die unweigerlich kommenden Hindernisse vor. So wiederholen sie das Schauspiel jedes Jahr aufs Neue.«
»Echt?«
»Ja, oder glaubst du wirklich, du seist die Einzige? So exklusiv bist du nicht!«

Über Paulas Gesicht huscht ein Lächeln.

»Die meisten *überschätzen* ihre Absichten und *unterschätzen* ihre Umsetzungsfähigkeiten. Sie rechnen mit Erfolg und knicken bei den ersten Widerständen ein. Loslaufen ist einfach, durchhalten bis zum Ziel ist schwer. Schon mal gemerkt, wie oft du aufgeben wolltest? Besonders heute, wo deine Muskulatur vermutlich schmerzt?«

Paula nickt still und denkt: Woher weiß sie das, ich habe doch nichts dazu gesagt?!

»Heute war ein besonderer Tag, denn heute wäre es leicht gewesen aufzugeben – doch du bist durch den Sand gestapft und hast dich durchgebissen. Du läufst hier nicht, um abzunehmen!« Paula schaut auf. Ein »Etwa nicht?« ist ihr deutlich ins Gesicht geschrieben. Tara grinst: »Na ja, wenn es dir hilft abzunehmen, wirst du nichts dagegen haben, oder? Es ist viel mehr wie eine Temperaturanzeige deines Willens, aus deinem Tief herauszukommen. Du musst es nicht lieben, du brauchst es auch nicht gern zu tun – Hauptsache, du tust es! Nicht Reden, sondern Tun verändert dein Leben. Besonders wenn du weißt, für was.«
Paula ist verwirrt: »Äh … Ehrlich gesagt, ich hab … ich hab keine Ahnung, für was.«
Tara schaut ihr in die Augen: »Du weißt nicht, für wen du da läufst?«
»Na klar, jetzt ist es mir klar, ich tu es für mich! … Aber ich mag nicht die Schmerzen!«, antwortet Paula.
»Du magst keine Wachstumsschmerzen?«
Paula lacht: »Ja, stimmt! Irgendwie schon!«

»Liebe Paula«, sagt Tara sanft, »deine Lebensgeschichte ist nicht dein Schicksal – es sind deine Entscheidungen und vor allem deine Umsetzung! Lerne, die Vergangenheit nicht mehr so wichtig zu nehmen, im *Jetzt* liegt deine Zukunft – gleich was vorher war! Die Macht steckt *in dir* und nie in dem, was andere sagen oder tun. Lass uns etwas ausprobieren!« Tara setzt sich in den Sand und sagt: »Bring mich zum Aufstehen – bitte ohne Hand anzulegen!«
Paula überlegt kurz und sagt: »Komm, steh auf, wir gehen ins Wasser.«
»Ach nö, da war ich gestern schon.«
»Aber es wird dir guttun!«
»Mir geht's bereits gut!«
»Okay, wie wäre es, wenn du es für mich tust?«
»Ach, nö, geh doch selber, du kannst doch schwimmen!«

Paula unternimmt noch einige Versuche, doch Tara findet jedes Mal einen anderen Weg, Nein zu sagen.

Endlich sagt Tara: »Merkst du etwas? Du kannst machen und sagen, was du willst, du hast keine Chance! Denn wer ist die einzige Person, die entscheidet, ob ich aufstehe?«
»Du, offensichtlich!«, sagt Paula geknickt.
Tara nickt: »Du scheinst enttäuscht zu sein. Du hast den Vorteil für dich und dein Leben vermutlich noch nicht erkannt?«

Paula ist irritiert: »Ein Vorteil für mein Leben, wenn ich niemanden dazu bringen kann zu tun, was ich will?«
»Na ja, drehe es mal um. Keiner kann dich dazu bringen, etwas zu tun, was du nicht willst.«
Paulas Augen werden groß: »Stimmt, ich muss dann nicht mal machen, was Irina oder Peter von mir wollen!«
»Wer auch immer die zwei sind, ja, du entscheidest! Wir sind freie Menschen, sind frei geboren, sind frei zu entscheiden, in jedem Augenblick. Also entscheide weise, denn es geht um deine Freiheit. Nur bitte verwechsle Freiheit nicht mit Willkür. Freiheit nimmt Rücksicht auf die Bedürfnisse und Rechte anderer, *Willkür nicht*. Tara fährt fort: »Viele wollen dich wissen lassen, dass sie Macht über dich haben. Doch das ist offensichtlich nicht wahr. Nur du hast Macht über dich!«

Tara schaut Paula an, dann dreht sie sich um, wirft ihre Kleider in den Sand und springt im Badeanzug in die Fluten. Als Paula ihr hinterherrennt und ins Wasser springt, spürt sie das kühle Nass, das ihre müden Beine umschmeichelt, sie genießt den Duft des Meeres und die frische Luft, die ihr sanft um den Kopf streicht. Irgendwie … Irgendwie ist sie gerade glücklich. »Bis gleich in der Strandbar!«, ruft ihr Tara noch kurz zu, bevor sie verschwindet.

Als sie an »ihrem« Tisch sitzen und Sergio vom »Previsión« ihnen das Frühstück bringt, fragt Paula neugierig: »Also, wir gehen jeden Tag am Strand laufen, damit ich eine Routine bekomme, mich selbst wichtig zu nehmen?«
»Ja und damit du lernst, Routinen ernst zu nehmen, und beginnst, sie in dein Leben zu integrieren! Deine Routinen dienen dir, besonders wenn es ernst wird!«
»Was meinst du mit ›ernst wird‹?«
»Vornehmen kann sich jeder etwas. Anfangen tun schon erheblich weniger. Doch entscheidend ist: Was machst du, wenn du keine Lust mehr hast? Und eines ist sicher: Dieser Tag wird kommen – garantiert! Deswegen zeige ich dir, wie du dir Routinen aufbaust, die dich leiten zu tun, was dir guttut, besonders für die Tage, an denen du lieber bequem im Bett bleiben würdest, dich schonen willst – und dich danach deiner selbst schämst. Kennst du ja nicht, oder?«
»Nö!«, sagt Paula und lacht, obwohl sie mal wieder merkt, dass Tara sie verdammt gut durchschaut. »Woher weißt du denn das alles über mich?«
»Ich war – wie du – auch mal im Personalwesen. 30 Jahre, einige schwierige und viele sehr schöne. Ich habe da einiges durchlebt, wie du dir ja sicher gut vorstellen kannst.«
Paula lacht: »Oh ja, dann weißt du, was da manchmal abgeht.«

Tara lächelt und nickt.

»Aber jetzt noch mal. Wie lange dauert das mit den Routinen? 21, 33, 66 Tage – all diese Werte hab ich schon mal gelesen …«
»Vergiss es, es gibt dafür keinen festen Wert. Wir Menschen sehen doch auch nicht alle gleich aus und wir bringen verschiedene Vorgeschichten mit. Routine kann in 10

bis über 500 Tagen entstehen – wenn du die Routine *jeden Tag* machst. Bereits am zweiten Tag, an dem du nichts tust, ist damit wieder eine kleine Serie entstanden von dem, was du nicht willst.«

»Woher weiß ich dann, dass es eine Routine geworden ist?«

»Wenn du es tust, ohne darüber nachzudenken, *ob* du es tun willst. Du tust es einfach – wie Zähneputzen!«

»Ja, stimmt! Das tue ich einfach.«

»Genau! Und wenn du eine Routine mit der anderen verknüpfst, kannst du dir eine ganze Morgenroutine zusammenbauen, die dich auf den Tag mit seinen Stürmen einstellt. Hast du schon gemerkt, dass wir uns jedes Mal gleich nach dem Duschen hier zum Frühstück treffen? Gemerkt, dass wir sogar jeden Tag das Gleiche zum Frühstück essen?«

»Oh ja, das kam mir zu Beginn etwas eintönig vor.«

»Ja, das ist, damit sich dein Körper an das gewöhnt, was er wirklich braucht, und du dich umgewöhnst von deinen süßen Leckereien, mit denen du sonst den Tag begonnen hättest. Jetzt tust du wirklich etwas Gutes für dich! Denn es gibt schließlich nur eine Person, die du ein Leben lang um dich haben wirst!«

»Stimmt – mich!« Paula sieht auf ihren Teller, der, wie jeden Tag, wirklich schön angerichtet ist. Der Anblick lässt sie lächeln.

»Siehst du, dass hier nicht viel zufällig passiert?«

Paula nickt, auch wenn ihr das etwas unheimlich vorkommt. Nicht nur ihr Körper scheint sich umzustellen, sondern auch ihr Kopf wird klarer – die Querelen der Abteilung scheinen immer weiter weg. Sie sieht manchmal sogar eine Perspektive für ihr Leben aufkommen, eine Perspektive, die vielversprechender ist als jede Beförderung es sein könnte. Sie überlegt: Was spricht dagegen, die Ziele zu erreichen, die mir geben würden, was ich wirklich will?

»Unser Gehirn ist entwickelt und trainiert über viele Tausend Jahre. Und an erster Stelle steht, dass wir überleben. Dafür tun wir alles, wenn wir uns nicht bewusst werden, dass wir damit gleichzeitig unserer Weiterentwicklung aus dem Weg gehen können. *Unser Gehirn mag keine Veränderungen!* Was es bevorzugt, ist z. B. ein sicheres Einkommen, ein sicheres Gewicht, selbst wenn es mehr ist, als du dir wünschst, und einen ungefährlichen Arbeitsplatz. Kommt dir das bekannt vor?«

Paula nickt irritiert.

»Ohne Weiterentwicklung leben wir auch. Vielleicht sogar recht gefahrlos, jedoch auf niedrigem Niveau. Wir bleiben mit dem harmlosen Mann zusammen, der uns langweilt, und träumen von dem wilden Mann, mit dem wir Abenteuer erleben. Wir bleiben in der gleichen Gegend, in der wir groß geworden sind. Wir wohnen immer noch in derselben Wohnung, scheuen das Risiko eines Fehlkaufs, also bleiben wir bei den alten Möbeln. Kommt dir so etwas bekannt vor?«

Paula ist etwas beklommen und fragt: »Was mache ich da falsch?«
»Gar nichts! Das ist nicht dein Fehler, das ist lediglich dein Überlebenssystem, das du ›kostenlos‹ eingebaut bekommen hast. Unser Gehirn mag alles, was gefahrlos ist, und wenn Gefahr da ist, hat es bevorzugte Methoden, um dem Ganzen möglichst schnell ein Ende zu setzen. In Gefahrensituationen greifen wir an, wir fliehen oder wir stellen uns tot. Da herauszutreten ist eine Kunst, die erlernt werden will – eine, die wir uns zurückholen!«
»Was meinst du mit ›zurückholen‹? Ich glaube, ich konnte das noch nie!«
»Hm, du konntest das alles bereits, nur liegt es lange zurück. Als kleine Kinder sind wir komplett auf Lebenslust und Lernen eingestellt. Fehler kennen wir nicht, weil wir zu diesem Zeitpunkt noch kein Bewerten kennengelernt haben. Wir wollen z. B. gehen, stehen auf und fallen hin, stehen auf und fallen wieder hin … Hast du eine Ahnung, wie oft du hingefallen bist, bis du laufen konntest?«
»Äh, keine Ahnung, liegt ja ewig zurück. 100 Mal?«
»Ja, leider erinnern wir uns daran nicht mehr. Wissenschaftler gehen von ca. 1.500 Versuchen aus. Das heißt, du versuchst es 1.499 Mal! Und dann endlich klappt's und du kannst gehen, ohne hinzufallen. Kinder ›wissen‹ noch: ›Alles, was wert ist, getan zu werden, ist es auch wert, wenn es mit Fehlern behaftet getan wird.‹ Bei der Anzahl von Versuchen könntest du glatt meinen, viele würden vorher aufgeben, oder? Als Erwachsene würden wir vielleicht zu uns sagen: ›Hey, das mit dem Gehen ist völlig überbewertet! Ich robbe schon mein ganzes Leben lang und mir geht's doch gut! Ich bin eben ein geborener Robber!‹ Aber wie du weißt, ist keiner von uns da gelandet, wir alle haben gehen gelernt – und haben keinen Dachschaden vom vielfachen Hinfallen.«
»Hm, stimmt, ist irgendwie erstaunlich. Ich verstehe die Analogie. Nur, wieso wird es dann später so anstrengend, unsere Ziele zu erreichen?«

»Weil wir beurteilen, bewerten, weil wir Glaubenssätze entwickeln durch beängstigende Erfahrungen, die uns lernen lassen: ›Ich bin nicht gut genug!‹, ›Ich bin nicht liebenswert‹ oder ›Ich bin zum Scheitern verdammt‹. Glaubenssätze, die uns unbewusst lenken und zu Handlungen und Nicht-Handlungen führen, die nicht unseren höheren Zielen und unserer Weiterentwicklung dienen – sondern unserer Sicherheit und unserem Überleben.
Denk daran, wie viele Menschen sich zu Jahresbeginn etwas vornehmen und dann an sich selbst scheitern. Wie viele sich Ziele setzen und wie viele sie tatsächlich erreichen. *Denken ist nicht umsetzen.* Solange wir ›nur‹ planen oder träumen, fühlen wir uns sicher. Erst im Umsetzen kommt die Angst zu scheitern hoch.
Und dann ist da noch unsere Sprache, unsere Alltagssprache, die uns, wenn nicht genau hinterfragt, unser Leben schwer macht. Und doch bleibt dies unbewusst für Millionen. Und damit – siehst du – sind wir wieder mitten im Thema ›Konfliktmanagement‹. Wir nehmen unsere Alltagssprache als selbstverständlich an, doch wenn wir nicht aufpassen und bewusst damit umgehen, kann sie uns unserer Werte und Ziele berauben, ohne dass wir das wollen!«

»Wenn ich das überwinden will, was brauche ich dann?«
Tara wartet kurz und fragt: »Welche Version willst du als Erstes hören? Die kurze oder die lange?«
»Am liebsten beide! Wie wäre es zuerst mit der kurzen?«
»Okay. Du brauchst eine absolute Klarheit, wie du leben willst!«

Paula kann damit nicht sonderlich viel anfangen. Klingt irgendwie gut, aber ist so wenig greifbar.

»... Und die lange Version?«
»Gut, du brauchst drei Dinge! Du hast vielleicht schon festgestellt, dass ich dir meist maximal drei Dinge sage. Denn ab vier Dingen werden es ›viele‹ und dann kann unser Kopf es sich nur schwer merken.«
»Ah, okay. Und was sind nun diese drei Dinge?«

»Wenn du dein Leben wirklich verändern willst ...« Tara pausiert, als würde sie einen kurzen Augenblick in ihr eigenes Leben hineinschauen. »... dann brauchst du:

1. **Mut**, das heißt die Bereitschaft, etwas zu wagen, ohne zu wissen, ob es gut ausgeht.
2. **Know-how:** am besten von jemandem, der das Gleiche vor dir bereits *mehrfach erfolgreich* getan hat.
3. ein auf dich zugeschnittenes **System**, das dich weitermachen lässt, auch wenn gerade nichts wirklich klappt.«

Paula schaut verdutzt. »Wo soll ich denn das alles herbekommen? Mir fehlt es ja an allen dreien!«
Ein sanftes Lächeln erhellt Taras Gesicht. »Ach, echt? Schon unsere Morgenläufe vergessen? Du brauchtest Mut, um damit zu starten, Know-how und ein System.«
»Aber das macht ja irgendwie Spaß!«
»Wer hat denn gesagt, dass das keinen Spaß machen darf?«
»Stimmt. So bin ich es gewohnt. Alles, was sinnvoll war sich anzueignen, machte in der Vergangenheit keinen Spaß zu erlernen.«
»So kennen es die meisten. Klar gibt es Zeiten, in denen es mal schwierig wird oder das Leben sich hart anfühlt und wir uns durchquälen. Nur wenn du weißt wofür, dann sind das eher die dir bereits bekannten Wachstumsschmerzen.«

Paula nickt schmunzelnd.

»Wir alle haben von anderen gelernt – keiner kann das allein. So wie es in Wirklichkeit keine Selfmade-Millionäre gibt, gibt es auch keine ›Ich finde alles ganz allein heraus‹-Leute. Wir alle brauchen Unterstützung und Austausch mit anderen, wir benötigen Inspiration und manchmal Transpiration. Bisweilen heißt es dann auch, sich durchzubeißen. Doch das geht viel leichter, wenn du dir deiner Werte bewusst bist.« Tara

lacht: »Dann bist du ›im Auftrag des Gottes in dir‹ unterwegs.«
Paula sieht sie mit großen Augen an: »Des Gottes in mir?«
Tara lächelt. »Kennst du das Wort Namasté[13]? Damit begrüßen sich die Inder. Es bedeutet wörtlich: ›Ich grüße den Gott in dir.‹«
»Das klingt schön!«
»Ja, wir Menschen werden durch das Leben oft gelehrt, den Menschen, die hierarchisch über uns stehen, alles zu glauben. Wir glauben, dadurch wären wir sicher. Doch was, wenn der Gott nicht da draußen ist, sondern auch in dir? Und wenn das bei allen Menschen so wäre?«
Paulas Kopf schwirrt. »Ich glaube, da brauche ich erst mal etwas Zeit, um das zu verdauen«, sagt sie nachdenklich.
»Verdauen ist eine gute Idee. Wir sind ja auch beim Frühstücken!«, lacht Tara und wendet sich wieder ihrem Teller zu. »Für heute Nachmittag ziehe dir bitte feste Schuhe an, wir gehen ins Hinterland.«

Am Nachmittag

Am Nachmittag treffen sich Paula und Tara am Hoteleingang. Die Sonne scheint warm und der Himmel strahlt in einem wunderschönen Blau. Tara biegt an der folgenden Straße direkt in das Hinterland ab und will Paula die Schönheit der sie unmittelbar umgebenden Natur zeigen. »Wir alle brauchen auch mal eine Abwechslung zu unserem Umfeld, das regt den Geist an. So wie dieser Urlaub eine Abwechslung zu deinem Arbeitsalltag ist. Mal sehen, was uns auf unserem Weg so begegnet.«

Als sie einen schmalen verwunschenen, mit Blumen überwucherten Pfad entlang eines Flusses nehmen, beginnt Tara, über ihre Zeit als Personalerin zu sprechen.

»Eine der wichtigsten Lektionen, die ich immer wieder vorgesetzt bekam und für die ich meist nicht sehr dankbar war, war: zu lernen, mich selbst immer wieder zu überwinden. Ich werde traurig, wenn ich sehe, wie viele Menschen niemals den Versuch wagen, ihr ganzes Potenzial zu entfalten, weil sie so viel Angst vor den Erlebnissen haben oder Angst vor der Angst. Dabei übersehen sie vor lauter Bedenken die fast durchweg erheblichen Vorteile und Chancen.
Wir machen uns Sorgen, selbst wenn uns dies bewusst ist. Sorgen nicht nur um große, sondern auch um kleine Dinge. Sind unsere Vorstellungen von dem, was wir erleben werden, wenn wir uns vorstellen, wir würden machen, was wir gerne tun würden, wirklich wahr? Nein. Unsere Vorstellungen sind deshalb nicht wahr, weil wir noch gar nicht angefangen haben zu tun, was wir gerne möchten. So verschwenden wir unsere Zeit und Energie und verhindern, unseren Träumen je näher zu kommen.«
»Weshalb ist das dann so? Sind wir alle dumm?«

---

13 Namasté ist verbunden mit Respekt sich selbst und anderen gegenüber, bedingungsloser Selbstliebe, Dankbarkeit, Achtsamkeit und dem Göttlichen, das jeder Mensch in sich trägt.

»Oft hält uns Angst auf, sie kann bewusst oder unterbewusst sein. Wir vermeiden den möglichen Schmerz. Bewusst sagen wir uns zum Beispiel: Ich will einen echt guten Job machen und mich für die Menschen im Unternehmen einsetzen. Bis zum ersten Konflikt! Dann setzt unser Unterbewusstsein ein, wir bekommen Angst und versuchen der Situation zu entgehen – wir weichen aus und vorbei ist es mit unseren einst so hehren Zielen. Unser Unterbewusstsein, nimmt Einfluss und schützt uns vor dem ›Widerwort‹, es schützt uns davor, den ›schwierigen Kollegen‹ als Menschen zu sehen, wir gehen in Feindbilder – und verlieren ein Stück unserer Würde.«

»Wir alle wollen in Würde sterben, aber sollten wir nicht erst einmal in Würde leben?«
Prof. Dr. Gerald Hüther

Paula nickt still: Da ist etwas dran.

»Wir haben Angst, unsere Komfortzone zu verlassen, wenn wir erst auf diesem Weg wären. Dann fangen wir an, uns zu fragen: ›Ist das wirklich so wichtig für unser Leben? Sind die möglichen Ergebnisse nicht doch zu risikoreich?‹ Wir wollen kalkulierbare Risiken eingehen, wollen verstehen, wie eine Entscheidung uns nutzt und was die Folgen sind, wenn es schiefgeht. Und überhaupt, wenn ich mich um mein Leben kümmere, ist das nicht purer Egoismus? Wir wollen es jedem recht machen und vergessen dabei, es uns selbst recht zu machen. Wir bleiben im Wartezimmer unserer Komfortzone, wir sind nett, angepasst – und pflegeleicht!«

Paula schaut Tara, die ihr diesmal ernst ins Gesicht sieht, mit großen Augen an. »Du meinst doch nicht etwa mich, oder?«

Tara beantwortet Paulas Frage nicht direkt. Stattdessen sagt sie: »Wann willst du anfangen, dein Talent zu nutzen und deine Fähigkeiten auszubauen? Wie lange willst du noch in deiner Komfortzone leben und einen Tag nach dem anderen ›bewältigen‹? Wann willst du anfangen, dein Talent zu respektieren, und aufhören, dich zu schonen? Wann schöpfst du dein Potenzial endlich voll aus und bringst es ins Leben? So wie dein tägliches Laufen. Du kannst dir vorstellen zu laufen oder du läufst wirklich. Denn im Kopf kannst du außer Gedanken nichts bewegen!«

Taras Worte hallen in Paulas Kopf nach wie Donnerschläge: *Komfortzone. Nett, angepasst – und pflegeleicht.* Nein, denkt Paula, so will ich nicht sein, so bin ich nicht! Oder etwa doch? …

»Wenn du ängstlich bist, wird es schwierig, klar zu denken. Dein emotionales System des Tigers, des Stallpferds und der Schildkröte ergreift dich und führt dazu, dass du schlechte Entscheidungen triffst. Deswegen werde langsamer, atme und wenn du nicht klar bist, dann atme weiter: ruhig und langsam. Lass deinen höheren Geist wieder die innere Kontrolle übernehmen, sodass dein rationales System[14] wieder seinen Job machen kann. Auf diese Weise kannst du bessere Entscheidungen treffen. Willst du das, liebe Paula?«

Versuche nicht, der schnellste zu sein

Dieser aus dem buddhistischen Lojong stammende Leitspruch bittet uns, langsamer zu werden. Dass wir uns die Zeit nehmen, das Leben zu erfahren, anstatt zum nächsten Ziel zu hetzen. Unsere westliche Gesellschaft ist sehr fokussiert darauf, wer Erster wird, wer der Schnellste ist, wer am meisten arbeitet, und so verpassen wir die Reise auf unserem Weg. Anstatt uns auf die unmittelbar vor uns liegende Aufgabe zu fokussieren oder zu genießen, was gerade passiert, will unser unruhiger Geist direkt zum nächsten Punkt springen. Wir sind bereits in der Zukunft und verpassen die Gegenwart – die einzige Zeit, in der wir leben.

Paula schaut Tara, die stehen geblieben ist, in die Augen. Und Tara sagt, als könnte sie in Paulas Kopf sehen: »Angst vor Schmerz und Angst vor Angst können dich dazu verleiten, so viele Dinge in deinem Leben nicht zu tun. Sie kann dich davon abhalten, eine Beziehung zu haben, einen neuen Job zu suchen oder zum Bungeespringen zu gehen. Es mag unmöglich erscheinen, deine Ängste zu überwinden, aber es ist komplett möglich, wenn du beginnst, an dich zu glauben. Alles beginnt mit dem Ändern deiner Gedanken. Lerne, deine begrenzenden Glaubenssätze, deine Befürchtungen und deine irrationalen Ängste zu erkennen, sie zu würdigen und dann loszulassen. Willst du ein grenzenlos freies und rücksichtsvolles Leben führen? Eines, in dem du die Grenzen, die dir andere gesetzt haben, damit du ihren Zielen besser dienst, hinter dir lässt? Und auch die vielleicht herausforderndsten Grenzen: die, die die mächtigste Person in deinem Umfeld dir gesetzt hat: du. Die Person, die dir täglich sagt ›Ich kann nicht‹, ›Ich weiß nicht‹, ›Ich bin es nicht wert‹. Immer noch interessiert?«

Paula bekommt weiche Knie, sie versteht nicht jedes Wort, doch etwas ist hinter diesen Worten. Es riecht – ja, wie riecht es? Es riecht nach unverwechselbarem und unaufhaltbarem Leben. Sie schüttelt den Kopf. »Ehrlich gesagt: Ich glaube, ich kann das nicht allein. Kannst du mir helfen?«, fragt sie leise. Tara nickt leicht mit dem Kopf – »Bin schon dabei …« – und geht strammen Schrittes weiter.

Über den Unterschied zwischen Wahrnehmung und Interpretation

In den folgenden Minuten spazieren beide wortlos durch die hügelige und nach Eukalyptus duftende Landschaft. Sie genießen die Sonne, den Wind und die aufziehenden

14 Balance von Sympathikus (für Stresssituationen) und Parasympathikus (für Entspannung) durch z. B. HeartMath: Training der Herzratenvariabilität über Biofeedback. Besonders geeignet, um Sympathikus und Parasympathikus wieder in Balance zu bringen, da viele übermäßig gestresst sind und dies zu einer permanenten Überbelastung führen kann.

Wolken, die sich wie im Spiel gegenseitig jagen. Als sie an einen kleinen Fluss kommen, schauen sie von der verwitterten Steinbrüstung der Brücke auf die Fluten, die träge dahinfließen. Paula fragt: »Wie kalt der Fluss hier wohl ist?«

Paula spürt, dass jemand hinter ihr steht, doch bevor sie sich umwenden kann, schubst die Person Paula über die Brüstung! Paula schreit auf, bevor sie in dem kalten Wasser versinkt. Prustend kommt sie wieder nach oben. Sie kämpft mit den Wellen, schluckt Wasser, versucht sich über Wasser zu halten. Stück für Stück bewegt sie sich aufs Ufer zu. Endlich ist sie dort und hält sich mit beiden Händen an einem Strauch fest. Er hält ihr Gewicht – Gott sei Dank! Langsam, damit die Zweige nicht brechen, zieht sie sich an Land. Ihr ist kalt, doch sie hat sich gerettet!

Nach dem riesigen Schrecken schaut sie zurück zur Brücke, von der sie gestoßen worden ist, und sieht dort Tara stehen. Wütend, ungläubig und triefnass stapft sie zurück zur Brücke und will gerade mit ihren Vorwürfen über Taras »bodenlose Frechheit und was ihr eigentlich einfiele und überhaupt fühle sie sich total veräppelt von ihr« beginnen, als diese sie lächelnd ansieht und sagt: »So viel zu unnützen Spekulationen.«

»Reife ist das, was ich erreiche, wenn ich es nicht mehr nötig habe,
irgendjemand für die Dinge zu verurteilen oder zu beschuldigen, die mir passieren.«
Anthony de Mello

»Wie kannst du mir das antun?«
»Wenn ich Angst davor hätte, wie andere auf mich reagieren könnten, und ich wähle nichts zu sagen oder zu tun, dann werde ich zu einer netten toten Person. Doch Erfahrung ist nicht das, was einem Menschen geschieht. Sie ist das, was ein Mensch aus dem macht, was mit ihm geschieht. Was willst *du* mit dieser Erfahrung anfangen?«
»Wie – anfangen? Ich wüsste nicht, was mir das gebracht haben soll!«
»Hm, wann in den letzten drei Stunden hast du dich am meisten am Leben gefühlt?«
»Als ich aufgetaucht bin!«
»Wunderbar! Und wann warst du unglaublich dankbar für dein Leben?«
»Als ich am Ufer war.«
»Und wer hat all das getan?«
»Äh, ich.«
»Okay, noch mal: Wer hat's getan?«
»Ich.«
»Und wer hatte keinerlei Zweifel, sich für sich einzusetzen?«
»Ich.«
»Genau! Es wird Zeit, dass du *dir* glaubst und nicht nur mir! Übrigens weiß ich genau, wie tief der Fluss hier ist – für den Fall, dass du dich das fragst.«

Paula merkt, wie ihr die Tränen kommen, sie sieht, wie sie in der Vergangenheit immer wieder zu einer netten toten Person in ihrer Arbeit und oft auch in ihrer Freizeit geworden war. Sie war »pflegeleicht« geworden, doch das war nicht, wer sie wirklich war! Paula sieht, wie ihre Vermeidung der Wahrheit wie eine Mauer zwischen ihr und ihren Kolleginnen bzw. ihr und ihrem Chef steht. Diese Mauer gilt es einzureißen oder zumindest eine Tür darin zu öffnen.

»Wenn du damit beginnst, dich denen aufzuopfern, die du liebst,
wirst du damit enden, die zu hassen, denen du dich aufgeopfert hast.«
George Bernard Shaw

An diesem Abend begreift Paula mit ihrem Herzen, dass sie die einzige Person ist, die sie retten kann. Es ist ihr ureigenster Auftrag. Alle anderen Menschen sind eine Hilfe auf ihrem Weg, doch die Arbeit ist ihre eigene. Ja, ihr Kopf ist voll von unnützem Wissen – es wird Zeit, sich davon zu befreien.

»Wer immer nur auf seine Mitmenschen hört,
wird mit der Zeit schwerhörig für seine innere Stimme.«
Ernst Ferstl

Mitten im Abenteuer der Konfliktklärung – und einfache Wege, es zu bestehen

»Wir alle brauchen einen wahren Freund, der einem die ganze verdammte Wahrheit sagt. Amy[15] *hatte so jemanden nicht, Whitney*[16] *hatte so jemanden nicht. Jemanden, dem es egal ist, wie sie reagiert, der sie genug liebt, um sie wütend zu machen.«*

Chaka Khan

6.1 Wie andere und wir uns wahrnehmen: das Johari-Fenster

Unser Leben scheint voller Widersprüche und Missverständnisse zu sein. Da wir in diesen bereits seit frühester Kindheit leben, können wir sie meist nicht selbst aufklären. **Wir brauchen andere, wohlgesinnte Menschen, die bereit sind, uns die Wahrheit zu sagen, wenn wir einen blinden Fleck haben. Einen blinden Fleck können wir nicht selbst sehen, aber andere können es. Wir alle haben unsere blinden Flecken.**

Die amerikanischen Sozialpsychologen Joseph Luft und Harry Ingham haben das 1955 in ihrem Johari-Modell beschrieben (Luft/Ingham 1955). Danach haben wir Menschen grob gesagt vier Bereiche:

- Meine *öffentliche Person* ist ein Bereich, den ich und andere kennen.
- Meine *private Person* ist ein Bereich, den ich kenne, aber andere nicht.
- Es gibt einen *unbewussten* Bereich, den weder ich noch die anderen kennen.
- Und es gibt einen Bereich, den ich nicht sehe, aber andere durchaus: meinen *blinden Fleck*. Ein Beispiel: Mitarbeitende können die schwierigeren Seiten ihres Vorgesetzten bei der Zusammenarbeit meist übereinstimmend benennen. Der Vorgesetzte weiß davon leider nichts.

15 Amy Whinehouse, gestorben 2011 mit 27 Jahren
16 Whitney Houston, gestorben 2012 mit 48 Jahren

	mir bekannt	mir nicht bekannt
anderen bekannt	**Öffentliche Person** Bereich • des Vertrauens • des freien Handelns • der Ehrlichkeit • der Partnerschaft • der Toleranz	**Blinder Fleck** Bereich • der Vorurteile • blinder Reaktionen • der Widerworte • der Rechtfertigungen • der Ablehnungen • der Uneinsichtigkeit
anderen nicht bekannt	**Private Person** Bereich • des Intimen • des Verborgenen • des Verbotenen • der erwarteten Verletzungen • der Ängste	**Unbewusstes** Bereich • des Unbekannten • des Unbewussten

Abb.: Die vier Bereiche des Johari-Fensters und was sich dahinter verbirgt

Doch damit hörte die Forschung von Luft und Ingham nicht auf. Sie sahen sich an, wie groß diese Bereiche bei den meisten Menschen waren, und bekamen ein Ergebnis, wie es in der Abbildung »Wie sich die vier Bereiche meist aufteilen« auf der linken Seite zu sehen ist. Es dominierten also der Bereich der privaten Person und die blinden Flecken. Allerdings gab es auch Personen mit deutlich anderen Größenverteilungen. Diese hatten zwar einen ähnlich großen unbewussten Bereich, allerdings gab es erhebliche Abweichungen bei den anderen drei Quadranten (siehe Abbildung, rechte Seite).

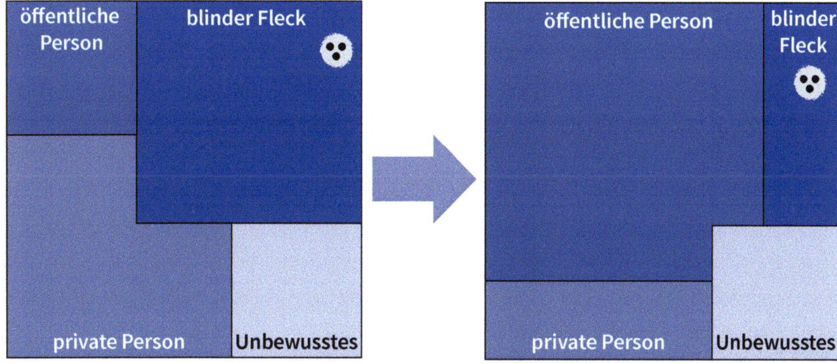

Abb.: Wie sich die vier Bereiche meist aufteilen – und wie sie bei herausragenden Persönlichkeiten aussehen

Luft und Ingham konnten erkennen, dass diese so anderen Verhältnisse bei herausragenden Persönlichkeiten auftraten. War dies angeboren? Waren diese die von der Muse beglückten?

Nein, dies waren Menschen, die im Laufe ihres Lebens nicht müde wurden, sich immer wieder Herausforderungen zu stellen, Menschen, die sich Feedback holten und geradezu danach hungerten, selbst wenn es mal wehtat. Taten sie dies, um von anderen anerkannt zu werden? Selbst wenn sie damit zu Beginn unterwegs waren, änderte sich dies im Laufe der Zeit und sie wurden zunehmend intrinsisch motiviert.

War es eine Herausforderung für sie, sich schwierigen Situationen zu stellen? Ja! War manches Feedback schwer einzuholen und manchmal noch schwieriger zu hören? Ja! War es das wert? Offensichtlich! Sie hatten sich sich selbst gestellt und sind über die Person hinausgewachsen, die sie einst waren. Sie waren geradezu verrückt nach Feedback.

Anderen kamen sie sehr selbstbewusst vor, sie sprachen nicht nur über ihre Erfolge, sondern konnten sich auch verletzlich zeigen und über ihre Fehler lachen. Sie wurden als »mutig« und ausgesprochen »klar« beschrieben. Nicht ganz zufällig, denn sie hatten regelmäßig an ihrer Selbstsicherheit gearbeitet und waren es gewohnt, sich Feedback zu holen: schönes und schmerzhaftes.

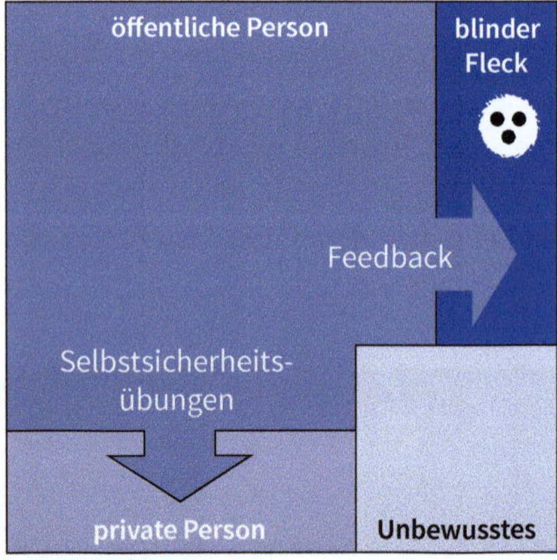

Abb.: Die unbequemen Mittel zu einem herausragenden Leben

Das ist der Punkt, an dem Selbstcoaching aufhört sinnvoll zu sein. Denn wenn wir unsere blinden Flecken nicht selbst erkennen können – wie kommen wir an diesen Stellen in unserer Entwicklung weiter?

Erfordert das Aufdecken unserer blinden Flecken Mut? Durchaus, denn einige werden bisweilen schmerzhaftes Aufwachen bedeuten. Das mag zunächst wehtun, doch der Schmerz wird Stärke weichen. Ein guter Coach wird also nicht ständig bequem oder nett sein. Er kann das sein, doch wenn er deine blinden Flecken vermeidet, verhindert er dein Wachsen und macht nicht den Job, für den er bezahlt wird.

Uns unseren schwachen Seiten zu stellen ist ein Akt von Heldenhaftigkeit. Uns unserer Verletzlichkeit und unserer Unwissenheit zu stellen erfordert Mut. Und Mut fühlt sich vor unserer Handlung wie Angst an. Bist du bereit, deine Angst zu überwinden und dein großes Lebensspiel zu wagen?

»Schwach ist der, der meint, nur stark sein zu müssen.
Du kannst nur so stark sein, wie du auch schwach sein kannst.«
Laotse

Bist du bereit, deine großen »vier Hürden« zu überwinden? Die hinderlichen Vier, die zwischen dir und einem Leben in Freiheit stehen?

1. begrenzende Glaubenssätze
2. Angst zu versagen
3. geringes Selbstvertrauen
4. Mangel an Wissen und Fähigkeiten

Dass sie in deinem Leben existieren, ist *nicht* deine Schuld! Bereit, genauer hinzusehen?

6.2 Hürde Nr. 1: begrenzende Glaubenssätze

Begrenzende Glaubenssätze sind Sätze wie z. B.:

- »Ich bin nicht gut genug.«
- »Ich bin nicht intelligent genug.«
- »Ich könnte scheitern.«

Durch unsere Erziehung suchen wir die Macht an der falschen Stelle – und scheitern immer wieder. Wir haben keine Macht *über* andere Menschen, das ist eine Illusion, die Millionen glauben. Wir haben »nur Einfluss« auf andere. Du magst fragen: Was ist schon groß der Unterschied? Das ist fast so, als würdest du nach dem Unterschied zwischen Krieg und Frieden fragen.

Wie viele Kriege sind begonnen worden in dem Versuch, die eigene Macht auf andere Menschen auszudehnen? Doch war das wirklich Macht? War das nicht vielmehr aus Ohnmacht und Angst geboren?

Beispiele:
Hat der Zweite Weltkrieg nicht auf der Ohnmacht der Deutschen durch die Versailler Verträge 21 Jahre nach dem Ersten Weltkrieg gefußt? Hat Putin nicht einen Krieg in der Ukraine begonnen, 30 Jahre nach der Ohnmacht, die mit dem Verlust der meisten »Freunde« der UdSSR verbunden war? Durch die »siegreiche NATO«, die sich immer

weiter in Richtung Moskau ausdehnte und den einst vereinbarten »neutralen Gürtel« zwischen Russland und der NATO ignorierte?

Doch wir haben auch positive Beispiele in der Menschheitsgeschichte, wie Mahatma Gandhi, der sich mit einem ganzen Weltreich anlegte und Indien 1947 in die Unabhängigkeit führte. Martin Luther King, der sich nach Jahrhunderten der Unterdrückung für die Rechte der Schwarzen in den USA einsetzte, oder Nelson Mandela, der nach 27 Jahren im Gefängnis sein Land nach Hunderten von Jahren friedlich von der Herrschaft der Weißen und deren Apartheid-Politik befreite. Sie alle hatten und haben bis heute immensen Einfluss auf die Menschheitsgeschichte – ohne Gewalt ausgeübt zu haben. »Macht über« und Gewalt dagegen sind untrennbar miteinander verbunden.

Was hat das mit den »vier Hürden« zu tun?
Wir wachsen auf mit vielen Ausdrücken, die uns irgendwann so geläufig sind, dass wir sie nicht mehr infrage stellen.

Dazu gehört der Ausdruck »Macht über jemanden haben« oder »Macht über eine Situation haben«. Wir merken nicht, was wir uns selbst da sagen und wie wir uns unbewusst programmieren.

Glaubenssätze wie »Ich bin nicht gut genug«, »Ich bin nicht intelligent genug«, »Ich bin zu nichts wirklich fähig« oder »Ich muss es allen recht machen« erlernen wir meist bis zum 13. Lebensjahr. Ihre Wirkung wieder zu neutralisieren ist nicht ganz einfach. Denn Glaubenssätze sind in unserem Gehirn zusätzlich emotional verankert. Durch schriftliche oder andere intellektuelle Übungen sind sie nicht dauerhaft löschbar – es braucht den emotionalen Teil. Dazu gibt es inzwischen Techniken, die den Körper involvieren und zu einer kompletten Löschung in unserem Gehirn führen – oft bereits beim ersten Mal. Da die meisten dieser Glaubenssätze negativ sind und unser Selbstbewusstsein stark beeinträchtigen können, kannst du dir vorstellen, was in deinem Leben wieder passieren kann, wenn du diese Glaubenssätze ihrer Macht beraubst.

Hinweis

Wenn du ein System haben willst, um deine Glaubenssätze zu neutralisieren, erhältst du dieses in unserem Ausbildungsprogramm, siehe www.sparks-journey.com.

6.3 Hürde Nr. 2: Versagensangst

Viele von uns haben Angst vor

- Versagen,
- Zurückweisung,
- Unsicherheit,

- Einsamkeit oder
- Veränderung.

Gleichzeitig hungern die meisten nach
- Erfolg,
- Akzeptanz,
- Sicherheit und Stabilität,
- danach, zu einer selbst gewählten Gruppe dazuzugehören, oder
- danach, großartige Dinge zu tun, die einem selbst und anderen zugutekommen.

Das Zweite erfordert, das Erste zu erleben, zu akzeptieren und dann zu überwinden. **Ich kann nicht wachsen, wenn ich mich auf das »Aber« fokussiere. Wenn ich meinem Versagen, der Zurückweisung, meiner Unsicherheit, meiner Einsamkeit oder der Veränderung ausweiche, kann ich keine wahre Akzeptanz, keinen größeren Erfolg, keine wahre Sicherheit und Stabilität erleben.** Werde ich Angst haben? Ja, und zwar »sicher«!

Ready – fire – aim

Die eigene Angst zu akzeptieren und bewusst in Kauf zu nehmen gehört zur menschlichen Weiterentwicklung. Ja, unser denkender Geist will uns vor Gefahren schützen. Genau deswegen sollten wir nicht lange warten, sondern loslegen – oder wie einer unserer Mentoren sagte: »ready – fire – aim« und nicht: »ready – aim – fire«. Sonst landen wir durch unsere Angst schnell in »ready, aim, aim, aim, aim …« und nie bei »fire«.

Wie lange hätte sich Paula noch fragen können, »wie kalt« das Wasser wohl sei, um dann tatenlos weiterzugehen? Wie oft stellen wir uns ähnliche Fragen, die wir nie beantworten, wie z. B.:
- »Ob ich wohl meinem Chef sagen könnte, dass ich mehr Verantwortung in der Abteilung übernehmen will?«
- »Ob ich wohl ein Haus im Süden mit Infinity-Pool haben könnte?«
- »Ob ich wohl den Konflikt mit meinem Kollegen ansprechen könnte?«

Was passiert, wenn wir uns nur fragen *›ob ich wohl‹* und nie die Antwort im *›wie ich wohl‹* suchen?

Was passiert, wenn wir nichts sagen? Nichts. Was lernen die anderen? Es ist gut, wie es ist. Was ändert sich dadurch? Nichts. Was passiert, wenn wir uns unseren Fehlern und unserem Versagen nicht **vielfach** stellen? Nichts bzw. nur etwas für andere!

> »Weshalb meinen Sie, die Besten für den Auftrag zu sein?« Nach kurzem Nachdenken sagte der Vertriebsmann: »Weil wir von allen Anbietern die meisten Fehler gemacht haben.«
> Sie bekamen den Auftrag.

6.4 Hürde Nr. 3: geringes Selbstvertrauen

Weil unser Gehirn uns zunächst sicher wissen will, ist Neues zu wagen und sich Schwierigkeiten bzw. potenziellen Gefahren auszusetzen, alles andere als leicht. Angst vor Neuem lässt uns immer wieder zu alten bewährten Strategien greifen. Der Wunsch nach Sicherheit begleitet uns Tag und Nacht, ob wir uns dessen bewusst sind oder eben nicht.

Komfortzone

Unser Gehirn unternimmt jeden Tag eine Menge, um uns in der Komfortzone zu halten. In diesem Bereich, in dem wir schon alles können und wissen, verhalten wir uns selbstsicher und routiniert. Wir sind uns unserer Stärken und Fähigkeiten bewusst. Wir beherrschen Routinen und folgen routiniert unseren täglichen Aufgaben.

Wozu die Komfortzone verlassen? Wir fragen uns: Ist das so wichtig für unser Leben? Sind die möglichen Erlebnisse nicht zu risikoreich? Wir wollen wenig Risiko eingehen, rationalisieren, ob eine Entscheidung uns nutzt und was die Folgen sein könnten, wenn unser Vorhaben schiefgeht.

Wenn wir unserem Kopf die alleinige Führung überlassen, bleiben wir im bekannten Wartezimmer des Lebens.

Wachstumszone

In der Wachstumszone liegt alles, was wir noch nicht wissen und mit dem wir noch keine Erfahrung haben. Lernen und Veränderung bedeuten hier, dass du Mut und Überwindung brauchst, um weiterzukommen. Angst und Herzklopfen sind eindeutige Zeichen dafür, dass du dich nicht mehr sicher fühlst. **Hier ist die Chance zum Lernen und Über-dich-Hinauswachsen.**

Unsicherheit durchzustehen und Angst auszuhalten ist für uns unangenehm. Deshalb versuchen wir unbewusst, durch gewohnte Abwehrmechanismen (ausweichen, sich unsichtbar machen, vermeiden) die Lage zu kontrollieren.

Alte Verhaltensmuster, das bestehende Selbstbild, aber auch die Beziehung und Unterstützung durch das Umfeld, in dem du dich bewegst, beeinflussen deine Entscheidung, ob du neue, unbekannte Wege gehst oder dich begnügst mit dem, was du bereits hast. Suchst du dir bereits Menschen, die ebenfalls auf diesem Weg sind und etwas wagen, von dem andere nur träumen?

Lernen in diesem Sinn bedeutet ein Ausweiten und Wachsen über deine Komfortzone hinaus. Der Erfolg, »ein neues Level erreicht zu haben«, ist die Belohnung für das Wagnis. Sowohl die körperliche als auch die emotionale Sicherheit sind Grundvoraussetzung für die Bereitschaft, etwas Neues zu riskieren. Es geht also nicht darum, als Hasardeur sein Leben zu riskieren – es genügt z. B., einmal im Jahr etwas zu wagen, was du so noch nicht getan hast: jemanden besuchen, der im Leben nicht mit dir rechnet, ein Zufallsticket am Flughafen kaufen und verreisen, einmal den Camino de Santiago gehen, die Olympischen Spiele live erleben, dich in ein Taxi setzen und dem Taxifahrer sagen: »Folgen Sie diesem Wagen!«, so lange warten, bis du am Flughafen aufgerufen wirst, dein eigenes Lied schreiben, in einer Gondel durch Venedig fahren, für einen Marathon trainieren und ihn laufen, ein Buch veröffentlichen, mit dem Fallschirm springen, einen Tag im Kletterpark verbringen, eine Firma gründen …

Es gibt so viel zu erleben in dieser wunderschönen Welt, wenn wir uns trauen, uns zu trauen.

»Wenn es ernst wird, haben wir alle noch 20 bis 30 Prozent an Reserven, an Energie, an Entscheidungskraft zuzulegen.«
Reinhold Messner, Besteiger aller vierzehn Achttausender

Panikzone
Hier liegt alles, was uns Angst macht und nicht zu bewältigen ist. Alles, was »eine oder mehrere Nummern zu groß« für uns ist, das, was wir nicht mehr richtig kontrollieren können und demnach das Risiko und die Gefahr zu groß werden. In diesem Bereich können wir nicht lernen, sondern bleiben nur frustriert, was daran liegt, dass solche Vorhaben unserer Persönlichkeit noch zu fern liegen und deshalb noch nicht zu bewältigen sind.

»Schlechte Erfahrungen auf dem Weg zum nächsten Level«
Je älter wir werden, desto mehr Erfahrungen, auch unangenehme, stehen unserem Gehirn zur Verfügung – oder vielmehr: unserer Weiterentwicklung im Weg. Doch wenn wir bei Fehlern jedes Mal dazulernen, nähern wir uns unserem nächsten Level.

Wenn du dein Leben auf ein neues Level bringen willst, dann gehe immer wieder in die Wachstumszone, setze dich dem Leben aus, mache neue Erfahrungen und gehe bewusst auch mal Risiken ein. Dein Lohn werden Durchbrüche auf neue Ebenen sein. Achtung: Das heißt nicht, im jugendlichen Leichtsinn unverantwortlich zu agieren, sondern sich vollverantwortlich vorzubereiten.

»Zum Glück habe ich Angst. Wenn ich keine Angst hätte, wäre ich heute nicht da.«
Reinhold Messner

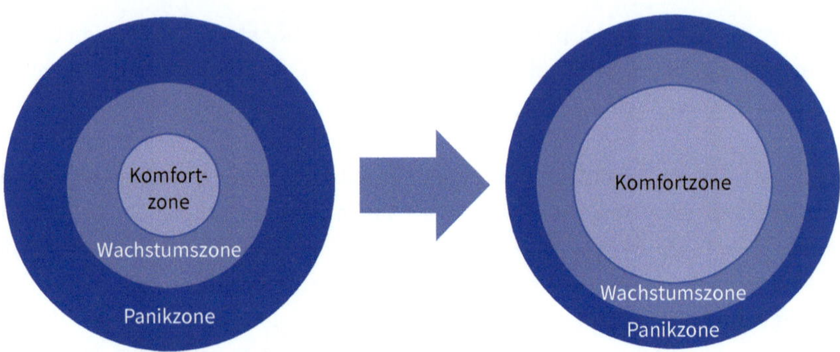

Abb.: Die Wachstumszone ausweiten

Willst du dich zu 100 Prozent – voll und ganz – mitten im Leben spüren?

Wenn du das ganze Leben haben willst, statt nur einer Andeutung davon, wenn du zu 100 Prozent gelebt haben willst und dich am Lebensende nicht fragen willst: »War das schon alles?«, dann geh an den Punkt, der dich an deine Grenzen bringt. Immer wieder, denn dein System passt sich permanent an.

Beispiel: Stell dir mal vor …

- Wenn du einen Vortrag vor deinem fünfköpfigen Team gehalten hast, wird das beim zweiten Mal schon viel einfacher sein.
- Wenn du nun einen Vortrag vor 100 Leuten halten darfst, wird dir die Düse gehen.
- Beim nächsten Mal aber wirst du schon entspannter sein. Bis zu dem Tag, an dem du vor 5.000 Leuten einen Vortrag hältst.

Wir sagen dazu »Du wächst mit deinen Herausforderungen«. Na ja, größer werden wir dabei natürlich nicht – gemeint ist: dein inneres System wächst. Was zunächst noch eine Herausforderung war, wird einfacher. Was dich früher in Angstschweiß hat ausbrechen lassen, ruft jetzt nur noch ein müdes Lächeln hervor. In der ersten Klasse war ein kleines »S« zu schreiben vielleicht eine riesige Herausforderung, heute dagegen …

Der Ort, an dem du am meisten lernst

Nein, das ist nicht die Schule. Auch nicht der Abendkurs. Und auch nicht die Uni. Der Ort, an dem du am meisten lernst, liegt an der Schwelle zwischen Wachstumszone und Panikzone. Die meisten Menschen bewegen sich jedoch nicht dorthin. Wenn du sie fragst, behaupten sie allerdings, sie wären genau da. Woher kommt das? Weil viele von uns sich so sehr davor schützen, in Panik zu geraten, dass sie nie an ihre Grenzen kommen.

6.5 Hürde Nr. 4: Mangel an Wissen und Fähigkeiten

Wirklich im Leben zu sein bedeutet, sich aus der wahrhaft tödlichen Komfortzone herauszubewegen und in die Lernzone zu gehen. So wie du gerade dieses Buch liest und vielleicht auf Punkte stößt, die du so noch nicht gesehen hast und die dich vielleicht fordern – und möglicherweise anregen, dich weiterzubilden, mehr über dein Menschsein zu erfahren.

Und wenn du wirklich ganz ins Leben vorstoßen willst, dann gehe bis zu deiner Panikzone und ein kleines Stück weit hinein. Denn erst dann weißt du, dass du an deiner momentanen Grenze warst.

6.6 Abschlussfragen

Nimm dir nun bitte mindestens 15 Minuten Zeit, in denen du ungestört über die folgenden Fragen nachdenkst und die Antworten aufschreibst. Hast du etwas zu trinken und zu schreiben? Dann kann's losgehen …

Inspirationen für die praktische Umsetzung

1. Was sind die vier Hürden, die zwischen dir und einem Leben in Freiheit stehen?
2. Was ist »Macht über« und was beschreibt »Macht mit« jemandem zu haben?
3. Wie beschreibst du den Unterschied zwischen Freiheit und Willkür?
4. Was gehört zur Freiheit wie die andere Seite einer Medaille?
5. Weshalb verhindert Widerstand ein reiches Leben?
6. Was ist gemeint mit »ready – fire – aim«?
7. Wie sabotieren wir häufig unsere Ziele?
8. Was ist der Unterschied zwischen Komfort-, Lern- und Panikzone?
9. Wohin gilt es für die meisten Menschen häufiger zu gehen, wenn sie ein wirklich erfülltes Leben haben wollen?
10. Was willst du an deinem Verhalten ändern? Was tust du dann? Was tust du nicht mehr?

Notiere deine wichtigsten Erkenntnisse:

____

____

____

____

7 Gedanken fressen Feinsinn auf

»Wenn Sie Bildung für teuer halten, versuchen Sie es einmal mit Unbildung!«
Derek Bok, Präsident der Harvard University

Als Paula am nächsten Tag aufstehen will, merkt sie, wie die ganze Nacht ihr Kopf gearbeitet hat und immer noch arbeitet – es fühlt sich an, als würde er gleich zerbrechen. Eintausend Gedanken jagen durch ihn hindurch und es entstehen immer mehr Fragen, je mehr sie nachdenkt. Mühsam kriecht sie aus ihrem Bett, macht sich fertig und geht müden Schrittes zur Liege 68. Tara bemerkt Paulas Zustand, doch sie sagt nichts. Still gehen beide laufen.

Als sie im kühlen Wasser schwimmen und Paula etwas klarer wird, sprudelt es aus ihr hervor: »Was ist nur mit mir los? Ich bekomme keinen klaren Gedanken mehr hin!« Tara lacht: »Was kühles Wasser so alles auslöst!« Paula schaut Tara mit großen Augen an: »Im Ernst, irgendwie bin ich heute voll neben der Spur. Kannst du mir helfen, wieder normal zu werden?« »Eigentlich ist meine Arbeit vielmehr, den ›normalen‹ Menschen wieder ihre wahre Natur zu zeigen. Wenn wir nachher im ›Previsión‹ sind, stell mir deine Fragen. Die Welt, in der wir aufwachsen, kann sehr verwirrend sein. Also sei verständnisvoll mit dir. Wenn wir aus der gewohnten Welt, die uns zig Jahre umgeben hat, aufwachen, was sollten wir anderes sein als verwirrt?«

Dann schwappt eine Welle genau in Paulas Gesicht. Das auch noch, denkt sich Paula. Als sie wieder klar sieht, ist Tara verschwunden. Paula schwimmt noch eine Weile und geht dann an Land, um sich fertig zu machen für das Gespräch in der Strandbar.

»Wie werde ich die vielen Gedanken im Kopf los?«, fragt Paula nach dem Frühstück. »Manchmal ist es, als würde mein Kopf zerspringen!«
»Ich befürchte, nie. Gedanken haben wir die ganze Zeit, um die 60.000 jeden Tag, und davon wiederholt sich der Großteil jeden Tag. Darum geht es nicht!«
»Worum dann?«
»Es geht nicht um die Gedanken, es geht darum, was du damit machst – oder vielmehr: was du nicht mehr damit machst. Wie du aufhörst, ihnen die Macht über dein Leben zu geben. Atme! Meditiere! Mache deine sechs Atemzüge sechs Mal am Tag oder täglich dein Box-Breathing! Und wenn du das einmal nicht machst oder vergisst, mache es auf jeden Fall am nächsten Tag, denn zwei Mal hintereinander ist bereits wieder eine *Serie*! Entwickle *hilfreiche (!) Süchte* – oder nenne sie, wenn du willst, hilfreiche Routinen –, die dir in schwierigen Situationen helfen. Am besten in jeder Situation, die dich aufregt.«
»Und wofür ist das gut?«, fragt Paula.

»Das ist hilfreich, damit dein System etwas lernt, oder anders gesagt: damit du dein Gehirn etwas lehrst! In stressigen Situationen – wie atmest du da?«
»Hm … Eher schnell und hektisch.«
»Genau! Und wenn du jetzt lernst, ruhig zu atmen, nicht gleich zu reagieren im Außen, sondern bei dir bleibst: Wann genau würdest du das brauchen?«
»Na ja, in schwierigen Situationen, wie z. B. in Konflikten mit meinen Kolleginnen in meiner Arbeit.«
»Was macht es da so schwer für dich?«
»Die machen mich völlig fertig mit ihrem Geklüngel. Die legen mich rein mit ihren faulen Ausreden und ihrem Honig-ums-Maul-Geschmiere Peter gegenüber.«
»Stopp, stopp, stopp! Ich höre, wie frustriert du bist, doch wie lange willst du dir das noch antun?«
»Du meinst, wann ich kündige?«
»Nein, ich meine, wann du aufhören willst, dich klein, ohnmächtig und schwach zu reden? Alles was du brauchst, hast du jetzt bereits in dir!«
»Was soll denn das sein?«
»Merkst du, wie du selbst deine Macht abgibst und dich fremdsteuern lässt von den beiden – wie heißen sie noch mal?«
»Irina und Berta. Ja, aber …«
»Moment«, unterbricht Tara sie, »willst du jammern oder die Situation lösen?« Sie schaut Paula ernst an.

Paula stoppt und atmet erst mal ein und aus.

»Großartig!«, sagt Tara. »Du fängst an, das Training zu nutzen. Spüre die Wirkung! Damit hast du wieder Kontrolle über deine Situation gewonnen und nicht deine ganze Macht an die zwei bzw. drei – mit Peter – abgegeben. Jetzt können wir ans Nächste: deinen Fokus. Nicht: worauf willst du dich nicht mehr konzentrieren, sondern: worauf willst du dich konzentrieren?«

Klarer Kopf – klarer Fokus

- Welche guten Seiten hat der Konflikt?
- Was ist der Auslöser und was ist wirklich die Ursache des Konflikts?
- Was sind meine unerfüllten Bedürfnisse?
- Was sind die unerfüllten Bedürfnisse meines Konfliktpartners?
- Wie kann ich den Konflikt so nutzen, dass er mir, den Beteiligten und den Betroffenen dient?
- Was lerne ich daraus?

»Lass uns das an einem Beispiel anschaulicher machen, okay?«, sagt Tara. »Welche guten Seiten hat folgender Konflikt, den ich in der Personalabteilung und auch immer wieder mal in unterschiedlichen Abteilungen zu lösen hatte? ›Die Teamleistung wird vom Chefchef des Teams moniert.‹ Das ist der Konflikt. Was ist nun die Ursache? Der Vorvorgesetzte gibt immer wieder Aufträge über den Vorgesetzten hinweg direkt an das Team. Durch diese zwei Auftraggeber gibt es eine Überlastung bei den Experten der Abteilung, was wiederum zu einer verzögerten Teamleistung führt. Die Kritik am Team führt zur Demotivation der Experten, die den Eindruck gewinnen, sie würden die meiste Arbeit machen und gleichzeitig ständig kritisiert. Was könnte die gute Seite des Konflikts sein?« Tara sieht Paula fragend an.

»Hm, die gute Seite könnte sein: Die Beteiligten – Vorvorgesetzter, Vorgesetzter und Team – sind erkennbar und damit direkt adressierbar. Die Beteiligten engagieren sich für ihre Aufgaben. Alle wollen erfolgreich sein«, sagt Paula.
»Und was ist dann das Nadelöhr?«, fragt Tara.
»Das ›Nadelöhr‹ des Konflikts? Hm. Die doppelte Beauftragung führt zu unabgestimmten Prioritäten.«
»Und zu was folglich im Team? «
»Vermutlich zu ›wahrgenommener‹ Führungsschwäche des Teamleiters in den Augen der Mitarbeiter.«
»Okay, gefällt mir. Was sind denn wohl die Bedürfnisse der Beteiligten?«, fragt Tara weiter.
»Wenn ich mich in die Leute hineinversetze könnte ich mir Folgendes vorstellen: Wichtigstes Bedürfnis des Vorvorgesetzten: Er will vermutlich sichergehen, dass alles zeitnah umgesetzt wird – also hätte er wohl gerne die Sicherheit zeitnaher Umsetzung. Wichtigstes Bedürfnis des Teamleiters könnte sein: Wahrung seiner Autorität dem Team gegenüber. Wichtigstes Bedürfnis der Teammitglieder: Orientierung, was Priorität hat, und Motivation.«
»Okay, und wer hat dann den Konflikt zu klären?«
»Na, der Teamleiter! Er hat am meisten zu verlieren, wenn das so weitergeht.«
»Und wer verliert dann noch?«
»Hm, ich würde sagen: alle. Der Chefchef verliert de facto einen Teamleiter und die Mitarbeiter die Motivation.«
Tara nickt. »Sehe ich auch so. Nachdem der Konflikt zwar im Team aufgetaucht ist, jedoch der Teamleiter erkannt hat, dass der wichtigste Streitpunkt zwischen ihm und seinem Chef liegt, hat er den Konflikt mit ihm geklärt. Klar habe ich ihm da zur Seite gestanden, doch ohne den Mut aufzustehen und die Strategie des Chefchefs infrage zu stellen, wäre nichts geschehen. Die Lösung war dann einfach. Willst du sie wissen?«
»Ja, klar.«
»Die Lösung war eine Projektliste. Eine Projektliste, die geordnet ist nach Dringlichkeit, Wichtigkeit und Risiko, falls das Projekt z. B. verzögert wird. Sie wird wöchentlich im Team aktualisiert und mit dem Vorgesetzten abgestimmt. Neue Projektaufträge werden in der wöchentlichen Teamsitzung aufgenommen. Die Ressourcen werden zugeteilt und transparent gemacht. Eine Überbuchung der Experten wird dadurch frühzeitig erkannt und verhindert. Der Vorvorgesetzte kann erkennen, dass

einige seiner Aufträge tatsächlich nicht höchste Priorität haben, und kann dies – nun abgesichert – wiederum seinem Chef deutlich machen.«
»Wow, cool!«
»Lass dich nicht verleiten zu glauben, dass die Lösung der Höhepunkt der Verhandlung war!«
»Nicht? Aber sie klingt echt spannend. Darauf wäre ich nicht so schnell gekommen.«
»Die Lösung war nicht das Ergebnis von Genialität, sondern das Ergebnis dessen, dass wieder alle an einem Strang gezogen und eine Lösung gesucht haben, die allen zugutekommt. Sie hat sich über ein paar Wochen Erprobung erstreckt. Nun waren alle voll bei der Sache, eine tragfähige Lösung zu entwickeln. Davor hatten sie nur gestritten und jeder hat versucht, seine persönlichen Vorteile durchzusetzen. Was lernst *du* aus diesem Fall?«

Hm, was lerne ich daraus?, fragt sich Paula nachdenklich.

»Ich würde sagen: Gleich wie kompliziert der Konflikt zu Beginn aussieht – am Ende geht es nur um die Erfüllung von Bedürfnissen. Bedürfnissen, die alle Menschen teilen.«
»Ich sehe, ich habe eine gute Wahl getroffen.«
»Wie meinst du das?«
»Nun, der Coach sucht sich auch den Coachee aus. Und ich sehe, wie schnell du lernst. Das gibt mir die Zuversicht, meine Zeit sinnvoll zu nutzen.«

»Gib anderen niemals die Macht, dich zur Rebellion oder zur Unterwerfung zu verleiten.«
Marshall B. Rosenberg

»Was kannst du anhand der Geschichte erkennen: Worauf haben wir im Konflikt so oft unseren Fokus?«
»Hm. Auf das, was wir nicht wollen, und nicht auf das, was wir wollen.«
»Genau! Deswegen sterben Rehe.«
»Was hat das denn jetzt mit Rehen zu tun?«
»Wenn du in einer Herbstnacht am Waldrand entlangfährst – kann es dann sein, dass du plötzlich ein Reh vor dir auf der Straße siehst?«
»Ja, klar!«
»Und wo schaut das Reh in der Regel hin?«
»Na, zu mir!«
»Also zur Gefahr in 10 bis 20 Metern Entfernung und nicht zum sicheren Wald, der drei Meter entfernt auf der anderen Seite der Straße liegt. Und das ist sein Tod.«

Paula nickt.

»Also löse dich – selbst wenn es schwierig ist – im Konflikt von deinen Urteilen und Interpretationen und fokussiere dich auf deine Bedürfnisse, die du erfüllen willst. So gefährlich loslassen für Bergsteiger sein mag, so hilfreich kann es im Konflikt sein. Also, was willst du?«

»Was ich will, ist, dass ich nie wieder so hereingelegt werde von den beiden.«

»Woohoo, das ist eine selbsterfüllende Prophezeiung!«

Selbsterfüllende Prophezeiung

Eine selbsterfüllende Prophezeiung, auch als Rosenthal-Effekt bekannt, sagt ihre Erfüllung selbst voraus. Die eigene Prognose hat einen deutlichen Einfluss und ist die wesentliche Ursache dafür, dass diese Zukunft auch eintritt. Menschen glauben ihre eigene Vorhersage und agieren daher so, dass sie sich erfüllt.

»Wie?«

»Merkst du, dass du dir etwas wünschst, was du nie mehr willst?«

»Hm, wie meinst du das?«

»Nun, woran denkst du, wenn ich zu dir sage: ›Denke jetzt *nicht* an ein weiß-blaues Polizeiauto!‹?«

»Äh, an ein weiß-blaues Polizeiauto«, sagt Paula widerwillig.

»Wenn du dich auf das konzentrierst, was du nicht willst, geht dein Fokus genau auf das, was du nicht willst! Auch das ist nicht deine ›Schuld‹. Das macht unser Gehirn, denn unser Gehirn kann nicht negieren. Da hilft auch das Wort ›nicht‹ nichts«, lacht Tara. »Also noch mal: Was willst du?«

»Ich will ... Ach, ich hab keine Ahnung. Irgendwie weiß ich nur, was ich nicht will.«

»Verdammt gute Erkenntnis! Hast du jetzt eine Ahnung, weshalb du manchmal das Unglück unbewusst anziehst?«

»Ja«, nuschelt Paula leise. Nach einer Weile fragt sie: »Und wie komme ich da heraus?«

»Wenn du nur weißt, was du nicht willst, dann nimm erst mal deinen Verstand zur Hilfe und mach das Gegenteil daraus.«

»Okay. Ich will, dass ich nie wieder von Irina so angegangen und nie wieder hereingelegt werde.«

»Okay – danke, Paula. Ich glaube, ich habe mich noch nicht ausreichend verständlich ausgedrückt. Bleib bei dir und sag mir, was du nicht mehr willst.«

»Ich will nie wieder auf Irina reinfallen!«

»Okay, wir kommen der Sache näher. Also, was wäre das Gegenteil?«

»Irina fällt auf mich rein?«, witzelt Paula.

Tara lacht. »Netter Versuch. Also ...«

»Ich ... Ich möchte Irina mit *gesundem* Misstrauen begegnen ...?«

»Okay, wir kommen voran! Also, du bist frustriert, weil du in der Vergangenheit nicht gut auf dich aufgepasst hast, und jetzt willst du Irina mit gesundem Misstrauen begegnen?«

»Ja.«

»Und was ist nun deine Frage oder Bitte und an wen?«

»An Irina: Ob sie das endlich mal lassen kann!«

Lebensschlüssel: Von »was ich nicht will« hin zu »was ich will«

Lebensschlüssel basieren auf einer Haltung, die Menschen miteinander verbindet, und zeigen Alternativen auf zu unseren bisweilen tragischen Handlungen. Sie sind Schlüssel, die helfen, in den »Überlebensquadranten« des Tigers, des Stallpferds und der Schildkröte die Türchen, Türen und Tore zu finden, die ins Reich des Elefanten führen. Sie fördern Augenhöhe in schwierigen zwischenmenschlichen Situationen.

Wenn wir unser Verhalten ändern wollen, brauchen wir stets eine entsprechende Alternative. Einfach nur aufhören klappt leider nicht.

Lebensschlüssel: Von Forderungen hin zu Fragen/Bitten

Wenn du eine Forderung im Kopf hast, bist du leicht aus der Fassung zu bringen. Meist genügt ein Wort, das schon kleine Kinder kennen: »Nein«.

In der Konfliktklärung haben wir allerdings großes Interesse daran, zu Beginn möglichst viele »Ja« zu erhalten, um ein Miteinander früh gelingen zu lassen. Zwei, die an einem Strang ziehen, sind stärker als zwei, die ihre Kräfte gegeneinander nutzen.

»Hm, meinst du da geht ihr das Herz auf?«, fragt Tara.
»Das will ich ja gar nicht!«
»Breathe!«

Paula atmet dreimal tief ein und aus.

»Wenn du den Konflikt zwischen euch lösen willst, braucht es wohl eher eine Frage, die möglichst wenig Widerstand beim anderen auslöst, oder?«
»Hm, du hast wahrscheinlich recht, aber manchmal könnte ich ihr …«
»Du meinst, du hast ihr schon alles an den Hals gewünscht: von Ebola bis zu zehn Kilo schweren Halsketten?«
Paula lacht und sagt: »Ja, mindestens zehn Kilo! Und auch, dass sie endlich mal die Rechnung für das bekommt, was sie da bei anderen anrichtet, wie z. B. dem jungen Herrn Lenhart.«
»Und vor allem bei …?«
»Mir! Ja, ja, ich weiß, ich mache sie wieder für meine Gefühle verantwortlich, aber ist sie das nicht auch – zumindest ein bisschen?«, fragt Paula vorsichtig.
»Klar, sie ist auch beteiligt und voll verantwortlich für ihre Handlungen. Es ist schwer, sich vorzustellen, dass sie all deine Gefühle nur auslöst und du doch in voller Verantwortung bleibst.«

»Ja, das klingt so seltsam!«
»Weshalb wohl?«
»Weil ich es mein Leben lang nicht anders gewohnt bin?«

Tara nickt.

> **Lebensschlüssel: Von »abhängig« hin zu »wahlfrei«**
>
> 
>
> Viele von uns haben gelernt, sich abhängig zu machen von anderen, von Umständen, von Meinungen und ungeprüften Aussagen anderer. So meinen wir z. B., es gäbe Dinge, bei denen wir keine Wahl haben – die »man« einfach tun »muss«.
> Auch Hollywood unterstützt dies in Filmen, in denen der Held tut, was er tun muss, in denen er keine andere Wahl hat. Wir übernehmen solche Ansichten und Haltungen, ohne zu prüfen, ob sie wirklich unseren Werten genügen – und wundern uns, wenn sich unser Leben nicht mehr authentisch entwickelt: Wir leiden am eigenen Leben. Wir erkennen oft gar nicht mehr, wie sich diese »Sirenen« in unserem Kopf festgesetzt haben.

»Hm, das ist echt schwer!«, sagt Paula.
»Dann ist es ja gut, dass ich dir nicht versprochen habe, dass es leicht wird – denn dann hätte ich mich echt versprochen«, lacht Tara »Die Frage ist eher: Lohnt es sich, das alles zu lernen? Oder werden Konflikte plötzlich aus deinem Leben verschwinden? Konflikte sind wohl doch eher ein wichtiger Teil des Lebens und kein Unfall.«

Paula hört Tara aufmerksam zu.

»Ja, manchmal ist es schwer, sich im Kopf neue neuronale Verbindungen aufzubauen – die alten Autobahnen wirken natürlich noch. Also sei verständnisvoll mit dir! Hol dir in schwierigen Momenten in dein Gedächtnis zurück, wie du wirklich leben willst: als Spielball anderer oder in kraftvoller Selbstbestimmung?«

> Egal wie unvollkommen du dir vorkommst, gleich wie viele Fehler du immer noch machst oder wie langsam du vorankommst, du bist weit vor denen, die nie angefangen haben.

»Also, auf ›Spielball‹ habe ich gar keine Lust!«
»Sehr gut! Was ist jetzt deine Frage und an wen? Denke dir mal drei Fragen aus – da beginnt deine freie Wahl.«
»Also: Ich bin frustriert, weil ich in der Vergangenheit nicht gut auf mich aufgepasst habe, und jetzt will ich Irina mit gesundem Misstrauen begegnen. Hm, ich glaube die Frage geht eher an mich als an Irina: Bin ich bereit, Irinas Handeln infrage zu stellen? Bin ich bereit, Irina mit ihren Handlungen zu konfrontieren und den Konflikt mit ihr

anzusprechen? Bin ich offen, meine Feindbilder gegenüber Irina und Berta zunächst zu akzeptieren?«
»Und wie sieht es aus? Für welche Frage entscheidest du dich?«
»Ehrlich gesagt, für alle drei.«
»Ah, ja, interessant! Und was ist die Antwort, die du innerlich hörst?«
»Dreimal ›Ja‹.«

Paula erinnert sich: Bei einer Frage sind wir einer Forderung sehr nahe. Bei zwei Fragen gibt es nur ein Entweder-oder, was uns sehr begrenzt. Erst bei drei Fragen und mehr erleben wir wieder eine freie Wahl – sowohl uns selbst als auch anderen gegenüber.

Tara grinst, als ihr durch den Kopf geht: Paula ist mutig. Da lag ich wohl nicht ganz daneben.

»Habe ich dich richtig verstanden: Die erste Frage ist erledigt, die zweite Frage ist nicht ohne Irina zu klären und die dritte steht jetzt an?«
»Ja, genau!«

Der Diamant im Dreck

»Wie willst du mit fehlerhaftem Verhalten von dir und anderen wirklich umgehen?«
»Oh Mann, Tara, du stellst immer so schwierige Fragen!« Und nach kurzem Nachdenken sagt Paula: »Ich kann ihr doch nicht alles durchgehen lassen – und mir doch auch nicht! Wo komme ich denn sonst hin?«
»Hast du noch etwas Energie? Bist du bereit, dass wir da noch etwas genauer hinschauen?«

Paula nickt.

»Was meinst du, Paula: Machen wir alle Fehler?«
»Ja, klar!«
»Und können wir davon ausgehen, dass Menschen ihr ganzes Leben lang Fehler machen?«
»Hm, ja, klar!«
»Was meinst du, geht es dann um folgende drei Dinge: Erstens, wie kann ich meinen Fehler akzeptieren und volle Verantwortung dafür übernehmen, ohne mich selbst zu beschuldigen? Zweitens, was lerne ich aus dem Fehler? Drittens, wie korrigiere ich das Ergebnis?«
»Ja, da ist was dran.«
»Ist das nicht ein Lebensprinzip, das wir zum Versagensbeweis umfunktioniert haben?«
Paula kneift die Augen zusammen und fragt irritiert: »Wie meinst du das?«
»Stell dir mal vor, ein Kind wirft einen Stein in ein Fenster. Wie kannst du ihm beibringen, dass es das in Zukunft besser nicht mehr macht? Indem du das Kind verurteilst, es ausschimpfst und ihm klar machst, dass es ein Nichtsnutz ist?«
»Na ja, so habe ich es gelernt.«

»Hm. Bist du trotzdem dafür offen, mal eine ganz andere Version zu hören?«
»Ja, klar!«, sagt Paula, wobei Zweifel in ihr bleiben. Sie lauert geradezu darauf, Taras Idee zu widerlegen.
»Menschen tun alles aus einem einzigen Grund: um Bedürfnisse zu erfüllen. Selbst wenn uns die Strategie noch so sehr missfällt, ist jede Tat der Versuch, menschliche Bedürfnisse zu erfüllen. Was also will sich der Junge erfüllen, wenn er das Fenster einwirft? Wie wäre es, wenn du erst mal (!) versuchst herauszufinden, was er da so feiert, dass er dir diese ›Missetat‹ erzählt? Und erst danach (!) ihm die Folgen seiner Handlung klar machst und mit ihm Wege suchst, volle Verantwortung – auch für die Folgen seiner Handlung – zu übernehmen.«
»Ja, ist das nicht das Gleiche?«
»Was könnte denn der Unterschied sein?

Paula spürt, dass es ähnlich klingt und doch unterschiedlich ist.

»Hm. Das ist ... Das ist irgendwie eine andere Haltung.«
»Genau, statt Gewinner-Verlierer gehst du in Gewinner-Gewinner, denn jetzt kann er erkennen, was seinem natürlichen Wunsch, zum Wohl anderer Menschen etwas beizutragen, im Weg steht. Im ersten Fall wäre er von dir bestraft worden für etwas, was für ihn etwas Tolles war. Was würde er nach der Strafe wohl tun?«
»Also, wenn ich da so an meine Kindheit denke, wie ich das gemacht hätte ... Er könnte es wieder tun, nur diesmal nicht mehr erzählen.«
»Kannst du dir vorstellen, weshalb es dann so wichtig ist, bei einem Verhalten, das wir nicht mögen, den Diamanten aus dem ganzen Dreck herauszugraben?«
»Den Diamanten? Meinst du damit die eigentliche Motivation?«
»Ja, genau, die Motivation, vom lateinischen ›movere‹ – bewegen, oder: das menschliche Bedürfnis. Was also *bewegt* ein Kind dazu, einen Stein in ein Fenster zu werfen?«

Paula schweigt. Sie versetzt sich in das Kind und erinnert sich an Situationen aus ihrer eigenen Kindheit, in denen sie getan hatte, was anderen nicht gefiel. Sie fragt sich: Könnte es sein, dass ...? Plötzlich sprudelt es aus ihr heraus: »Ich glaube, ich hab's: wirksam sein! Eine Wirkung entfalten und dadurch vermutlich auch Bedeutung erlangen. Wie oft habe ich als Kind die Größeren beneidet, was sie alles durften und konnten, während ich ... Das Kind merkt, dass es etwas hinbekommt, außerdem ist es irgendwie auch ein Abenteuer. Wie interessant – Bedürfnisse, die ich bei mir auch erkenne!«

Tara nickt lachend: »Da sind wir beieinander. Wir Menschen tun nie etwas ohne Grund, selbst wenn er uns zu Beginn noch unklar sein mag. Wir erfüllen uns Bedürfnisse oder versuchen das zumindest. Selbst die erschreckendsten Verhaltensweisen kannst du so sehen – als einen tragischen Versuch, sich menschliche Bedürfnisse zu erfüllen, Bedürfnisse, die wir alle haben. Das führt uns zu einer elementaren Frage: Wie will ich mit meinem und dem Fehlverhalten anderer umgehen?«

Paula ist still. So hat sie die Dinge noch nicht gesehen. Das wirft viele Fragen in ihr auf. Doch sie kann dem nicht weiter nachgehen, weil Tara hinzufügt: »Bist du bereit zu sehen, dass Irina tatsächlich – aus ihrer Sicht, nicht aus deiner (!) – das Beste getan hat, was ihr zu diesem Zeitpunkt zur Verfügung stand? Was, meinst du, will sie sich vermutlich erfüllen?«
»Du meinst, welches Bedürfnis sie sich erfüllen will, indem sie mir aus dem Weg geht, nicht mit mir kooperiert, ihren Arbeitsbereich der Fortbildungen abschottet und wichtige Fortbildungen als zu teuer bezeichnet?«
Tara lächelt. »Ja, genau! Was ist der verdammt gute Sinn dahinter?«
»Die will mir nur … Okay, okay, ich merke es, ich mache mich wieder zum Opfer. Lass mir kurz Zeit.«

Tara schweigt und beobachtet Paula gespannt. Schließlich nimmt sie das Gespräch wieder auf.

»Bist du bereit für eine Herausforderung – eine, die dir möglicherweise viel abverlangt?«, fragt Tara und setzt augenzwinkernd hinzu: »Du wirst zwar ins kalte Wasser springen, aber diesmal trockene Kleider danach haben!« Paula, die sich noch gut an ihr unfreiwilliges Bad erinnert, stimmt etwas verhalten zu: »Okay, was genau willst du, dass ich tue?«
»Stell dir zwei Berge vor. Auf dem einen sitzt du. Du hast einen wunderschönen Blick ins Tal, du siehst, wie die Welt aussieht, du siehst die Menschen, wie sie leben, wie sie miteinander sprechen, was sie tun, du siehst ihre Häuser, wie sie zur Arbeit fahren … Und dann gibt es da noch andere Berge mit jeweils einem Menschen ganz oben auf der Spitze. Auf einem von diesen Bergen sitzt Irina. Auch sie sieht ins Tal, sie sieht dieselben Menschen und wie sie leben, wie sie miteinander sprechen, was sie tun, auch sie sieht deren Häuser, wie sie zur Arbeit fahren …«
»Okay, ja, und was bringt mir das?«
»Sieht Irina dasselbe wie du? Nimm dir Zeit, bevor du antwortest!«
»Hm, zuerst wollte ich sagen: Ja, klar, es sind ja die gleichen Menschen, die gleichen Häuser … Ich glaube, ich verstehe, was du mir sagen willst: Sie sieht das Gleiche von ihrem Berg aus?«
»Ja, das ist ein Teil davon. Es könnte auch sein, dass von diesem zweiten Berg noch ganz andere Dinge zu sehen sind, die z. B. vor diesem Berg liegen und die für dich von deinem Berg aus verdeckt sind – oder? Um die ›Wahrheit‹ des anderen zu verstehen, gilt es was zu tun? Wie willst du seine Perspektive der Welt wirklich einnehmen?«
»Das ginge ja nur, wenn ich auf ihrem Berg säße.«
»Gut erkannt!«
»Heißt das, du willst mir sagen, dass ich von meinem Berg heruntersteigen soll und zu ihr auf den Berg, nur damit ich verstehe, wie ihre Welt aussieht?«
»Wie willst du mit ihr sprechen, solange ihr in verschiedenen Welten seid?«

Paula stockt der Atem.

»Bist du bereit, von deinem hohen Berg herunterzusteigen, ins Tal zu gehen und – möglicherweise mühsam – Irinas Berg zu erklimmen, um die Welt aus ihrer Sicht zu erleben? Was könntest du von dort aus erkennen, was von deinem Berg aus nicht einzusehen war? Übrigens ohne dass du deine eigene Sicht von deiner Bergspitze infrage stellen musst – du bekommst nur ein größeres Bild.«

Tara schaut Paula ins Gesicht und sagt mit warmer Stimme: »Kannst du den Sinn, den guten Grund aus Irinas Sicht erkennen? Und kann es sein, dass selbst wenn du ihn nicht erkennst, sie aus ihrer Sicht einen guten Grund hat?« »Hm, ja, jetzt wird mir langsam klar, was du meinst. Sie hat alle Mittel genutzt, die ihr zur Verfügung standen, selbst wenn sie mir nicht gefallen«, sagt Paula und Tara fügt hinzu: »Um es noch mal zu betonen, das heißt nicht, dass du ihre Verhaltensweisen gutheißt. Doch jetzt weißt du, was ich meine, wenn ich davon spreche, den Diamanten aus dem Dreck auszugraben.«

Paula schaut Tara in die Augen. Der Sturm in ihr hat sich gelegt. Beide sind still.

Mitten im Abenteuer der Konfliktklärung – und einfache Wege, es zu bestehen

»Nichts kann die Person mit der passenden mentalen Haltung aufhalten, ihr Ziel zu erreichen; nichts auf der Erde kann der Person mit der falschen mentalen Haltung helfen.«
Thomas Jefferson

Gedanken haben in unserem Lebenssystem einen riesigen Stellenwert bekommen. Sie haben sicher auch ihren Platz, haben allerdings für viele Jahrzehnte, Jahrhunderte und sogar Jahrtausende eine dominante Rolle bekommen. Erst nach den vielen Kriegen im 20. Jahrhundert ist uns klar geworden, dass wir ein erhebliches Defizit haben. Für unser Miteinander und die Entwicklung unserer Beziehungen zu anderen und zu uns selbst greifen wir mit Gedanken allein zu kurz. Das heißt, unsere Gefühls- und Bedürfniswelten bewusst einzubinden.

Leider wurde in den letzten Jahrtausenden durch unsere Alltagssprache eine Menge verkompliziert. Das hat dazu beigetragen, dass es oft kein Vergnügen ist, etwas von Gefühlen zu hören. Gerade da, wo es in der Kommunikation ernst wird, hören wir viel von Opfern und Tätern. Wir machen uns zu Opfern, andere zu Tätern oder umgekehrt. Unsere Sprache wird dann zu einem Medium, um subtil Gewalt auszuüben.

Was ist destruktive Kommunikation?

»Destruktiv« bedeutet auf eine Art und Weise zu handeln, die zu emotionalen Verletzungen führt oder schadet. Das geht auch über unsere Worte. Vieles von dem, was und vor allem wie wir es sagen, kann dann als »gewaltvoll kommunizieren« bezeichnet werden.

7.1 Aggressives Verhalten und destruktive Kommunikation

In unserem Leben lernen wir ein ganzes Arsenal an destruktiv aggressivem Verhalten. Seiner Wirkung auf andere und auf uns selbst werden wir uns oft erst nach der Situation komplett bewusst. Wir belasten die Beziehung, haben oft keine Alternative und machen daher beim nächsten Vorfall Ähnliches.

Offen aggressiv	Beispiel
kritisieren	»Da hätten Sie auch früher fertig werden können!«
Verantwortung ablehnen	»Das liegt nicht an mir, sondern an meinem Vorgesetzten.«
etwas vorwerfen	»Immer hast du etwas auszusetzen.«
drohen	»Wenn Sie das Projekt nicht bis zum 31.10. fertiggestellt haben, dann haben Sie hier alle Chancen verspielt!«
beschimpfen	»Ihre Stellungnahme ist völliger Bullshit!«
andere bewerten	»In Ihrem Alter ist klar, dass sie das nicht draufhaben!«
beleidigen	»Du A… mit Ohren!«
mobben	Zugang zu wichtigen Dateien sperren und gleichzeitig Arbeiten, die Zugang dazu erfordern, einfordern.
rassistisch verzerren	»Sie müssen aufgrund ihrer Hautfarbe nicht alles so schwarz sehen!«
diskriminieren	»Na ja, von einer Frau kann man das ja auch nicht erwarten!«
blind vor Ärger reagieren	zurückschlagen, weil man geschlagen wurde
»politisch« statt offen sprechen	»Die Situation im Unternehmen erfordert, dass Sie das tun!«
wer schlecht ist oder wer falsch liegt	» Sie haben keine Ahnung von rechtmäßigen Kündigungsgründen.«

Es geht allerdings auch dezenter und unmerklicher durch passiv aggressives Verhalten. **Dies sind Verhaltensweisen, die oft ohne Worte erfolgen.**

Verdeckt aggressiv	Beispiel
sprechen, ohne anderen zuzuhören	um die Argumente anderer nicht zu hören und die eigene Macht zu erhalten
»vergessen«	so tun, als ob man etwas vergessen hätte
manipulieren	so tun, als ob, und die wahren Absichten verbergen
Termine immer wieder verschieben	um einer Konkretisierung auszuweichen
Termine platzen lassen	um unangenehme Folgen zu vermeiden
bagatellisieren	um verantwortlichem Handeln auszuweichen

Verdeckt aggressiv	Beispiel
Fragen stellen, von denen bekannt ist, dass sie beim anderen Schmerz auslösen	um sich auf diese Weise z. B. »Verständnis« für den eigenen Schmerz holen
sich selbst nicht zeigen, jedoch andere bitten, sich zu zeigen	um einer möglichen »Blamage« zu entgehen
etwas schönreden	»Ist alles gut.« – obwohl der Konflikt ungeklärt ist
um Hilfe bitten, ohne jede Bereitschaft, sie anzunehmen	um sich selbst »darzustellen«: »Seht her, ich brauche keine Hilfe, ich bin nicht bedürftig.«
andere verantwortlich machen für eigenes Verhalten	»Das habe ich nur wegen dir gemacht!«
»Rabattmarken« sammeln	totschweigen wichtiger Konflikte und irgendwann das ganze Heft auf einmal einlösen, d. h. die Beziehung beenden
»beredt« schweigen, beleidigt schweigen	so tun, als wäre nichts, und gleichzeitig bereits Rachepläne schmieden
Sarkasmus	jemanden lächerlich machen oder verhöhnen
Zynismus	jemanden von oben herab verspotten
Betroffene nicht beteiligen bzw. informieren	Personaldaten zurückhalten, die für das Entscheidungen treffende Gremium wichtig sind
Bedürfnisse benennen und keine Frage/Bitte stellen	um einer Konkretisierung auszuweichen oder um den anderen verantwortlich für die eigenen Gefühle zu machen

Das geht auch uns selbst gegenüber. Wir sind uns dann selbst der schlimmste Feind:

Autoaggressiv	Beispiel
Selbstkritik	»Ich bekomme nichts auf die Reihe!«
sich selbst etwas vorwerfen	»Weil ich nie ausreichend nachfrage!«
sich selbst abwerten	»Ich war schon immer ungeeignet für größere Aufgaben!«
sich selbst entwürdigen	»Ich bin unfassbar dumm!«
sich verurteilen	»Ich bekomme das nie hin, weil ich so unfassbar dumm bin.«
sich rechtfertigen	»Ich hab ja nur versucht …«

Vermutlich kennst du einige dieser Versionen aus deinem eigenen Leben.

In destruktiver Kommunikation dreht es sich meist nur um drei Fragen:

1. »Wer hat recht?«
2. »Wer ist schuld?«
3. »Wer hat recht *und* wer ist schuld?«

»Wer hat recht?«

Anstatt wie in dem Beispiel mit den Bergen, von denen wir ins Tal schauen, zu erkennen, dass jeder aus seiner Sicht recht hat, streiten wir. Das führt häufig zu immensem Zeitverlust, Missstimmungen in Beziehungen und Teams und hat meist keinen sinnvollen Ausgang.

Wir haben mehrere Unternehmen begleitet, die diese Frage mehr oder weniger versteckt seit Jahren (!) im Management austrugen. Dies führt häufig zu einem fortwährenden Krieg um die Vorherrschaft im Unternehmen.

- Doch was, wenn jeder erkennt, dass er die Situation nur »von seinem Berg« aus sieht?
- Was passiert, wenn wir erkennen, dass wir beide recht haben – jeder aus seiner Perspektive?
- Und was passiert, wenn es uns gelingt, die Perspektive des anderen einzunehmen?

»Wer ist schuld?«

Diese Frage nimmt in vielen Unternehmen und Privatbeziehungen eine gewichtige Rolle ein. Da wird bisweilen endlos und oft mit harten Bandagen gestritten oder es werden Sachverhalte verdeckt in dem Versuch, am Ende nur ja nicht der Schuldige zu sein.

Doch was bedeutet es eigentlich, »schuld« zu sein? Schuld unterstellt der Person eine böse Absicht. Als würden wir absichtlich, weil wir eben »genetisch so geprägt sind«, anderen ins Auto fahren, Rechtschreibfehler im Jahresbericht machen oder vom Dach fallen.

Wie wäre es, wenn wir zwar *volle* Verantwortung für unser Verhalten und die daraus resultierenden Folgen trügen, jedoch nicht schuld wären? Es noch nie gewesen wären?

Dann ist es aus unserer Sicht sinnvoll, Folgen abzuleiten, um aus dem Fehlverhalten zu lernen. Eine Bestrafung hingegen lässt den Fokus auf Strafvermeidung gehen. Beim nächsten Mal versucht die Person einfach nur, nicht erwischt zu werden.

> Hinter *jedem* Verhalten steckt eine gute Absicht, selbst wenn sie uns momentan nicht bewusst sein mag. Die Strategien, *wie* wir unsere Bedürfnisse umsetzen, sind das, womit wir nicht einverstanden sind, weil sie z. B. uns oder anderen schaden.

Lebensschlüssel: Von schuldig hin zu verantwortlich

	Schuld	Verantwortung
Haltung	Ich glaube, dass es so etwas wie schlechte Absichten gibt. Ich erkenne die zugrunde liegenden Bedürfnisse meiner Tat nicht.	Ich bin mir bewusst, dass ich aus der »guten Absicht«, mir Bedürfnisse zu erfüllen, handle. Das Tragische ist meine Strategie, nicht mein Bedürfnis.
Fokus	Die fehlerhafte Strategie.	Strategien finden, die mehr Bedürfnisse erfüllen
Wirkung	Solange ich meine Bedürfnisse nicht kenne, kann ich keine alternativen Strategien entwickeln.	Ich kann bessere Strategien entwickeln, die mehr Bedürfnisse erfüllen.

Was bedeutet das nun für dich? Was auch immer du in der Vergangenheit getan hast – selbst die aus deiner Sicht schlimmsten Handlungen – waren das Ergebnis einer »guten Absicht, für dich zu sorgen«: der Absicht, dir mindestens ein menschliches Bedürfnis zu erfüllen. »Schlimm« mögen die Folgen gewesen sein – für dich und für andere –, doch das verändert die »gute« Absicht nicht. Das hat nichts mit Bagatellisieren zu tun, da wir für unsere Taten weiterhin volle Verantwortung tragen.

Wenn wir uns intensiv mit unseren Bedürfnissen beschäftigen und uns der tiefen Motivation, aus der heraus wir etwas tun, immer bewusster werden, so finden wir auch zunehmend mehr und geeignetere Strategien, um diese zu erfüllen. Strategien, die unser Leben und das Leben anderer bereichern und möglichst niemandem schaden – im Konflikt wie im Leben.

Wenn wir wieder unsere Wahlfreiheit erkennen, andere Strategien für unsere menschlichen Bedürfnisse zu finden, dann wird es leichter gelingen, aufrichtig und offen zu agieren. Unsere Erfahrung zeigt, dass Menschen, die verstanden wurden und eine freie Wahl erleben, automatisch zu gewaltfreien Optionen greifen.

Gewalt bedeutet, dass ich keine andere Option sehe, die mein Leben besser bereichert – eine »arme« Option. Doch wir können uns zu einem Menschen von Reichtum und Üppigkeit machen, ohne dass wir uns, andere oder unsere Umwelt ausbeuten.

»Die Welt hat genug für jedermanns Bedürfnisse, aber nicht für jedermanns Gier.«
Mahatma Gandhi

Weder mit »Wer hat recht?« noch mit »Wer ist schuld?« noch mit der Kombination aus beiden kommen wir einer Lösung des Konflikts, geschweige denn einem Konsens näher. Wenn wir nun einen menschlicheren und intelligenteren Weg wählen wollen: Was können wir tun, um diesen bisweilen »eingebrannten« Sätzen zu entgehen?

Wir nehmen eine **Haltung** ein, in der wir bereit sind, uns infrage zu stellen: die Haltung eines Lernenden, nicht eines Könnenden. Wir legen den **Fokus** auf die unerfüllten Bedürfnisse und suchen neue Wege, sie zu erfüllen.

7.1 Die Welt der Konstruktiven Kommunikation

Die Konstruktive Kommunikation integriert vier Aspekte:

1. **Bewusstheit:** Prinzipien, die uns dabei unterstützen, ein Leben voller Empathie, Fürsorge, Mut und ganzer Authentizität zu führen
2. **Sprache:** verstehen, wie Worte zu Verbindung oder Distanz beitragen
3. **Kommunikation:**
   a) wissen, wie wir um das bitten können, was wir wollen
   b) wissen, wie wir andere hören können, selbst wenn wir anderer Meinung sind
   c) wissen, wie wir uns in Richtung von Lösungen bewegen, die allen dienen
4. **Einflussmöglichkeiten:** Macht, andere zu erreichen, statt Macht über sie auszuüben

7.1.1 Wofür konstruktiv kommunizieren?

Konstruktive Kommunikation dient unserem Wunsch,

- uns empathisch mit uns und anderen zu verbinden, um befriedigendere Beziehungen zu führen,
- Ressourcen fair zu teilen und
- ein Leben zu führen in freier Wahl, mit Sinn und Verbindung.

Konstruktive Kommunikation zeigt einen Weg, radikal ehrlich zu sein, ohne Kritik, Beleidigung oder Abwertungen und ohne jede intellektuelle Analyse, die dem anderen unterstellt, verkehrt zu sein.

Im Unterschied zu der in Konflikten nach außen gerichteten destruktiven Aggressivität des Tigers und der nach innen gerichteten destruktiven Aggressivität und Passivität des Stallpferds und der Schildkröte wollen wir die konstruktive Herangehensweise des Elefanten nutzen, in der wir uns für uns einsetzen, ohne anderen zu schaden.

Schauen wir uns an, was das für Paula bedeutet.

– »Moment«, unterbricht Tara sie, »willst du jammern oder die Situation lösen?« –

Lebensschlüssel: Von »jammern« hin zu »feiern«

In jedem Moment haben wir die Möglichkeit, zum Leben etwas beizutragen oder uns zum Opfer der Umstände zu erklären. »Jammern« ist dabei eine Version, in der wir

- um Verständnis für die Umstände werben.
- verdeckt feiern. Wir »feiern«, z. B. dass wir trotz der widrigen Umstände irgendwie zurechtkommen, und »teilen« unsere Freude mit anderen.

Die Schwierigkeit für eine »jammernde Person« ist, dass sie sich als ohnmächtig zelebriert und sich dadurch selbst vom Handeln abhält.

Tipp

Wenn du jemandem empathisch zuhörst, er deine Fragen bejaht und bestätigt, dass er verstanden wurde, und dennoch nicht aufhört zu jammern – dann checke mal die letztere Variante mit der Person, z. B. mit: »Kann es sein, dass du sehr zufrieden bist, mit diesen widrigen Umständen umgehen zu können?«

Schauen wir uns kurz an, wie Konstruktive Kommunikation die vier Aspekte integriert:

1. **Bewusstheit:** Mut zur Aufrichtigkeit
2. **Sprache:** verstehen, wie jammern zur Distanz beiträgt
3. **Kommunikation:**
   a) Wir wissen nun, wie wir um das bitten können, was wir wollen, und
   b) wie wir uns in Richtung von Lösungen bewegen, die allen dienen.
4. **Einflussmöglichkeiten:** Statt sich zum Opfer der Umstände zu erklären, können wir fragen: Wie bist du aus solchen Situationen gut herausgekommen?

7.1.2 Wenn wir uns auf das konzentrieren, was wir nicht wollen

– »Damit hast du wieder Kontrolle über deine Situation gewonnen und nicht deine ganze Macht an die zwei bzw. drei – mit Peter – abgegeben. Jetzt können wir ans Nächste: deinen Fokus. Nicht: worauf willst du dich nicht mehr konzentrieren, sondern: worauf willst du dich konzentrieren?« –

In Konflikten ist es immer wieder wichtig, sich auf die eigenen Möglichkeiten zu konzentrieren und sich nicht mit den Unmöglichkeiten zu beschäftigen:

- Wir haben keine Macht darüber, was andere Menschen sagen oder tun, doch wir können Einfluss ausüben.
- Wir haben keine Kontrolle über Ergebnisse. Wir haben nur Einfluss auf unsere Handlungen, die dazu beitragen, unsere gewollten Ergebnisse und Ziele zu erreichen – oder eben nicht.

Tipp

Stelle dir die Frage: **»Wie erreiche ich, dass die Lösung des Problems möglichst angenehm und erfreulich für mich ist?«**
Vielleicht willst du die Freiheit, die darin liegt, genießen, anstatt dich den Gesetzmäßigkeiten des Lebens zu widersetzen. Dir dies immer wieder klar zu machen hilft dir, dich auf die machbaren Dinge zu konzentrieren und gelassener mit den Dingen umzugehen, die du nicht kontrollieren kannst.

Gott, gib mir die Gelassenheit, Dinge hinzunehmen,
die ich nicht ändern kann, den Mut, Dinge zu ändern, die ich ändern kann,
und die Weisheit, das eine vom anderen zu unterscheiden.
Nach Reinhold Niebuhr

– »Wenn du dich auf das konzentrierst, was du nicht willst, geht dein Fokus genau auf das, was du nicht willst! Auch das ist nicht deine ›Schuld‹. Das macht unser Gehirn, denn unser Gehirn kann nicht negieren. Da hilft auch das Wort ›nicht‹ nichts«, lacht Tara. –

Unser Gehirn kann nicht negieren. Je mehr wir versuchen, *nicht* an etwas zu denken, desto mehr vertieft sich unser Denken darin. Was tun? Wir ändern unseren Fokus in schwierigen Situationen: weg vom Problem und hin zu dem, was wir wirklich wollen.

Tipp

Versuche das Gegenteil von dem zu bilden, was du vermeiden willst (siehe auch Gegenteilmethode, Kapitel 8)!

- »Er hat auch immer etwas zu kritisieren!« – Gegenteil: »Er schätzt meine Bemühungen.« Was sich dadurch erfüllt: Wertschätzung.
- »Bei der Chefin weiß ich nicht, woran ich bin.« – Gegenteil: »Ich weiß, woran ich bin.« Was sich dadurch erfüllt: Offenheit.
- »Ich lasse mir von dir nicht sagen, was ich zu tun habe!« – Gegenteil: »Ich sage selbst, was ich zu tun habe.« Was sich dadurch erfüllt: Selbstbestimmung.

Dies ist ein Weg, der dir in 90 Prozent der Situationen dabei hilft, zum eigenen Bedürfnis zu kommen. Vielleicht sagst du: Was für eine simple Übung! Einfachheit ist genau das, was wir in Konfliktsituationen wollen, da wir in unseren Möglichkeiten unter Stress sehr eingeschränkt sind.

Schauen wir uns noch mal an, wie Konstruktive Kommunikation die vier Aspekte in diesem Fall integriert:

1. **Bewusstheit:** Wir sorgen für uns, weil wir statt für mehr Abstand für mehr Nähe sorgen.
2. **Sprache:** Wir verstehen, wie unsere Urteile zur Distanz beitragen.
3. **Kommunikation:**
   a) Wir wissen nun, was wir wollen, und können besser um etwas bitten.
   b) Wir bewegen uns in Richtung von Lösungen, die allen dienen, weil wir uns mehr auf unsere Bedürfnisse beziehen und weniger auf unsere Strategien.
4. **Einflussmöglichkeiten:** Wir erreichen unser Gegenüber (siehe 1.).

7.1.3 Eigene Aggression annehmen

– »Hm, du hast wahrscheinlich recht, aber manchmal könnte ich ihr …«
»Du meinst, du hast ihr schon alles an den Hals gewünscht: von Ebola bis zu zehn Kilo schweren Halsketten?«
Paula lacht und sagt: »Ja, mindestens zehn Kilo! Und auch, dass sie endlich mal die Rechnung für das bekommt, was sie da bei anderen anrichtet, wie z. B. dem jungen Herrn Lenhart.« –

Gerade in schwierigen Situationen sind wir, wenn wir etwas über Konfliktmanagement gelernt haben, geneigt, sehr verständnisvoll mit anderen umzugehen – während wir innerlich kochen! Wir sind dann wie ein Wolf im Schafspelz bzw. wie ein Tiger in der Elefantenhaut. Dummerweise merken das die anderen meist, da sie – unbewusst – mehr auf unsere Stimme und nonverbalen Zeichen achten als auf unsere Worte.

Was tun?

Die Situation annehmen

Wenn du dich in so einer Situation befindest, hilft es dir, dir deine Emotionen, deine Urteile und Bewertungen zu erlauben, statt sie höflich zu unterdrücken. Dadurch kommt nur noch mehr Druck auf den Kochtopf.

Wichtig

Wenn du deine Emotionen, deine Urteile und Bewertungen herauslässt, suche dir ein Gegenüber, das sie gut hören kann – z. B. einen Freund oder eine Freundin. *Nicht* deinen Konfliktpartner, auch wenn du dir noch so sehr wünschst, dass er dies hört!

Den Diamanten aus dem Dreck ausgraben

Suche dein unerfülltes Bedürfnis, z. B. mithilfe der Gegenteilmethode. Dir klar zu werden, was dir im Kern wichtig ist, wird deine Gefühle automatisch beruhigen, und du kannst wieder konstruktiver auf dein Gegenüber zugehen.

Lebensschlüssel: Von »man« hin zu »ich«

Kennst du Sitzungen, in denen ein Teilnehmer sagt: »Das sollte man machen!«? Wenn dann danach gefragt wird, wer den Auftrag übernimmt, herrscht Stille.

»Man« ist ein sprachliches Mittel, uns selbst unsichtbar zu machen. Ersetze es durch »ich«, und du wirst sichtbar – und angreifbar! Du brauchst Mut und Charakter, um dich sichtbar zu machen, besonders in konfliktbehafteten Situationen. Du hast die Wahl. Jederzeit.

Statt: »Das Projekt sollte man machen.« z.B.: »Ich mache dieses Projekt gern. Hat jemand gewichtige Einwände, dass ich das übernehme?«

Statt: »Denen sollte man mal die Meinung sagen.« z.B. »Ich vereinbare einen Termin, um nachzufragen, was der Hintergrund der Anordnung ist, und ggf. meine Bedenken vorzubringen.«

Lebensschlüssel: Von »müssen« hin zu »entscheiden«

In unserem Alltag »müssen« wir so unglaublich viel: »Ich muss noch schnell ...«, »Du musst heute noch den Bericht abgeben!«, »Wenn du eine gute Angestellte sein willst, dann musst du heute noch die Leistungsbeurteilung abgeben!« ... »Es gibt eben einige Dinge, die man tun muss!«

Wie schnell handeln wir aus einem inneren Zwang heraus – einem Zwang, der bei vielen klingt wie eine Elternstimme. Wie oft haben wir zu Hause gehört, was wir tun »müssen«? Im Haushalt helfen, das Zimmer aufräumen, die Suppe essen ... Und wie viele haben irgendwann rebelliert: offen oder verdeckt?

Hast du Lust, etwas auszuprobieren?

Dann nimm dir ein paar Minuten Zeit und versetze dich in folgende Situation: Du hast in den letzten Tagen unglaublich viel gearbeitet – der Tag begann um 06:30 Uhr und endete um 21:00 Uhr. Dein Chef ist unzufrieden mit deiner Arbeit und du, wenn du ehrlich mit dir bist, auch. Am nächsten Morgen sagst du Folgendes zu dir:

- Ich **muss** aufstehen.
- Ich **muss** arbeiten.
- Ich **muss** in die Firma.
- Ich **muss** den Bericht fertig machen.
- Ich **muss** nach Hause.
- Ich **muss** noch die Geschirrspülmaschine ausräumen.
- Ich **muss** kochen.
- Ich **muss** ...

Wie fühlt es sich an, all diese Dinge noch tun zu müssen? Merkst du, wie sich beim Lesen Druck in deinem Körper aufbaut? Vermutlich kennst du aus deinem Alltag viele solcher Situationen?

Wie also kommen wir da heraus?

Der Weg weg vom mit Zwang verbundenen Wörtchen »muss« geht über das bewusste »Entscheiden«. Lies nun auch die zweite Spalte und spüre, was dir deine Körperweisheit zeigt:

müssen	**entscheiden**
Ich **muss** aufstehen.	Ich **entscheide mich** aufzustehen.
Ich **muss** arbeiten.	Ich **entscheide mich** zu arbeiten.
Ich **muss** in die Firma.	Ich **entscheide mich**, in die Firma zu gehen.
Ich **muss** den Bericht fertig machen.	Ich **entscheide mich**, den Bericht fertig zu machen.
Ich **muss** nach Hause.	Ich **entscheide mich**, nach Hause zu gehen.
Ich **muss** noch die Geschirrspülmaschine ausräumen.	Ich **entscheide mich**, die Geschirrspülmaschine auszuräumen.
Ich **muss** kochen.	Ich **entscheide mich** zu kochen.
Ich **muss** …	Ich **entscheide mich** …

Merkst du einen Unterschied? Zu welcher Version zieht es dich mehr hin?

Achtung

Worte drücken nie die Haltung aus – sie geben uns nur einen Hinweis darauf! Wir können auch sagen »Ich entscheide mich …« und meinen: »Ich muss …«.

Bist du bereit für »Teil 2«?

Was ist nun deine innere Reaktion hier in der 2. Spalte?

müssen	**entscheiden (plus *Bedürfnis*)**
Ich **muss** aufstehen.	Ich **entscheide mich** aufzustehen, weil es mir wichtig ist, meine Lebenszeit voll zu *nutzen*.
Ich **muss** arbeiten.	Ich **entscheide mich** zu arbeiten, weil ich einen *Beitrag* dazu *leisten will*, dass Menschen ihr Leben leichter gestalten können.
Ich **muss** in die Firma.	Ich **entscheide mich,** in die Firma zu gehen, weil ich meine Kolleginnen mag und die *Zusammenarbeit schätze*.

müssen	entscheiden (plus *Bedürfnis*)
Ich **muss** den Bericht fertig machen.	Ich **entscheide mich**, den Bericht fertig zu machen, weil ich gern Menschen dabei *unterstütze, sinnvolle* Entscheidungen zu treffen.
Ich **muss** nach Hause.	Ich **entscheide mich**, nach Hause zu gehen, weil mir wegen der momentanen Belastung eine *Balance* zwischen Arbeits- und Privatleben wichtig ist.
Ich **muss** noch die Geschirrspülmaschine ausräumen.	Ich **entscheide mich**, die Geschirrspülmaschine auszuräumen, weil mir ein *Miteinander* zu Hause wichtig ist.
Ich **muss** kochen.	Ich **entscheide mich** zu kochen, weil ich anderen gern *eine Freude mache.*
Ich **muss** ...	Ich **entscheide mich** ...

Vielleicht siehst du manche der erwähnten Dinge als selbstverständlich. **Doch gerade Selbstverständlichkeiten erfordern unsere besondere Aufmerksamkeit.** Wie schnell gewöhnen wir uns an Situationen und sehen nicht mehr deren Sinn oder verlieren die Verbindung zur Entscheidung dahinter? Dann kann es uns passieren, dass wir Dinge nur noch aus Gewohnheit tun oder sie fortführen, obwohl sie uns nicht mehr entsprechen und wir ihnen längst entwachsen sind. Uns den Sinn vor Augen zu führen kann unsere Motivation, eine Aufgabe anzugehen, erheblich steigern.

Was tun, wenn du auch bei »ich entscheide mich ...« ein »Nein« spürst?

Wenn du bei einigen Punkten ein unwilliges Zucken spürst oder den Punkt ganz infrage stellst, dann ist das ein Zeichen dafür, etwas an diesem Punkt in deinem Leben zu verändern. Wenn beispielsweise bei »Ich **entscheide mich**, in die Firma zu gehen, weil ich meine Kolleginnen mag und die *Zusammenarbeit schätze.*« etwas in dir zuckt und du sagst: Ja, schon! Doch irgendwie hätte ich auch gern weniger Belastung durch die tägliche Hin- und Rückfahrt plus die häufigen Staus – dann kann es sein, dass für dich das Homeoffice und die Möglichkeit, einen Teil deiner Arbeit von zu Hause aus zu erledigen, eine Alternative wäre.

Wenn du daran interessiert bist, etwas in deinem Leben zu verändern, dann suche Alternativen: wofür du eine Alternative suchst, was du delegierst, was du weniger tust, was du nicht mehr tust. Wenn dies auch andere Personen, wie z. B. deinen Lebenspartner, betrifft, empfehlen wir dir, diese Personen frühzeitig einzustimmen auf deinen Wandel und ihnen deine Absichten verständlich zu machen.

Unsere Selbstbestimmung ist eines der Bedürfnisse, das am härtesten verteidigt wird. Auch als junger Rebell sind wir nicht davor gefeit, unbewusst die Sprache unserer Eltern zu übernehmen. Und einige Jahre später befehlen wir anderen, was sie zu tun haben, was für das Unternehmen getan werden muss, was andere tun müssen, damit die Abteilung vorankommt …

Auch wenn wir hier nur über ein Alltagswort sprechen, merkst du möglicherweise, wie du Alltagssprache nutzen kannst, um dein Leben schöner zu machen.

1. **Bewusstheit:** Du merkst, was du willst und was du ehrlicherweise nicht mehr willst.
2. **Sprache:** Du verstehst, wie »müssen« zu Distanz beiträgt, insbesondere wenn du anderen sagst, was sie tun »müssen«.
3. **Kommunikation:** Jetzt merkst du, wie es vielmehr um Freiwilligkeit geht und darum, um das zu bitten, was du willst – da du sonst einen hohen »Beziehungspreis« zahlst.
4. **Einflussmöglichkeiten:** du nimmst Einfluss auf dein Leben und tust immer mehr, was du willst, und immer weniger von dem, was du angeblich musst.

Merkst du, wie viel Bedeutung deiner Alltagssprache zukommt, wie viel Einfluss selbst einzelne Wörter täglich auf dein Leben haben und dass du die Kontrolle über deine Sprache nun zunehmend mehr in die eigene Hand nimmst?

7.1.4 Wie du in die Selbstbestimmung kommst

– »Hol dir in schwierigen Momenten in dein Gedächtnis zurück, wie du wirklich leben willst: als Spielball anderer oder in kraftvoller Selbstbestimmung?« –

Tara weiß von der Bedeutung, die Selbstbestimmung für viele Menschen hat. Sie spricht Paulas innere Sehnsucht an, zunehmend mehr Verantwortung für sich und ihre Lebensziele zu übernehmen.

- Wie willst du wirklich leben?
- Wie viel Macht willst du anderen wirklich über dich und dein Leben geben? Wie stark willst du dich vom Außen steuern lassen?
- Willst du deine Motivation von äußeren Einflüssen (Vergütung, Prämien, Umsätze …) lenken lassen oder dich zunehmend von innen heraus motivieren (Stimmigkeit, Sinnhaftigkeit, Perspektive …)?

Hinnehmen ist nicht das gleiche wie Annehmen

– »Ich kann ihr doch nicht alles durchgehen lassen – und mir doch auch nicht! Wo komme ich denn sonst hin?« –

Hast du gelernt: Manche (Konflikt-)Situationen kann man nur »hinnehmen«? Dass man manchmal die Situation eben so akzeptieren »müsse«, wie sie nun mal ist? Und fällt es dir schon leichter zu erkennen, dass dies nicht so ist?

Beantworte für dich selbst bitte folgende Fragen:
1. Bist du ein freier Mensch und hast immer die Wahl?
2. Musst du etwas hinnehmen?
3. Kannst du die Situation auch annehmen, weil du die Entscheidung triffst …

Lebensschlüssel: Von »hinnehmen« hin zu »akzeptieren«

»Hinnehmen« entspricht einer Entscheidung aus der Opferrolle heraus. Du sorgst dann für deine Sicherheit auf Kosten deiner Freiheit. Die Versuchung, ins Jammern zu kommen, wird größer.

Alternativ kannst du eine Situation »akzeptieren«. Das entspricht einer bewussten *Entscheidung*, die Realität anzunehmen und jetzt »das Beste aus der Situation zu machen«.

Beispiele:

hinnehmen	akzeptieren
»Ich *nehme* die Entscheidung meines Chefs *hin*, mir keine Gehaltserhöhung zu geben.«	»Ich *akzeptiere*, dass mir mein Chef momentan keine Gehaltserhöhung geben will, und finde heraus, was ihm wichtig ist, sodass er zustimmen könnte.«
»Ich *nehme* die Kritik des Abteilungsleiters *hin, dass auch ich den jahrelangen Konflikt in seiner Abteilung nicht lösen kann.*«	»Ich *akzeptiere* die Aussage des Abteilungsleiters, dass auch ich den jahrelangen Konflikt in seiner Abteilung nicht lösen kann.«
»Ich *nehme* den Fehlschlag bei der Entwicklung einer Glühlampe *hin.*«	»Ich *akzeptiere*, dass dieser Versuch nicht funktioniert hat. Ich bin damit einen Versuch näher am Ziel.«

Thomas Alva Edison, der fast 9.000 Versuche benötigte, bis er die Glühlampe zur Marktreife entwickelt hatte, wurde nach dem 1.000. Versuch von einem Journalisten auf sein Scheitern angesprochen. Edison antwortete: »Ich bin nicht gescheitert. Ich kenne jetzt 1.000 Wege, wie man keine Glühlampe baut.«[17]

Ein weiteres Beispiel, kraftvoll zu akzeptieren *und* weiterzumachen, ist der Schriftsteller Paulo Coelho. Er wurde von seinen Eltern drei Mal in die Psychiatrie eingewiesen – sie dachten, mit ihm stimme etwas nicht, weil er nicht den von seinem Vater gewünschten Weg als Ingenieur einschlug. Coelho hatte von dem Titel »Der Alchimist«

17 Viele der menschlichen »Versager« waren sich nicht im Klaren, wie nahe sie am Erfolg waren, als sie aufgaben (Headstrom-Page 2007)

zunächst nur 900 Exemplare verkauft, woraufhin sich der Verlag von ihm trennte. Trotz dieses und weiterer Rückschläge hat er schließlich über 320 Millionen Bücher verkauft – allein »Der Alchimist« verkaufte sich über 85 Millionen Mal. Seine Bücher wurden in 88 Sprachen übersetzt (Domeneck/Cords 2022).

Wenn andere uns nicht bestrafen, tun wir es
– »Wie will ich mit meinem und dem Fehlverhalten anderer umgehen?« –

Viele von uns, die in der Schule und Ausbildung waren, kennen die Folgen von Fehlern: Wir werden bestraft mit Noten, die uns bedeuten sollen, uns mehr anzustrengen. Wir bekommen zu Hause rollende Augen zu sehen oder werden für die Gefühle anderer verantwortlich gemacht: »Da ist Mami aber traurig, wenn du solche Noten nach Hause bringst!« Unser Selbstvertrauen geht den Bach runter. Viele strengen sich mehr an »um *anderen* zu genügen« und der beschämenden Wirkung aus dem Weg zu gehen. Wieder andere überlegen, welche Strafe sie erwartet und wie sie dieser entgehen können …

Wie viele Menschen wachen noch viele Jahre nach der Schule oder dem Studium schweißgebadet auf, um voller Entsetzen zu erkennen, dass sie sich nicht auf die Prüfung vorbereitet haben – und um dann wiederum zu merken, dass sie die Prüfungen längst hinter sich haben?

7.2 Vom Umgang mit Fehlern

»Gefährlicher als es zu versauen ist: zu wissen, wie es ›richtig‹ geht.«
Tara

Viele verschiedene Situationen führen dazu, dass Menschen Fehlentscheidungen treffen. Dies ist Teil unseres Menschseins. Und wer macht mehr Fehler? Menschen, die in Führung gehen, Menschen, die bereit sind, ihr Leben in die Hand zu nehmen und nach einem neuen, fortgeschritteneren Level zu streben, Menschen, die nicht mehr bereit sind, im tödlichen Komfort der Überlebenszone zu verweilen, bis das Leben vorüber ist. Wenn wir erst meinen zu wissen, wie es geht, hören das Forschen und die Entwicklung auf.

7.2.1 Wie aus Fehlern ganze Unternehmen entstehen

3 M Post-it® Haftnotizen: Der Klebstoff war ein missglücktes Experiment auf der Suche nach einem Superkleber im Jahr 1968. Viele Jahre später erinnerte sich ein Kollege des Wissenschaftlers bei 3 M wieder an den unbrauchbaren Klebstoff, der nicht richtig haftete und wiederablösbar war. Die ersten Haftnotizen waren erfunden, die erst 1981 als Post-it® in Europa eingeführt wurden. Inzwischen gibt es mehr als 4.000 Post-it®-Produkte.

Honda Corporation: Nach dem Zweiten Weltkrieg herrschte akuter Treibstoffmangel in Japan. Ein Japaner hatte nicht einmal Benzin für sein Fahrzeug, um Nahrung für seine Familie zu beschaffen. Verzweifelt baute er einen kleinen Generator an sein Fahrrad. Als andere ebenfalls so ein Fahrzeug haben wollten, gingen ihm die Motoren aus. Er wollte eine Fabrik bauen für die Motoren, hatte aber kein Kapital dafür. Das könnte das Ende der Geschichte sein – doch Soichiro gab nicht auf. Er schrieb an 18.000 Fahrradhändler im Land einen persönlich formulierten Brief. Und siehe da, 3.000 von ihnen waren bereit, ihn finanziell zu unterstützen. Jahre später wurde sein »Super Cub«-Modell ein Renner – es wurde das meistverkaufte Motorrad-Modell der Welt mit über 100 Millionen Stück – und wird bis heute gebaut. Heute beschäftigt die Honda Corporation mehr als 200.000 Mitarbeiter.[18]

Im Quadranten des Elefanten machen wir ebenfalls Fehler. Wie also will Paula mit ihrer Fehlerhaftigkeit umgehen, sodass diese ihr nicht ihre Motivation nimmt? Und wie will sie mit den Fehlern anderer umgehen – insbesondere, wenn sie auf ihrem Weg bereits ein Stück vorangekommen ist?

Menschenführung erfordert die Bereitschaft, Fehler zu machen – und aus ihnen zu lernen. Führen wir nicht täglich Menschen? Damit ist nicht die formelle Führung gemeint, sondern die faktische: Jeden Tag führen wir Gespräche mit Menschen, führen wir unsere Arbeiten aus, wenn wir Familie haben, führen wir andere auf ihrem Weg.

Vielleicht wird das verständlich, wenn wir uns das Autofahren-Lernen ansehen. Anhand des folgenden Modells wird das besser vorstellbar.

18 www.de.honda.ch; https://astrumpeople.com/soichiro-honda-biography-a-great-history-of-japanese-car-manufacturer/, https://www.legends.report/overcoming-failure-the-incredible-story-of-soichiro-honda/, https://succeedfeed.com/how-soichiro-honda-started-honda-corporation-and-became-so-successful/ (alle zuletzt abgerufen am 4.10.2022)

7.2.2 Wie wir lernen

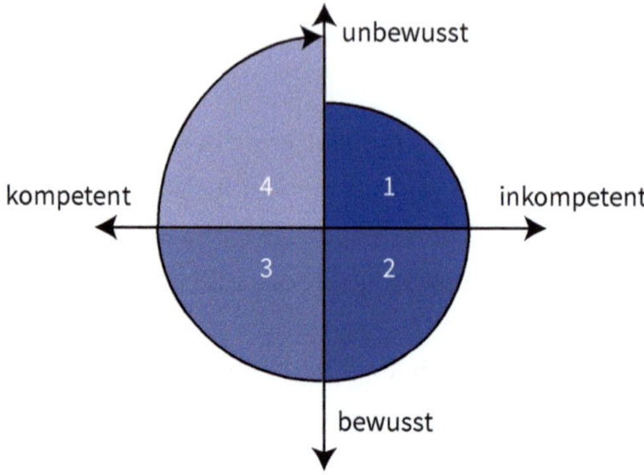

Abb.: Die Lernspirale eines Erwachsenen

Ein Modell, das dir näherbringt, wie wir lernen, zeigt dir, wie du auf ein höheres Level gelangst:

	Bewusstheit und Fähigkeiten	Beispiel Autofahren
1. Quadrant	Wir sind *unbewusst* und haben auch keine Fähigkeiten, um das Neue anzuwenden.	Du sitzt zum ersten Mal im Auto, hast eine Gangschaltung, hast aber keine Ahnung, wie das Ganze funktioniert.
2. Quadrant	Wir werden uns der Aufgaben und der damit verbundenen Schwierigkeiten und Herausforderungen bewusst. Wir bekommen Informationen und erstes Training. Gleichzeitig, sind unsere Fähigkeiten noch recht begrenzt, wir machen Fehler um Fehler und bezeichnen uns als inkompetent.	Nun sollst du zum ersten Mal die Gangschaltung betätigen. Der erste Gang kracht, weil du vergessen hast, die Kupplung zu treten. Dann trittst du sie und siehst genau hin: Wohin soll der Ganghebel bewegt werden? Und nun die Kupplung langsam loslassen. Rums, zu schnell! Du hast den Motor abgewürgt.
3. Quadrant	Hier gilt es, sehr konzentriert zu trainieren, und wir erleben uns zunehmend kompetent in der Anwendung. Wir machen es, brauchen aber noch viel bewusste Anstrengung.	Hier fährst du mit deinem Fahrlehrer in der Stadt und es geht schon ganz gut mit der Schaltung und der Kupplung. Doch du musst manchmal echt aufpassen, dass du den Ganghebel in die passende Richtung bewegst. Mit der Kupplung geht es besser, aber manchmal konzentrierst du dich so sehr auf die Kupplung, dass du den Verkehr neben dir und die Verkehrszeichen kaum wahrnimmst.

	Bewusstheit und Fähigkeiten	Beispiel Autofahren
4. Quadrant	Hier wird es »einfach« und wir merken oft gar nicht bewusst, was wir hinbekommen. Wir haben die Fähigkeit automatisiert.	Du schaltest und weißt bisweilen nicht mal, in welchem Gang du bist. Du tust es »einfach« ohne großes Nachdenken. Da ist kein »Wunder« geschehen, sondern das ist das Ergebnis von vielen Tausend Schaltvorgängen.

Siehst du, wie du, um auf ein höheres Level zu kommen, viele Fehler machst? Und dass jeder erforderlich ist, um dich zur »Automatisierung« zu bringen?

Kinder – die Weltmeister des Lebens

Wie kann es sein, dass Kinder zigtausend Mal hinfallen im Versuch, gehen zu lernen, und dies so lange machen, bis es beim zigtausendundersten Mal nachhaltig klappt und sie dann aufrecht weitergehen – und wir im Erwachsenenalter etwas ein paar Mal probieren und dann aufgeben? Kinder gehen direkt von Quadrant 1 zu Quadrant 3 und dann weiter zu 4. Der Unterschied zu uns Erwachsenen ist: Sie trainieren und verfolgen ihr Ziel, ***ohne* sich moralisch abzuwerten (Quadrant 2)**!

Können wir uns diese Fähigkeit zurückholen? Natürlich, wir brauchen nur mehr Training, da wir in unserem Gehirn das moralische Bewerten all die Jahre unseres Lebens zunehmend verdrahtet haben. Es ist für viele zu einem Automatismus geworden.

Automatisierung verändern

Was, wenn du Automatisierung auch für viele weitere Fähigkeiten erwerben kannst, z. B. für die Klärung deiner Bedürfnisse, für die Fähigkeit, Menschen empathisch abzuholen, oder für die stressfreiere Klärung von Konflikten? Wie verändern sich dann deine Beziehungen? Was kann sich für dich auftun, was bisher verschlossen blieb? Wie wird sich das auf dich auswirken, z. B. auf dein Selbstvertrauen. Was wirst du wagen, das du noch nie getan hast, was wirst du tun, von dem du überzeugt bist, auch wenn Widerstände auftauchen?

Fixierende Sprache

Das Wort »sein« fixiert uns, statt unser Wachstum zu fördern. Menschen werden oft zu dem, was sie glauben zu »sein«.
Wenn ich glaube, dass ich dumm *bin* und etwas nicht *kann*, macht mich das unfähig, es zu tun. **Wenn ich glaube, ich *kann* das lernen, dann erwerbe ich die Fähigkeit, es zu tun, selbst wenn ich zu Beginn die Fähigkeit nicht hatte.**

Vielleicht macht unser Menschsein das Fehlermachen erst möglich? Was, wenn unsere Weiterentwicklung als Menschheit immens davon abhängt, dass wir Fehler machen – mehr Fehler – und sie schneller zugeben und korrigieren, als ständig nur zu versuchen, sie zu vermeiden und uns damit unsere eigene Natur zu verbieten. Damit ist nicht gemeint, Fehler absichtlich zu machen – sie passieren von selbst.

Manches Produkt benötigt sogar Fehler. Jede Software ist fehlerhaft. Sie fehlerfrei zu entwickeln wäre unrentabel und das Softwareentwicklungsunternehmen würde pleitegehen. Vielleicht geht es darum, eine stimmige Balance zu finden zwischen Anstrengung und Akzeptanz – auch bei der Anwendung der Lektionen dieses Buches?

Was willst du tun? Was willst du dir angewöhnen? Und noch wichtiger: Was willst du nicht mehr tun? Wo willst du dich entlasten und was willst du dir daher abgewöhnen?

Achte auf deine Gewohnheiten, denn ...

Deine Gewohnheiten werden deine Werte. Deine Werte werden zu deinem Schicksal.

»Konzentriere dich auf das, was du beeinflussen kannst, und nicht auf die unkontrollierbaren Handlungen anderer.«
Tara

7.2.3 Shit happens – was nun?

Beantworte die folgenden Fragen so ehrlich wie möglich:

1. Was habe ich getan, was ich als »Fehler« bezeichne?
2. Wie fühle ich mich angesichts dieser Situation?
3. Was brauche ich jetzt gerade?
4. Welches Bedürfnis habe ich mir damals versucht zu erfüllen?
5. Falls ich mich noch daran erinnere: Was war der Auslöser? (Welches »sollte«, »hätte sollen«, »muss«, »müsste« war in meinem Denken, sodass ich in diesem Moment keine andere Wahl sah?)
6. Welches meiner Bedürfnisse kam durch meine Handlungsweise zu kurz? Wie könnte ich in dieser Situation bessere Entscheidungen treffen?
7. Wie hätte ich mich auf andere Weise verhalten können? Was hätte ich alternativ sagen können?
8. Wie könnte ich *jetzt* mein Bedauern ausdrücken ohne Selbstkritik?

Lebensschlüssel: Von »entschuldigen« hin zu »trauern«

Nehmen wir an, ich habe eine Idee meiner Kollegin als meine eigene ausgegeben. Was passiert vermutlich in mir, wenn ich in der Haltung von Schuld bin bzw. in der Haltung, Verantwortung zu übernehmen?

sich entschuldigen	trauern
Ich glaube, Strafe zu verdienen, weil ich mich bzw. mein Verhalten als schlecht bewerte, weil ich z. B. die Idee meiner Kollegin als meine ausgegeben habe.	Ich trauere, weil ich an ihrer Stelle Anerkennung bekam, obwohl mir Kollegialität wichtig ist.
Fokus auf mein fehlerhaftes Verhalten: Ich sehe lediglich mein fehlerhaftes Verhalten (= Strategie) und verliere den Kontakt zu meiner ursprünglichen Absicht, meine Bedürfnisse zu erfüllen.	*Fokus auf meine Absichten:* Ich würdige meine ursprüngliche Absicht (Anerkennung) und erkenne an, dass mein Verhalten leider weitere Bedürfnisse (Aufrichtigkeit) nicht erfüllt hat.
Ich übernehme die Schuld bzw. bestrafe mich (bevor andere mich bestrafen).	**Ich drücke meine Trauer bzw. mein Bedauern aus.** Meine Selbstachtung bleibt erhalten.
»Sorry, das ist meine Schuld! Ich bin so ein Egoist!«	*»Tut mir leid, dass ich nicht klargestellt habe, dass die Idee von dir war. Da wäre ich gern aufrichtiger gewesen!«*

Wenn du dir nach einem Fehler die Fragen oben beantwortest, wirst du merken, dass du auch mit den Fehlern anderer leichter umgehen kannst. Das bedeutet, nicht alles zu akzeptieren, was getan wurde, von kontraproduktiven Strafen abzusehen und konsequent für eine Verantwortungsübernahme einzutreten.

Lebensschlüssel: Von der Strafe zur Folge

Hinter dem Strafkonzept steht die Annahme, dass durch (die Strategie) Strafe die anderen merken, wie weh sie jemandem getan haben. Strafe soll somit verhindern, dass sie das Gleiche wieder tun.

Funktioniert das? Tatsächlich verzichtet die Rechtsprechung seit einigen Jahren zunehmend auf Bestrafungen und unternimmt viel Aufwand, um mit Mediationen für mehr Verständnis, Verstehen und Versöhnung zwischen den Beteiligten zu sorgen. Täter richten sonst ihre Aufmerksamkeit mehr auf geschickteres Verbergen. Solange sie die Bedürfnisse hinter ihrer Tat nicht kennen, finden sie kaum Alternativen und werden zum

Wiederholungstäter. Die Erkenntnis, welche Bedürfnisse sie sich versucht haben zu erfüllen, öffnet die Perspektive für Handlungsalternativen und Heilung.

»In der Natur gibt es weder Belohnungen noch Strafen. Es gibt Folgen.«
Robert G. Ingersoll

Was bedeutet das für unseren Alltag?
Wenn wir Menschen jederzeit das Beste tun, was uns zu diesem Zeitpunkt zur Verfügung steht, was ist dann die Folge, wenn wir »von oben« dafür bestraft werden? Zunächst Verwirrung, dann Abscheu und irgendwann Rebellion oder Selbstaufgabe, wobei vermutlich die meisten zur Selbstaufgabe greifen. Wir geben unsere Wünsche auf, passen uns an und werden nette Menschen, die »keine eigene Meinung« mehr haben, Menschen, die ins Schema hineinpassen.

Hast du schon mal ein Ehepaar im Konflikt gesehen, das sich gegenseitig anschreit? Im Konflikt ist der Wunsch, ernst genommen zu werden, auf beiden Seiten gleich groß. Und beide sorgen gerade nicht wirklich gut für sich. Beide brauchen Verständnis und haben nahezu eine Garantie, dieses über die Strategie »Anbrüllen« nicht zu erhalten.

In Situationen großer emotionaler Belastung brauchen wir Empathie. Doch wenn du so aufgewachsen bist wie wir, dann hast du gerade dies selten oder gar nicht kennengelernt. Empathie hast du vielleicht bekommen von Außenstehenden, doch zumeist nicht von deinem Gegenüber – und insbesondere nicht in einem Konflikt.

Wie gut tut es, wenn in einer Situation höchster emotionaler Anspannung dich jemand wirklich in der Tiefe versteht und annimmt? Und doch vergessen wir »im Eifer des Gefechts«, diese Empathie uns selbst und dem anderen zu schenken.

Lebensschlüssel: Von »intellektuell verstehen« hin zu »empathisch wahrnehmen«

Für das alltägliche Überleben wird über viele Jahre unser Intellekt gefördert, trainiert und alltäglich gefordert. Die Logik und die Zusammenhänge werden analysiert, Verhalten wird diagnostiziert – und Fehlverhalten erst recht. Um unsere Sicherheit zu gewährleisten, werden Prognosen abgegeben, Einschätzungen für die Zukunft eingeholt und Ziele gesetzt.
Was dabei bedauerlicherweise oft verloren geht, ist unsere Menschlichkeit, unser *Menschsein*, das nur im Hier und Jetzt existiert. Wir verlieren den Kon-

takt zu unseren Mitmenschen, zu unseren Ehepartnern, unseren Kindern und zu uns selbst.
Statt unsere Mitmenschen empathisch zu verstehen, verstehen wir sie intellektuell: Wir verstehen (intellektuell) den Hintergrund ihrer Gefühle. Wir verstehen (intellektuell) den Beweggrund, sich abwehrend zu verhalten. Wir verstehen (intellektuell), wo sie hinwollen.
Wofür tun wir das?
Häufig, weil wir selbst sichergehen wollen. Wir wollen richtigliegen. Doch wir verpassen,

- ihren Schmerz wahrzunehmen, damit sie sich jetzt mit allem und genau so, wie sie sind, bei uns wohlfühlen können.
- die Angst anzunehmen, die sie aufgrund früherer Erlebnisse vor unseren Worten oder Handlungen haben.
- ihre Begeisterung zu teilen und Träume sich entwickeln und wilde Fantasien jetzt Wirklichkeit werden zu lassen.

7.3 Empathy first: Erst in Verbindung kommen, dann lösen

Erst abholen, wo der andere in diesem Moment ist – dann erst den Konflikt lösen. Oft wird in Gesprächen lange, teilweise über Jahre hinweg, über die Vergangenheit gesprochen. Sie wird immer wieder aufgewärmt – gelöst wird nichts. Das Gleiche können wir mit dem permanenten Blick in die Zukunft machen: Wir verlieren uns in Ideen, Absichten und Visionen, ohne je etwas umzusetzen.

Der einzige Moment, in dem wir etwas bewerkstelligen können, ist die Gegenwart. Nur jetzt sind Entscheidungen möglich, nur jetzt können wir – mit Referenz auf die Vergangenheit – zu Lösungen kommen, nur jetzt können wir den Boden bereiten für eine Zukunft, die uns anzieht. Nur jetzt können wir Verständnis und Verstehen fördern, um Lösungen näher zu kommen.

Gerade bei Empathie wissen viele Menschen nicht, welche Frage sie stellen könnten oder wie sie darum bitten könnten. Sie weichen aus in Handlungen, die ihnen und anderen schaden.

Dies tritt alltäglich in Unternehmen genauso wie in Ehen auf, da Konflikte und der Umgang damit gesellschaftlich so tabuisiert sind, als wären sie etwas Schädliches. Doch sind es nicht ungelöste Konflikte, die Ehen gefährden und beenden? Sind es nicht häufig ungelöste Konflikte, die Abteilungen ineffizient werden lassen, um schließlich der »Umstrukturierung« zum Opfer zu fallen?

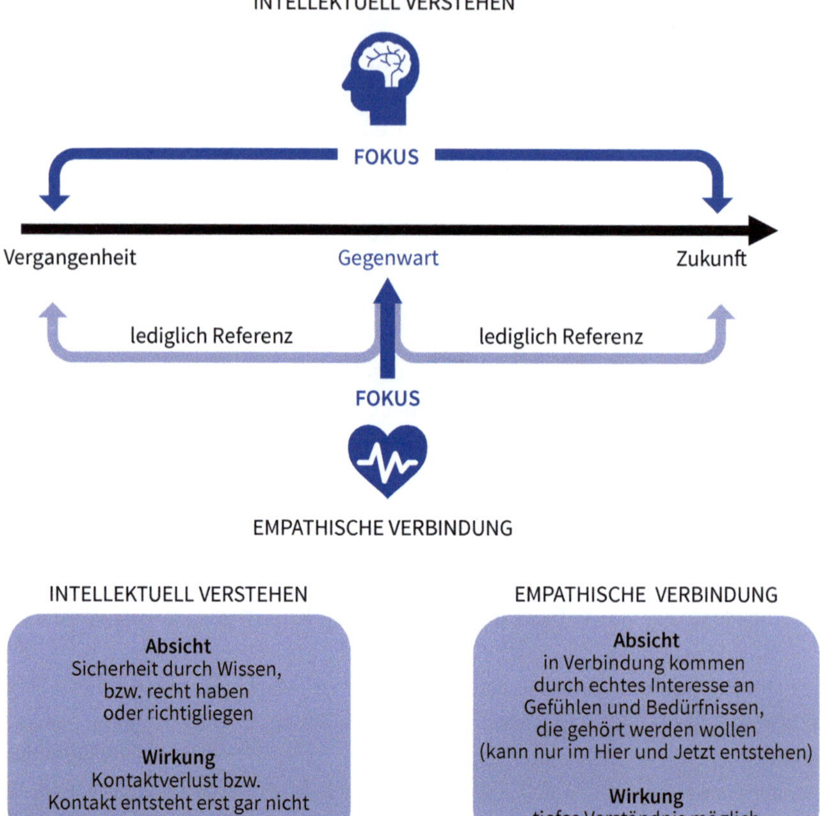

Abb.: Vom intellektuellen Verstehen zur empathischen Verbindung

7.4 Darf es etwas mehr sein?

An diesem Punkt möchten wir darauf aufmerksam machen, wie glücklich wir im Westen sein können, uns der Lösung von Konflikten zu widmen. Wir haben das Geld und die Zeit, uns mit diesem Thema zu befassen. Damit meinen wir die Menschen, die so wohlhabend sind, dass sie sich dieses Buch kaufen konnten.

Die Armen dieser Welt haben diese Möglichkeit meist nicht. Extrem arm bedeutet, mit 1,90 US-Dollar pro Tag, d. h. ca. 50 Euro pro Monat auszukommen (Ferreira/ Jolliffe/Prydz 2015). 42 Prozent der davon betroffenen Menschen leben in Indien und Afrika. Aktuelle Prognose: 2030 werden voraussichtlich rund 85 Prozent aller wirtschaftlich extrem armen Menschen in Afrika leben – und das sind die positiven Schätzungen!

Dr. Jason Hickel, Ökonom an der London School of Economics und einer der weltweit bedeutendsten Wirtschaftsanthropologen, weiß: Mit 1,90 US-Dollar pro Tag kann kein würdevolles Leben mit gesunder Ernährung, sicherer Behausung und einer adäquaten Gesundheitsversorgung gewährleistet werden. Mit anderen Wissenschaftlern plädiert er dafür, die Bemessungsgrenze von absoluter Armut auf das anzuheben, was der gegenwärtigen Lebensrealität vieler Menschen entspricht. Dazu stellt er Werte zwischen 7,40 US-Dollar pro Tag (200 Euro pro Monat) und 15 US-Dollar pro Tag (400 Euro pro Monat) als Bemessungsgrenze für extreme Armut zur Diskussion (Hickel 2021).

Bei einem Wert von 7,40 US-Dollar pro Tag hätten 2019 ganze 4,2 Milliarden Menschen unterhalb der Armutsgrenze gelebt, weit mehr als noch vor 40 Jahren. Berücksichtigen wir das globale Bevölkerungswachstum oder den Anstieg des weltweiten Bruttoinlandsprodukts (BIP), dann sind von jedem Dollar lediglich 5 Prozent (!) bei den unteren 60 Prozent der Weltbevölkerung angekommen (Chancel 2018).

Werden weitere Indikatoren wie Gesundheitslage, Bildungschancen und der allgemeine Lebensstandard herangezogen, nimmt die weltweite Ungleichheit weiter zu. Die Theorie »A rising tide lifts all boats«, also dass die Flut alle Boote anhebt – demnach also alle Menschen, auch die wirtschaftlich ärmsten, langfristig von dem weltweiten Wirtschaftswachstum profitieren – fällt wohl unter »schönreden«. Stieg von 1980 bis 2016 das weltweite Einkommen des obersten Prozents um 22 Prozent, erhielten die unteren 50 Prozent gerade mal 10 Prozent Einkommenssteigerung.

Corona-Pandemie vertieft die Gräben und trifft die Ärmsten umso mehr

Die Corona-Pandemie hat dazu beigetragen, dass die Welt im Kampf gegen die globale Armut um weitere mindestens fünf Jahre zurückgeworfen wurde. Während das globale Vermögen kontinuierlich steigt, kommen diese Wohlstandsgewinne bei der ärmeren Hälfte der Weltbevölkerung nicht an.

Zum Beispiel haben 771 Millionen Menschen keinen Zugang zu einer einfachen Trinkwasserversorgung. Dabei ist der Zugang zu sauberem Wasser seit 2010 ein Menschenrecht. Und in den ländlichen Gebieten Afrikas südlich der Sahara transportieren Frauen und Kinder Wasserkanister über eine Strecke von durchschnittlich sechs Kilometern – jeden Tag.[19]

19 Neven Subotic Stiftung: https://nevensuboticstiftung.de (2022), World Health Organization UNICEF Joint Monitoring Program 2021, United Nations https://www.un.org/waterforlifedecade/human_right_to_water.shtml 2022 (beide zuletzt abgerufen am 4.10.2022)

7.5 Abschlussfragen

Nimm dir nun bitte mindestens 15 Minuten Zeit, in denen du ungestört über die folgenden Fragen nachdenkst und die Antworten aufschreibst. Hast du etwas zu trinken und zu schreiben? Dann kann's losgehen ...

Inspirationen für die praktische Umsetzung

1. Wozu die Atemübung, wenn es um Konflikte geht?
2. Hilft es im Konflikt eher, einfache Aussagen zu treffen und Fragen zu stellen, oder geht es darum, möglichst viele Zusammenhänge zu erkennen, ausgeklügelte Analysen zu verfassen und detailliert zu systematisieren?
3. Weshalb bringt dich jammern nicht weiter?
4. Was bewirken selbsterfüllende Prophezeiungen?
5. Worauf gilt es den eigenen Fokus im Konflikt immer wieder zu lenken?
6. Wenn du ein Feindbild von der anderen Person in dir hast, was kannst du dann tun?
7. Was ist der Unterschied zwischen innerer und äußerer Motivation?
8. Was ist gemeint mit »den Diamanten aus dem Dreck ausgraben«?
9. Aus welchem Grund handeln Menschen – gleich ob konstruktiv oder destruktiv?
10. Bist du bereit, dein Verhalten diesbezüglich infrage zu stellen, um einen nächsten Schritt machen zu können? Was willst du dann an deinem Verhalten ändern? Was tust du dann? Was tust du nicht mehr?

Notiere deine wichtigsten Erkenntnisse:

____

____

____

____

____

____

____

8 Empathisches Zuhören will gelernt sein

»Empathisch zu sein bedeutet, die Welt durch die Augen der anderen zu sehen und nicht unsere Welt in ihren Augen.«
Carl R. Rogers

Heute bin ich ja erst um 15:30 Uhr im »Previsión« mit Tara verabredet, denkt sich Paula. Wie schön, den Tag auch mal allein zu beginnen. Mal sehen, wo ich heute stehe mit meiner Fitness … Paula steht aus Gewohnheit früh auf, zieht sich um und geht an den Strand zur Liege 68. Wie gewohnt ist kein Mensch da, von Weitem hört sie nur ein paar Hunde bellen, die weit entfernt am Strand laufen.

Was Tara wohl in der Stadt macht?, fragt sich Paula kurz, doch dann wischt sie ihre Gedanken beiseite, zieht ihre Sandalen aus und läuft strammen Schrittes los. Sie spürt den Sand unter ihren Füßen und der Stolz über ihren Morgenlauf beflügelt sie, als sie den Strand entlangläuft. Sie spürt ihre Kraft und hat Lust, heute sogar noch weiter zu laufen als sonst mit Tara. Ich werde ihr zeigen, dass ich durchaus etwas draufhabe!

Paula wundert sich, warum sie so lange keinen Sport getrieben hat – schließlich hatte sie doch früher mit der Familie so oft Tennis gespielt. Seit sie im Beruf war, hatte der Sport eine immer geringere Rolle gespielt. Macht doch so viel mehr Spaß, wenn ich darauf achte, mich zu Beginn nicht zu überfordern, denkt sie sich nun. Wie Tara sagt: Ich bin die Meisterin meines Schicksals! Schon mein Leben lang! Welche Entscheidung also will ich heute treffen? Was will ich heute angehen?

Als sie zurückläuft, sieht sie, wie die Hunde, die sie zuvor gehört hatte, ihr entgegenlaufen. Es sind fünf Hunde. Sie wird nervös und schaut nach hinten, ob da vielleicht jemand hinter ihr ist. Meinen die mich?, fragt sie sich und schaut etwas argwöhnisch die Hunde an, die sich ihr immer mehr nähern. Nun sind sie nur noch 30 Meter entfernt und sie sieht, wie sie bellen und sich gegenseitig anheizen. Paula stoppt, das ist ihr irgendwie unheimlich. Im Sand sieht sie ein angeschwemmtes Stück Holz. Sie nimmt es hinter ihren Rücken.

Die Hunde sehen unheimlich aus. Paula denkt noch: Ich will denen ja nichts – ich hoffe, die mir auch nicht. Doch nun sind sie bei ihr und fletschen die Zähne, sie knurren und bellen Paula an. Paula bekommt Angst, sie schaut, ob da irgendwer ist, dem die Hunde gehören, doch da ist niemand. Sie sieht nur noch einen weiteren Hund, der aus ca. 50 Metern Entfernung dem ganzen Treiben zusieht.

Paula ruft, sie nimmt den Stock fest in die Hand, doch die Hunde wirken nun noch aufgebrachter. Abwechselnd nähern sie sich ihr. Sie versucht sie mit dem Stock von sich fernzuhalten. Doch das Knurren und Bellen wird lauter. Paula atmet tief, irgendetwas in ihr weiß: Jetzt heißt es, ruhig zu bleiben. Sie ruft um Hilfe, versucht, die aufkommende Panik in den Griff zu bekommen. Einer der Hunde – ein großer schwarzer Hund – springt sie an, doch Paula kann zur Seite ausweichen.

Plötzlich sieht sie, wie einer der Hunde, ein grauweißer Mischling, die anderen anbellt. Er stellt sich gegen sie, geht an Paulas Seite und knurrt die anderen Hunde an. Er bellt und beißt nach dem schwarzen Hund, der Paula angegriffen hatte. Dieser beißt zurück und erwischt ihn am Kopf. Blut fließt. Doch der Grauweiße lässt sich nicht beirren. Er schüttelt sich, schnappt nach dem schwarzen Hund – und ringt mit ihm, drückt ihn in den Sand. Paula hält die anderen Hunde mit ihrem Stock ab. Sie sieht den Geifer, der aus den Mäulern der Hunde trieft, den Schaum, die heftig atmenden Flanken.

Paula sieht, wie der schwarze und der grauweiße Hund heftig übereinander herfallen, sich beißen und miteinander ringen. Paula hat Angst, dass die anderen Hunde gleich mitmachen, doch sie halten sich zurück. Sekunden vergehen, die sich wie Stunden anfühlen. Das Knurren und heftige Atmen der beiden kämpfenden Hunde nimmt zu. Eine Attacke jagt die andere. Plötzlich jault der schwarze Hund auf und zieht den Schwanz ein. Der Grauweiße bellt ihn laut an, als der schwarze Hund sich schützend zusammenkrümmt. Schließlich dreht er sich auf den Rücken und zeigt seinen Bauch. Der Grauweiße lässt von ihm ab.

Der schwarze Hund springt auf die Beine, schaut noch mal zu dem grauweißen Mischling hinüber – und zieht sich langsam rückwärts zurück. Paula sieht, wie die anderen Hunde erkennen, dass sich ihr Anführer zurückzieht. Sie werden stiller, sie knurren und schauen Paula wütend an, aber das Bellen hört auf. Als sich der Schwarze langsam wegbewegt, lösen sich auch die anderen von Paula. Der grauweiße Hund allerdings bleibt an ihrer Seite, als wolle er sicherstellen, dass die anderen sich auch wirklich zurückziehen. Seine Zunge hängt heraus und er hechelt immer noch heftig.

Paula sieht, wie sich alle fünf Hunde zurückziehen. Fünf? Dann muss der Grauweiße ein anderer Hund sein! Sie schaut ihn an. Ja, genau, er sieht aus wie der Hund, den sie vorhin am Rande der Dünen gesehen hatte. Zerrupft und blutig sieht er aus, voller Sand, der auf seinem schweißnassen Fell klebt. Paula hofft, dass es ihm gut geht. Sie schaut den Hunden nach, die sich nun immer weiter zurückziehen und schließlich in den Dünen verschwinden.

Jetzt erst spürt sie, wie ihr Herz pocht und das Adrenalin durch ihren Körper pumpt. Sie atmet tief durch – und kann so gar nicht begreifen, weshalb sich dieser wildfremde Hund so für sie eingesetzt hat. Am liebsten würde sie ihn umarmen, aber es ekelt sie etwas – sein Körper ist voller Geifer und Schweiß. Sie legt ihren Stock vorsichtig in den Sand und nähert sich dem Hund mit ihrer Hand. Tatsächlich, er lässt sich streicheln! Sie schaut ihm in die Augen. Er hat so treue Augen – Augen fast wie, ja, hm, wie … Irgendwie kommt sie nicht drauf, an wen sie diese Augen erinnern.

Paula geht ans Wasser – und tatsächlich: der Grauweiße kommt mit. Die beiden laufen in die flachen Wellen und Paula wäscht den Hund mit ihren Händen so gut es geht ab. Er lässt sich das alles gefallen. Er schüttelt sich und die Tropfen prasseln auf Paula. Sie lacht. So hatte sie sich ihr morgendliches Bad nicht vorgestellt!

Als sie zu Taras Liege Nummer 89 geht und sich auf den Rand setzt, folgt ihr der Grauweiße, legt sich direkt ans Fußende in die Sonne und kuschelt sich in den warmen Sand. Noch bilden sich kleine blutige Rinnsale auf seinem Fell, doch seine Augen schauen lebendig umher – er scheint den Kampf gut überstanden zu haben.

Was ist das für ein Wunder heute? Paula schüttelt den Kopf. Sie mag sich gar nicht vorstellen, was passiert wäre, wenn dieser eine Hund nicht am Strand gewesen wäre. Sie schaut den Grauweißen an, streichelt ihn und spricht zu ihm: »Du hast heute dein Leben für mich riskiert, hast dich mit deinem ganzen Körper für mich eingesetzt! Ich habe keine Ahnung, wie du dazu kommst und was dich hierhergeführt hat. Ich kann gerade nicht mehr sagen, als danke, danke, danke.«

Tiere und Empathie

Diese autobiografische Geschichte macht deutlich, wozu Tiere fähig sind, selbst unter widrigen Bedingungen.
Lange haben Menschen bezweifelt, dass Tiere zu empathischem Handeln fähig sind. Unter Verhaltensforschern findet seit Jahren ein Sinneswandel statt, der vor ca. 60 Jahren begann. So konnten zahlreiche Studien bei Tieren nicht nur differenzierte Emotionen und Empathievermögen nachweisen, sondern auch deren soziale und kommunikative Bedeutung aufdecken (z. B. Lorenz 1949, Deutschmann 2019, Albat 2019).

Als Paula sich sprechen hört, schüttelt sie den Kopf und denkt: Bin ich jetzt völlig durchgedreht? Jetzt spreche ich schon mit einem Hund! Ach, egal, sollen mich doch alle für verrückt halten! Sie herzt den Grauweißen und sagt zu ihm: »Du und ich, wir gehören jetzt zusammen. Dich nehme ich mit nach Deutschland! Da kommt kein Blatt dazwischen!«

Paula geht zum Hotel zurück und tatsächlich: der Grauweiße folgt ihr, selbst auf dem Hotelgelände bleibt er bei ihr und geht mit bis ins Zimmer. Ein kurzer Gedanke schießt ihr durch den Kopf: Ob das wohl erlaubt ist? Doch sie ist entschlossen, an ihrem Vorhaben festzuhalten. Sie legt einige Handtücher zusammen, auf denen ihr neuer Freund bequem liegen kann. Irgendwie braucht der Grauweiße doch einen Namen, denkt sie sich. Wie kann ich ihn denn nennen? Paula erinnert sich, mit wie viel Mut und Herz sich der Grauweiße zwischen sie und die angreifenden Hunde geworfen hat – und entscheidet sich für »Corazón« (spanisch für Herz).

Paula fragt: »Wie gefällt dir ›Corazón‹?« Der Hund schaut sie mit seinen großen braunen Augen an, dreht den Kopf, als würde er sie etwas fragen, legt ihn wieder auf die Handtücher – und schließt die Augen. Offensichtlich braucht er jetzt Ruhe.

Oh Mann, da habe ich heute Nachmittag Tara einiges zu erzählen, denkt Paula. Das ist ja wie ein Abenteuerurlaub hier! Ich merke gar nicht mehr, wie erschöpft ich war, als ich ankam. Unfassbar! Und ich will mehr davon! Sie lächelt in sich hinein und geht duschen. Danach verlässt sie leise, damit Corazón nicht aufwacht, das Zimmer, um frühstücken zu gehen.

Als Paula mit einigen rohen Würstchen, die sie in der Küche hat abstauben können, in ihr Zimmer zurückkehrt, sieht sie eine kleine Notiz an ihrer Zimmertür hängen. Dort steht: »Bitte rufen Sie den Hotelmanager Herrn Ignacio de la Fuerte umgehend an.« Paula nimmt den Zettel mit der Nachricht und der Rufnummer ab und schließt ihr Zimmer auf. Corazón springt an ihr hoch, jault und stupst ihr mit seiner Nase ins Gesicht. »Langsam, langsam, Corazón, lass mich leben. Ich war doch nur beim Frühstück!« Paula herzt Corazón vorsichtig, weil seine Wunden noch am Abheilen sind.

Als sie den Hotelmanager unter der angegebenen Rufnummer endlich erreicht, meldet sich ein vermutlich älterer Herr mit heiserer Stimme:

»De la Fuerte, por favor?«
»Hier Aulett, äh, Paula Aulett, Zimmer 125. Sie wollten mich sprechen?«
»Ach, ja, sind Sie die Dame von Block B in Zimmer 125?«
»Ja, genau!«
»Das Zimmermädchen aus ihrem Block hat mir gesagt, Sie hätten einen Hund in Ihrem Zimmer. Das geht nicht! Wir sind eine Ferienanlage und hier sind Hunde verboten.«
Paula schluckt. »Ja, verstehe.« Sie atmet tief durch und sagt sich: Bevor ich jetzt Unsinn rede, erst mal atmen.
»Hallo? Hallo?«, fragt Herr de la Fuerte am anderen Ende der Leitung.
»Äh, ja …« Okay, zuerst Wahrnehmung, sagt sich Paula: »Ich habe einen Hund in meinem Zimmer und Sie haben ein Verbot in der Anlage, was Hunde angeht.«
»Ja, genau! Sie müssen ihn entfernen!«
Paula zögert und schiebt dann nach: »Ich bin enttäuscht, weil es mir wichtig ist, für meinen Hund zu sorgen [Bedürfnis]. Können Sie nicht eine Ausnahme machen [Frage/Bitte]?« Gleichzeitig denkt sie: Wie rede ich denn? Das klappt doch nie. »Nein, was denken Sie denn? Gestern haben Sie noch keinen Hund im Zimmer gehabt – das hat mir das Zimmermädchen gesagt, weil ich sie gleich gefragt habe, weshalb sie mir das erst jetzt erzählt!«
Paula wird heiß. »Das stimmt, ich habe ihn heute am Strand gefunden – oder besser gesagt: er mich.«

»*Wie bitte?* Sie haben ihn vom Strand? Wissen Sie, wie verwahrlost diese Strandhunde sind? Außerdem hat er wohl Wunden am Körper!«
»Das stimmt!«
»Und woher wollen Sie wissen, dass er gesund ist? Das geht nicht! Wir sind eine hundefreie Anlage und genau das haben unsere Gäste auch gebucht. Da können wir uns keine Ausnahmen leisten. Das verstehen Sie sicher. Also, heute Abend ist er bitte weg, sonst müssen wir Sie bitten, umgehend abzureisen!«
»Oh, das ist nicht schön«, ist alles, was Paula herausbekommt.

Als Herr de la Fuerte aufgelegt hat, schaut Paula verstört zu Corazón, der sie mit seinen großen braunen Augen aufmerksam zu mustern scheint. Also, irgendwie habe ich ein Händchen dafür, mich in Schwierigkeiten zu bringen, denkt Paula etwas niedergeschlagen. Okay, das ist jetzt erst mal der Rahmen. Gut, dass ich ihn jetzt kenne, dann kann ich schauen, wie ich das hinbekomme. Ich werde nicht die Erste sein, die einen Hund mit nach Deutschland nehmen will.

»Hallo Paula, ist alles okay?«, fragt Tara, als sie Paula am Nachmittag auf sich zukommen sieht. »Du siehst angestrengt aus.« »Das kann man wohl sagen. Heute Morgen, als du in der Stadt warst, war einiges los. Magst du erfahren, was mir heute Vormittag passiert ist und was ich seitdem gemacht habe?«, fragt Paula. Tara nickt mit neugierigen Augen und Paula lässt sie an der Geschichte mit Corazón teilhaben. Als Tara nach dem aktuellen Stand fragt, erwidert Paula erleichtert: »Ach, so weit ist nun alles okay. Corazón schläft. Ich habe das meiste organisiert: Tierarzt, Wundversorgung und Impfung für Corazón, Eigentumsklärung und eine Transporttasche der Fluggesellschaft.«

In Situationen von Not steht die Absicherung des Lebens für viele an erster Stelle. Dass dies auch anders geht, zeigen Beispiele, in denen Menschen ihr Leben für andere gaben. Im Alltag kommen unsere differenzierteren Bedürfnisse meist nach der Absicherung des Lebens. Paula schaut erst nach der Versorgung von Corazón und vergisst dabei ihr eigenes Wohl: zu essen.

»Oh, wow, da hast du echt einiges zu tun gehabt! Er scheint dir ja schon richtig ans Herz gewachsen zu sein.«
»Ja, genau. Hoffentlich kommt etwas heraus bei Herrn de la Fuerte!«

Tara, die den Termin mit Herrn de la Fuerte von unterwegs hatte vereinbaren können, meldet sich am Empfang. Sie werden gebeten, kurz zu warten. Als sie in den bequemen Ledersesseln im Foyer sitzen, kann sich Paula endlich etwas entspannen. Jetzt erst merkt sie, dass sie seit Stunden nichts gegessen hat, sie wirkt nervös und unruhig. Tara dagegen wirkt ruhig, als würde sie mit offenen Augen meditieren. Sie ist erstaunlich in sich gekehrt. Sie macht ihre Atemübung – in schwierigen Situationen läuft dies bei Tara wie ein Automatismus ab.

»Señora Marin, es ist mir eine Freude, Sie kennenzulernen!«, hört Paula plötzlich jemanden sagen. Herr de la Fuerte, ein kleiner, drahtiger Spanier Mitte 50, geht auf Tara zu. »Sie sind doch Señora Marin, oder?«
»Ja! Schön, dass wir uns kennenlernen! Das hat ja leider noch nicht geklappt, seit Sie die Leitung vor zwei Wochen übernommen haben.«
»Das bedaure ich auch! Ich hatte eine Menge mit dem Personalwechsel zu tun und dann hatten wir auch noch Probleme mit unserem Buchungsportal. Aber das kennen Sie ja, es hört nie auf! Wenn ich nicht wüsste, wie gut alles klappt im ›Previsión‹, dann wäre ich natürlich schon längst dort gewesen. Was führt Sie denn heute zu mir?«
»Meine Freundin, Frau Aulett!«
»Frau Aulett? Oh ja, hatten wir heute nicht bereits das, äh, wie soll ich sagen – Vergnügen?«

Paula nickt und schaut erst Herrn de la Fuerte und dann Tara etwas unsicher an. Was hatte Tara mit dem »Previsión« zu tun?

»Nun, Herr de la Fuerte ...«
»Aber bitte, nennen Sie mich doch Ignacio.«
»Ja, gern, dann bin ich natürlich Tara. Also Ignacio, ist es für Sie in Ordnung, wenn ich, wie wir Deutschen oft so sind, gleich zum Thema komme?«
»Aber selbstverständlich, Tara!«

Besonders in Konflikten, die für die Beteiligten offensichtlich sind, ist kein Small Talk angesagt. Dies würde in vielen Fällen zu Misstrauen führen, wenn danach unvermittelt ein Konflikt angesprochen wird. Gleichzeitig ist es hilfreich nachzufragen, ob du direkt zum Thema kommen kannst. Das baut die natürliche Hemmschwelle ab, die wir Menschen zu Beginn eines Gesprächs haben.

»Nun, es geht um den Hund meiner Freundin, Frau Aulett.«
»Oh, liebe Frau Marin – ich meine, Tara – das habe ich ihr schon gesagt. Wir sind eine tierfreie Ferienanlage. Da kann ich nichts machen. Mir sind die Hände gebunden. Wissen Sie, die Vorschriften mache nicht ich, die macht unsere Firmenzentrale. Und ich kann ja nicht meinen Kopf hinhalten für einen Hund. Ich bin verantwortlich für die gesamte Anlage und dass sich all (!) unsere Gäste wohlfühlen. Das verstehen Sie doch sicher?«

Tara hört die Aussagen von Ignacio de la Fuerte an. Wie eine »Magierin« hört sie die Bedürfnisse, die hinter seinen Urteilen stehen. Da sie dies nur empathisch spüren kann, wird sie sich dafür die Rückversicherung bei Ignacio einholen.
Sie lässt die Bühne bewusst bei Ignacio und antwortet nicht mit einem kurzen »Ja«, sondern mit »der langen Version«. In der Folge wird Tara mehrmals wiedergeben, was sie Ignacio hat sagen hören. Das gibt ihm die Sicherheit, gehört und ernst genommen zu werden. Sie macht das nicht als reine Technik, sondern weil sie wirklich an seiner Sicht interessiert ist.

»Ich sage gern, was ich verstanden habe: Sie sagen, die Anlage sei eine hundefreie Zone und Ihnen sei einerseits wichtig, dass sich Ihre Gäste darauf verlassen können, dass die Gästeanlage und die Zimmer frei von Tieren sind, so wie die Gäste sie ja auch gebucht haben. Stimmt das bis dahin?«
»Ja, genau! Es ist meine Pflicht als Chef dafür zu sorgen, dass das Team darauf achtet, dass wir die Regeln im Sinne unserer zahlenden Kunden einhalten!«
»Danke, Ignacio! Da höre ich auch, wie wichtig es Ihnen ist, die Einhaltung der Regeln für Ihr Team vorzuleben.«
»Ja, selbstverständlich!« Über Herrn de la Fuertes Gesicht huscht ein Lächeln. Tara merkt, wie wichtig es ihm ist, integer zu sein und vorzuleben, was er predigt.
»Und verstehe ich Sie richtig: Sie möchten wegen eines Hundes keinen Ärger mit der Firmenzentrale bekommen, denn schließlich sind Sie gerade mal zwei Wochen hier?«
»So ist es. Na ja, und – nehmen Sie das bitte nicht persönlich: der Hund sah nicht sehr gesund aus.«
»Also, mal ganz abgesehen von den Hausregeln haben Sie Bedenken, ob der Hund wirklich gesund ist?«
»Na ja, wer weiß, was er so alles mit sich herumschleppt. Sie verstehen schon, oder?«
»Meinen Sie, ob er krank sein und andere – auch Menschen – anstecken könnte?«
»Ja, genau! Man weiß es ja nicht.«
»Das heißt, Sie wollen sichergehen, dass es keine Gefährdung der anderen Gäste gibt.«
»Aber natürlich, ganz genau, Señora!«, sagt Herr de la Fuerte erleichtert. Er spürt, dass er verstanden wird. »Möchten Sie und Ihre Freundin einen Kaffee? Natürlich auf Kosten des Hauses!«
»Oh, das ist sehr nett, vielen Dank! Ich nehme gerne einen Café Cortado. Und du, Paula?«
»Ich nehme einen Espresso – danke!«

Herr de la Fuerte winkt Rosaria vom Empfang herbei und bittet sie, die Getränke bei der Bar zu bestellen und dann zu ihnen zu bringen.

Ignacio de la Fuerte taut auf. Er macht einen Schritt, der in seiner spanischen Kultur häufig ein erstes Zeichen für Freundschaft bedeutet. Das ist ein Hinweis, aber keine Garantie! Deswegen bleibt Tara dabei, ihn anzuhören und seine Äußerungen in Gefühle und Bedürfnisse zu übersetzen.

»Also, wo waren wir, Señora Marin? Ach ja, genau, wir wollen keine Gefährdung unserer Gäste, und außerdem geht das wegen unserer Hausregeln leider nicht.«

Als Rosaria vom Empfang mit drei dampfenden Tassen zurückkehrt, wartet sie kurz am Tisch, um das Gespräch nicht zu unterbrechen. Nachdem sie die Tassen serviert hat, flüstert sie Herrn de la Fuerte noch kurz etwas ins Ohr. Er nickt und sagt: »Oh ja, stimmt, die Reisegruppe! Darum kümmere ich mich gleich. Bleiben Sie doch kurz hier – ich komme dann gleich mit Ihnen mit, dass wir das klären.«

»Noch mehr Probleme, nicht nur wir?«, fragt Tara schmunzelnd.
»Oh ja, wir haben eine französische Reisegruppe, die zusammenbleiben will. Aber wir bekommen das nicht hin, weil wir ausgebucht sind. Es fehlen uns immer noch zwei Zimmer, doch niemand will von der Gruppe getrennt werden. Im Nachbarhotel wäre zwar noch etwas Platz, aber … Na ja, nicht Ihr Problem, Tara.« Herr de la Fuerte zuckt mit den Schultern und schüttelt den Kopf.
»Sie haben also nicht nur uns am Hals, sondern auch noch die Gruppe?«
»Also so würde ich das nicht sagen! Aber …« Herr de la Fuerte lächelt. »Sie haben recht, im Moment ist wirklich einiges los.«
»Ich bin sicher, wir finden einen Weg, der sowohl Ihnen als auch uns entspricht – und natürlich den Gästen. Das wollen Sie vermutlich auch, oder?«, fragt Tara.

Tara wechselt zu sich, macht einen ersten Versuch und schaut, wie bereitwillig Herr de la Fuerte darauf eingeht. Dabei betont sie, dass sie an einer Lösung für alle betroffenen Parteien interessiert ist: für Ignacio de la Fuerte, für Paula, für Corazón, für Tara und für die Hotelgäste.

»Ja, natürlich, aber es geht halt nicht!«
Tara »übersetzt« Herrn de la Fuertes kurze Aussage: »Ignacio, habe ich Sie richtig verstanden: Sie wollen sichergehen, dass die Gäste fairerweise das bekommen, was sie bestellt haben: eine hundefreie Zone? Sie wollen sich auch integer an die Vorgaben der Zentrale halten? Außerdem ist es Ihnen wichtig, dass der Hund gesund ist und nicht zu einem Risikofaktor für andere wird?«
»Ja, genau. Zu allem kann ich Ja sagen.«
»Das freut mich! Vielleicht können Sie verstehen, dass Frau Aulett will, dass der Hund sicher und versorgt ist. Seine Verletzungen hat er übrigens heute an unserem Strand vor dem Hotel bekommen, als er Frau Aulett vor einer Horde angreifender Hunde geschützt hat.«

Tara fasst die Lage zusammen, damit klar ist, was im Kern zu lösen ist. Sie holt sich das Einverständnis zu ihrer Zusammenfassung von Ignacio ein. Sie hätte ja auch etwas missverstehen können.
Erst jetzt, da Ignacios »Rollladen« etwas geöffnet ist, macht sie auch auf den Hintergrund und Paulas Beweggründe aufmerksam. Ihr ist bewusst, dass Menschen dann offen für andere werden, wenn sie die Sicherheit haben, selbst gehört zu werden.

»Oh, das wusste ich nicht! Das tut mir natürlich sehr leid! Das ist ein Problem, manchmal haben wir hier streunende Hunde …«

»Ja, und es war so früh, dass keiner da war, der ihr hätte helfen können. Doch dieser Hund kam und hat sie verteidigt!«
»Oh, ich bin erleichtert, das zu hören! Ihnen ist doch nichts passiert, Señora Aulett?«
»Danke, nein, Gott sei Dank! Ich war nur voller Dreck und Sand«, erwidert Paula.
»Da bin ich beruhigt, das hätte jetzt gerade noch gefehlt!«
»Können Sie nun verstehen, weshalb Frau Aulett den Hund so sehr ins Herz geschlossen hat? Ohne ihn wäre sie aufgeschmissen gewesen.«

Jetzt zeigt Tara Paulas Situation auf. Sie bleibt orientiert an Gefühlen und Bedürfnissen. Nun sind diese für alle Seiten angesprochen. Nun kann der Blick sich zunehmend auf Lösungen richten, die die Bedürfnisse aller drei Seiten berücksichtigen.

»Hm, ja, klar. Diesen Zwischenfall bedaure ich sehr, aber was soll ich tun? Ich habe ja momentan schon keine Lösung für die Reisegruppe und ich kann Frau Aulett auch schlecht in das andere Hotel umquartieren, denn die haben ebenfalls ein Hundeverbot.«
»Gibt es denn andere Möglichkeiten, Frau Aulett unterzubringen – einen Ort, an dem ein Hund erlaubt wäre, mal vorausgesetzt, Frau Aulett wäre offen dafür, umzuziehen?«, fragt Tara.

Tara blickt zu Paula, die deutlich nickt und beide Augenbrauen gespannt hebt.

Daraufhin wendet sich Rosaria an Herrn de la Fuerte: »Entschuldigung, Señor de la Fuerte, kann ich Sie kurz allein sprechen?« Herr de la Fuerte nickt und sagt an Tara und Paula gewandt: »Entschuldigen Sie mich bitte kurz!«

»Was ist denn jetzt so wichtig?«, fragt er Rosaria. »Ich würde gern das Gespräch abschließen!«
»Ja, genau deswegen – ich habe ja einiges gehört …« Herr de la Fuerte hört mit gehobenen Augenbrauen und sichtbar widerwillig zu. Er schüttelt den Kopf, dann wird er etwas lauter: »Das kann ich doch nicht machen! Das geht doch nicht! Das ist viel zu klein! Ist da überhaupt Platz?«

Lösungen für Konflikte können über die Beteiligten und Außenstehende entstehen. Die meisten von uns haben im Konfliktfall einen Tunnelblick und denken, sie müssten die Situation selbst lösen. Doch wenn wir erst verbunden sind, dann kann auch das Gegenüber mithelfen – oder Außenstehende.

Rosaria sagt: »Ich frage Costas von der Animation, der hat den Überblick.« Sie geht zu ihrem Schalter zurück, um zu telefonieren. Herr de la Fuerte schaut ihr nach, etwas genervt und unsicher, was er tun soll. Rosaria telefoniert kurz, dann hebt sie ihren Daumen und lächelt.

Herrn de la Fuerte ist sichtlich unwohl in seiner Haut. Er setzt sich wieder zu Tara und Paula. »Also, meine Damen«, sagt er mit leicht gepresster Stimme, »wir hätten vielleicht eine Möglichkeit.«
»Ist Ihnen damit nicht wohl zumute?«
»Na ja, es ist nicht unbedingt das, was ich Ihnen gern anbiete.«
»Und vermutlich auch nicht das, was Sie gern anderen Hotelgästen anbieten? Lassen Sie uns Ihre Idee doch einfach mal anhören.«
»Nun, wir haben für ein paar Tage ein Doppelzimmer bei den Animateuren frei. Deren Zimmer liegen am Parkplatz. Sie sind – das muss ich aber gleich sagen – sehr einfach, sehr klein und haben nur ein einziges Fenster. Dort könnten Sie mit dem Hund sein. Sie wären mit ihm nicht im Gästebereich und dürfen ihn auch nicht dorthin ausführen, sondern können nur über den Parkplatz mit ihm zum Strand.«

Rosaria hat die Unterhaltung mitgehört und angefangen, selbst nach Lösungen zu suchen. Dies kann automatisch passieren. Eine natürliche empathische Reaktion. Tara ermutigt Ignacio, der seinen Status und den des Hotels aufrechterhalten will, seine Idee zu äußern.

Paula schaut Tara an, als wolle sie sagen: Das gibt es doch gar nicht! Wo kommt denn das jetzt her? Ihre Augen fangen an zu funkeln, je mehr Herr de la Fuerte erzählt.

»Wie klingt das für dich, Paula?«
»Ehrlich gesagt, großartig! Ich will Corazón an meiner Seite haben und die Zimmergröße und -lage ist mir momentan völlig gleich.«
Tara schaut Herrn de la Fuerte an: »Na, das sieht doch wunderbar aus! Damit bekommen die Gäste fairerweise das, was sie wollen: eine hundefreie Zone. Sie hätten die Regeln eingehalten und integer agiert. Und der Hund ist gesund und kein Risikofaktor für andere – das habe ich mir in der Zwischenzeit vom Tierarzt bestätigen lassen.«

Am Ende der Lösungssuche ist eine Wiederholung der Lösung sinnvoll, um sicherzustellen, dass die Bedürfnisse aller Beteiligten damit erfüllt werden. Danach kann die Umsetzung beginnen.

»Also, wenn das für Sie wirklich akzeptabel wäre, dann würde ich das veranlassen.«
»Ja, bitte«, sagen Paula und Tara wie aus einem Munde und lachen fröhlich.

Tara hat mitbekommen, dass Ignacio Schwierigkeiten mit einer Reisegruppe hat. Da ihr kein Feindbild im Wege steht, sucht sie empathisch nach einer Lösung auch für dieses Thema. Sie ist nicht dazu verpflichtet – sie tut es aus freiem Willen. Aus der beruflichen Beziehung ist eine freundschaftliche Basis entstanden.

»Darf ich Sie noch etwas fragen, Ignacio? Wenn wir das jetzt gleich machen würden, hätten Sie dann nicht ein Zimmer im Hotel frei – für die französische Reisegruppe?«

»Oh ja, stimmt! Daran habe ich gar nicht mehr gedacht! Sie haben die 125, nicht wahr?«
»Ja, genau.«
»Das Zimmer hat zwei Betten! Da frage ich gleich nach.«

Herr de la Fuerte springt auf und läuft zu Rosaria. Sie telefoniert und Herr de la Fuerte auch. Er gestikuliert wild, legt dann auf und kommt zurück zu Paula und Tara. Beide schauen ihn an.

Tara fragt: »Ist etwas schiefgegangen?«
»Ja, mein Espresso ist kalt geworden! Nein, im Ernst: Das ist fantastisch! Ich bin erleichtert: Wir haben zwei Damen aus der Reisegruppe, die sich gern Ihr Zimmer teilen. Damit brauchen wir keine zwei Zimmer und haben tatsächlich alles gelöst. Sie sind wunderbar, Tara, ganz wunderbar!« Und zu Paula gewandt: »Ist es für Sie in Ordnung, wenn ich in einer Stunde Ihr Gepäck abholen und in das andere Zimmer bringen lasse? Darum brauchen Sie sich nicht selbst zu kümmern!« Und zu beiden: »Und es wäre mir eine Ehre, Sie beide morgen Abend an meinem Tisch begrüßen zu dürfen. Meinen Sie, Sie können das möglich machen?«

Nachdem beide gern eingewilligt haben, verabschiedet sich Herr de la Fuerte: »Leider warten noch einige neue Gäste auf mich. Darf ich mich von Ihnen für jetzt verabschieden? Rosaria sagt Ihnen, an welchem Tisch wir uns morgen Abend treffen.« Er zwinkert Rosaria erleichtert zu, als er an ihr vorbeiläuft.

Nach der Konfliktsituation ist ein Rekapitulieren oft sehr hilfreich, um Gelungenes zu verankern und sich Verbesserungen fürs nächste Mal zu überlegen.

Paula schaut Tara an: »Ist das möglich? Wie ist das denn jetzt gelaufen? Oder kennst du Rosaria und hast das alles eingefädelt?«
»Tja, da darf ich dich enttäuschen! Nein, ich hatte keine Lösung im Kopf. Doch ich habe die Erfahrung schon Hunderte Male gemacht, dass gute Ideen leichter entstehen, wenn nicht alle Beteiligten bereits mit vorgefertigten Lösungen am Tisch sitzen und versuchen einander zu überzeugen, dass ihre die richtige ist. Wenn Menschen wirklich gehört werden und sie miteinander in einen – nennen wir es – ›Herz-zu-Herz-Kontakt‹ kommen, dann öffnen sich Türen und Tore, die vorher verschlossen waren. Wir werden dann wieder kreativ und offen für neue Wege, offen für Ideen selbst von Außenstehenden. Sieht aus, als wäre die Lösung das Wunder, doch tatsächlich ist es die Qualität des zwischenmenschlichen Kontakts, der dies bewirkt. Ist manchmal wie ein Wunder – auch für mich.«
»Heißt das, du achtest mehr auf deine Bedürfnisse als auf die Lösung?«
»Das heißt, ich achte zunächst mehr auf die Bedürfnisse meines Gegenübers als auf meine!«

»Wozu denn das, es geht doch um deine Bedürfnisse?«
»Herr de la Fuerte war wie in einem Tunnel – einem Tunnel der Probleme. Und dort ist es schwer, zu jemandem vorzudringen. Da könnte ich viel sagen – es würde ihn nicht erreichen.«
»Oh ja, ich erinnere mich.«
»Also was tun? Wozu mehr reden? Bringt nichts! Zuhören und wiedergeben, worum es deinem Gegenüber im Kern geht, ist das Mächtigste, was ich dir zeigen kann! Das Mächtigste, um Konflikte zu klären, ist die Fähigkeit, nicht die Urteile, Bewertungen, Diagnosen usw. zu hören, sondern hinter diesen all die menschlichen Gefühle und Bedürfnisse zu hören, die *besonders* im Konflikt gehört werden wollen. Wieso sollte ich das nicht tun, wenn es doch uns allen dient?«
Paula sitzt da und nickt: »Ich glaube, das will ich auch können!«
Tara lächelt. »Das kann ich verstehen. Wer will nicht die Fähigkeit haben, Menschen selbst unter widrigen Umständen zu erreichen? Das ist wahre Macht. Ich glaube, die meisten von uns wünschen sich dies – wie viele sind nur oberflächlich im Kontakt mit anderen, wie viele überhören die Signale, die ihr Gegenüber sendet, wie viele Beziehungsgespräche werden immer flacher und versiegen dann irgendwann? Die Antwort kennst du selbst. Wenn du ein Leben in Tiefe und Humor führen willst, dann lerne zuzuhören. Lerne die Kunst des empathischen Zuhörens – und du wirst Menschen wieder genießen können!«
»Genießen?«
»Ja. Wie ist das, wenn du keinerlei Urteile über dich oder Abwertungen mehr hörst – weder von dir selbst, noch von anderen –, sondern all das blitzschnell übersetzen kannst in menschliche Gefühle und Bedürfnisse? Gefühle und Bedürfnisse, die jeder von uns hat?«
»Dann wäre ich frei von vielen Konflikten!«
»Und ich verrate dir noch etwas – etwas, was du vermutlich noch nicht weißt.«
»Okay, was kommt jetzt? Dass du das ›Previsión‹ leitest?«
Tara lacht. »Ist das wichtig für dich? Ja, das mache ich schon seit einigen Jahren zusammen mit meinem Sohn Sergio, den du ja bereits kennst. Siehst du, auch ich übersehe es manchmal, ›Selbstverständlichkeiten‹ verständlich zu machen.«

Paula schmunzelt. Es tut ihr gut zu sehen, dass Tara immer noch Mensch ist – nach all dem, was sie bereits beherrscht.

»Ich wollte dich eigentlich auf etwas anderes hinweisen«, sagt Tara nun. »Nämlich: Du kannst das Wichtigste schon!«
»Wie – ich kann das schon? Ich hätte den Konflikt doch nie so klären können.«
»Gut, ja, dazu gehört etwas Übung, doch empathisch zuhören können wir alle – solange wir nicht schwerwiegende Gehirnschädigungen haben.«

»Aber, aber …« Paula schüttelt den Kopf. »Schön, dass du mir das zutraust, aber ich kann nicht so reden wie du!«
»Oh, du verwechselst mein Sprechen mit Empathie. Die Empathie findet davor statt!«
»Davor? Das verstehe ich nicht.«
»Empathie ist nicht das wiederholen oder wiedergeben dessen, was jemand anderer gesagt hat. Es ist vielmehr die Bereitschaft, ganz beim anderen zu sein – mich vorübergehend ganz zurückzunehmen und vollkommen auf den anderen einzulassen, gleich was er sagen wird, gleich wie er es sagen wird! Das ist vollkommene Akzeptanz des anderen und seiner Ausdrucksweise.«
»Hm, ich bin nicht sicher, ob ich das wirklich verstehe.«
»Vielleicht versuchst du es mit dem Kopf zu verstehen. Wenn du willst, verstehe es mit deinem Herzen. Oft glauben wir, wir würden zuhören, aber nur selten hören wir mit ganzem Verständnis zu.«

Tara schweigt. Nach kurzer Pause fährt sie fort: »Wie ist das, wenn du erkennst: ›Gott sei Dank, dass mich jemand wirklich zutiefst verstanden hat, meine innere Stimme wirklich gehört hat. Es gibt jemanden da draußen, der weiß, wie es ist, ich zu sein!‹?« Tara setzt kurz ab, als würde sie sich an Teile ihres eigenen Lebens erinnern. »Und wenn diese Person dich hört, ohne ihre Urteile auf dich zu übertragen, ohne Verantwortung für dich zu übernehmen, ohne zu versuchen, dich zu verbiegen, dann fühlt sich das sehr entlastend an. Ein Freund von mir sagte einmal: ›Wenn mir zugehört und ich gehört wurde, dann bin ich fähig, meine Welt neu wahrzunehmen und weiterzugehen. Es ist erstaunlich, wie Situationen, die unlösbar erscheinen, plötzlich lösbar werden, wenn jemand wirklich zuhört. Wie Verwirrung, die unabänderlich erscheint, sich in einen klaren fließenden Strom verwandelt, wenn jemand gehört wurde.‹«

»Das klingt wunderschön!« Vor Paulas innerem Auge tauchen einige Situationen mit Tara auf. »Kann es sein, dass du das mit mir auch schon öfter gemacht hast?«
»Wie könnte ich so viel Schönheit des Lebens von dir fernhalten? Die meisten Menschen, die ich kenne, existieren in einem permanenten Wechsel von kämpfen, sich anpassen und still aushalten. Wir alle brauchen jemanden, der uns auf die nächste Ebene verhilft, der uns zeigt, wie wir dort hinaufkommen.«
»Heißt das, dass du auch Lehrer hattest?«
»Nicht nur einen! Ich war eher ›schwer erziehbar‹ und brauchte daher viele Lehrer und Lehrerinnen«, lacht Tara. »Heute erscheint es mir, als hätte ich jeden verdammten Fehler gemacht, den es gibt. Du kennst doch den Spruch, was den Lehrer vom Schüler unterscheidet?«
»Äh, nein.«
»Nun, Schüler machen Fehler!«
»Und Lehrer?«
»Machen noch mehr Fehler.«
Paula lacht: »Dann bin ich schon im Lehrerstadium?«

»Gefährliche Frage, aber du hast Glück: Wir sind auf keiner Brücke«, sagt Tara und zwinkert Paula verschmitzt zu.
»Nun darf ich aber los! Mal sehen, wie es Corazón geht, und dann geht es ja schon ins andere Zimmer!«

Paula geht zur Rezeption. Sie will Rosaria für ihre Unterstützung danken. »Wie kann ich das gutmachen, dass Sie mir und Corazón so geholfen haben?«
»Das habe ich sehr gern getan! Es hat mich bewegt, wie sehr Sie sich gefreut haben. Das ist der Grund, weswegen ich gern hier im Hotel arbeite. Solche Situationen fühlen sich nie wie Arbeit an.«
Paula nickt und fragt: »Darf ich?« Rosaria sieht sie fragend an. »Können Sie kurz vor den Schalter kommen?« Als sie vor ihr steht, umarmt Paula die überraschte Rosaria.

Rosaria hat bereits die Zimmerkarte vorbereitet und überreicht sie Paula. Dann ruft sie den Zimmerservice an für den Umzug.

Als Paula in ihrem Zimmer ankommt, begrüßt Corazón sie mit wedelndem Schwanz und leisen Lauten. »Wir sind schon auf halbem Weg, dass du mit mir kommen kannst. Jetzt ziehen wir erst mal um in unser neues Zuhause.«

Als die meisten Gäste sich für den Abend duschen und umziehen, schleicht Paula mit Corazón in ihr neues Domizil. Das Gepäck ist bereits da und in der Küche steht eine kleine Überraschung: eine Schüssel mit Futter für Corazón. »Du bekommst sogar *vor* mir etwas zu essen? Na, dann guten Appetit!« Paula schlüpft schnell in ihre Garderobe für den Abend und macht sich auf den Weg zum Restaurant.

Am Morgen danach steht Paula Punkt 5:30 Uhr an Taras Liege.

Als Tara sie sieht, lacht sie: »Ich schätze, ihr zwei seid heute früher aufgestanden als ich?«
»Corazón ist offensichtlich ein Fan von dir. Er steht früh auf und will den Tag erobern. Er hat sogar schon gefrühstückt und wir waren Gassi – da sieht uns keiner und wir haben den frühen Morgen genossen.«
»Du klingst irgendwie anders!«, sagt Tara und schaut Paula forschend ins Gesicht.
»Na, irgendwie hat mich die Situation gestern aufgeweckt.«
»Was meinst du damit?«

Die Macht der Empathie erlebt zu haben verändert dich. Gerade in Konfliktsituationen wirklich gehört und ernst genommen statt bekämpft zu werden kann deine Sicht aufs Leben verändern. Indem viele im Konflikt nur von ihrem Problem sprechen, dienen sie sich nicht sonderlich. Trotz unglaublich viel Luxus und Sicherheit (gerade im Westen) verhungern wir gleichzeitig emotional.

»Nun, ich habe gemerkt, dass nicht nur du, sondern auch dieser bisher wildfremde Hund sich mehr um mich gekümmert hat, als ich mich bisweilen selbst um mich und mein Leben gekümmert habe. Peinlich, aber wahr. Irgendwie habe ich gar nicht gemerkt, wie ich eingeschlafen und ...«
»... im Wartezimmer des Lebens gelandet bin?«, führt Tara den begonnenen Satz zu Ende.
Paula nickt. »Wenn ich sehe, wie wir neue Routinen eingeführt haben, ich mich körperlich in nicht mal zwei Wochen viel besser fühle, ich innerlich viel ruhiger und gelassener bin, neue Dinge wage, mich für neue Wege einsetze und ein ganz anderes Mindset mitbringe ...«
»Na, dann schau mal, dass du mich einholst!«, ruft Tara, als sie losläuft.

Nach dem morgendlichen Bad treffen sich Tara und Paula wie schon so oft im »Previsión« und genießen ihr Frühstück. Paula will noch viel mehr erfahren über die Kunst der Empathie und auch über die Fallstricke, die damit manchmal verbunden sind.

Der Nachmittag vergeht schnell. Paula besorgt Futter für Corazón und trifft weitere Vorbereitungen für seine Mitnahme im Flugzeug.

Als Tara und Paula am Abend das Restaurant betreten, empfängt sie bereits einer der Kellner und begleitet sie zu Herrn de la Fuertes Tisch. Es wird ein launiger Abend mit Paula, Tara, Ignacio und den zwei Damen, die inzwischen in Paulas ehemaligem Zimmer einquartiert sind und mit am Tisch dinieren.

Mitten im Abenteuer der Konfliktklärung – und einfache Wege, es zu bestehen

»Auch eine schwere Tür hat nur einen kleinen Schlüssel nötig.«
Charles Dickens

Gerade in Konflikten versuchen viele, sich mit deutlicher Vehemenz für ihre eigenen Anliegen einzusetzen. Wenn die andere Person das Gleiche versucht und keiner die Anliegen des Gegenübers ernst nimmt, steigt auf beiden Seiten der Frust. Dies führt dazu, dass beide nun ihre Anstrengungen verdoppeln, gehört zu werden – mit neuerlich ähnlichem Ergebnis. Ein trauriges Spiel ohne Gewinner, das zu Zwist, Streit und Eskalation führt. Gehört wird keiner – weder werden die Gefühle noch die Bedürfnisse des anderen wahr- oder ernst genommen.

»Gefühle und Bedürfnisse wollen ernst genommen werden. In diesem Moment sind Trost, Beschwichtigung, Ratschläge und Ermutigung fehl am Platz.«
Marshall B. Rosenberg

8.1 Vier Möglichkeiten, Botschaften zu hören

Abb.: Vier-Ohren-Modell: Vier Möglichkeiten, eine Botschaft zu hören

Im Alltag geht vieles so schnell, dass wir oft nicht erkennen, wie wir gerade unterwegs sind. Nehmen wir uns jetzt die Zeit, uns unsere Reaktionen auf schwierige Aussagen anderer anzusehen.

Wir stellen dir im Folgenden vier Möglichkeiten vor, eine Botschaft zu hören.

8.1.1 Schuldohren nach außen gerichtet

In diesem Bereich machen wir *dem anderen* deutlich, was mit ihm nicht stimmt. Wir beschuldigen ihn oder sie bzw. wir machen Vorwürfe. Wir suchen die Schuld beim Gegenüber. Ein klassisches Verhalten, wenn wir im Tiger-Quadranten sind. Das dominante Gefühl in diesem Bereich ist der Ärger.

Beispiele für »Schuldohren nach außen gerichtet«

- »Als Gott die Intelligenz verteilte, warst du in Urlaub!«
- »Wieso bist du eigentlich nie da, wenn man dich braucht?!«
- »Du bist nichts und kannst nichts!«

Folgen von »Schuldohren nach außen gerichtet«

- **Wir machen den anderen für unsere Gefühle verantwortlich.**
- Wir **bauen ein Feindbild auf** und tragen damit zur Eskalation bei.

8.1.2 Schuldohren nach innen gerichtet

Wenn wir die Schuldohren nach innen zu uns drehen, machen *wir uns* deutlich, was mit uns nicht stimmt. Wir machen uns Vorwürfe. Wir nehmen die Aussage unseres Gegenübers persönlich, schämen uns und suchen die Schuld bei uns. Ein klassisches Verhalten der Schildkröte und des Stallpferds.

Typische Gefühle in diesem Bereich sind Schuld- und Schamgefühle – und wenn wir das intensiv und lange genug machen – meist nicht allzu bewusst –, verfallen wir in Depressionen.

Beispiele für »Schuldohren nach innen gerichtet«

- »Mit mir stimmt etwas nicht!«
- »Ich bin zu dumm!«
- »Keiner kann mir trauen. Ich mir selbst am allerwenigsten!«
- »Ich bekomme nichts auf die Reihe! Es ist hoffnungslos!«

Folgen von »Schuldohren nach innen gerichtet«

- **Wir machen uns für die Gefühle anderer verantwortlich,** leiden und trauen uns kaum mehr, dem anderen unter die Augen zu treten.
- Wir bauen ein **Feindbild uns selbst gegenüber** auf, wir werden uns selbst unser größter Feind.

Warum fällt es uns so schwer, Kritik anzunehmen?

Die hartnäckigsten Bewertungen und Vorurteile bringen wir oft uns selbst entgegen. Das ist der Grund, warum wir selbst sachlich geäußerte Kritik schnell persönlich nehmen. Wir stimmen dem anderen innerlich zu!
Wir dürfen lernen, die Person am meisten zu lieben, mit der wir für den Rest unseres Lebens zusammen sind: uns selbst.
Lerne, den guten Grund in jeder deiner Handlungen und Nicht-Handlungen zu sehen. **In jeder Selbstkritik steckt auch der Wunsch nach Entwicklung. In jedem Vorurteil uns selbst gegenüber steckt das Bestreben, darüber hinauszuwachsen.**

Wenn wir Schuldohren tragen und einen Schuldigen suchen, suchen wir selten gleichzeitig nach unseren gegenwärtigen Gefühlen und Bedürfnissen. Doch genau darin, also mithilfe unserer Bewertungen und Urteile zu unseren Gefühlen und Bedürfnissen zu kommen, besteht die Chance, einen Unterschied zu machen, denn:

In jedem Urteil und jeder Bewertung sind unsere Gefühle und Bedürfnisse enthalten.

In schwierigen Situationen sind uns viele unserer Bewertungen meist sehr bewusst. Jedes Urteil bzw. jede Bewertung ist der Versuch, mit unseren Gefühlen und Bedürfnissen gehört bzw. wahrgenommen zu werden.

Wenn es dir schwerfällt, eine Botschaft als unglücklichen Ausdruck von Gefühlen und Bedürfnissen zu hören, du also mit Schuldohren zuhörst – was kannst du dann tun?

- **Innehalten.** Nicht re-agieren, nicht agieren, nur da sein. Erinnerst du dich an die Atemübung? Keiner kann dich dazu zwingen, sofort zu antworten. Du entscheidest!
- Schuld- und Schamgefühle genauer wahrnehmen – oft wirst du darunter **verletzliche Gefühle finden** wie Trauer, Hoffnungslosigkeit, Ohnmacht …
- Deine unerfüllten **Bedürfnisse finden** z. B. über die Gegenteilmethode (vgl. auch Kapitel 7).

Gegenteilmethode: Beispiele für Schuldohren nach außen

Urteil	Gegenteil	Was sich dadurch *für den anderen* erfüllt
»Als Gott die Intelligenz verteilte, warst du in Urlaub!«	Als Gott die Intelligenz verteilte, warst du anwesend.	Vertrauen
»Wieso bist du eigentlich nie da, wenn man dich braucht?!«	Du bist da, wenn ich dich brauche.	Unterstützung
»Du bist nichts und kannst nichts!«	Du bist etwas und kannst etwas.	Entlastung

Gegenteilmethode: Beispiele für Schuldohren nach innen

Urteil	Gegenteil	Was sich dadurch *für dich* erfüllt
»Mit mir stimmt etwas nicht!«	»Mit mir stimmt alles!«	Selbstvertrauen
»Ich bin zu dumm!«	»Ich bin intelligent genug!«	Zuversicht
»Ich bekomme nichts auf die Reihe!«	»Ich bekomme etwas auf die Reihe!«	Perspektive

Was ist der Unterschied zwischen Schuld- und Schamgefühlen?

Schuldgefühle: Verurteilen des Verhaltens
Bei Schuldgefühlen bezichtigen wir uns der Schuld **aufgrund unseres Verhaltens**. Wir haben etwas getan, was unseren Bedürfnissen bzw. unserem Wertesystem widerspricht. Das kann uns erkennen lassen, was wir zukünftig korrigieren möchten.

Schamgefühle: Verurteilen der Person
Bei Schamgefühlen **lehnen wir uns als Person ab**. Schamgefühle beinhalten meist tief verinnerlichte Überzeugungen, dass etwas mit uns nicht stimmt, dass wir fehlerhaft sind oder des Lebensglücks oder der Liebe unwürdig.
Oft, aber nicht immer, ist Scham in der Kindheit verwurzelt durch früh erlebte Abwertungen, Hänseleien oder überhöhte Ansprüche Dritter. Dies führt häufig zu einem geringen Selbstwertgefühl. Zur Betäubung der eigenen schmerzhaften Gefühle greifen Menschen dann zu verschiedenen Suchtmitteln – mit fatalen Nebenwirkungen (Alkohol, Zucker, übermäßiges Essen, Drogen ...).

Der eigene Fokus richtet sich zunehmend auf Schwierigkeiten, Hindernisse und immer mehr auf Ängste. In der Folge zeigen sich z. B. Depressionen (»Ich bin nicht gut und werde es nie sein«), Magersucht (Versagensängste; Angst, nicht zu genügen, gleich, was ich tue), Mobbing (ich lasse mein geringes Selbstbewusstsein am anderen aus und stelle mich gemeinsam mit anderen über andere) und Gewalt (ich habe Angst, nicht zu bestehen, und finde keinen anderen Ausweg mehr). Scham trägt zu gesellschaftlichem Rückzug bis hin zur Selbstisolation bei und kann im schlimmsten Fall zum Selbstmord führen.

Die Voraussetzung für Fremdachtung ist Selbstachtung.

8.1.3 Verständnisohren nach innen gerichtet

Sehr oft ist gerade unser Konfliktpartner für empathisches Zuhören das am wenigsten geeignete Gegenüber. Wenn wir Freunde haben, die uns gut zuhören können – wunderbar! Doch manchmal stehen sie einfach nicht zur Verfügung. Daher ist es wichtig, uns auch selbst helfen zu können.

Wir nehmen uns mit den »Verständnisohren nach innen gerichtet« selbst wahr und ernst und sind nicht darauf angewiesen, dass dies ein anderer tut. Wir lösen uns von unseren Vorwürfen und schauen von einer höheren Ebene, der des Elefanten: Was fühle ich angesichts des Konflikts und was brauche ich jetzt (Bedürfnis)?

Das ist ein Teil dessen, was wir meinen, wenn wir davon sprechen, »die volle Verantwortung für die eigenen Gefühle und Bedürfnisse zu übernehmen«. Und sich später natürlich noch dafür einzusetzen und passende Fragen und Bitten zu stellen.

Beispiele für »Verständnisohren nach innen gerichtet«

- »Ich bin **verwirrt** und möchte die Situation und das Anliegen meines Gegenübers besser **verstehen**.«
- »Ich bin **frustriert** und möchte **erkennen**, was ich selber mache, das zu diesen Ergebnissen führt, und wie ich das anpassen kann.«
- »Ich bin **verzweifelt** und wünsche mir, in schwierigen Situationen **angemessener** zu reagieren.«

Vorteile von »Verständnisohren nach innen gerichtet«

- Wir verstehen uns selbst empathisch und schätzen unsere Gefühle und Bedürfnisse, anstatt sie abzulehnen.
- Wir bekommen mehr Selbstvertrauen, werden ruhig und gelassener, nehmen unsere Bedürfnisse wichtig und setzen uns folglich eher dafür ein.
- Wenn uns klar ist, was uns wichtig ist, wenn wir uns auf der Gefühls- und Bedürfnisebene gehört und verstanden erleben, dann beruhigen wir uns zunehmend. Dies wiederum erleichtert es uns, andere empathisch zu hören – ohne deren Handlungen gutzuheißen.

8.1.4 Verständnisohren nach außen gerichtet

In diesem Bereich lösen wir uns von den Vorwürfen des anderen und schauen dahinter: was er oder sie angesichts der Situation fühlt und was er oder sie braucht (Bedürfnis). **Da wir dies nur interpretieren können, fragen wir nach** – anstatt Behauptungen aufzustellen, die schnell zu Widerstand führen! Der Elefant ist sich bewusst, dass sein Handeln oder auch Nicht-Handeln zwar der *Auslöser, jedoch nicht die Ursache* der Gefühle und Bedürfnisse seines Gegenübers ist. Gleichzeitig übernimmt der Elefant volle Verantwortung für seine Taten.

Beispiele für »Verständnisohren nach außen gerichtet«

- Auf »Du bekommst einfach nichts auf die Reihe!« kannst du z. B. nachfragen: »Bist du irritiert, weil du möchtest, dass Menschen ihr ganzes Potenzial leben?«
- Auf »Wieso kriegst du eigentlich nichts von dem umgesetzt, was ich dir gezeigt habe?« kannst du z. B. nachfragen: »Bist du am Verzweifeln, weil du dir wünschst, dass deine Bemühungen endlich Früchte tragen?«
- Auf »Du bist nichts und kannst nichts!« kannst du z. B. nachfragen: »Bist du ärgerlich, weil du Verständnis dafür brauchst, wie schwer es ist, anderen etwas beizubringen, was dir selbst leicht gelingt?«

Vorteile von »Verständnisohren nach außen gerichtet«

- Wir verstehen andere empathisch selbst unter widrigen Umständen und gehen in Kontakt mit deren Gefühlen und menschlichen Bedürfnissen und nicht mit ihren Strategien.
- Wir bekommen Selbstvertrauen durch die entstehende Qualität der Verbindung.
- Wir bauen unser Feindbild ab und wirken deeskalierend.

8.2 Effekte empathischen Zuhörens

Empathisches Zuhören ist in Gesprächen und gerade in Konfliktsituationen enorm hilfreich. Die meisten Konfliktpartner rechnen mit Widerworten und Streit. In solch einer Situation von Nervosität, Stress oder Angst empathisch abgeholt zu werden kann Beziehungen grundlegend verändern.

Die Wirkung von empathischem Zuhören

- Das Gespräch kommt wieder in Fluss. Anstatt zäh weiter zu diskutieren oder die eigenen Darlegungen zu wiederholen, wirst du klarer und kommst zum Punkt.
- Du verwechselst nicht mehr die tragischen Handlungsweisen mit der Person, baust dein Feindbild ab und deine Angst vor dem Gegenüber schwindet.
- Dir wird klar, welche Bedürfnisse bzw. Beweggründe der andere hat: 50 Prozent der Miete für eine Win-win-Lösung und 100 Prozent, wenn du dir über deine eigenen Bedürfnisse klar bist!
- Wenn der andere gehört wurde, ist er in der Regel bereit, auch dich zu hören. Deine Chancen steigen, ebenso Gehör zu finden. Manchmal klingt das dann so: »Was um Himmels willen hat dich ... tun lassen?«

Tipp

Jeder Mensch möchte verstanden werden. Die Fähigkeit, den **Fokus zuerst auf die Qualität der Beziehungsverbindung** zu legen, anstatt bereits »das Problem zu lösen«, bietet den Nährboden für nachhaltige Konfliktlösungen.

Gerade in konfliktbeladenen Situationen ist empathisches Zuhören immens einflussreich. Wir können den anderen erreichen – gerade in Situationen, in denen er mit Widerstand, strategischer Manipulation und Kampf rechnet. Deswegen wird unsere Haltung dahinter umso wichtiger!

Das Ziel: eine empathische Verbindung auf Augenhöhe. Das bedeutet, sowohl den anderen mit seinen gegenwärtigen Gefühlen und seinen Bedürfnissen zu hören als auch später selbst gehört werden.

Abb.: Die Verbindung entsteht auf der Gefühls- und Bedürfnisebene

8.3 Echtes Interesse zeigen

Das Wesentliche beim empathischen Zuhören ist nicht, dass wir mit unserer Vermutung »ins Schwarze« treffen, sondern dass wir *echtes Interesse* am anderen zeigen – was zu 90 Prozent über unsere Stimme und Körpersprache wahrnehmbar wird. Solange wir beim anderen sind, werden auch mehrmalige Versuche herauszufinden, worum es dem anderen geht, wertschätzend angenommen.

Wenn deine Haltung nicht im Win-win-Quadranten des Elefanten ist und du deinen Gesprächspartner lediglich berechnend »empathisch« hörst, ohne wirklich an ihm bzw. seinen Bedürfnissen interessiert zu sein, wird er das merken und in Widerstand gehen.

Was tun, wenn du auch nach mehreren Versuchen kein ehrliches Interesse für den anderen aufbringen kannst? Das kann der Fall sein, wenn

1. du selbst nicht ausreichend gehört worden bist – von dir oder anderen.
2. du aufgrund des Verhaltens deines Gegenübers kein Vertrauen aufbauen kannst, dass der andere an deinem Wohl ebenfalls interessiert ist, wenn z. B. ständig »Ja, aber ...« kommt.
3. du keine Bereitschaft erlebst, dass Lösungen auch deine Interessen und Bedürfnisse berücksichtigen.

Dann

- ad 1.: unterbrich die Sitzung und gib dir Selbstempathie oder suche dir empathische Unterstützung bei Unbeteiligten.

- ad 2.: sprich aus, dass du Zweifel daran hast, dass der andere auch bereit ist, dich zu hören, wenn du immer wieder »Ja, aber …« zu hören bekommst, und frage, ob er bereit ist, deine Seite zu hören, ohne einen Kommentar abzugeben.
- ad 3.: konfrontiere dein Gegenüber damit und finde ggf. eine andere Lösung, die deine Bedürfnisse außerhalb dieses Gesprächsrahmens erfüllt.

8.4 Wie sich empathisches Zuhören auf dein Gehirn auswirkt

Wir reagieren auf die Aussage anderer oft aus Gewohnheit oder aus der Unbewusstheit jahrelanger Wiederholungen. Wir reagieren »wie immer«, weil sich aus einzelnen Nervensträngen bereits ganze Autobahnen in unserem Gehirn gebildet haben. Auch wenn wir den Wunsch haben, anders mit schwierigen Aussagen umzugehen, wird uns unser Gehirn schnell ein Schnippchen schlagen.

Wenn deine alten Gewohnheiten Macht über dich haben, lerne, dir neue Gewohnheiten anzutrainieren, deinen Alltag neu zu gestalten und deine Umgebung zu verändern. Wenn du deine Fähigkeit, z. B. auf für dich unangenehm zu hörende Aussagen empathisch zu reagieren, verbessern willst, ist Wiederholung eines der besten Mittel. Weshalb? Weil du mit jeder Wiederholung die neuen Wege im Gehirn miteinander verbindest. Das macht dein Gehirn ganz automatisch. Was es braucht, ist nur eine wiederholte Anregung, idealerweise täglich mehrfach (»nutzungsabhängige Plastizität« des Gehirns – Hüther 2011, S. 73 ff.).

Wirst du herausgefordert – und das wird irgendwann passieren –, dann hat dein Gehirn zu entscheiden: Nimmt es die alte, ausgebaute Autobahn oder den neuen, noch wenig erprobten Weg? Du ahnst es: Es wird sich noch oft für die »bewährte« Autobahn entscheiden – deswegen ist Training der beste Weg, um neue Verhaltensweisen einzuüben und zu festigen. Über das Training wird der neue Weg allmählich zu einer neuen Autobahn und die alte Autobahn wird zunehmend abgebaut – was nicht heißt, dass sie komplett abgebaut wird. Für Notfälle steht sie uns weiterhin zur Verfügung.

Deswegen brauchen neue Verhaltensweisen Wiederholungen. Das ist de facto ein Umbau unserer Gehirnstrukturen.

Haltung entwickeln

Wenn du deine Haltung verändern willst, trainiere täglich.
Wenn du deine Haltung festigen willst, trainiere mehrfach täglich.
Wenn du eine bombenfeste Haltung haben willst, höre nicht auf mit deinem Training.

Wie lange gilt es zu trainieren, bis etwas zur Gewohnheit wird?

In vielen Büchern und Ratgebern wirst du unterschiedliche Werte sehen, wie lange es dauert, bis etwas zur Gewohnheit wird: 21 Tage, 30 Tage, 60, 90, 120 Tage … Das kann schon verwirrend sein und du wirst dich fragen: »Ja, was gilt denn nun?« Wir sehen das so: Jeder Mensch ist einzigartig und je nach Leben und Gewohnheiten sind auch Verhaltensmuster ganz unterschiedlich stark ausgeprägt. Ein Wert von 21, 30, 60 Tagen kann dir also nur zur Orientierung dienen.

Wie bekommen wir unseren individuellen Wert heraus, wenn er nicht in den Ratgebern zu finden ist?

Was ist der Unterschied zwischen einem gefestigten neuen Verhalten und einer gewünschten, aber doch nicht reellen Absichtserklärung? **Automatismus!**

Was wir wollen, ist also eine **automatische** Reaktion in einer Situation. Ist diese automatische Reaktion gefühlt entspannt oder angespannt? Ja, entspannt. Wir sind durch unsere Leistungsgesellschaft oft so geprägt, dass alles, was etwas wert ist, auch anstrengend sein muss. Doch dem ist nicht so. Unser Organismus lernt tatsächlich anders. Das heißt: Wenn es uns durch unser Training gelingt, zur gewünschten entspannten und automatischen Reaktion zu gelangen, dann haben wir wirklich etwas Neues integriert.

Achtung

Diese Erfahrung kann uns leicht dazu verleiten, all unsere bisherigen ungeliebten Angewohnheiten gleichzeitig auf die Probe zu stellen und allesamt verändern zu wollen. Tatsächlich verlieren wir dadurch den Fokus und am Ende bleibt alles beim Alten. Leo Babauta empfiehlt in seinem Buch »Zen Habits« (2016) daher, mit *einer* Verhaltensveränderung anzufangen und diese so lange zu verfolgen, bis sie automatisiert ist. Dann kann die nächste Verhaltensveränderung kommen.
Du kannst zwar weitere Ziele ebenfalls umsetzen (z. B. einmal die Woche essen gehen mit deiner Partnerin, jeden Monat deine Ziele überprüfen, jedes Frühjahr eine entschlackende Reinigungskur machen …), doch *neues regelmäßiges Verhalten* zu automatisieren ist eine besondere Form der Veränderung.

Wie willst du wirklich leben?

- Willst du Spielball der Äußerungen anderer bleiben oder selbstbestimmt und mit Selbstvertrauen im Einklang mit deinen Werten auf die Äußerungen anderer eingehen?
- Wie willst du mit jedweder Schuldzuweisung umgehen können: wild abwehrend oder wie eine weise Kriegerin gelassen durch diese hindurch hören, was tatsächlich gemeint ist, und verbindend antworten?
- Wie willst du, dass mit dir umgegangen wird, wenn du zu Urteilen und Bewertungen greifst, weil zu diesem Zeitpunkt unbewusst dein altes Programm abläuft? Verurteilend und ähnlich bewertend oder verständnisvoll und den Kern deiner Botschaft erfassend?

Wie will jemand in höchster Not wahrgenommen werden? Was, wenn du diese Person bist: Wie willst du dann wahrgenommen werden? Und wie verändert sich dein Leben, wenn du selbst mit jeder Anklage, jeder Kritik und jedem Vorwurf umgehen kannst?

Das ist die Kunst der Magierin, die Tara anwendet:

- selbst unter schwierigsten Bedingungen die Gefühle und Bedürfnisse anderer Menschen wahrzunehmen
- auf der Grundlage der Bedürfnisse zweier Parteien neue Lösungen zu entwickeln, die beider Bedürfnisse erfüllt
- in kurzer Verhandlungszeit tragfähige Vereinbarungen zu treffen, die lange halten

Wie willst du mit anderen Menschen umgehen?
Kein Mensch hat die Macht, dir andere Ohren aufzusetzen, sie von innen nach außen oder umgekehrt zu drehen. Wer also entscheidet, welche der vier Ohren du wählst? Immer du selbst! Wer entscheidet, welche Haltung du einnimmst? Ebenfalls du selbst!

Verständnisohren erhöhen die Wahrscheinlichkeit, den Kontakt so zu gestalten, dass der »Rollladen« bei deinem Gegenüber oben bleibt. Empathie wirkt wie ein Dosenöffner für Menschen: Zuerst ist noch alles verschlossen und sieht fast »unknackbar« aus, doch einmal geöffnet kommt heraus, was lange verschlossen war. Dissens und Kriegsführung sind einfach – hochwertiger zwischenmenschlicher Kontakt hingegen eine Kunst, die sich zu lernen lohnt.

8.5 Ein Nein wirklich verstehen

Jeder, der spricht, möchte, dass die eigenen Gefühle und Bedürfnisse beim Gegenüber ankommen. Solange er nicht die Sicherheit hat, dass dem so ist, wird er seine Anstrengungen – meist argumentativ – verdoppeln. Das klingt dann zum Beispiel so: »**Nein**, so ist das nicht, **sondern** ...«. Das heißt, er gibt dir wertvolle und oft auch detailliertere Hinweise, die es dir erleichtern, ihn zu verstehen. Denn das ist das, was er möchte: **Er will verstanden werden!** Je mehr Widerstand du bekommst und je besser es dir dann gelingt, sein Nein zu hören und in Gefühle und Bedürfnisse zu übersetzen, desto leichter gibt es einen Schulterschluss.

Erinnere dich daran: Ein Nein ist ein Ja zu etwas anderem – und damit die Chance, sich anzunähern.

Achtung

Empathisches Zuhören ist vielleicht eine der mächtigsten Fähigkeiten, die wir haben, um erfüllte Beziehungen führen zu können. Gleichzeitig ist es eine relativ selten gelebte Fähigkeit, insbesondere in Konfliktsituationen. Deswegen ist es wichtig, dass wir nicht anfangen,

Empathie als eine bessere Manipulationstechnik zu verwenden. Solange uns die Gefühle und Bedürfnisse des anderen nicht genauso wichtig sind wie unsere eigenen, sind wir geneigt, uns über oder unter den anderen zu stellen. Empathie ist ein natürliches Mittel, in Kontakt zu kommen, und heißt nicht, etwas Bestimmtes (bzw. vorher genau Festgelegtes) zu bekommen. **Das heißt, *ergebnisoffen* in Verhandlungen zu gehen: fest in unserer Absicht, zu einer Win-win-Lösung zu kommen – offen dafür, neue Strategien zu finden.**

8.6 Ausdrucksweisen für empathisches Zuhören

Was Elefanten zu Beginn meist schwerfällt, ist, Ausdrucksweisen zu finden für das, was sie bereits erahnen. Daher wollen wir dir hier einige Beispiele zeigen, die es dir erleichtern, den anderen abzuholen, wo er ist:

- **»Bist du … (Gefühl), weil dir … (Bedürfnis) wichtig ist?«**
  Beispiel: »Bist du verärgert, weil dir ein wertschätzendes Miteinander wichtig ist?«
- **»Ich vermute, du bist … (Gefühl), weil du auf … (Bedürfnis) großen Wert legst. Ist dem so?«**
  Beispiel: »Ich vermute, du bist frustriert, weil du auf eine konstruktive Zusammenarbeit großen Wert legst. Ist dem so?«
- **»Verstehe ich dich richtig, dass du … (Gefühl), weil dir … (Bedürfnis) wichtig ist?«**
  Beispiel: »Verstehe ich dich richtig, dass du frustriert bist und sichergehen willst, dass wir als Team gut harmonieren?« (Gefühl und Bedürfnis)
  Oder kürzere Variante: »Verstehe ich dich richtig: Du willst sichergehen, dass wir als Team gut harmonieren?« (nur Bedürfnis)
  Oder noch kürzere Variante: »Willst du sichergehen, dass wir als Team gut harmonieren?«

Bei empathischem Zuhören dich als Person möglichst weglassen

Achtung, Falle! Bedürfnisse sind unabhängig von dir als Person. Du bist zwar eine denkbare Person, die das Bedürfnis erfüllen kann, doch es gibt da draußen noch Milliarden andere. Tatsächlich sind Menschen in unserer Terminologie lediglich »Strategien«, um Bedürfnisse zu erfüllen.

Beispiel: Im Team erlebe ich keine Harmonie, sondern eine Scheinharmonie, in der jeder nur so tut, als würde er den anderen mögen, und immer mehr Konflikte im Verborgenen aufblühen, die zu verborgenem Hickhack, Missgunst, Rabattmarken und Eifersüchteleien führen. Dafür sind alle ja seeehr nett zueinander. Eigentlich wollte ich den Teamleiter empathisch fragen: »Willst du sichergehen, dass das Team gut harmoniert?« Aus alter Gewohnheit habe ich eine Lösungsstrategie, sprich *mich* ins Bedürfnis hineingemischt, und aus meinem Mund kommt heraus: »Willst du sichergehen, dass **ich** mit dem Team gut harmoniere?«

Vielleicht ahnst du es bereits: Wenn mein Teamleiter nun antwortet »Ja, genau!«, sitze ich in der Falle. Und plötzlich liegt es an mir, gut zu harmonieren mit der Scheinharmonie des Teams. Klar kannst du die Situation retten, nur willst du diesen Aufwand sicher nicht jedes Mal.

Daher lasse dich als Person besser aus dem Spiel.

Wenn du dir das Gespräch zwischen Tara und Herrn de la Fuerte noch einmal ansiehst, wirst du sehen, dass Tara diese Grundsätze und Feinheiten beherrscht und lebt. Nicht zum Gewinn für sich allein, sondern zum Gewinn aller Beteiligten.

– »Nein, ich hatte keine Lösung im Kopf. Doch ich habe die Erfahrung schon Hunderte Male gemacht, dass gute Ideen leichter entstehen, wenn nicht alle Beteiligten bereits mit vorgefertigten Lösungen am Tisch sitzen und versuchen einander zu überzeugen, dass ihre die richtige ist.« –

– »Das heißt, ich achte zunächst mehr auf die Bedürfnisse meines Gegenübers als auf meine!« –

Tara achtet

- auf ihre eigene **Ergebnisoffenheit**.
- darauf, zunächst in **Kontakt** mit Herrn de la Fuerte zukommen.
- zu Beginn **mehr auf die Bedürfnisse des Gegenübers als auf ihre eigenen**.
- darauf, **ihre eigenen Bedürfnisse einzubringen**, als die von Herrn de al Fuerte geklärt sind.
- auf ein **konkretes Ergebnis**.
- das **Würdigen** der gemeinsamen Anstrengungen.

8.7 Abschlussfragen

Nimm dir nun bitte mindestens 15 Minuten Zeit, in denen du ungestört über die folgenden Fragen nachdenkst und die Antworten aufschreibst. Hast du etwas zu trinken und zu schreiben? Dann kann's losgehen …

Inspirationen für die praktische Umsetzung

1. Welche unliebsame Gewohnheit hast du im Umgang mit Konflikten, die du gern verändern würdest? Welche neue Gewohnheit willst du dir alternativ dazu aneignen?
2. Wie oft gilt es, die neue Haltung zu trainieren?
3. Woher weißt du, ob du eine neue Fähigkeit integriert hast?
4. Was bedeutet »Schuldohren nach außen gerichtet« des Tigers?

5. Was bedeutet »Schuldohren nach innen gerichtet« der Schildkröte und des Stallpferds?
6. Was bedeutet »Verständnisohren nach außen gerichtet« des Elefanten?
7. Was bedeutet »Verständnisohren nach innen gerichtet« des Elefanten?
8. Welche Ohren sind für Konflikte mit Win-win-Ergebnissen erforderlich?
9. Wie fühlt sich empathisches Zuhören für dich bzw. den anderen an?
10. Bist du bereit, dein Verhalten diesbezüglich infrage zu stellen, um einen nächsten Schritt machen zu können? Was willst du dann an deinem Verhalten ändern? Was tust du dann? Was tust du nicht mehr?

Notiere deine wichtigsten Erkenntnisse:

____

____

____

____

____

____

____

____

____

____

____

____

____

____

____

9 Miteinander statt Gegeneinander

»Aufrichtigkeit ist vermutlich die verwegenste Form von Tapferkeit.«
Summerset Maugham

Der Abschiedstag ist gekommen. Corazón liegt ruhig in seiner Transportbox und Paula sitzt auf ihren Koffern, die jeden Moment abgeholt werden.

Was war das für eine Reise während dieses Urlaubs – fast wie eine Reise in ein neues Leben! Szenen der vergangenen Tage spielen sich vor ihrem geistigen Auge ab. Sie sieht eine andere Paula, die hier ankam. Etwas hat sich verschoben, verändert. Sie weiß nicht, was, aber irgendetwas ist anders als zuvor: *Sie* ist anders als zuvor.

Waren es ihre eigenen Erlebnisse, die Begegnung mit Tara, der »Flug« ins Wasser, die Hunde am Strand? Irgendwie war alles wichtig. Da ist mehr als nur ein Funke in ihr, nun spürt sie sie: Funken, die immer da waren, auch schon bevor sie nach Spanien kam. Doch nun lodert aus diesen Lebensfunken ein Feuer auf. Da ist ein unstillbares Verlangen nach mehr Leben in ihr, sie spürt, was ihrem Leben wirklich Bedeutung gibt. Nicht eine oberflächliche Bedeutung, um anderen zu genügen oder zu gefallen, sondern wirklich sich selbst zu gefallen, zu sich zu stehen und mit ihren Gedanken, Worten und Taten in Harmonie zu sein.

Sie merkt, dass sie zunehmend Achtung vor sich selbst hat, die ihr andere nicht wirklich geben können durch »billige« Zustimmung, Einverständnis oder Anerkennungen. Es ist wie Achtung vor ihrer eigenen Würde.

»Unsere Würde zu entdecken, also das zutiefst Menschliche in uns,
ist die zentrale Aufgabe im 21. Jahrhundert.«
Dr. Gerald Hüther

Als das Telefon klingelt und die Rezeption ihr Bescheid gibt, dass das Taxi zum Flughafen bereitsteht, kommt Wehmut in Paula auf. Ein Teil von ihr will diesen Ort nicht verlassen. Als sie mit Corazón zum Taxi kommt, warten dort bereits Rosaria und natürlich Tara. Beide strahlen über das ganze Gesicht, fast so, als wäre Paula gerade erst angekommen.

»Im Namen von Herrn de la Fuerte, der heute leider unterwegs ist, und des ganzen Teams wünschen wir Ihnen eine gute Abreise und dass Sie uns gut in Erinnerung behalten!«, sagt Rosaria. »Und damit Ihnen das besser gelingt, erlauben wir uns, Ihnen eine Kleinigkeit zu überreichen!«

Rosaria holt hinter ihrem Rücken ein Bild hervor. Paula betrachtet mit großen Augen die Fotocollage: das Hotel, der Strand, die Strandbar »Previsión« vom Meer aus aufgenommen. Sie sieht ein Bild von Ignacio de la Fuerte zusammen mit Rosaria und dem Team von der Rezeption und – wie auch immer Rosaria da rangekommen ist – von Corazón, noch mit den Wundauflagen. Und ein Bild von ihr am Abschlussabend zusammen mit Ignacio, den zwei Damen und Tara.

Paula merkt, wie ihr die Tränen in die Augen steigen. Sie beherrscht sich mühsam und hört sich stammeln: »Oh, das ist sooo schön! Ich danke euch von Herzen! Mir fehlen die Worte …« Rosaria strahlt über das ganze Gesicht: »So schön, wenn es schön für Sie ist!« »Aber das ist noch nicht alles!«, sagt eine Stimme hinter ihr. Als Paula sich umdreht, sieht Tara sie mit ihren lustigen Augen an. Sie überreicht Paula ein kleines Päckchen, auf dem steht: »Öffnen nur unter widrigen Umständen!« Paula ist natürlich neugierig und fragt grinsend: »Ist das wieder ein Trick?« »Nein, das ist ernst gemeint«, sagt Tara. »Vielleicht brauchst du es ja irgendwann.«

Nach herzlichen Umarmungen und dem Einladen ihres Gepäcks setzt sich Paula mit der Transportbox, in der Corazón sitzt, auf den Rücksitz. Als ihr nun doch Tränen die Wangen hinunterkullern, sieht Tara sie an:

»Glaubst du etwa, wir sehen uns nicht wieder?«
»Ja, irgendwie schon.«
»Ich bin sicher, wir sehen uns und setzen unsere Arbeit fort.«
»Echt?« Paula sieht Tara mit großen Augen an.
»Klar, da ist noch einiges, was wir angehen können. Außer, du willst lieber im Sand sitzen und aufgeben …«
Paula lacht. »Nein, das haben wir schon hinter uns!«
Tara nickt und zwinkert ihr zu. »Ich sage heute nicht ›Leb wohl!‹, sondern ›Bis bald!‹. Du hast ja meine Telefonnummer.«

Als Paula klar wird, dass sie völlig vergessen hat, nach Taras Telefonnummer zu fragen, klopft diese zweimal auf das Taxi. »Aber …!« ist alles, was sie noch sagen kann. Sie sieht Tara und Rosaria, die mit beiden Armen wild winken, als sich das Taxi in Bewegung setzt. Die Fahrt zum Flughafen vergeht in Windeseile, das Einchecken und Verstauen von Corazón verlaufen entspannt. Als Paula endlich im Flugzeug sitzt, gehen ihr viele Szenen des Urlaubs noch mal durch den Kopf. Was war das für ein wilder Ritt!

Als Paula und Corazón zu Hause ankommen und gerade die Wohnung betreten wollen, kommt Paulas Vermieterin Frau Bogner, die ebenfalls im Haus wohnt, um die Ecke gebogen.

»Hallo Frau Aulett, sind Sie gut zurückgekommen? Ach, und ist das der Hund, von dem Sie in Ihrer E-Mail sprachen?«, fragt Frau Bogner, als sie die Box mit Corazón sieht.

»Ja, genau, wir sind gerade zurück aus Spanien.«
»Ach, dann will ich Sie gar nicht lange aufhalten. Der ist ja süß! Sieht ein bisschen aus wie der Hund von den ›Kleinen Strolchen‹ mit seinem dunklen Fleck um das Auge. Den will meine Tochter sicher mal sehen – sie liebt ja Hunde. Sie erinnern sich doch an Marina? Dann kommen Sie erst mal gut an!«

Als Paula an diesem Abend ins Bett fällt, ist sie froh, angekommen zu sein. Angekommen? Ja, irgendwie bin ich angekommen, sagt sie zu sich selbst, als sie einschläft.

Der nächste Morgen

Paula spürt einen Waschlappen im Gesicht und richtet sich schlaftrunken im Bett auf. Der Waschlappen gehört offensichtlich Corazón, der Paula mit seiner nassen Zunge aufweckt. Die Sonne ist augenscheinlich schon am Himmel. »Igitt, Corazón, hör bitte auf! Oh mein Gott. Habe ich verschlafen?« Paula blinzelt zum Wecker und erinnert sich, dass in Deutschland die Sonne früher aufgeht als in Spanien. Es ist erst halb sechs.

Paula umarmt Corazón, lacht und springt aus dem Bett. Sie macht sich schnell fertig, bis ihr ihre Atemübung einfällt. Oh, wow, jetzt hätte ich fast meine Routine vergessen! Nach der Atemübung schlüpft sie in ihre Laufsachen. Gut, dass mich Corazón so früh aufweckt, denkt sie. Aber jetzt kann ich ja nicht am Strand laufen gehen – also ab mit Corazón in den Stadtpark!

Sie nimmt Corazón an die Leine und ist erstaunt, wie ruhig er neben ihr herläuft. Die morgendlich kühle Luft stört Paula nicht, es ist eher, als wäre das die erste Dusche des Tages: erfrischend und kräftigend. Zum ersten Mal sieht sie bewusst, wie viele Leute morgens an der frischen Luft sind. Ob die alle von Tara trainiert wurden?, huscht es durch Paulas Kopf und sie lacht.

Nach dem morgendlichen Programm und dem Powerfrühstück, das sie im »Previsión« kennengelernt hat, öffnet Paula die Tür zu ihrer Terrasse und sagt zu Corazón, der sie mit seinen großen braunen Augen aufmerksam ansieht: »So, mein Lieber, jetzt lass ich dich hier allein, aber du kannst jederzeit ins freie Laufen. Und am späten Nachmittag bin ich wieder da.«

Als Paula ins Büro kommt, denkt sie sich: Heute einfach mal die Lage taxieren und sehen, was so alles angefallen ist. Zu dieser frühen Stunde ist nur Frau Meusel da, die eine Frühaufsteherin ist und meist um sieben Uhr mit der Arbeit beginnt.

»Hallo Frau Aulett, wow, Sie sehen gut aus! So braun und irgendwie sehen Sie … fit aus. Der Urlaub hat Ihnen wohl gutgetan?«
»Das kann man wohl sagen!«, entgegnet Paula mit leuchtenden Augen und lächelt in sich hinein. »Und? War viel los, während Sie mich vertreten haben?«

»Och, die üblichen Verdächtigen. Da haben Sie nicht viel versäumt. Irina ist gemein wie immer. Berta hängt an ihr dran. Heinz macht es allen recht und Herr Void ist nett wie immer.«
»Nett wie immer? Ich glaube, da ...« Paula beißt sich still auf die Lippen. Nein, nicht gleich am ersten Tag wieder in den alten Trott fallen!, ermahnt sie sich selbst.
»Frau Meusel, ich würde gern meine E-Mails und die Post durchgehen, ins Teammeeting und mit Peter sprechen. Und morgen setzen wir zwei uns zusammen und gehen die letzten Wochen durch. Passt es für Sie morgen um 11 Uhr?«
»Ja, klar!«, bestätigt Frau Meusel.

Paula schaut in ihre E-Mails und sieht, dass das Teammeeting für 9 Uhr angesetzt ist. Sie kann also noch ein paar E-Mails checken. Kurz vor 9 Uhr klopft jemand an ihre Tür. Es ist Peter.

»Na, alte Urlauberin? Oh, du schaust ja echt gut aus – das werden dir die anderen gleich neiden! Bist du um 9 Uhr beim Teammeeting dabei?«
»Hi Peter! Na klar, mit der Post bin ich durch und die E-Mails brauchen eh noch länger.«
»Oh, bist du schon länger da?«
»Ja, ich gehe jetzt am Morgen laufen mit meinem Hund.«
»Du hast einen Hund? Und laufen – du? Vor der Arbeit? Was ist denn da schiefgegangen?«, lacht Peter und schaut Paula mit großen Augen an. »Na ja, die üblichen Urlaubsflausen mitgebracht. Hatte ich auch schon – das wird schon wieder! Also bis gleich!«

Urlaubsflausen? Da werde ich dich wohl enttäuschen müssen, mein lieber Peter, denkt sich Paula schmunzelnd und macht noch einmal ihre Atemübung, bevor sie zum Meetingraum aufbricht.

Als sie den Meetingraum pünktlich betritt, sind wie gewohnt bei Weitem noch nicht alle da. Paula lächelt in sich hinein: Immerhin sind einige in dieser Hinsicht zuverlässig! Heinz, der bereits da ist, sagt zu Paula: »Wow, du musst einen tollen Urlaub gehabt haben! Du siehst ja aus wie das Leben selbst!« Paula lächelt und denkt zurück an die ersten Tage in Spanien mit Tara. Wenn der wüsste!

Als Irina und Berta den Raum betreten und Paula sehen, fangen sie an, miteinander zu tuscheln. Paula bemerkt das. Doch diesmal kann sie loslassen, da sie sich an einen von Taras Hinweisen erinnert: *Konzentriere dich auf das, was du beeinflussen kannst, und nicht auf die unkontrollierbaren Handlungen anderer.*

Als Peter hereinkommt, verstummen die Gespräche und das Murmeln hört auf. »So, schön, dass wir heute mal wieder vollzählig sind. Dann lasst uns ...«

Paula hat sich entschieden, in der ersten Sitzung das Augenmerk auf ihre Wahrnehmungen zu legen und weniger zu beurteilen. Sie sieht, dass sich Heinz bei der Vergabe von Aufgaben nicht von sich aus meldet. Sie bemerkt, dass Irina von ihren Erfolgen spricht und kein Wort über Schwierigkeiten verlauten lässt. Paula bemerkt, dass vereinbarte Aufgaben von vor drei Wochen nach wie vor unerledigt sind und keiner die Verantwortung dafür übernimmt. Sie hört, wie neue Aufgaben verteilt werden, obwohl alte noch gar nicht erledigt sind. Diese Aufgaben werden von Peter zugeteilt, ohne nachzufragen, ob die Person bereits mit dieser Art Aufgabe Erfahrung hat.

Und sie bemerkt sich selbst, wie sie ruhig den Ausführungen zuhört – auch denen, mit denen sie nicht einverstanden ist. Ist das die Erfahrung mit Tara oder ist das, weil ich schlicht im Urlaub war?, fragt sie sich still.

Paula erinnert sich an den von Tara zitierten Satz Krishnamurtis: *Die Fähigkeit wahrzunehmen, ohne zu bewerten, ist die höchste Form von menschlicher Intelligenz* – und merkt, wie viel Energie es sie kostet, ihren Fokus zu halten und bei den Wahrnehmungen zu bleiben. So groß ist der Reiz, in alte gewohnte Urteile und Bewertungen zu verfallen! Doch diesmal schafft sie es, sie zu umgehen. Die Stille, der sie sich heute Vormittag verschrieben hat, hilft ihr, bei sich zu bleiben.

Sie bemerkt, wie Behauptungen und Interpretationen einander jagen. Auf Fragen antwortet sie ungewohnt kurz. Es ist fast wie ein Schauspiel – nur dass dieses Schauspiel die Realität ist, die sie seit Jahren kennt.

Gefragt wird kaum und wenn, dann meist nur mit geschlossenen Fragen, auf die mit Ja oder Nein zu antworten ist und die keine Kreativität aufkommen lassen. Paula fragt sich, was das Team gerade lernt. Eine traurige Erkenntnis kommt in ihr hoch: Die Teammitglieder lernen, sich im Team zu verstecken oder unterzuordnen, statt auf Augenhöhe zu agieren, Führungsschwäche zu tolerieren, anstatt die Führung menschlich herauszufordern, und einander auszuweichen statt zu unterstützen. Sie erschrickt, weil ihr dies gerade so klar wird – und in den vergangenen Jahren offen vor ihren Augen ablief – und irgendwie doch verborgen blieb.

Paula erkennt, dass sie früher selbst sehr ähnlich unterwegs war, ein Teil des Ganzen war – vor ihrem letzten Urlaub! Sie erkennt, wie jeder der Beteiligten das Beste gibt, was ihm oder ihr zu diesem Zeitpunkt zur Verfügung steht. Es ergibt in ihren Augen daher tatsächlich keinen Sinn, irgendjemandem etwas vorzuwerfen, wie sie es in der Vergangenheit bereits öfter getan hatte. Auch »kostenlose Korrekturen«, ohne die Person vorher abzuholen, ergeben keinen Sinn mehr, weil sie mitbekommt, wie einige sich dann in Ausweichmanövern, Ausreden und Entschuldigungen verlieren, ohne etwas dazuzulernen – und dies von Peter toleriert wird.

Paula fragt sich: Wenn wir im Personalbereich so miteinander umgehen, wie können wir dann wirklich einen Beitrag in den Abteilungen leisten? Ist es nicht an uns, selbst Vorbild zu sein und, wenn wir es nicht sind, Vorbilder zu werden? Mit wem fangen wir also an? Und ihre innere Antwort hört sie deutlich: Mit mir! Kann ich dann erst mal alles andere laufen lassen, bis ich so weit bin?, fragt sie sich und sieht Tara, als würde sie mit am Konferenztisch sitzen, lächelnd den Kopf schütteln: *Nein*, sagt die imaginäre Tara, *lerne zunehmend weniger dumm zu agieren, das genügt. Perfektionismus braucht kein Mensch. Das läuft zeitgleich, denn deine innere Entwicklungsreise geht bis an dein Lebensende. Hallo, hallo, hallooo!*

Erst jetzt merkt Paula, dass es Peter ist, der »Hallooo!« ruft und damit sie meint.

»Du bist wohl noch im Urlaub?«
Na, immerhin eine Frage!, schmunzelt Paula und sagt: »Ja?«
»Also was ist? Übernimmst du mit Heinz das Recruiting der neuen Anwältin für die Rechtsabteilung?«
»Äh, ja – grundsätzlich ja.«
»Was soll das heißen: ›grundsätzlich ja‹?«
»Nun, ich möchte den Rahmen wissen, bevor ich Versprechungen im Namen unseres Unternehmens gebe. Wir wollen doch sicher unseren Ruf wahren und mir ist wichtig, dass ich Aussagen zum Beispiel über etwaige Weiterbildungen nach außen auch vertreten kann.«
»Hm, ja, klar. Was meinst du, Irina?«
»Na ja, wenn da jemand Gutes eingestellt wird, dann können wir später vielleicht auch eine Weiterbildung einräumen.«
»Okay, dann ist ja alles klar«, sagt Peter an Paula gewandt.
»Moment, Peter, das sehe ich anders! Ich schätze, ein Bewerber für dieses Unternehmen möchte mehr als vage Aussichten. Und ich will sichergehen, dass sich eine Situation wie mit Herrn Lenhart nicht wiederholt.«
»Herr Lenhart? Sagt mir nichts. Was ist da gewesen?«, fragt Peter.
»Das, was in unserem Protokoll steht, Peter.«
»Äh, ja, hm, das hab ich noch nicht gelesen.«
»… Also, damit wir hier zum Punkt kommen: Was können wir festhalten für die Weiterbildung in der Anwaltsstelle, Peter? Auf die Gefahr hin, dass ich dich oder euch nerve: Ich hätte gern eine verlässliche Entscheidung, welche Art von Weiterbildungen wir als Unternehmen anbieten, inwieweit wir die Leute bezahlt dafür freistellen und in welchem Umfang wir die Kosten übernehmen. Ich vermute, dass du diese Entscheidung als unser Chef treffen kannst. Oder spricht etwas aus deiner Sicht dagegen?«

Stille im Meetingraum. Paula ist sich bewusst, dass viele Augenpaare auf sie gerichtet sind. Doch sie ist entschlossen ihren Bedürfnissen zu folgen und gleichzeitig die der anderen im Blick zu behalten. Peter schaut Paula mit großen Augen an. So kennt er sie noch nicht. Und gleichzeitig rumort es in seinem Bauch. Das stimmt, das kann ich doch selbst entscheiden, geht es ihm durch den Kopf.

»Äh, du meinst, ob etwas dagegen spricht, dass ich diese Entscheidung fälle?«
»Genau.«
»Natürlich nicht.«
»Vielen Dank! Wenn das so ist: Bist du bereit, mir diesbezüglich in den Bewerbungsgesprächen zu vertrauen, dass ich die Notwendigkeit prüfe und mit Blick auf unseren Weiterbildungsetat nur dann zusage, wenn es mir auch wirklich erforderlich erscheint? Ich will entscheidungsfähig sein im Gespräch.«
»Und was, wenn du unsicher bist?«
»Dann spreche ich den Fall mit Irina durch und sage dem oder der Bewerberin, dass ich das noch abklären möchte.«
»Okay. Und wenn ihr euch nicht einigt?«
»Dann kommen wir zusammen zu dir.«
»Und wenn ich mal nicht da bin?«
»Nun, wenn du nur mal einen Tag weg bist, dann warten wir. Und solltest du über einen längeren Zeitraum weg sein – z. B. im Urlaub –, dann kann ich als Stellvertreterin entscheiden und halte meinen Kopf für die Entscheidung hin. Und das schließt die Folgen der Entscheidung mit ein.«

Irina schaut mit zusammengekniffenen Augen zu Berta und dann zu Peter, der ruhig nickt.

»Irina«, sagt Paula, »mir ist wichtig, dass in Bewerbergesprächen keine Entscheidungen getroffen werden, die du später auszubügeln hast. Gibt es etwas, was ich übersehen habe?«
Peter stimmt ein: »Ja, gibt es da etwas?«
»Nun, was, wenn Paula eine Schulung zusagt, die unser Budget bei Weitem überschreitet?«, fragt Irina. »Bei unseren internen Schulungspartnern wissen wir, was die kosten, aber bei externen Partnern kann das schon mal teuer werden. Was dann?«

Irina meint, damit nun einen Treffer gelandet zu haben und dass Peter einsieht, dass zumindest das nicht geht.

»Ist es okay, wenn ich dazu etwas sage?« Paula sieht Peter fragend an.
»Okay!«
»Ja, Irina, da habe ich mir auch schon mal Gedanken gemacht und gedacht, dass wir entsprechend dem Einstiegsgehalt eine Jahresobergrenze für Schulungen der Abteilungen festlegen. Damit kann der Bewerber dann in Abstimmung mit dem Chef seiner Abteilung, also in diesem Fall der Rechtsabteilung, selbst wählen, ob er eine günsti-

gere Fortbildung findet, die ihm Ähnliches bringt. Denn, machen wir uns nichts vor, wir sind nicht die Spezialisten für das Fachthema. Lassen wir doch – in Abstimmung mit uns – die Fachleute entscheiden.«
»Und wir schauen zu, wie die Fachleute am Ende unser Budget leerräumen?!«, protestiert Irina.
»Guter Einwand, Irina«, sagt Peter.
»Können wir es uns leisten, unsere Juristen verdummen zu lassen?«, fragt Paula.

Peter schaut auf.

»Daher sehe ich, dass wir mit den Abteilungen Schulungsobergrenzen festlegen«, fährt Paula fort. »Und wir entscheiden, ob wir aus unserem Personalweiterbildungsetat etwas drauflegen oder eben nicht. Und wer kann das entscheiden? Da gibt es für mich nur eine Person!«
»Wen meinst du?«, fragt Peter verdutzt.
»Das kannst nur du sein, Peter. Weil du mit Herrn Galeo, unserem Personalvorstand, die Unternehmens- und Personalstrategie im Detail kennst. Du kannst entscheiden, ob das in dem Fall Sinn ergibt oder nicht.«
»Stimmt allerdings. Okay, wir machen das so«, sagt Peter mit einer Bestimmtheit, die er von sich selbst schon lange nicht mehr kennt. Irgendwie fühlt sich das Ganze unangenehm an und er weiß nicht, ob er sich damit nicht eine Baustelle in die Abteilung holt. Doch er spürt eine frische Energie in sich und richtet sich auf seinem Stuhl auf.

Paulas aufgeregte Anspannung weicht langsam einem neuen Selbstbewusstsein. Ihre Worte sind dem vorausgeeilt und sie spürt mit jeder Faser ihres Körpers, wie sehr sie die Verantwortung für diese Aufgabe übernehmen will. Sie hat den Rahmen mit Peter und Irina geklärt. Fachlich war das gar nicht so schwer – viel schwerer war es, klar rüberzukommen und das Standing zu haben, bei Einwänden nicht umzufallen, sondern das »Ja im Nein« von Irina und Peter zu sehen.

»Das war's dann. Sehr gut!«, sagt Peter.
»Noch nicht ganz, lieber Peter«, hört Paula sich sagen.
»Was denn jetzt noch?«
»Nun, diese Entscheidung ist es doch wert, protokolliert zu werden – hat sie doch erhebliche Bedeutung für unsere Personalentscheidungen.«
»Äh, klar, natürlich!«, sagt Peter und sucht mit den Augen jemanden, der das Protokoll führen kann.
»Wie wäre es, wenn ich diesen Punkt eintrage, und ihr könnt schauen, ob ich etwas Wesentliches vergessen oder missverständlich formuliert habe?«, schlägt Paula vor.
»Ja, klar, gerne. Also, Leute, dann sind wir für heute durch.«

Als Paula nach der Abteilungssitzung zu ihrem Büro geht, fällt ihr noch ein Punkt ein und sie beschließt, noch bei Peter vorbeizuschauen. Peter hat gerade an seinem Schreibtisch Platz genommen, als Paula an die offene Tür klopft.

»Hallo Peter, darf ich noch mal stören?«
»Ja, klar, was gibt's denn noch?«
»Ich hab mir Gedanken gemacht wegen unseres Protokolls, die ich noch mit dir teilen möchte. Hast du dafür noch zehn Minuten Zeit?«
Peter schaut auf die Uhr: »Ja, klar, das geht noch.«
»Ist dir aufgefallen, dass wir das Protokoll im Meeting nie ansehen und kontrollieren, ob die terminierten Aufgaben vom letzten Mal umgesetzt worden sind?«, fragt Paula.
»Ja. Manchmal bist du, wie die Engländer sagen, ›a pain in the ass‹«, meint Peter grinsend und doch etwas genervt.
»Stimmt. Ich sehe einige Bedeutung darin, als Personalabteilung verlässlich zu sein, und möchte unseren guten Ruf als Abteilung stärken. Und da denke ich an unsere Teamsitzungen: Da sind oft alle da und wir können Verbesserungen erzielen. Außerdem haben die Meetings Vorzeigecharakter. Willst du mehr darüber hören?«
»Okay, schieß los!«
»Wir haben manchmal niemanden, der für beschlossene Aufgaben im Protokoll verantwortlich zeichnet. Bei anderen Aufgaben haben wir dafür zwei oder mehr Leute, die verantwortlich sind, mit der Folge, dass sich letztendlich keiner darum kümmert. Und wir haben niemanden, der gegencheckt, ob die Aufgaben gemacht wurden – und damit meine ich nicht dich!«

Peter nickt nachdenklich.

»Vor allem sprechen wir von KPI[20] im Unternehmen, doch unsere Protokolle, die ja so etwas wie die Zusammenfassung unserer Arbeit sind, werden nicht auf den Prüfstand gestellt. Wie also bekommen wir ein für alle Seiten befriedigendes Teammeeting und entsprechende Protokolle?«
»Äh, gute Frage! Und wie willst du das lösen?«
»Mit Salamitaktik: Scheibchen für Scheibchen! Ich möchte gern, dass wir die Problematik zuerst anhand der letzten Protokolle sichtbar machen. Dann die Leute selbst die Problematik erkennen lassen. Wenn es ihr eigenes Ding ist, dann bekommen wir einen Dreh rein, sonst bleibt das nur an Einzelnen hängen. Und im Anschluss machen wir eine Auswertung, wo wir stehen und was wir in welchem Maß verbessern wollen. Dann kontrollieren wir, ob unsere Maßnahmen den gewünschten Erfolg in der Abteilung bringen. Was meinst du, kannst du da grundsätzlich mitgehen?«

20 Key Performance Indicators. Sie definieren Kennzahlen, die sich z. B. auf den Erfolg, die Leistung oder Auslastung einer einzelnen organisatorischen Einheit beziehen. KPIs werden häufig mit der SMART-Methode bestimmt. SMART steht für Specific Measurable Achievable Reasonable Time-Bound und dient als Kriterium zur eindeutigen Definition von Zielen im Rahmen einer Zielvereinbarung.

»Oh Mann, Paula, du hast ja echt ein Tempo drauf! Was ist denn bei dir ›schiefgegangen‹?«
»Irritiert dich das? Willst du sichergehen, dass das nicht nur eine Eintagsfliege vom Urlaub ist?«
»Äh, ja, wenn du so direkt fragst.«

Paula atmet tief durch. Sie merkt, dass sie für ihren ersten Tag in der Firma Peter ganz schön aufgeschreckt hat.

»Nun, du hast mich mal gefragt, ob ich nicht deine Stellvertreterin sein möchte. Kannst du dich noch daran erinnern?«
»Na klar!«
»Kann es sein, dass du wusstest, dass ich hinter unseren Vereinbarungen her bin, bis diese umgesetzt sind?«
Peter grummelt: »Ja.« Und fängt an zu grinsen.
»Und … Hm, darf ich direkt sein?«, fragt Paula mit einem Schmunzeln. Sie erinnert sich an Tara, macht ihre Worte nach, sie weiß: Es braucht nicht alles neu erfunden zu werden, was funktioniert. Sich die Erlaubnis einzuholen zeigt Peter den Respekt, den Paula vor ihm hat.
»Na klar, Paula! Leg los.«
»Und … dass genau das nicht deine große Stärke ist – und ich dich da gut ergänze?«

Peters Augen verengen sich zu kleinen Schlitzen. Dann öffnen sie sich wieder zur gewohnten Größe: »Ich glaube, das hast du gut erkannt!«
»Und möglicherweise hast du schon damals gesehen: Wenn wir zwei uns mit unseren Stärken zusammentun, kann die Abteilung davon immens profitieren.«
»Da ist was dran! Das ist das, was ich an dir schätze.«
»Und damit die Abteilung besser wird. Kann es sein, dass es da wichtig ist, dass wir die Dinge wertschätzen, die gut laufen, und die Dinge angehen, die suboptimal laufen?«, fragt Paula.
»Hä? Was meinst du damit?«
»Mir ist aufgefallen, dass wir das Protokoll nicht lesen, vergessen oder Punkte nicht erledigt werden. Was ist ein Protokoll wert, das keiner liest? Ist dann nicht jeder damit verbundene Aufwand zu viel?«
Peter nuschelt: »Meinst du etwa, wir sollen es lassen?«
»Nein, ich würde das Protokoll abändern – mit deiner Zustimmung. Sodass es uns allen etwas bringt.«
»Wie? Was soll denn da anders werden?«
»Nun, wie gesagt, möchte ich zuerst die anderen ins Boot holen. Sonst sind wir ja gleich im kalten Konflikt.«
»Hä? In was sind wir dann?«

Paula merkt, dass sie ein Fachwort verwendet hat, das sie aus ihrer Arbeit mit Tara kennt, und erinnert sich an Taras Warnung: *Fachwörter lassen den Kontakt schnell abreißen!*

»Okay, tut mir leid, da war ich undeutlich. Ich meine: Wenn wir vorgeben, wie wir aus der Führung das Protokoll haben wollen – was ist dann die Motivation der anderen, außer sich uns und unseren Ideen zu unterwerfen? Und diese Ideen möglicherweise irgendwann zu torpedieren, weil sie sich ja eh nur uns unterworfen hatten?«
»Keine Ahnung. Also, was schlägst du vor?«
»Wir holen die Leute ab, wo sie sind, und berücksichtigen ihre Wünsche. Wir benennen natürlich auch deine Wünsche und schauen, ob wir auf einen gemeinsamen Nenner kommen. Wir lassen auch Themen zu, die konfliktbeladen sind und vielleicht zu Auseinandersetzungen und Streit führen. Wenn sie und wir die Sicherheit haben, dass ihre Themen ernst genommen werden, dann sind alle auch motiviert dabei. Wir machen eine Auswertung, wo wir stehen und was wir in welchem Maß verbessern wollen. Und dann kontrollieren wir, ob unsere Maßnahmen den gewünschten Erfolg in der Abteilung bringen. Was meinst du, spricht da was dagegen?«

Ein Beispiel aus unserer Praxis

Ein Unternehmensverbund hat sich aus vier Einzelunternehmen zusammengesetzt, um gegenüber dem Wettbewerb stärker dazustehen. Seit vier Jahren werden in den gemeinsamen Sitzungen der Geschäftsleitungen Protokolle geführt – allerdings nur mit Worthülsen und ohne Verbindlichkeit. Es werden keine Beschlüsse zu schwierigen Themen festgehalten, oft wird ausgewichen und nichts Wettbewerbskritisches wird zeitnah umgesetzt. Wenn dann doch einmal ein Haus eine Entscheidung trifft (ohne die anderen einzubeziehen), erfolgt innerhalb von 14 Tagen ein Veto von einem der anderen Häuser. Ergebnis: keine wettbewerbskritischen Themen werden erfolgreich angegangen. In der Zwischenzeit werden sie vom Wettbewerb überholt und fallen im Landesvergleich von Position zwei auf Position vier.

»Ich soll meine Leute streiten lassen?« Peter wirkt verwirrt.

»Streit unter guten Männern ist entstehendes Wissen.«
Unbekannt

Gilt natürlich genauso für Frauen!
Tara

»Glaubst du, die Themen, die wir haben, seien nicht häufig Thema in der Kaffeeküche? Da wird gemeckert, gealbert, sich beschwert – aber die Themen bleiben ungelöst! Lieber einen offenen Konflikt lösen, als einen Konflikt in die Kaffeeküche verbannen, oder?«
Peter schweigt. Dann murmelt er: »Echt? Hm, das kann ich nicht einschätzen. Wenn ich in die Kaffeeküche komme, wird ja immer viel gelacht.«

Paula merkt, dass sie Peter schon ziemlich deutlich konfrontiert und wenig abholt, wo er ist. Sie erinnert sich.

»Heißt das, du bist verwirrt, weil du ein so anderes Erlebnis mit der Kaffeeküche verbindest und sichergehen möchtest, eine stimmige Entscheidung zu treffen?«, fragt sie.
»Ja, so ist es. Allerdings war ich ja früher selbst mal Personaler und daher kann ich mir das schon gut vorstellen.«
Paula nickt. »Ich schätze, das ist nervig für dich, weil dir ein offenes Miteinander im Team viel bedeutet, und das heißt auch, wichtige Themen gemeinsam anzugehen.«
»Ja, klar. Ich merke, du verstehst mich!«

Paula merkt, wie sich das Verhältnis zwischen ihr und Peter zunehmend lockert, dass er sie ernst nimmt, weil sie ihn auch ernst nimmt. Also nimmt sie ihren Mut noch mal zusammen und sagt: »Ich bekomme mit, dass dir das was bedeutet, und du hast da sicher ein Händchen dafür. Doch ... Darf ich immer noch direkt sein?«
»Ja, klar!«

Paula ist klar, dass sie jetzt an etwas sehr Persönliches herangeht. Sie weiß, dass ihr das in ihrer Position eigentlich nicht zusteht, doch sie erinnert sich mutig daran, dass manchmal der Zweck die Mittel heiligt. Sie weiß, dass sie sich jetzt nicht nur für sich, sondern auch für Peter und die Abteilung einsetzt.

»Leider machst du halt Dinge, die dann das Gegenteil von dem bewirken, was du eigentlich willst«, sagt sie.
»Wie? Was mache ich?« Peter schaut Paula mit großen Augen an.
»Du versuchst, mit allen ›gut Freund‹ zu sein, was ja grundsätzlich schön und verbindend ist. Viele vertrauen dir. Nur es bleibt etwas zwischen dir und ihnen und in der Abteilung bestehen ...«
»Und was ist das?«
»Na ja, wenn ich ehrlich bin ... Und das willst du doch, oder?«
»Klar, jetzt sag schon!«
»Nun, das eine ist, dass du fast nie zu jemandem sagst: ›Gut gemacht, hat mir gefallen, was du gemacht hast, weil ...‹. Auch bei mir nicht, übrigens.« Peter schweigt und Paula fährt fort: »Und das andere ist: Du weichst jedem Konflikt aus, anstatt ihn zu lösen.«

Paula merkt, wie Nervosität – vielleicht sogar Angst – in ihr hochkriecht. Sie hat diese Themen noch nie angesprochen. Wie wird Peter jetzt reagieren?, schießt ihr durch den Kopf.

Mut fühlt sich zunächst immer wie Angst an.

Peter sieht erst Paula an, dann senkt er seinen Blick und schaut nachdenklich auf seinen Schreibtisch. Dann sagt er: »Das hab ich von meiner Frau auch schon mehrmals gehört!«

Paula spürt, wie ihre Anspannung nachlässt. Ihr wird klar, dass Peter sich gerade sehr sichtbar gemacht hat. Sie schweigt – Worte wären jetzt billig. Sie nickt leicht mit dem Kopf und schaut ebenfalls auf den Schreibtisch. Sie erinnert sich an Taras Worte: *Empathie ist zu 80 Prozent wortlos, nur 20 Prozent werden ausgesprochen.* Erst jetzt weiß sie, was damit gemeint war.

Nach einer gefühlten Ewigkeit, die tatsächlich nicht mal eine Minute gedauert hat, hebt Peter den Kopf und fragt Paula: »Sag mal, Paula, du bist recht wild unterwegs seit deinem Urlaub – so warst du ja sonst nicht! Aber zugegeben: Ich kann das erstaunlich gut nehmen, was du da sagst und wie du es rüberbringst. Hast du das im Urlaub gelernt? Warst du dort im Dschungelcamp? Und wieso kommst du mit all dem Zeug zu mir?« Paula entscheidet sich, erst mal auf seine letzte Frage einzugehen.

Achtung

Was passiert, wenn ich mehr als eine Frage gleichzeitig stelle? Mein Gesprächspartner entscheidet, auf welche er antwortet. Und antwortet im ungünstigen Fall nicht auf die, die mir wichtiger gewesen wäre.

Paula lacht. »Hm, ich glaube, es ist ganz gut, wenn du als Chef etwas Vorsprung hast – du bist ja Vorbild für die anderen. Da wäre es schon gut, wenn du diese Vorbildfunktion auch entsprechend ausfüllen kannst. Kommt, glaube ich, nicht so gut an, wenn die Mitarbeiter der Abteilung dir zeigen, dass sie das besser können als du, oder?«
»Hm, ja – da ist was dran«, murmelt Peter in seinen Bart. »Wann wollen wir darüber mal sprechen?«
»Wie wäre es mit genau jetzt? Jetzt sind wir grad dran. Hast du denn andere Termine?«
»Sind verschiebbar, Paula. Das ist jetzt wichtiger!«

Paula lächelt innerlich. Es stimmt mal wieder, was Tara gesagt hatte: *Was Menschen wirklich wollen, ist, auf respektvoller Augenhöhe gefragt zu werden. Viele hungern danach und wehe, du fängst damit an … Dann kann es sein, dass sie kaum mehr aufhören wollen.*

Paula erzählt von ihren Erlebnissen in Spanien, von Tara und den Herausforderungen, die ihr begegnet waren. Wie diese Begegnung und vor allem ihre eigenen Erlebnisse ihre Weltsicht und ihre Sicht auf sich selbst verändert hatten. Sie lässt auch keines der immer noch etwas peinlichen Erlebnisse weg, denn diese waren es, die bei ihr die größten Veränderungen bewirkt haben.

Sie erzählt, wie die intensive Zeit mit Tara ihre Einschätzung des Arbeitsalltags in der Abteilung verändert hat. Wie sie allerdings auch sich selbst und ihren Beitrag nun anders sieht. Sie hat eine neue Sicht einerseits auf die Alltagssprache und andererseits auf die Welt bekommen. Wie oft hatte sie sich in der Vergangenheit selbst geschadet, ohne sich dessen bewusst zu sein.

Peter ist erstaunlich ruhig und statt seiner üblichen Flachsen hört er genau zu. Erst als er sagt: »Morgen erzählst du dann weiter, okay?«, merkt Paula, dass die Zeit wie im Flug vergangen ist. Gleichzeitig ist es, als wäre eine menschliche Verbindung entstanden – ein tieferes Vertrauensverhältnis, das über das berufliche Funktionieren hinausgeht. Peter ruhig und nachdenklich zu erleben tut auch Paula gut. Sie sehen einander nicht mehr nur in ihren geschäftlichen Rollen, sie sind auch als Menschen zusammengerückt.

»Ach, ja, und das mit dem Protokoll: Kannst du das in die Hand nehmen? Ich wäre froh, wenn du das übernimmst, Paula.«
»Klar, ich mach die Vorbereitung. Den Rest machen wir dann im Team.«

Mitten im Abenteuer der Konfliktklärung – und einfache Wege, es zu bestehen

»Wie könnten wir jemals etwas verändern, wenn wir warten würden auf den Messias. Es wird höchste Zeit, denn ich warte nun schon seit mehr als 2000 Jahren darauf, dass er zurückkehrt!«
Unbekannt

9.1 Mutig Einfluss nehmen

»Macht heißt für viele: alles unter Kontrolle zu haben. Löse dich davon, Unkontrollierbares kontrollieren zu wollen, und konzentriere dich darauf, verbindenden Einfluss zu entwickeln.«
Tara

Hinter dem Konzept von Macht, das die meisten von uns gelernt haben, steht die Idee, dass es etwas intelligentere und weisere Menschen gibt, die die Macht über andere auszuüben haben. Machtstrukturen bauen daher oft auf hierarchischen Strukturen auf. Die Rangfolge entscheidet darüber, wer wie viel Macht ausüben darf und welche Mittel er dazu einsetzt.

Leider verkennen diese Theorien, dass wir tatsächlich keinerlei Macht über andere Menschen haben. Alles, was wir haben, ist Einfluss – und der ist begrenzt! Wir können niemanden, der sitzt, dazu bringen aufzustehen, außer ihn so zu beeinflussen, dass er *selbst* sich entscheidet aufzustehen. Im Berufsalltag geht dies, gerade in hierarchischen Strukturen, so unter, dass viele partout glauben, »nichts tun zu können«: »Der Chef hat immer recht.« – »Das ist so entschieden worden, da kann man nichts machen!«

Selbstverständlich geht es nicht darum, jede Entscheidung anzuzweifeln und zu Tode zu rationalisieren. Doch manchmal gibt es Entscheidungen, die nicht durchdacht worden sind oder für die wesentliche entscheidungsrelevante Informationen nicht vorlagen. Hier zu schweigen bedeutet, Teil des Problems zu werden.

Einfach? Nein! Wertvoll? Genau deswegen! Braucht das Chuzpe[21]? Definitiv.

21 »Chuzpe« bezeichnet nicht nur die Dreistigkeit oder den Mut, der in einem gerechten Selbstvertrauen seinen Grund hat, sondern auch die Keckheit, die aus einer leichtsinnigen Lebhaftigkeit entspringt, oder gar die Frechheit, in der man sich, gleichgültig gegen Ehre und Schande, über jedes Urteil anderer hinwegsetzt.

– Ist das die Erfahrung mit Tara oder ist das, weil ich schlicht im Urlaub war?, fragt sie sich still. –

Die Erfahrungen, die Paula mit Tara gemacht hat, haben sie geprägt. Es ist nicht nur eine kognitive Leistung, die sie im Alltag des Unternehmens bringt, sondern alle ihre Sinne und ihre innere Haltung sind genauso beteiligt.

Wir können so tun, als würden Gefühle und menschliche Bedürfnisse keine Rolle spielen, doch am Ende werden genau diese die Entscheidungen prägen – ausgesprochen oder nicht. Wir können uns wehren gegen unsere Natur, am Ende wird immer unsere Natur siegen.

– Sie erkennt, wie jeder der Beteiligten das Beste gibt, was ihm oder ihr zu diesem Zeitpunkt zur Verfügung steht. –

Wenn wir verstanden haben – und damit meinen wir nicht nur mit dem Kopf, sondern auch mit dem Herzen –, dass Menschen keine Fehler absichtlich machen, sondern lernen, dann wird dieser Satz klar. **Tatsächlich tun wir permanent das Beste, was wir können: Wir versuchen, unsere Bedürfnisse optimal zu erfüllen. Fehlbar sind nie unsere Bedürfnisse: Es sind unsere Strategien, die misslingen oder zu unerwünschten Ergebnissen führen!**

9.1.1 Scheiter heiter, werd gescheiter und mach weiter

Wie oft bekommen wir den Spruch zu hören: »Mach keinen Fehler zweimal«? Das mag erstrebenswert erscheinen, doch manchmal verstehen wir die wahre Lektion erst beim zweiten Mal, oder beim dritten oder vierten, beim hundertsten Mal oder auch erst beim 9.000. Mal, wie Edison, der jedes Mal etwas hinzulernte. Also nimm dir diesen Druck des angeblichen Scheiterns. **Denn nur wer aufgibt, ist tatsächlich gescheitert. Solange du weiter machst, bist du lediglich am Lernen. In kurz: Scheiter heiter, werd gescheiter und mach weiter.**

– Paula fragt sich: Wenn wir im Personalbereich so miteinander umgehen, wie können wir dann wirklich einen Beitrag in den Abteilungen leisten? Ist es nicht an uns, selbst Vorbild zu sein und, wenn wir es nicht sind, Vorbilder zu werden? Mit wem fangen wir also an? Und ihre innere Antwort hört sie deutlich: Mit mir! –

Es wäre so einfach zu sagen: Wir fangen an beim Personalchef, der nicht so stark ist, wie ich das gerne hätte, oder bei der Führungskraft, die die Unternehmensspielregeln nicht einhält, oder bei der Mitarbeiterin, die ihre Kollegin anschreit. Und doch wären wir weit weg von unserer eigenen Integrität.

Lass uns selbst Vorbild sein, statt von anderen etwas zu verlangen, was wir selbst nicht geben können oder nicht bereit sind zu geben. Sonst klingt das nach mancher Liebesromanze, die so anfängt – und zu Ende geht: »Ich mag mich nicht, aber dich. Willst du mit mir gehen?« – »Nein, danke!«

– »Nein. Lerne zunehmend weniger dumm zu agieren, das genügt. Perfektionismus braucht kein Mensch. Das läuft zeitgleich, denn deine innere Entwicklungsreise geht bis an dein Lebensende.« –

Wenn wir mit uns starten, heißt das nicht, dass wir auf andere erst zugehen, wenn wir Perfektion erlangt haben. Oh nein, es gilt vielmehr **zu wagen, uns unserer Verletzlichkeit zu stellen: Wir beginnen, auf andere zuzugehen, während wir auch mit unserem eigenen Lernen beschäftigt sind, denn dieser Prozess wird bis an unser Lebensende gehen.** Der Elefant schützt sich selbst vor dem Konzept des Perfektionismus, das uns beibringt, entweder alles zu tun, bis wir perfekt sind – also nie, da dies unerreichbar ist –, oder eine Show abzuziehen, in der wir vorgeben, perfekt zu sein: »Fehler mache ich nicht«, »Fehler machen meine Mitarbeiter nicht«, »Wir haben schon immer alles im Griff« oder wie manche Führungskraft behauptet: »Bei uns in der Abteilung gibt es keine Konflikte.«

Wer stark ist, kann um Hilfe bitten

– »Wie wäre es, wenn ich diesen Punkt eintrage, und ihr könnt schauen, ob ich etwas Wesentliches vergessen oder missverständlich formuliert habe?« –

Wenn ich mein eigenes Konzept und meine Show von Perfektion abgegeben habe und meiner ganz menschlichen Bedürftigkeit wieder Raum geben kann (ohne »bedürftig« zu sein), dann kann ich **um Hilfe bitten, ohne mein Selbstvertrauen zu verlieren**. Als *Homo sapiens* sind wir soziale Wesen, wir brauchen einander und können gerade die großen Fragen unserer Zukunft nicht allein lösen – wir lösen sie nur in Gruppen, Teams und Gemeinschaften. Stehen wir wieder zu unserer menschlichen Verletzlichkeit, denn wir teilen sie alle!

9.1.2 Kritisches in der Hierarchie ansprechen

– »Und … Hm, darf ich direkt sein?« –

Das ist eine der wichtigsten »Standardfragen«[22], wenn es darum geht, Dinge auf den Punkt zu bringen und die üblichen Rollenspiele zu vermeiden, die einer Klärung oft

22 Unter Standardfragen verstehen wir Fragen, die du immer wieder in Konfliktsituationen nutzen kannst. Diese erfindest du nicht im Augenblick des Konflikts – denn dein Gehirn ist in Stresssituationen ja nur begrenzt kreativ –, sondern diese Standards nutzt du immer wieder und kannst auch ganze Konfliktgespräche auf ihrer Basis durchführen.

entgegenstehen. Dabei ist es wichtig, der Führungsperson Respekt entgegenzubringen: deswegen *vorher* fragen! Nur in sehr seltenen Fällen werden Führungspersonen Nein sagen – die meisten mögen es sogar, etwas herausgefordert zu werden.

Achtung

Ehrliches und konstruktives Feedback zu geben erfordert, in der Win-win-Haltung zu sein. Sonst wird dein Versuch als Trick entlarvt und es wird dir in Zukunft schwerfallen, mit dieser Person wieder Vertrauen aufzubauen.

– »Wir holen die Leute ab, wo sie sind, und berücksichtigen ihre Wünsche. Wir benennen natürlich auch deine Wünsche und schauen, ob wir auf einen gemeinsamen Nenner kommen.« –

Das ist ebenfalls ein »Standardsatz«, den Paula hier benutzt. Sie überlegt sich diesen Satz nicht jedes Mal neu. Dadurch kann sie ihn auch mit Gelassenheit äußern. Er entspricht ihrer inneren Haltung und ist die Antwort auf eine – oft unausgesprochene – Frage von Führungskräften: »Ich kann doch nicht auf jeden Wunsch von meinen Mitarbeitern eingehen! Wo kommen wir denn da hin – und was ist dann mit meinen Wünschen?«

Dass es hier um ein Sowohl-als-auch und kein Entweder-oder geht, kommt Führungskräften bisweilen fremd vor. **Die Befürchtung, übervorteilt zu werden, wenn der andere erst seine Bedürfnisse erfüllt bekommt, schreckt sie zunächst ab. Zu tief sitzen oft alte Erfahrungen, selbst übervorteilt worden zu sein. Wenn sie erst vertrauen können, dass es tatsächlich um die Erfüllung der Bedürfnisse *beider* Seiten geht, öffnen sie sich.**

9.2 Die Magie der Fragen

– »Wenn sie und wir die Sicherheit haben, dass ihre Themen ernst genommen werden, dann sind alle auch motiviert dabei. Wir machen eine Auswertung, wo wir stehen und was wir in welchem Maß verbessern wollen. Und dann kontrollieren wir, ob unsere Maßnahmen den gewünschten Erfolg in der Abteilung bringen. Was meinst du, spricht da was dagegen?« –

Gerade bei Konflikten im Business ist es aus unserer Sicht immens wichtig, »blitzschnell« mit einer Frage abzuschließen. Weshalb?

Was kann passieren, wenn wir ohne Frage abschließen?

Was könnte Paulas Vorgesetzter Peter verstehen, wenn sie keine Frage anschließt?

- Er hört einen Vorwurf und könnte antworten: »Willst du etwa sagen, ich hätte meine Leute nicht ernst genommen?« Das heißt, Peter bezieht sich auf den ersten Satz von Paula: *»Wenn sie und wir die Sicherheit haben, dass ihre Themen ernst genommen werden, dann sind alle auch motiviert dabei.«* Klar hat Paula das nicht gesagt, doch die stille Post in unserem Gehirn kann Sätze schnell verdrehen.

- Er schließt selbst, was Paula will – was oft zu einer Win-lose-Situation führt. Er bezieht sich auf *»Und dann kontrollieren wir, ob unsere Maßnahmen den gewünschten Erfolg in der Abteilung bringen«.* Peter könnte z. B. antworten: »Willst du jetzt hier Chef sein?«
- Er könnte »in der Luft hängen« und bezugnehmend auf alle Sätze von Paula sagen: »Und wer soll das alles machen? Etwa ich?«

Wenn wir mit einer Frage abschließen,

- wird die Wirkung unserer Aussage abgemildert. Da Bedürfnisse eine sehr deutliche Wirkung haben, ist dies hilfreich, um die Aussage auf ein *realistisches Maß* zu bringen.
- hat der andere sofort eine Orientierung, was wir *nun* von ihm wollen – besonders wichtig bei emotionaleren Aussagen.
- in der wir um Widerspruch bitten – wie z. B. »Was meinst du, spricht da was dagegen?«, »Was habe ich aus deiner Sicht übersehen?«, »Wo kannst du mitgehen, wo nicht?« –, zeigt das unsere Einstellung, dass wir als Mensch, nicht als Gegner vor dem anderen stehen. *Das zeigt auch unsere Bereitschaft, den anderen zu hören und ernst zu nehmen.* Im Streit wollen die meisten ja zunächst selbst gehört werden.

– »Lieber einen offenen Konflikt lösen, als einen Konflikt in die Kaffeeküche verbannen, oder?« –

Mit dieser geschlossenen Frage zeigt Paula ihrem Chef die möglichen Folgen auf. So kann er nachspüren, ob ihm das passt – oder eben nicht. Wichtig ist hier auch die Haltung Paulas: weiterhin offen zu bleiben für ein Nein.

– »Heißt das, du bist verwirrt, weil du ein so anderes Erlebnis mit der Kaffeeküche verbindest und sichergehen möchtest, eine stimmige Entscheidung zu treffen?« –

Dem Grundsatz »Menschen wollen verstanden werden« folgend gibt Paula wieder, was sie verstanden hat.

– »Ich schätze, das ist nervig für dich, weil dir ein offenes Miteinander im Team viel bedeutet, und das heißt auch, wichtige Themen gemeinsam anzugehen.« –

Empathisches Abholen kann auch sehr bestärkend sein. Das heißt nicht, dass Paula der Strategie zustimmt, sondern dem Bedürfnis ihres Chefs: offenes Miteinander im Team.

– Paula merkt, wie sich das Verhältnis zwischen ihr und Peter zunehmend lockert, dass er sie ernst nimmt, weil sie ihn auch ernst nimmt. Also nimmt sie ihren Mut noch mal zu-

sammen und sagt: »Ich bekomme mit, dass dir das was bedeutet, und du hast da sicher ein Händchen dafür. Doch … Darf ich immer noch direkt sein?« –

Gerade wenn wir als Anfänger andere zunächst hören, kann es uns passieren, dass wir – nach dieser Anstrengung – uns selbst völlig vergessen. Deswegen ist es so wichtig, achtsam zu bleiben und auch unsere eigenen Wünsche anzubringen.

Tipp

Wenn dir erst spät im Gespräch oder auch erst hinterher auffällt, dass deine Wünsche auf der Strecke bleiben: keine Panik. Wir können auch im Nachhinein unsere wichtigen Punkte anbringen – gerade weil wir den anderen gehört haben, werden die meisten uns mit Wohlwollen begegnen, wenn wir sagen: »Ich habe beim letzten Mal so darauf geachtet, dass deines gehört wird, dass ich meines vergessen habe zu sagen. Ist es für dich okay, nun meines zu hören?«

9.3 Kontraproduktives Verhalten vermeiden

– »Leider machst du halt Dinge, die dann das Gegenteil von dem bewirken, was du eigentlich willst.« –

Wir handeln jeden Tag aus guten Absichten. Gemeint ist, dass wir ständig versuchen, uns unsere Bedürfnisse zu erfüllen. Tragisch ist oft die Art, *wie* wir versuchen, sie zu erfüllen. Denn das kann uns und anderen schaden. Selbst vermeintlich unsinnige, dumme oder sinnlose Taten, die wir schnell so bewerten, stellen sich dann als unglückliche Strategien für menschliche Bedürfnisse heraus.

Was könnten Beispiele für kontraproduktives Verhalten sein?

Vielleicht kennst du Führungskräfte,

- die ihre Mitarbeiter *fürsorglich* nicht belasten wollen und dann als Geheimnistuer verschrien werden.
- die als pingelig bekannt sind, weil sie alles haarklein erklären, um den Erfolg *sicherzustellen* – selbst den in der Sache erfahrenen erfolgreichen Mitarbeitern.
- die einem Mitarbeiter die schwierigsten Projekte geben als *Anerkennung* für dessen bisherige Leistungen, ohne ihre Absicht offenzulegen oder ihre Anerkennung auch nur einmal verbal auszudrücken.

Diese Beispiele beschreiben die Strategien von einigen Führungskräften. Jeder von ihnen hat eine gute Absicht: die Bedürfnisse nach *Fürsorge*, *Sicherheit* und *Anerkennung* zu erfüllen. Kritisch sind die unausgesprochenen Bedürfnisse und Absichten, die Menschen im Miteinander als Orientierung benötigen, und nicht nur die Strategien. Bleibt das »Selbstverständliche« unausgesprochen führt es schnell zu Missverständnissen.

Vermutlich hast du dich auch schon gefragt, wie du damit umgehst, wenn Führungskräfte sich so verhalten – und wie du ihnen konstruktives Feedback dazu gibst.

1. Betone den **guten Grund für ihr bisheriges Verhalten** *und* stelle sicher, dass deine Vermutung auch zutrifft.
2. Beschreibe gemeinsam mit der Führungskraft **die beabsichtigte Wirkung und stelle die tatsächliche Wirkung** daneben – dadurch wird die Diskrepanz deutlich.
   - Das kannst du durch Feedback machen: Ist es okay, wenn ich mal sage, wie das auf mich wirkt?
   - Oder du lässt die Führungskraft selbst die Wirkung spüren, indem sie sich in die Rolle des Mitarbeiters versetzt: Wie würde es ihnen an meiner Stelle gehen?
   - Du kannst dies auch schriftlich auf einem Whiteboard oder Ähnlichem festhalten. Das macht die Diskrepanz deutlicher.
3. **Suche alternative Wege,** die die ursprüngliche Absicht und die Bedürfnisse beider Seiten erfüllen. Da es das Thema der Führungskraft ist, lass sie Verantwortung übernehmen und selbst neue Wege suchen.

– »Hm, ich glaube, es ist ganz gut, wenn du als Chef etwas Vorsprung hast – du bist ja Vorbild für die anderen.« –

Mitarbeiter wollen eine Person vor sich haben, der sie trauen können. Und das wird leichter, wenn die Führungsperson den menschlichen Weg, den die Mitarbeiter gehen sollen, schon selbst gegangen ist.

9.3.1 Menschen wollen gefragt werden

– Paula lächelt innerlich. Es stimmt mal wieder, was Tara gesagt hatte: Was Menschen wirklich wollen, ist, auf respektvoller Augenhöhe gefragt zu werden. Viele hungern danach und wehe, du fängst damit an … Dann kann es sein, dass sie kaum mehr aufhören wollen. –

Bereits in der Schule bekommen viele von uns mit, dass ihre Meinung nicht erwünscht ist, sondern nur die des Lehrers zählt. Wenngleich sich dies in den letzten Jahrzehnten zunehmend positiv verändert und Schüler nicht mehr nur für Prüfungen lernen, so bleibt in vielen Schulsystemen die staatlich unterstützte »Hochdruckbetankung« weiterhin an der Tagesordnung.

Dieses hierarchische System wird in vielen Hochschulen und Unternehmen fortgesetzt. Übrig bleiben Menschen, die es gewohnt sind, dass »man« ihnen sagt, was sie zu tun haben – nur oft nicht wofür. Wenn sie dann aus dem »ganz normalen Wahnsinn« der jahrelangen Erziehung erwachen, sind bereits viele Jahre vergangen.

Durch Fragen haben wir die Chance, uns weiterzuentwickeln, durch Fragen finden wir Verständnis für die Andersartigkeit anderer und durch Fragen kommen wir zusammen, selbst wenn manche Antworten uns nicht gefallen werden.

9.3.2 Empathisch zuhören und beteiligen

In der Arbeitswelt sind wir es so gewohnt, unseren Standpunkt klar zu machen, Argumente zu bringen und andere zu überzeugen, dass wir schnell vergessen, unsere Adressaten zu beteiligen und ihnen Fragen zu stellen. Wir bekommen maximal einen intellektuellen Kontakt und sind doch weit von einem gemeinsamen Verständnis in der Sache entfernt.

Jeder Mensch möchte verstanden werden. Die Fähigkeit, in so einer Situation den Fokus zunächst auf die Qualität der Beziehungsverbindung zu legen, anstatt bereits »das Problem zu lösen«, bietet wundersamerweise den Nährboden für die eigentliche Konfliktlösung.

Die Wirkung, die empathisches Zuhören entfaltet

1. Anstatt weiterhin zäh zu diskutieren oder die eigenen Darlegungen zu wiederholen, wird dein Gegenüber klarer und kommt zum Punkt.
2. Dein Feindbild wird abgebaut und deine Angst vor der Person schwindet.
3. Dir wird klar, welche Bedürfnisse der andere hat (50 Prozent der Miete für eine Win-win-Lösung!). Damit steigen deine Chancen, ebenso Gehör zu finden.
4. Es klärt sich, an welchen Punkten du etwas nicht ganz verstanden oder missverstanden hast. Sollte deine Wiedergabe nicht mit seiner Position übereinstimmen, wird dein Gesprächspartner dies in der Regel richtigstellen: »Nein, so ist das nicht, **sondern** ...«. Das heißt, er gibt dir weitere (!) wertvolle Informationen, die es dir erleichtern, ihm näher zu kommen.

»Wenn es ein Geheimnis des Erfolges gibt, dann ist es das: Den Standpunkt des anderen zu verstehen und die Dinge mit seinen Augen zu sehen.«
Henry Ford

9.4 Vier Formen, Empathie auszudrücken

9.4.1 Still präsent sein

Wie oft gehen wir in unserem hektischen Alltag nahezu unter, verlieren uns, fangen an zu funktionieren, bisweilen über Tage, Wochen, Monate und Jahre. »Nur noch schnell« die Katzen füttern, »nur noch schnell« der Kollegin das Protokoll zuschicken, »nur noch schnell« einen Kunden anrufen, »nur noch schnell« dem Chef die Unterlagen vorbereiten, »nur noch schnell« den Haushalt machen, »nur noch schnell« ins Fitnessstudio gehen, »nur noch schnell« die Steuererklärung machen, »nur noch schnell«, »nur noch schnell«, »nur noch schnell« ...

Zu Beginn mag uns das sonderbar erscheinen: still präsent sein? Wer braucht das schon? **Tatsächlich ist das etwas, das wir schon als kleine Kinder praktiziert haben: die völlige Präsenz im Hier und Jetzt, sich wieder bewusstwerden, dass dies der einzige Augenblick ist, in dem wir leben.**

Was bedeutet das im Umgang mit anderen? Es bedeutet, ganz hier zu sein und wirklich zuzuhören. Ganz bei der Person zu sein. Nicht schon bei der nächsten Aufgabe, bei der nächsten Besprechung, beim nächsten Termin. Nur da sein, dafür ganz!

Alles wirkliche Leben ist Begegnung

»Jeder von uns steckt in einem Panzer, den wir bald vor Gewöhnung nicht mehr spüren. Nur Augenblicke gibt es, die ihn durchdringen und die Seele zur Empfänglichkeit aufrühren. Und wenn sich dergleichen uns angetan hat und wir dann aufmerken und uns fragen: ›Was hat sich denn da Besondres ereignet? War's nicht von der Art, wie es mir alle Tage begegnet?‹, so dürfen wir uns erwidern: ›Freilich nichts Besondres, so ist es alle Tage, nur wir sind alle Tage nicht da.‹ ...«[23]

Martin Buber

Zeitdruck, emotionaler Stress und Burn-out

Stress, Überstunden und Schlafmangel werden zum Alltag. Du erschöpfst dich in Kämpfen: in Kämpfen mit dem Chef, den Kollegen, mit den Rahmenbedingungen, in denen du dich befindest, aber auch mit deinem Partner oder deinen Kindern.

Ständige Erreichbarkeit und schlechtes Arbeitsklima tragen ein Übriges dazu bei. Hinzu kommen Angst vor Überforderung, die Sorge, mit neuen Technologien nicht umgehen zu können, und möglicherweise die Frage, wie das Homeoffice mit dem Elternsein zu verbinden ist. Kommen nun noch die Pflege von Angehörigen, Verluste, Scheitern, Krankheiten hinzu plus Widerstand gegen die Umstände, dann eskaliert der innere Konflikt und erscheint gleichsam unlösbar.

23 Buber 1999

Statistische Daten zu Stress und Burn-out

- 87 Prozent der Menschen in Deutschland sind gestresst. Jeder Zweite glaubt von Burn-out bedroht zu sein und sechs von zehn Befragten klagen über typische Burn-out-Symptome wie anhaltende Erschöpfung, innere Anspannung und Rückenschmerzen.[24]
- Anzahl der Fehltage aufgrund psychischer Erkrankungen: + 56 Prozent von 2010 bis 2020 (DAK 2021)
- Arbeitsunfähigkeitstage aufgrund von Burn-out: + 36 Prozent von 2011 bis 2020 (Badura et al. 2021)
- diagnostiziertes Burn-out-Syndrom: + 115 Prozent von 2007 bis 2017 (KKH 2019)

Das am wenigsten erfüllte Bedürfnis, das uns in unserer Arbeit als Trainer über alle Berufsgruppen hinweg immer wieder begegnet, ist: Entlastung. Leider machen sich nur wenige bewusst, wie sie dafür gezielt und täglich sorgen können. Gewonnene freie Zeit wird sofort wieder in neue Verpflichtungen investiert. Auf die Frage, wie die gewonnene Zeit sinnvoll und gesundheitsförderlich eingesetzt werden kann, wird oft gesagt: dafür habe ich keine Zeit.

Burn-out – Warnsignale

- Du kannst nicht abschalten. Du kannst dich nicht mehr richtig erholen. Deine Ruhepausen sind zu kurz, um dich ausreichend zu erholen. So führen dich die nächsten Aufgaben schnell wieder in die Überlastung.
- Du wirst zunehmend weniger belastbar: bist müde, reagierst schnell gereizt und wehrst dich gegen Aufträge, die du früher locker nebenher erledigt hättest. Du hast den Eindruck: alles wird dir zu viel.
- Du wendest nun noch mehr Kraft auf, um deine Aufgaben zu bewältigen. Der Teufelskreis beginnt. Nun werden selbst kleine Aufgaben zu einer immensen Last, der du oft nicht mehr auskommst. Häufig endet diese Abfolge im Burn-out – dein Körper legt dich für Monate bis Jahre lahm.

Wer gelernt hat, seine Bedürfnisse wahrzunehmen, ernst zu nehmen und danach zu leben, kann auch mal still sein.

»Du kannst so rasch sinken, dass du zu fliegen meinst.«
Marie Ebner-Eschenbach

24 Theodor Wenzel Werk, https://tww-berlin.de/kliniken/krankheitsbilder/burnout/ (zuletzt abgerufen am 4.10.2022)

9.4.2 Mit Lauten und Gesten empathisch rückmelden

Seit ca. 50.000 bis 200.000 Jahren benutzen wir Sprache zur Verständigung (GEO Epoche 2002). Bereits lange davor haben wir uns miteinander verständigt: zum Beispiel über Laute und Gesten. **Bis heute haben wir sehr feine Sinne und können so den »Unterton« in Botschaften heraushören. Im Zweifel werden wir immer dem Unterton die wahre Bedeutung zuschreiben und nicht den Worten, so schön sie auch klingen mögen.**

»Mit dir kann ich gut zusammenarbeiten!«

- Wird das in scharfem Ton gesagt, ist uns klar, dass das Gegenteil gemeint ist.
- Wenn das Gleiche sanft gesagt wird und die sprechende Person sich währenddessen von uns wegdreht und gar weggeht, werden wir die Worte anzweifeln.

»Ich hätte gern eine Gehaltserhöhung.« Antwort: »Klar, ich auch.« – Dass die Antwort »Nein« bedeutet, ist uns bewusst.

Anteilnahme und Präsenz machen wir durch unseren Ton und Laute wahrnehmbar. Beim Feiern werden wir lauter, bei Todesfällen leiser bis still. Wir gehen in Resonanz, wir »schwingen« mit anderen mit. Das ist ein authentisches Verhalten, keine Methode oder etwas Einstudiertes.

Hühner

Stella Adler bat eine Gruppe von Schauspielern, sich wie Hühner zu verhalten, wenn eine Atombombe auf sie fällt. Der junge Marlon Brando tat nicht so wild herum wie seine Klassenkameraden, sondern gab ruhig vor, ein Ei zu legen. Als Adler ihn bat, seine Entscheidung zu erklären, antwortete Brando: »Ich bin ein Huhn – was weiß ich über Bomben?«

Tatsächlich wissen wir nicht, was in einem anderen Menschen vorgeht. Wir können nicht in seinen Kopf hineinsehen. Erst mit ganzer Demut zuzuhören lässt uns die Welt von anderen entdecken.

Gesten setzen wir beim Sprechen und zum Beispiel bei Begrüßungen ein. Wir »öffnen uns« und breiten die Arme aus, wenn wir jemanden »an unser Herz« lassen. Wenn wir uns in Gefahr wähnen, ziehen wir unsere Arme an und legen sie schützend vor unsere empfindlichen Körperregionen.

Das Gleiche kommunizieren wir mit unserem Blickkontakt. Menschen, die uns willkommen sind, schauen wir viel öfter ins Gesicht, wir lächeln oder machen freundliche Gesten, wie ein Augenzwinkern. Wenn wir dagegen vorsichtig oder unsicher sind, vermeiden wir Blickkontakt eher und schauen tendenziell zu Boden.

Wir nutzen auch Laute – ohne Worte –, wie z. B. »hm, aha, hm …«, um dem anderen zu signalisieren, dass wir zuhören bzw. präsent sind oder ihn verstehen. Auch dies kann Empathie ausdrücken: brummen, Kopfnicken, Blick in die Augen (ohne zu starren) …

9.4.3 Spiegeln von Gefühlen und Bedürfnissen

Gefühle zeigen sich in unserer Stimme, in unseren Gesten und in unseren Worten. Jedes Gefühl ist verbunden mit einer spezifischen Anzahl Muskelgruppen, die angeregt werden. Das ist einer der Gründe, weshalb andere unsere Gefühle recht zutreffend interpretieren können.

Hinweis

Da nur die Person selbst diese Gefühle wahrnimmt, kann der andere sie lediglich *interpretieren*! Der Satz: »Ich weiß genau, wie du dich jetzt fühlst!« ist aus dieser Sicht Unsinn und lässt den Kontakt bisweilen abbrechen. Genauer wäre: »Ich habe eine Vermutung, wie du dich gerade fühlst.«

Gerade in hochemotionalen Situationen wollen wir verstanden werden – die wenigsten wollen nur Zustimmung zu Lösungen, Korrekturen der Sichtweise oder die Bestärkung von Urteilen. Wenngleich diese sympathische Unterstützung wohlgemeint ist, merken wir in diesem Moment, dass der andere tatsächlich bei sich und nicht bei uns ist.

Wie wir uns dem annähern, beruht auf der Einstellung: »Ich weiß nicht, wie es dir wirklich geht, ich habe nur eine vage Ahnung, denn ich bin nicht du. Also korrigiere mich bitte, wenn ich danebenliege.« Wenn wir wissen, wie es dem anderen geht, brauchen wir nicht nachzufragen. Wenn wir es nicht wissen, fragen wir nach.

Was zuerst gehört werden will, sind Gefühle und Bedürfnisse. Wenn wir empathisch hineinspüren, wie es dem anderen gerade geht, können wir von den vier Elementen die Wahrnehmung und Frage/Bitte erst mal weglassen. Wir beschränken das empathische Zuhören damit auf Gefühl und Bedürfnis. Gerade in hochemotionalen Situationen macht dies das empathische Nachfragen einfacher.

Das einfache Gesprächsmuster zu Beginn:

»Verstehe ich dich richtig, du bist gerade … (Gefühl) und wünscht dir … (Bedürfnis)?« oder »Bist du … (Gefühl), weil dir … (Bedürfnis) wichtig ist?«

Beispiele:

- »Verstehe ich dich richtig, du bist **enttäuscht** und wünscht dir eine **angemessene Bezahlung**?«
- »Bist du **enttäuscht**, weil dir eine **angemessene Bezahlung** wichtig ist?«

Die vorgesetzte Frage »Verstehe ich dich richtig, …?« macht es dir leichter, wirklich eine Frage zu stellen, statt eine Behauptung aufzustellen. Sie macht deinem Gesprächspartner deutlich, dass du ihn verstehen willst. Das trägt zur Deeskalation bei.

Muss ich meine Gefühle in Unternehmen erwähnen?

Grundsätzlich ist das Gefühl in vielen Sätzen über den Ton und die Betonung wahrnehmbar. Daher können wir in Umgebungen, in denen das Aussprechen von Gefühlen ein Tabu ist, darauf auch verzichten.

Je mehr Vertrauen aufgebaut ist, desto leichter wird das offene Ansprechen von Gefühlen. Wir empfehlen, selbst den mutigen Vorreiter zu machen. Andere folgen uns dann umso leichter.

Wann ist es von Bedeutung, Gefühle zu erwähnen?

Manchmal wollen Menschen die Sicherheit haben, mit ihren Gefühlen wahrgenommen zu werden. Gerade in hochemotionalen Momenten ist dies der Fall.

Du kannst, wenn du unsicher bist, um Erlaubnis bitten, z. B.: »Ist es okay, wenn ich mal ausspreche, wie ich vermute, dass es dir geht?«

Bei wem ist es bisweilen besser, Gefühle nicht zu erwähnen?

1. in Umgebungen, in denen das Zeigen von Gefühlen tabuisiert wird, z. B. in manchen Vorstandsetagen
2. bei Menschen, die von ihren Gefühlen schnell überwältigt werden und sie daher vorerst meiden, z. B. Jugendliche während der Pubertät

Wie lange hole ich den anderen empathisch ab?

Empathie ist kein Selbstzweck. Wir wollen in Kontakt mit dem anderen kommen. Wenn wir lediglich unser Gegenüber durch Empathie immer sichtbarer machen und selbst mit unseren eigenen Gefühlen und Bedürfnissen unsichtbar bleiben, dann wird das zu einem schalen Beigeschmack bei unserem Gegenüber führen – als hätte es sich ausgezogen und wir wären immer noch im Anzug.

Daher: wie bei einer liegenden Acht vom Empathie-Bereich auch wieder zur verletzlichen Aufrichtigkeit wechseln.

Abb.: Aufrichtigkeit und Empathie, die zwei Seiten des Dialogs

Ich bin solange empathisch, bis

- die Person aufhört zu sprechen bzw.
- ihre Körperspannung nachlässt. Das sind oft nur kleine Veränderungen. Mit etwas Übung und wachsender Erfahrung kannst du sie recht leicht erkennen.

Hilflose Helfer nach Wolfgang Schmidbauer

Wenn du erlebst, dass es dir immer wieder passiert, in der Empathie bei anderen steckenzubleiben, während du selbst unsichtbar bleibst und kaum oder gar nicht wagst, dich aufrichtig zu zeigen, empfehlen wir dir, den Mut zur verletzlichen Aufrichtigkeit Stück für Stück aufzubauen (Schmidbauer 1992).
Das heißt zu lernen, die eigene Angst auszuhalten und trotzdem zu handeln. So baust du von Gespräch zu Gespräch zunehmend deinen »Mut-Muskel« auf. Wie ein Muskel braucht er immer wieder Training. Wird er nicht trainiert, wird er verkümmern.
Mut ist die Fähigkeit, die eigene Angst zu überwinden, und die Zuversicht, dass es gut ausgeht.

9.4.4 Empathisch sein statt empathisch performen

Vielleicht kannst du dich erinnern, dass Empathie stattfindet, bevor du anfängst zu sprechen. Das ist der Moment, in dem du innerlich zur anderen Person hingehst, fast schon zur anderen Person wirst. Das ist ein stiller Prozess.

Kein Funktionieren, keine technische Analyse, keine Hektik – nimm dir die Zeit, die du brauchst. Wenn der andere irritiert ist und z. B. fragt: »Wie lange brauchst du denn noch?«, kannst du sagen: »Gib mir bitte etwas Zeit, ich will sicher sein, dass ich wirklich bei dir bin und nicht bei mir.« Die meisten werden die Wertschätzung darin hören.

Und wenn du eine Idee hast, wo der andere sein könnte, dann brauchst du nicht endlos viele Worte, ein paar kurze Sätze genügen. **Denn Worte können auch vom Wesentlichen ablenken.**

80 Prozent stille Empathie – 20 Prozent ausgesprochene Empathie.

Das Wesentliche in der Empathie ist, wirklich beim anderen zu sein und zu bleiben, anstatt gleich wieder zu sich selbst zu wechseln. Ob du das empathisch reden, abholen oder spüren nennst, wird keine große Rolle spielen.

Muss ich immer zu einer Lösung kommen?

Die Lösung, die zu Beginn noch undenkbar erscheint, wird plötzlich einfach und klar, wenn alle Seiten empathisch gehört wurden. In vielen Konflikten ist der wichtigste Teil der, gehört zu werden – und nicht die Lösung.

Und es gibt Konflikte, in denen das wesentliche Bedürfnis Empathie ist, also wirklich gehört zu werden. Dann ist der Konflikt nach der Empathie vorbei. Das kann zu Beginn recht überraschend wirken, weil du mit einer längeren Diskussion gerechnet hast. Wenn du also unsicher bist, kannst du nachfragen: »Kann es sein, dass das das Wesentliche war: dass dir jemand mal wirklich zuhört?« oder etwas pragmatischer: »Ist jetzt noch etwas offen bei dir?«

Wie lange dauert die Klärung?

In vielen Konfliktklärungen hat in unserer Praxis der Lösungsteil nur 20 Minuten in Anspruch genommen, selbst bei Konflikten auf Geschäftsführerebene, die bis dahin schon viele Jahre andauerten.

Auch im 21. Jahrhundert ist immer noch die Empathie in Konfliktlösungen die »Hauptarbeit«. Das klingt einfach, erfordert jedoch in verfahrenen Situationen und in jahrelangen Zerwürfnissen mit zum Teil heftigen Feindbildern viel Feingefühl, Erfahrung und die Fähigkeit, sich ganz auf den anderen einzulassen – unabhängig von seinem Status.

Daher mit leichten Konflikten anfangen!

Spiegelneuronen – wissenschaftliche Gründe für Empathie

Ein Spiegelneuron ist eine Nervenzelle, die im Gehirn beim Beobachten eines Vorgangs das gleiche Aktivitätsmuster zeigt wie bei dessen »eigener« Ausführung.

Auch Geräusche, die durch früheres Lernen mit einer bestimmten Handlung verknüpft werden, verursachen bei einem Spiegelneuron dasselbe Aktivitätsmuster wie eine entsprechende tatsächliche Handlung. Seit ihrer erstmaligen Beschreibung im Jahr 1992 werden sie anhand von Verhaltensmustern bei Imitation und Empathie beschrieben.

1992 wurden Spiegelneuronen von dem italienischen Neurophysiologen Giacomo Rizzolatti (*1937) und seinen Mitarbeitern erstmals benannt. In deren Untersuchungen reagierten Neuronen des Großhirns sowohl dann, wenn bestimmte zielmotorische Hand-Objekt-Interaktionen durchgeführt wurden, als auch dann, wenn sie bei einem Menschen *nur beobachtet* wurden.

2002 wurde die Möglichkeit eines Spiegelneuronensystems beim Menschen diskutiert, das mit der Wiedererkennung von Handlungen und Imitation in Verbindung gebracht wurde (Rizzolatti/Sinigaglia 2008).

2010 gab es den ersten direkten Nachweis von Spiegelneuronen beim Menschen durch Neurowissenschaftler der University of California, Los Angeles (Mukamel et al. 2010).

Lange vor der Entdeckung der physischen Spiegelneuronen wurde die Wirkung von Empathie bereits von dem weltweit bekannten humanistischen Psychologen Carl Rogers (1902–1987) in seiner »Klientenzentrierten Psychotherapie« und von seinen Schülern Marshall B. Rosenberg (1934–2015) in seiner »Nonviolent Communication« und Frank Farrelly (1931–2013) in der »Provokativen Therapie« über viele Jahrzehnte erfolgreich genutzt – ebenso wie von Tausenden ihrer Schüler.

Welche Bereitschaft brauchst du für Empathie?

Du brauchst die Bereitschaft,

- deinen Gesprächspartner **zuerst verstehen zu wollen und dann erst verstanden werden zu wollen**. Eine Herausforderung, wenn du seine Meinung nicht teilst.
- deinen Gesprächspartner mit seinen Erfahrungen, Wahrnehmungen, Gefühlen, Bedürfnissen und (unausgesprochenen) Bitten/Fragen **ernst zu nehmen, insbesondere, wenn er auf eine Weise kommuniziert, die dir kein Vergnügen bereitet**.
- deinem Gesprächspartner zu **zeigen, dass dich das, was er zu sagen hat, interessiert**, weil es dir um den Menschen und ein Win-win-Ergebnis geht.
- wenn dein natürliches Interesse am anderen nachgelassen hat, zu **prüfen, ob du gerade selbst Empathie brauchst**.

Kann ich auch meinem Vorgesetzten Empathie geben?

- Es fällt vielen leichter, mit Kollegen und Mitarbeitern in untergeordneten Positionen einfühlsam umzugehen als mit ihren Vorgesetzten. In hierarchisch strukturierten Unternehmen haben wir die Tendenz, von Menschen, die hierarchisch über uns stehen, Befehle und Urteile zu hören. Dann wird gerechtfertigt oder entschuldigt, statt zu verstehen, was dem Vorgesetzten wichtig ist.
- Auch Vorgesetzte möchten verstanden werden. Eine der größten Herausforderungen mag es sein, ihnen die Etiketten »Chef«, »Vorgesetzter«, »strafende Instanz«, «in der Hierarchie über mir« oder »Feind« abzureißen und dahinter den Menschen mit seinen Bedürfnissen zu sehen – die er möglicherweise sehr unglücklich formuliert und sich damit selbst keinen Gefallen tut.

»Wenn wir wirklich gehört werden mit unseren Gefühlen und Bedürfnissen, ändern wir uns.«
Marshall B. Rosenberg

Lebensschlüssel: Von Verständnis hin zu Einverständnis

Einer der häufigsten Gründe dafür, nicht verständnisvoll zuzuhören, ist die Angst, dass Verständnis mit Zustimmung verwechselt wird. Wir glauben, wir könnten es uns nicht leisten, das Verstandene wiederzugeben, weil die anderen dies als Zeichen sehen könnten, dass wir nun mit ihren Strategien einverstanden sind.

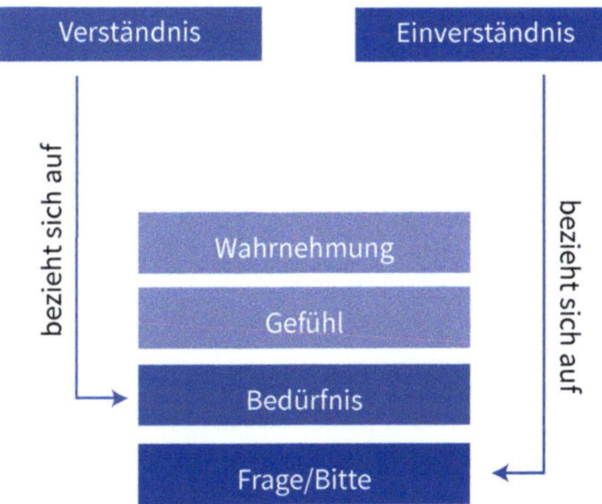

Abb.: Verständnis heißt nicht automatisch Einverständnis

Wie in der Abbildung zu sehen ist, bezieht sich Verständnis auf die Bedürfnisse, das Einverständnis dagegen bezieht sich erst auf den nächsten Schritt: die Frage/Bitte. **Daher können wir bedenkenlos so lange empathisch zuhören, bis uns die andere Person wieder hören kann – ohne jemals zugestimmt zu haben!**

Was empathischem Hören im Wege steht

Obwohl uns Empathie in die Wiege gelegt wurde und sie daher keiner zu lernen braucht, tun wir uns aufgrund unserer erlernten und anerzogenen Verhaltensweisen oft schwer, den anderen abzuholen, wo er ist.

Gründe dafür können sein:

- Wir haben verlernt nachzufragen. Nachfragen war schon in der Schule verpönt oder trug das Risiko von Sanktionen.
- Wir selbst brauchen Empathie.
- Wir wissen nicht, wie wir uns empathisch ausdrücken können, und gehen in die Sympathie – also zurück zu uns.

Bevor wir uns anderen empathisch zuwenden können, gilt es, die Grundlage zu schaffen, die es uns erst ermöglicht, uns in andere einzufühlen. Denn: Wir können nicht geben, ohne zu haben. Wenn die Dinge nicht wie gewünscht laufen, wenn Menschen sich anders verhalten, als es uns lieb ist, dann brauchen wir *zuerst* Verständnis für uns selbst. Ob Wut, Angst, Enttäuschung – nimm deine Gefühle ernst.

Wir können andere nicht empathisch hören, wenn wir selbst Empathie brauchen.

Lass dich nicht verführen, aus folgenden Gründen Empathie zu geben:

- Du willst dir die **Liebe vom anderen erkaufen**.
- Du tust es aus **Pflichtgefühl**: »Ein guter Mensch bringt dafür Verständnis auf!«

- Du hast **Angst**: »Was passiert mir, wenn ich keine Empathie gebe, explodiert er dann?«
- Du verstehst Empathie **dogmatisch**: »Die Autorität, meine Frau, mein Mann, der Autor hat es gesagt, also muss ich empathisch sein.«

Wenn du aus solchen Gründen versuchst, dich einzufühlen, führt das dazu, dass dein Gegenüber irgendwann frustriert spürt, dass du selbst Empathie brauchst. Sorge für dich, bevor du für andere zum hilflosen Helfer wirst. Oder willst du dich von einem Berater beraten lassen, der selbst in der gleichen Not ist wie du?

Empathie ist einfach, aber nicht leicht, weil dir deine eigenen Gedanken und Gefühle in die Quere kommen. Prüfe die Absicht, aus der heraus du gerade empathisch zuhören willst. Und: Widerstehe der Versuchung, dich zu verurteilen: »Ich sollte ganz bei der anderen Person sein. Ich kann diese Empathie einfach nicht ...«

9.5 Was geschieht, wenn wir bei uns statt beim anderen sind

Einer der häufigsten Gründe, warum wir nicht empathisch sind, ist, dass wir uns nicht wirklich auf den anderen einlassen, weil wir zu sehr in unseren eigenen Gefühlen und Gedanken verhaftet sind.

Wir trösten, beschwichtigen, geben Ratschläge, ermutigen ...

»Na, so schlimm wird das schon nicht werden ...« – »Ich finde, Sie sollten ...« – »Warum hast du nicht ...?« – »Das war nicht dein Fehler, du hast dein Bestes getan.« – »Wenn du es so gemacht hättest wie ...«

Mit solchen Sätzen versuchen wir eher, das Problem rasch loszuwerden als uns in unseren Gesprächspartner einzufühlen.

»Gefühle und Bedürfnisse wollen ernst genommen werden. In diesem Moment sind Trost, Beschwichtigung, Ratschläge und Ermutigung fehl am Platz.«
Marshall B. Rosenberg

Wir versuchen richtigzuliegen

Manchmal wollen wir sicher sein, dass wir die Situation richtig einschätzen – wirklich in Kontakt mit der anderen Person kommen wir dabei jedoch nicht. Wenn du gerade Verständnis für deine Lage brauchst und einen Satzabschluss hörst wie: »... so geht's dir, stimmt's?«, wirst du Unbehagen fühlen.

Empathie heißt echtes Interesse am anderen, bedeutet hineinspüren, nicht hineindenken. Das tut uns gut – selbst dann, wenn unser Gegenüber danebenliegt.

Achte deshalb auch auf den Ton, mit dem du mit eigenen Worten wiedergibst, was der andere gesagt hat. Wenn du die Gefühle und Bedürfnisse deines Gesprächspartners hörst, vermittle, dass du dich fragst, ob du ihn verstehst – und behaupte nicht, ihn verstanden zu haben.

Das Problem passt nicht zur Lösung

»Geht es dir darum, mehr Golf spielen zu können?« anstatt »Willst du **Abstand** vom Büro gewinnen?« Nun geht der Ehemann nach dem Bürotag zum Golfspielen und stresst sich dort mit Trainerstunden und Turnierrunden.

Es kann für jemanden, der Verständnis braucht, sehr frustrierend sein, wenn andere davon ausgehen, dass er Ratschläge oder Lösungen möchte. **Wenn wir glauben, wir müssten Situationen »in Ordnung« bringen und dafür sorgen, dass es dem anderen wieder besser geht, ist dies ein Pflaster für uns, nicht für den anderen!**

Ähnlich verhält es sich in folgendem Beispiel:

Mitarbeiter: »Ich hab so ein Problem mit meinem Chef. Der hört nie wirklich zu.«
Personaler: »Da machen wir eine Mediation! Wann genau hätten Sie Zeit?«
Mitarbeiter: »Stecken Sie unter einer Decke? Sie agieren ja genauso!«

Das, was der Mitarbeiter mit seinem Chef erlebt, erlebt er jetzt – etwas überzeichnet – auch noch mit dem Personaler. Er wird nicht gehört, sondern sofort wird ein Pflaster angeboten. Der Mitarbeiter versteht die Hilfeleistung des Personalers als »Er will mich bzw. das Problem loswerden«.

Oft sind wir es so gewohnt, bei Problemen die Lösung bereits parat zu haben, dass wir darüber nicht nur vergessen zu fragen, **ob die Lösung zum Problem passt** …

Wir gießen Öl ins Feuer, statt empathisch zu deeskalieren: Wir geben unserem Gegenüber recht, z. B. »Ja, so ist das halt – mit manchen Vorgesetzten kann man einfach nicht reden!«, und verstärken damit die Urteile des anderen. Eine empathische Version wäre: »Ist es gerade ziemlich *frustrierend* für dich, weil du dir einen *echten zwischenmenschlichen Kontakt* wünschst?« Oder: »Wünschst du dir eine *Inspiration*, was du tun kannst, um das Eis zu brechen?«

Wir erstellen Diagnosen und Analysen, statt Präsenz zu zeigen: Zum Beispiel sagt ein Kollege zum anderen bezüglich einer Gehaltsverhandlung: »Das liegt wohl daran, dass du nicht hart genug verhandelt hast …« Wir denken in diesem Fall über die Worte eines Menschen nach und achten darauf, wie sie in *unsere Theorien* passen – statt sie wahrzunehmen.

Wir verwechseln Empathie mit Mitgefühl: Wirklich präsent zu sein bedeutet: Wir konzentrieren uns auf das, was unser Gesprächspartner von sich mitteilt, und nicht auf das, was das Mitgeteilte in uns auslöst. Unseren eigenen »inneren Film« (wie wir das Gehörte finden, was wir dringend dazu sagen wollen) gilt es zunächst hintanzustellen, um ganz den »Film des anderen« sehen, hören und verstehen zu können.

Statt: »Oh ja, genau das ist mir auch schon passiert! Das war übrigens so ...« – nun hat der eigentliche Zuhörer »die Bühne« übernommen – eher so: »Verstehe ich dich richtig, dass du irritiert bist über die Antwort, weil du sichergehen willst, mit dem, was du sagt, auch beim anderen anzukommen?«

Wenn jemand weint und du weinst mit, ist das Mitfühlen, aber nicht Einfühlen. Du warst kurz empathisch beim anderen und das, was du mitbekommen hast, hat dich an eine Situation aus deinem eigenen Leben erinnert, die wohl noch nicht vollkommen verarbeitet ist. Nun bist du zu dir gegangen. **Wenn du wieder empathisch zuhören und beim anderen sein willst: »Parke«, was das Gesagte bei dir ausgelöst hat, und kehre zurück zur anderen Person.**

Wir fragen aus, statt nachzufragen: Fragen wie »Was habe ich deiner Meinung nach falsch gemacht?« oder »Was sollte ich jetzt richtigerweise tun?« können sogar als Aggression verstanden werden und verhindern dann einen kooperativen Kontakt. Solche Sätze fordern Antworten oder gar Handlungsanweisungen, sie bieten dem anderen nicht die Nähe, die er gerade braucht.

Wann hören wir mit Empathie auf?

Manchmal geschieht Folgendes: Du machst weiter, obwohl die andere Person bereits (nonverbal) signalisiert hat, dass sie gehört wurde. Entsprechende Signale sind z. B.: die Stimme entspannt sich, die Person »setzt« sich erleichtert, lehnt sich zurück bzw. hört auf zu reden.

Wenn das Bedürfnis des anderen nach Empathie erfüllt ist und du trotzdem weitermachst, kann sich das Gespräch nicht weiterentwickeln. Jetzt braucht es einen Wechsel zur Aufrichtigkeit, zu dem, was dir nun wichtig ist. So bleibt der Kontakt zwischen euch erhalten.

Fazit: In diesem Kapitel hast du aus unserer Sicht das wichtigste Werkzeug kennengelernt, um Konflikte erfolgreich zu meistern.

9.6 Abschlussfragen

Nimm dir nun bitte mindestens 15 Minuten Zeit, in denen du ungestört über die folgenden Fragen nachdenkst und die Antworten aufschreibst. Hast du etwas zu trinken und zu schreiben? Dann kann's losgehen ...

Inspirationen für die praktische Umsetzung

1. Wohin führt es dich, wenn du glaubst, andere hätten Macht über dich?
2. Wofür sind Fehler wichtig?
3. Was war dein letzter Fehler, an den du dich erinnerst, und was hast du daraus gelernt?
4. Weshalb lernen Babys leichter als Erwachsene?
5. Was bringen dir »Standardfragen«?
6. Was schreckt manche Führungskraft ab, ein Win-win bzw. ein Sowohl-als-auch anzustreben?
7. Was ist für dich der wichtigste Beweggrund, um empathisch zuzuhören?
8. Was ist das Bedürfnis, das am häufigsten in Unternehmen benannt wird?
9. Was steht deinem empathischen Zuhören am meisten im Weg?
10. Bist du bereit, dein Verhalten diesbezüglich infrage zu stellen, um einen nächsten Schritt machen zu können? Was tust du dann? Was tust du dann nicht mehr?

Notiere deine wichtigsten Erkenntnisse:

____

____

____

____

____

____

____

____

____

____

____

____

10 Krisen in Chancen verwandeln

»Der Pessimist sieht in jeder Chance eine Bedrohung.
Der Optimist in jeder Bedrohung eine Chance.«
Aus Ostasien

Einige Wochen sind vergangen, in denen Paula Tag für Tag an sich und ihren neuen Fähigkeiten gearbeitet hat. Es gibt Tage, an denen sie ihre neuen Künste rund um die Uhr trainiert. Wenn sie aufsteht, ist es das Erste, woran sie denkt – und das Letzte, wenn sie sich schlafen legt.

An diesem Morgen jedoch wacht Paula seltsam aufgeregt auf. Sie spürt: irgendetwas kündigt sich an. Sie weiß noch nicht, was es ist, nur intuitiv merkt sie: es nähert sich …

Sie springt wie gewohnt in ihre Laufklamotten und trabt mit Corazón durch den Park. Irgendetwas beunruhigt sie weiterhin, doch sie kommt beim besten Willen nicht darauf, was es sein könnte. Es fühlt sich an wie früher, wenn ihre Mutter sie bei etwas erwischt hatte. So als hätte sie ein schlechtes Gewissen, aber keine Ahnung, weshalb. Verwundert denkt sie. Was ist denn heute mit mir los? Die letzten Tage nach dem Urlaub waren doch wunderbar. Wieso jetzt diese Unruhe?

Paula versucht ihre Gedanken abzuschütteln, als sie in die Firma fährt. Dumme Gedanken – was mache ich mich denn jetzt selbst verrückt?

Ihr Tag beginnt wie die Tage zuvor: E-Mails lesen, Bewerbungsschreiben ansehen, Bewerbungen sichten, Gesprächstermine vereinbaren und mögliche Weiterbildungen … Oh mein Gott!, schießt es ihr durch den Kopf. Heute darf ich die Planung der Weiterbildung mit Irina absprechen, weil Peter wegen des neuen Personalmanagementsystems nicht da ist. »So ein Mist!«, entfährt es ihr, als Frau Meusel um die Ecke kommt. Frau Meusel schaut sie fragend an:

»Ist alles okay?«
»Hm, ja – oder eher: nein.«
»Kann ich denn etwas für Sie tun?«
»Ich glaube nicht, da muss ich wohl allein durch!«
Frau Meusel zuckt mit den Schultern: »Na, wenn doch, wissen Sie ja, wo Sie mich finden.«
»Ja, klar, danke!«, sagt Paula leise.

Was steht über dem Konflikt? Wofür steht der Konflikt? Was läuft auf höherer Ebene schief? Paula versucht, sich an Taras Worte zu erinnern. Doch ihr Kopf ist irgendwie

»zu«. Mehr als »Die mag mich halt nicht und Sympathie kann man ja nicht erzwingen« kommt ihr nicht in den Sinn. Paula steckt fest, doch der Termin naht.

Als sie mit ihren Unterlagen im Besprechungsraum sitzt, läuft vor ihrem geistigen Auge ein Film ab. Sie ist mit Tara wieder in dem andalusischen Dorf in einem Reitstall und staunt, wie viel Tara ihr über die Pferde erzählen kann. Als sie in den Stall gehen und sich die Pferde ansehen, bückt sich Tara und greift nach etwas. Als sie Paula wieder gegenübersteht, hat sie einen dampfenden Pferdeapfel in der Hand.

»Igitt, was machst du denn, Tara? Fasst du das an?«
Tara schmunzelt. »Gut erkannt! Willst du auch mal?«
»Auf keinen Fall!«
»Was meinst du, wie sieht ein Pferdeapfel von einem Wildpferd aus?«
»Hm, was ist denn das jetzt wieder? Ich habe keine Ahnung – vermutlich genauso.«
»Ja, recht ähnlich. Was also ist der Unterschied zwischen beiden?«
»Das fragst du mich jetzt doch nicht wirklich?! Na, keiner! Beide riechen eklig!«
»Ich vermute, da gibt es einen massiven Unterschied!«
»Was meinst du?«
»Nun, die Stallpferde sind gezähmt. Sie wurden eingeritten und folgen nun dem Reiter, der die Autoritätsperson ist. Manche Wildpferde sind nicht zu zähmen. Da kannst du nur das Vertrauen gewinnen und klar in der Führung sein. Mit Unterdrückung geht da gar nichts. Also, wer bist du und wer willst du in deinem Leben sein: Stallpferd oder Wildpferd?«

Jäh wacht Paula aus ihrem Tagtraum auf, als Irina den Raum betritt. Irina begrüßt sie mit einem kurzen »Hallo!«. Irritiert schaut sie sich um. »Wo ist Peter?«, fragt sie in scharfem Ton. Paula, die heute konstruktiv vorgehen will, ist etwas kalt erwischt. »Ich dachte, du wüsstest, dass er heute unterwegs ist. Er macht sich schlau wegen des neuen Business-Partner-Modells.«
»Mir hat mal wieder keiner was gesagt!«
»Na ja, dann machen eben wir die Weiterbildungsplanung.«
»Wieso wir? Du kennst dich mit diesen Themen doch gar nicht ausreichend aus! Da brauchst du mehr Erfahrung. So weit bist du noch nicht!«

Paula merkt, wie Ärger in ihr hochsteigt: Genau den Spruch hatte ihr Vater auch gebracht, als sie als 18-jährige Au-pair nach Barcelona gehen wollte. Und jetzt wieder: Wieder traut ihr jemand etwas nicht zu. Und vor allem: Woher will Irina das wissen?

»Bitte? Woher willst du das wissen?«, platzt es aus Paula heraus.
»Du kennst dich doch mit unseren internen Regelungen dazu gar nicht genau aus und noch weniger mit der Historie! Ich bin hier ja nicht Kindermädchen und kläre ständig Unwissende auf.«

»Wie bitte? Unwissende? Du glaubst wohl, du hättest die Weisheit mit Löffeln gefressen?«, entfährt es Paula.
»Ich streite nicht mit dir. Ich erkläre dir lediglich, warum ich im Recht bin. Ich werde hier bezahlt, um Leistung zu bringen, nicht um Laien zu unterrichten. Akzeptiere das endlich!«
»Ich mache noch lange nicht, was du willst. Ich mache, was ich will!«
»Na, wenn hier jede macht, was sie will, dann gute Nacht! Da kommst du sicher gut an. Ich mag dich jedenfalls wie am ersten Tag – nämlich gar nicht! Ich geh jetzt!«

Paula weiß nicht mehr, was sie sagen könnte – nur eines weiß sie ganz genau: Dieses Gespräch ist voll nach hinten losgegangen. Und ihr ist klar, dass sie sich auf das nächste Gespräch besser vorbereiten darf.

[1] Nicht das, was in der Vergangenheit war. Wenn Vergangenheit, dann nur: was ich jetzt fühle und brauche angesichts der Vergangenheit.

[2] Ich drücke mich kurz und genau aus. Um eine Verbindung herzustellen, frage ich nach.

[3] Anerkennen, was der andere getan hat, das zum Ergebnis beigetragen hat.

Abb.: Modell für die verschiedenen Stufen zur Besprechung eines Konflikts

VORBEREITUNG

Paula im Urteilstheater

Als Irina den Raum verlassen hat, sitzt Paula immer noch benommen am Tisch. Wut steigt in ihr auf: Was für eine Besserwisserin, der werd ich's zeigen!

Der Tag ist gelaufen. Als Paula am frühen Abend nach Hause kommt, legt sie sich mit einer Chipstüte auf die Couch und denkt: Hab ich denn gar nichts gelernt in Spanien? Ständig geht ihr das Gespräch mit Irina durch den Kopf. Wut und Scham wechseln sich ab.

Als Paula sich bewusst wird, dass sie – aus Gewohnheit – beginnt, sich selbst Vorwürfe zu machen, spürt sie, dass sie eine Entscheidung zu treffen hat: Will ich mich jetzt weiterentwickeln und die nächste Stufe nehmen oder will ich lieber, dass alles so bleibt, wie es immer war – im vertrauten Elend?

Paula merkt: Das ist jetzt einer der Punkte, vor denen mich Tara gewarnt hat, als sie sagte: *Geprüft wirst du nicht wirklich von mir! Ich tue alles, was mir zur Verfügung steht, um deine Widerstandskräfte und deine Verhandlungskunst zu schärfen, doch die wahren Rückschläge finden im Leben statt, nicht im Training. Willst du zurück in das gewohnte Maß von Gleichgültigkeit, zurück in die Bequemlichkeit eines unerfüllten Lebens, in die verbreitete Tragik eines durchschnittlichen Lebens ohne große Tiefen und ohne große Höhen? Oder bist du bereit, dich in neue, unbekannte Höhen zu bewegen, dich durch die unvermeidlichen Rückschläge hindurchzubewegen und zu wagen, ganz zu leben: das heißt, das Wagnis einzugehen, nicht zu wissen, was dich auf der nächsten Stufe erwartet, und dies erst zu lernen, wenn du deinen Entschluss gefasst hast? Und bevor du dich entscheidest, bedenke: Wenn du jetzt aufgibst, wird ein erneutes Ansetzen umso schwieriger! Wie also entscheidest du?*

Paula gibt sich Selbstempathie

Jetzt dranbleiben oder aufgeben?, hämmert es noch immer in Paulas Kopf, doch zunehmend wird der Satz in ihrem Kopf sanfter. Sie erkennt, dass ihr Kopf ihrem Herzen im Weg steht wie ein innerer Berserker, der ihre zarte Seite schützt. Klar wäre es einfach aufzugeben, doch jede Entscheidung hat Folgen: gewollte *und* ungewollte.

Was lernst du über dich, wenn du jetzt aufgibst?, hört sie Tara in ihrem Kopf fragen. *Und was lernen dann andere über dich?* Ihre inneren Antworten kommen ihr wieder in den Sinn. Wie ihr glasklar war: Das bin ich nicht wirklich! Und fast trotzig: Ich bin viel mehr! Tara hatte sie angesehen und angefangen zu lächeln: *Merkst du, dass viel mehr in dir steckt, als du lebst?* Paula sieht sich im Sand sitzen, verschwitzt, aber nickend.

Jetzt ist da eine reifere Persönlichkeit in ihr, die bereit ist, die Mittel, die sie nun an der Hand hat, auch anzuwenden. Keine fruchtlosen Absichtserklärungen mehr, sondern stimmige Umsetzungen – stimmig im Einklang mit ihrer wahren Persönlichkeit.

Bronnie Ware: »5 Dinge, die Sterbende am meisten bereuen« (2012)

Auf die Fragen an Sterbende, was sie am meisten bedauern, in ihrem Leben versäumt zu haben, ist die

- Nr. 1: »Ich wünschte, ich hätte den Mut gehabt, mir selbst treu zu sein, statt so zu leben, wie andere es von mir erwarteten.«
- Nr. 2: »Ich wünschte, ich hätte nicht so viel gearbeitet.«
- Nr. 3: »Ich wünschte, ich hätte den Mut gehabt, meinen Gefühlen Ausdruck zu verleihen.«
- Nr. 4: »Ich wünschte, ich hätte den Kontakt zu meinen Freunden gehalten.«
- Nr. 5: »Ich wünschte, ich hätte mir mehr Freude gegönnt.«

Paula spürt, wie ihre Entschlossenheit ihr Rückgrat neu aufrichtet, und ist überzeugt, dass sie etwas beitragen kann zur Entwicklung der Abteilung und der Menschen darin. Sie sieht, wie die Personalabteilung ein Musterbeispiel und Partner für andere Abteilungen im Unternehmen wird.

Das war genau das, was sich Peter an diesem Tag ansah: Wie konnte aus dem starren Verwaltungsapparat und dem oft als leidiger Kostenverursacher gesehenen Personalmanagement eine Geschäftseinheit entstehen, ein Human Resources als Business-Partner?

Paula hat plötzlich die Eingebung: Was, wenn wir Peters Wunsch und meine wilden Ideen über unsere Abteilung unter einen Hut bringen? Paula fragt sich: Wie kann die Personalabteilung, einen proaktiven Beitrag zur Gewinnsteigerung des Unternehmens leisten? Und wie würde sie ein strategischer Partner sein, der vom Recruiting über das Onboarding, das Development und die Mitarbeiterbindung bis hin zur Freistellung an allen Personalprozessen beteiligt ist? Paula sieht, wie die Abteilung viel enger mit der Geschäftsleitung zusammenarbeitet, um die Qualität des Recruiting auf ein neues Level zu heben.

Erstklassige Führungskräfte haben erstklassige Mitarbeiter,
die erstklassige Ergebnisse liefern.
Zweitklassige Führungskräfte haben drittklassige Mitarbeiter,
die viertklassige Ergebnisse liefern.

Paula sieht, wie sie mit neuem Selbstvertrauen sowohl Sparringspartner der Mitarbeiter als auch der Unternehmensleitung sein kann. Sie sieht sich und Peter bei allen wichtigen Managemententscheidungen, die auch das Personal betreffen, am Tisch der Geschäftsleitung sitzen und Einfluss nehmen auf den Unternehmenserfolg. Peter und sie bringen neue Ideen und Perspektiven ein, angesichts von Herausforderungen wie dem demografischen Wandel und dem Fachkräftemangel.

Paula sagt sich mit neuer Entschiedenheit: Es wird Zeit, der Anzahl an Mitarbeitern, die innerlich bereits gekündigt haben, und unseren hohen Fluktuationsraten entgegenzuwirken. Insbesondere die Ursachen abzustellen schreibt sich Paula auf die Fahne, da sie keine Lust hat, ihre Zeit mit der Arbeit an tausend Auswirkungen zu verlieren.

Auch wenn Peter davon kein Fan war, dies selbst umzusetzen, würde sie Maßnahmen und Instrumente zur Mitarbeiterbindung entwickeln, die Umsetzung koordinieren und die Wirksamkeit mittels Kennzahlen überprüfen.

Paula wird zunehmend klar, dass dies nicht allein durch Nettsein, Absichtserklärungen und Powerpoint-Folien zu machen ist, sondern vor allem ein Umdenken und eine neue Haltung erfordert, die einen überzeugenden, verhandlungssicheren und verbindlichen Auftritt zu Folge hat. Doch dafür braucht sie ein »Standing« – innerlich, bei Irina, bei Peter und den anderen in der Abteilung. Wenn sie Irina nicht auf Augenhöhe standhalten kann, wie will sie dies erst bei der Geschäftsführung erreichen? Also Augen zu und durch, sagt sie sich.

Empathie für den anderen

Paula fragt sich: Wofür soll das eigentlich gut sein? Warum agiert Irina immer mit dieser Stutenbissigkeit mir gegenüber?

Als sie merkt, wie ihre Laune wieder schlechter wird, hört sie Tara sagen: *Lerne, bessere Fragen zu stellen. Wenn du dumme Fragen stellst, bekommst du dumme Antworten. Wenn du sinnvolle Fragen stellst, bekommst du Antworten, die Sinn ergeben. Was also ist wirklich sinnvoll zu fragen, selbst dann, wenn dir die Antwort nicht gefallen sollte?*

Paula notiert sich ihre Fragen in ihr Notizbuch – das Notizbuch, das sie bei Besprechungen immer dabeihat:

- »Was soll heute Gutes für unsere Abteilung, unsere internen Kunden und vor allem für dich und mich herauskommen?«
- »Was ist der gute Grund – aus Irinas Sicht –, sich mir gegenüber so zu verhalten?«
- »Wieso ausgerechnet ich? Was habe ich getan, das mir nicht bewusst ist?«

Als Paula sich ihre Fragen noch einmal durchliest, sagt sie zu sich: Was, wenn ich keine Antwort bekomme? Dann finde ich bessere Fragen! Egal, hilft ja nichts, sonst bleibt alles bestehen wie gehabt und da habe ich noch weniger Lust drauf!

Eigenen Anteil beleuchten: Was tue ich, das zum Verhalten des anderen beiträgt?

Paula fragt sich: Tue ich etwas, was Irina so auf die Palme bringt? Ich bin doch freundlich zu ihr. Okay, vielleicht habe ich ihr in der Vergangenheit wenig Widerstand geleistet und war nicht wirklich bestimmt. Oje, vielleicht denkt sie: Mit der geht's? Da könnte etwas dran sein. Mist!

Als sich Paula das Quadrantenmodell ansieht, merkt sie, dass Irina sich fast immer im Tiger-Quadranten befindet. Paula ist nun zwar gewillt, von der Schildkröte und dem Stallpferd in den Elefantenbereich zu gehen. Doch wird sie gereizt, landet sie zunächst im Tiger-Quadranten, stößt dort auf einen viel erfahreneren anderen Tiger ... und zieht sich mit eingezogenem Schwanz zurück. Sie ist, bei aller Verlockung, nicht gewillt, wieder zurück zum Stallpferd oder gar zur Schildkröte zu gehen.

»Wer sich zum Kamel macht, findet auch jemanden, der auf ihm reitet.«
Arabische Weisheit

EINSTIEG

Setting/Rahmen festlegen

Paula überlegt: Gehe ich bewusst zu Irina und wir sprechen in ihrem Zimmer? Das ist vermutlich am leichtesten für sie und ich hoffe, dass wir ins Gespräch kommen. Hm, ja – ich bin mir da nur nicht sicher, dass ich nicht aus Gewohnheit »umfalle«. Nein, ich nehme auch Rücksicht auf mich und überfordere mich nicht!

Wir finden schon einen Ort. Sie kann ja auch einen anbieten, ich brauche nur zu fragen. Wenn wir uns sprechen, dann möchte ich, dass wir einen vernünftigen Rahmen haben. Einen Ort, an dem uns keiner stört und der weder in ihrem noch in meinem »Territorium« liegt. Wir könnten z. B. in den Besprechungsraum der IT gehen.

Anlass und Ziel benennen

Wie könnte ich Irina dazu einladen?, überlegt Paula weiter. Irina wird vermutlich versuchen, die Einladung auszuschlagen oder sich herauszureden. Ich lasse sie sich mal auskotzen! Vielleicht klappt das ja?

»Einladung zu knallhartem Austausch zu ›Fehler und Verbesserungen im Weiterbildungsmanagement‹, IT-Besprechungszimmer« – als Paula die Einladung versendet hat, atmet sie erst mal tief durch und grinst etwas verstohlen. Wie Irina wohl reagieren wird?

Vorgehensweise abstimmen

Wie führe ich das Gespräch?, fragt sich Paula. Erst fachlich, dann emotional? Oder erst emotional und dann fachlich? Und wer wird zuerst gehört? Erst ich, weil ich eingeladen habe? Nein, doch zuerst Irina, denn *Menschen wollen gehört werden*, erinnert sich Paula an Taras Worte. *Dann öffnen sie sich und hören selbst zu.* Erst zu mir wechseln, wenn Irina gehört worden ist, ermahnt sich Paula noch mal. Den Rest lasse ich offen, denn diesmal geht es nur um sie und mich. Da vertraue ich: der Rest wird sich dann schon ergeben, wenn ich ergebnisoffen ins Gespräch hineingehe.

KLÄRUNG

Beide Sichtweisen wahrnehmen und die gegenwärtigen Gefühle und Bedürfnisse klären

Als Paula zum IT-Besprechungsraum geht, wird ihr mulmig. Habe ich mich da übernommen?, jagt es ihr durch den Kopf. Doch dann erinnert sie sich an die kleine spanische Brücke, von der sie Tara gestoßen hatte, als sie sich mal wieder aus Gewohnheit in unnötigen Spekulationen verloren hatte. Da hat sie die Tür schon geöffnet.

»Hallo Irina.«
»Hi.«
»Ich vermute, du hast so viel Lust darauf, mich zu sehen, wie auf einen verlängerten Zahnarztbesuch, oder?«
»Äh, ja, stimmt!«, antwortet Irina überrascht.
»Kann es sein, dass ich ganz schön anstrengend für dich bin und du mich am liebsten los wärst?«

Irina schweigt und schaut Paula mit zusammengekniffenen Augen an.

»Soll das jetzt ein Trick sein? Willst du mich reinlegen?«
»Nein, kein Trick, eher: Lass uns doch mal Klartext reden.«
»Du willst Klartext? Kannst du haben: Ich mag dich nicht und du bist für deine Position völlig ungeeignet!«
»Du sagst, du magst mich nicht, und meinst, ich sei für meine Position völlig ungeeignet?«, gibt Paula Irina wieder. Das fühlt sich für sie an wie ein Magenschwinger. Sie hört Tara sagen: *Höre nie, was Menschen über dich sagen oder denken! Wenn Menschen ihre eigene vernichtende Aussage hören, ändert sich oft ihre Reaktion.*
»Ja, hab ich doch gerade gesagt … Na ja, also eher: Du bist mir egal.«
»Danke, das schränkt es erstaunlich ein!«, sagt Paula mit einem kleinen Schmunzeln.

Irina schaut auf ihren Tisch und kann kaum verbergen, dass sie in sich hineinkichert.

Paula nimmt all ihren Mut zusammen und fragt noch mal nach: »Und du meinst, ich sei für meine Position ungeeignet? Du meinst, ich sei keine gute Personalerin – meinst du bei den Stellenausschreibungen, den Bewerbungsgesprächen oder bei den Einstellungen?«
»Na ja, äh … Nee, so ist das nicht gemeint!«
»Wie ist es denn dann gemeint?«
»Ach, das kannst du dir doch selber vorstellen!«

»Ehrlich gesagt, wenn ich das könnte, säße ich nicht hier. Kannst du mir mal auf die Sprünge helfen?«

Irina zögert. Paula sieht, wie Irina innerlich mit sich ringt. Die Worte wollen nicht aus ihr heraus.

»Es scheint dir jetzt ziemlich schwerzufallen, das zu sagen, ist das so?«, fragt Paula.
»Ja, besonders, wenn du so mit mir sprichst!«
»Hm, meinst du, wenn ich mich für dich interessiere, obwohl wir so viele Schwierigkeiten miteinander haben?«
»Du machst es einem verdammt schwer!«
Paula ist verwirrt. »Ich mache es dir schwer? Schwer, mich blöd zu finden?«
»Ja! Also nein … Ja, doch, schon! Ach, ich weiß gar nichts mehr!«
»Bist du durch den Wind, weil du mir einerseits die Meinung geigen willst und andererseits Schiss davor hast, was dann passiert?«
»Ja! Woher weißt du das?«
»Hm, ich weiß es nicht, ich vermute das nur.«
»Hm«, grummelt Irina.
»Es gibt also einen triftigen Grund, mir nicht zu sagen, was du gegen mich hast?«
»Ja, genau! Ich geh dann.«

Paula merkt, dass es an der Zeit ist, aufrichtig zu sein und hartnäckig dranzubleiben. Sie lässt sich diesmal von Irinas Ankündigung nicht beeindrucken.

»Irina, ich würde echt gern endlich diese ewigen Missstimmungen zwischen uns aus dem Weg räumen, damit wir als Abteilungsteam ohne unnötige Reibungsverluste agieren können. Ich bin sicher, wir können einen Weg finden, der für uns alle passt. Ich bin da ein Stück weit hilflos und will das lieber zwischen uns klären, als Peter mit hineinzuziehen. Es gibt die letzten Monate schon genügend Kaffeeklatsch, was uns zwei anbelangt. Können wir das nicht miteinander hinbekommen?«
»Oh Mann, du bist ja echt nervig, kannst mich einfach nicht in Ruhe lassen!«

Höre nie die Urteile anderer, besonders, wenn sie sich auf dich beziehen. Höre ihre Gefühle und Bedürfnisse. Das ist nur eine verunglückte Version von ›sieh mich, höre mich und nimm mich bitte ernst!‹, hallen Taras Worte in Paula nach.

»Ich verstehe, dass das gerade echt nervig für dich ist, und am liebsten hättest du wohl deine Ruhe?« Paula wiederholt Irinas Worte fast wie ein Papagei. »Ich befürchte nur, je länger wir das ungeklärt lassen, desto mehr bekommen wir eine Garantie, dass wir *keine* Ruhe finden, weder du noch ich!«
Irina schaut auf den Tisch, sie scheint völlig in sich gekehrt. Dann sagt sie: »Du bist echt eine Klette! Also gut, dann musst du es eben ertragen: Ich wäre die viel, viel

geeignetere Stellvertreterin von Peter als du! Aber er musste ja dich auswählen! Obwohl ich viel länger im Unternehmen bin und viel mehr Know-how habe als du!«

Paulas Augen öffnen sich, plötzlich wird ihr einiges klar: die heimlichen Gespräche und das Getuschel zwischen Irina und Berta, das Vermeiden der Meetings, die ständigen Bosheiten in Wort und Tat – alles passt plötzlich zusammen.

»Ah, okay, … danke!«, presst Paula mühsam hervor, sich erinnernd, wie hilfreich das einfache Wort »danke« in solchen Gesprächen ist. Doch noch fehlt ihr die Routine. Sie atmet tief durch.
»Was meinst du mit ›danke‹?«, fragt Irina irritiert.
»Na ja, danke für deine offenen Worte! Immerhin traust du mir zu, damit umgehen zu können.« Jetzt kommen die Worte schon etwas gesetzter. Paula atmet ein weiteres Mal tief durch.

Empathie kann sich für den Empfänger unangenehm anfühlen,
wenn er sich allem Anschein nach sehr verletzlich vor anderen zeigt.

»Tja, jetzt ist es raus! Aber was hilft's? Es gibt nur eine Stellvertretung und Peter hat dich gewählt. Keiner hat je gefragt, wie es mir damit geht. Soll ich jetzt etwa zu ihm hingehen und sagen: ›Hey Peter, das ist ein Fehler mit Paula, nimm doch lieber mich!‹?«
»Wenn ich dich richtig verstehe, bist du voll frustriert, weil du dir eine Anerkennung für all die investierten Jahre wünschst und nun jemand, der zehn Jahre jünger ist, die Stellvertreterfunktion bekommen hat?«
»Klar, jeder denkt, ich sei nur taff und ich könne das schon ab!«, antwortet Irina. Der Druck in ihrer Stimme sinkt ab.
»Wen meinst du mit ›jeder‹?«
Irina zögert. »Na ja, jeder eben.«
»Kannst du mir helfen, ›jeder‹ besser zu verstehen?«
Irina seufzt. »Ist ja jetzt egal, ist ja eh schon raus. Meine Familie hat mir Druck gemacht, ich solle mich doch durchsetzen. Andere meinten, ich solle das einfach vergessen, denn die Fakten wären gesetzt – aber ich konnte es nicht vergessen!«

Paula nickt. Sie kann sich den Druck, unter dem Irina stand, lebhaft vorstellen.

»Und so wurdest du immer bissiger?«, fragt Paula. Irina nickt still, ihr Blick ist nach unten gerichtet.
»Im Büro hatte ich nur Berta, die lediglich mit draufhauen wollte.«
»Und keiner hat dich gesehen – gesehen, was in dir vorging?«

»So viele Jahre darauf hinzuarbeiten und dann vor dem Ziel … Vielleicht kannst du dir vorstellen …?«
»Wie das ist?« Paula schaut Irina an: »Immens frustrierend und schmerzhaft?«

Paula merkt, wie sie Irina zum ersten Mal als Menschen wahrnimmt. Sie ist ja doch aus Fleisch und Blut, geht ihr durch den Kopf. Jetzt verstehe ich zunehmend, wie es ihr ergangen ist. Beide sitzen einige Zeit still am Tisch.

»Heißt das, du hattest nicht nur mit deinen Ansprüchen zu kämpfen, sondern auch noch mit denen deiner Familie? Und manchmal hat dich das regelrecht erdrückt?«, fragt Paula. Irina nickt und schaut zu Boden.

Diejenigen, die am schwersten zu hören sind, sind diejenigen, die es am meisten brauchen.

Jetzt, wo Paula den Eindruck hat, dass Irina ein Stück weit gehört wurde und offener wird, will sie zu sich wechseln und wagen, sich aufrichtig mitzuteilen, wie es ihr mit der Situation geht.

»Ich verstehe, wie sehr du frustriert bist und Anerkennung für deinen langen Weg in der Personalabteilung möchtest. Gleichzeitig ist es mir wichtig, dass mit mir fair umgegangen wird. Kannst du dir vorstellen, dass ich keine Ahnung davon hatte?«
»Ich dachte, das hättest du von Anfang an geplant oder versprochen bekommen.«
»Nein, da hab ich mich nie gesehen.«
»Das klingt, als ob du davon tatsächlich keine Ahnung hattest.« Es ist mehr, *wie* Paula spricht, als das, *was* sie sagt, was Irina an ihren eigenen Verdächtigungen zweifeln lässt.

Paula fragt: »Hattest du das denn Peter gesagt? Wusste er von deinen Ambitionen?«
»Nein, nie im Leben hätte ich da was gesagt!«
»Wie kann er es dann wissen?«
»Äh, kann er sich doch denken, oder?«
»Peter? Du glaubst, er tickt so?«
Irina schaut Paula an. »Mist, du hast vermutlich recht!«
»Ich will gar nicht recht haben, ich vermute nur, dass er andere Kriterien hat bei seiner Auswahl als du.«
»Was meinst du damit?«
»Ich spreche nur ungern über Leute, die nicht mit am Tisch sitzen. Weshalb fragen wir nicht ihn selbst? Er ist ja wieder da.«
»Du meinst, jetzt sofort?«
»Ja, genau. Wird Zeit, dass wir die Kuh vom Eis holen, oder?«

Nachdem Irina etwas skeptisch »Ja, okay« gesagt hat, geht Paula zu Peters Büro. Als sie eintritt, bleibt sie, anders als sonst, gleich an der geschlossen Tür stehen.

»Was gibt's Paula? Alles okay?«, fragt Peter.
»Peter, ich glaube, wir brauchen dich.«
»Hä, wobei?«
»Irina und ich sitzen im Besprechungszimmer der IT und wir stellen uns eine Frage, die nur du beantworten kannst. Kommst du kurz zu uns mit? Dauert wohl nur ein paar Minuten.«
»Na, okay, aber danach muss ich in ein Meeting. Also echt nur kurz, bitte!«

Paula hat den Anlass lieber vorerst weggelassen, damit Peter ihr in seiner häufigen Konfliktvermeidung nicht entwischt.

Als Peter im IT-Besprechungszimmer Platz genommen hat, sagt Paula: »Danke, Peter, dass du dir kurz Zeit nimmst, dabei zu sein. Darf ich direkt sein?«
»Na klar!«
»Ich gehe davon aus, dass du dir sicher etwas dabei gedacht hast. Willst du uns sagen, weshalb du mich als Stellvertreterin gewählt hast und nicht Irina?«
Peter schaut beiden abwechselnd in die Augen. »Darum geht es euch?«

Paula wird mulmig. War das ein Fehler?, schießt es ihr durch den Kopf. Hätte ich Peter doch besser vorgewarnt?

»Was tut das denn jetzt noch zur Sache? Das habe ich doch schon vor einiger Zeit entschieden! Das wollt ihr jetzt wissen?«, fragt Peter noch mal.
»Ja«, entgegnet Paula und Irina schaut still zu Peter. »Du musst uns natürlich nicht aufklären, wir respektieren da deinen Entscheidungsbereich. Gleichzeitig hat diese Entscheidung großen Einfluss auf die Qualität unseres Miteinanders seit zwei Jahren – und auch auf das Miteinander in der Abteilung. Daher würden wir uns mehr Transparenz wünschen. Bist du bereit, uns da einzuweihen?«
Peter ist etwas brüskiert. »Ich will da nichts ändern!«
»Vermutlich willst du sichergehen, dass deine Entscheidung respektiert wird. Davon sind wir ausgegangen. Bist du bereit, uns dennoch aufzuklären?«, bleibt Paula hartnäckig.
»Hm, ja, okay! Ich kann mir vorstellen, dass Irina schon lange darauf gewartet hat, meine Stellvertreterin zu werden. Hm … Es fällt mir echt schwer, das zu sagen, aber ich finde, Irina hat eben andere Stärken.«
»Wieso bin ich nicht geeignet?«, fragt Irina. »Das verstehe ich nicht!«
»Du bist so direkt mit deinen An- und Aussagen, dass du hervorragend Nein zu jemandem sagen kannst, selbst wenn einer das nicht hören will. Du kannst Fehler in unseren Systemen finden, du kannst dich an alle Regelungen und Vereinbarungen

der Abteilung der letzten 20 Jahre erinnern, du hast ein sehr fundiertes rechtliches Wissen, kannst dich gut ausdrücken … und du kannst viele unserer Mitarbeiter einschätzen, ob sie eine Fortbildung wirklich benötigen oder nur flunkern.« Peter atmet tief ein. »Ich allerdings brauche jemanden, der mich mit Blick auf unsere Abteilung ergänzt.« Es fällt ihm augenscheinlich nicht leicht, dies zu sagen: »Offen gesagt, ich gehe nicht gern schwierige Situationen und Konflikte an. Mir ist klar: Du, Irina, würdest sie angehen, doch ich hätte Angst, dass du zu oft verbrannte Erde hinterlässt. Ich will jedoch eher, dass hier ein üppiger Garten entsteht. Ist das verständlicher?«

Paula ist völlig von den Socken, Peter so offen und fast schon tiefgründig sprechen zu hören. Irina schaut Paula an – sie schwebt zwischen Frust, Wut und Trauer. Doch langsam kann sie akzeptieren, wie Peter sie sieht, und merkt, dass da etwas dran ist. »Und wieso hast du mir das noch nie gesagt?« Peter schweigt, es ist ihm sichtlich unangenehm, darauf angesprochen zu werden. »Das ist eben genau *nicht* mein Ding!«

Irina will am liebsten platzen. Doch sie beißt sich auf die Lippen. Sie merkt, dass Peter gerade mehr zeigt als all die Jahre zuvor, und will nicht unnötig weiter gehen.

»Das war's dann?«, fragt Irina.
»Moment mal, Irina«, sagt Paula, »merkst du eigentlich, was hier gerade passiert? Ich glaube, so offen haben wir bisher nie miteinander gesprochen, oder?«

Irina nickt.

»Willst du das so stehen lassen?«, fragt Paula Irina.
»Wie? Was soll ich denn sagen?«
»Wie wäre es mit so etwas Ähnlichem wie ›danke‹? Oder wäre es dir lieber gewesen, Peter hätte dich ins Leere laufen lassen?«

Irina sieht Paula sichtlich irritiert an. Zum eigenen Vorgesetzten so etwas sagen?

»Wie ist das für dich, was Peter zu uns gesagt hat?«, fragt Paula Irina.
»Also, ich weiß nicht, was du genau meinst. Aber ich bin froh, dass Peter das jetzt offengelegt hat.«
»Willst du ihm das nicht auch sagen?«
Irina nickt und sagt zu Peter gewandt: »Nun, ich bin froh, besser zu verstehen, wie du manche Entscheidungen triffst, und ehrlich gesagt auch, welchen du gern aus dem Weg gehst. Auch wenn ich das in diesem Fall nicht gern mag, habe ich jetzt eine Orientierung.«

Peter ist etwas erstaunt über Paulas Vorstoß, doch ihm gefällt ihre neue direkte Art – und er ist sich nun noch sicherer, eine gute Wahl mit ihr getroffen zu haben.

»Irina, du hast vorhin gefragt ›Das war's dann?‹. Ich vermute, du befürchtest, dass es das jetzt für dich war?«, fragt Paula.
»Na klar. Du bist Stellvertretung und ich hab nichts außer meinen alten Job, wie immer. Hat sich doch nichts geändert!«
»Hm, also ich habe verstanden, dass wir zum ersten Mal offen miteinander reden, dass wir nun nach zwei Jahren wirklich Klarheit über Peters Position haben, auch wenn uns nicht alles gefallen mag, und dass auch Peter deine Arbeit sehr schätzt.«
»Ja, schon klar!«
»Hm, was meinst du, Peter?«
»Nun, ich will euer Thema jetzt hier nicht entscheiden. Was ich mitbekommen habe, was da so zwischen euch gelaufen ist ... Da ist schon einiges, was ich nicht so gut fand.«

Irina schweigt.

Paula nickt. »Da ist auch aus meiner Sicht was dran. Nur jetzt, wo ich Irinas Absicht verstehen kann, sehe ich da nicht mehr mit der Härte von vorher drauf. Ach ja, und du willst vermutlich jetzt in deinen Termin, oder?«
»Oje, die Zeit habe ich fast vergessen! Ich bin weg!«

Als Peter aus dem Zimmer gegangen ist, sitzen Paula und Irina beieinander. Einige Sekunden vergehen, ohne dass eine von beiden etwas sagt.

»Gut für dich, nur für mich hat sich doch faktisch nichts geändert!«, sagt Irina.
»Ich vermute, du bist jetzt unzufrieden, auch wenn uns einige Punkte vorangebracht haben?«, fragt Paula.
»Na klar, du kannst mit all dem umgehen. Und irgendwie hast du ein besonderes Verhältnis zu Peter. Das hab ich halt nicht.«
»Machst du dir Gedanken, dass sich bei dir im Job nicht mehr viel ändert und du keine neuen Herausforderungen bekommen könntest? Ich vermute, du willst sichergehen, dass deine Anstrengungen der letzten Jahre nicht umsonst waren, sondern endlich Wirkung zeigen.«
»Ja, ich reiß mir den Hintern auf in diesen wirtschaftlich nicht gerade einfachen Zeiten und komme nicht voran. Ich werde ja auch nicht jünger! Peter hält mich wohl für ein ziemliches ›pain in the ass‹?«
Paula schmunzelt. »Und, ist da was dran?«
Irina lächelt etwas gequält: »Na ja, irgendwie schon. Wenn mir etwas gegen den Strich geht, dann sag ich das halt auch. Wenn ich das nicht mehr mache, dann bin ich doch nicht mehr ich!«
»Du klingst etwas ratlos. Du willst aufrichtig sein und gleichzeitig weißt du nicht, wie du authentisch sein kannst, ohne andere vor den Kopf zu stoßen?«
»Ja, genau! Ich hab keine Ahnung, wie ich das hinbekommen soll!«

»Also, ich weiß nicht, ob das das ist, was du meinst. Doch ich hätte da etwas, was dir das ermöglichen könnte.«
»Hä? Wie soll denn das gehen?«
»Na ja, es geht nicht über Nacht, doch das könnte dir eine ganz neue Welt eröffnen. Ich beschäftige mich damit seit meinem Urlaub in Spanien. Klar, ich komme sprachlich aus einer anderen Ecke als du ... Soll ich überhaupt weiterreden?«
Irina nickt: »Klar!«
»Weißt du, wann du angefangen hast, so zu sprechen? Ich meine, so direkt zu werden und manchmal auch, sieh mir das Wort bitte nach, so abwertend?«

Irina schaut weg, ihr Körper zuckt. Paula merkt, wie Irina sich Tränen aus dem Gesicht wischt. Paula ist still bei ihr.

Nach einer Weile fragt Paula: »Das ist jetzt schwer, oder?«
»Ja, ich glaube, ich war schon immer so! Ich bin einfach scheiße!«
»Könntest du das auch anders sehen?«
»Was willst du denn noch, dass ich sage? Dass ich Müll bin, zu nichts zu gebrauchen? Das hat doch schon mein Vater zu mir gesagt!«
»Nein, ich meine damit, dass du mehr Fairness zeigst!«
»Wie, ›Fairness‹? Wem gegenüber? Dir gegenüber? Oder Peter gegenüber?«
»Oh nein – dir gegenüber!«
»Mir gegenüber? Ich habe keine Ahnung, was du meinst!«
»Ist es okay, wenn ich dir eine Geschichte erzähle? Sie dauert nicht lange, aber sie könnte deine Sicht auf dein Leben verändern!«
»Äh ... Ja, okay!«, stammelt Irina sichtlich verwirrt.
»Es gibt da ein Experiment, das an der Yale-Universität durchgeführt wurde und viel über uns aussagt. Das hat mir eine gute Freundin erzählt. Also das ging so ...«

Was ist unsere innewohnende menschliche Natur?

Karen Wynn, Professorin am Department of Psychology and Cognitive Science, Yale University[25], ist aufgrund ihrer bahnbrechenden Arbeit mit Babys und Kleinkindern, z. B. zu numerischer Kognition, bekannt. Sie interessiert sich dafür, wie der menschliche Geist aussieht, bevor er durch Sprache, Kultur, Erziehung und weitreichende Erfahrungen beeinflusst wird.

Karen Wynn und ihr Team machten diverse Experimente, die folgende Frage beantworten sollten: »Bewerten Babys andere aufgrund ihres Verhaltens?«

25 Karen Wynn: »The Origins of Moral (and Immoral) Sentiments«. Vortrag beim vierten Copernicus Festival 2010, https://www.youtube.com/watch?v=1jrMGBjB18w (zuletzt abgerufen am 4.10.2022)

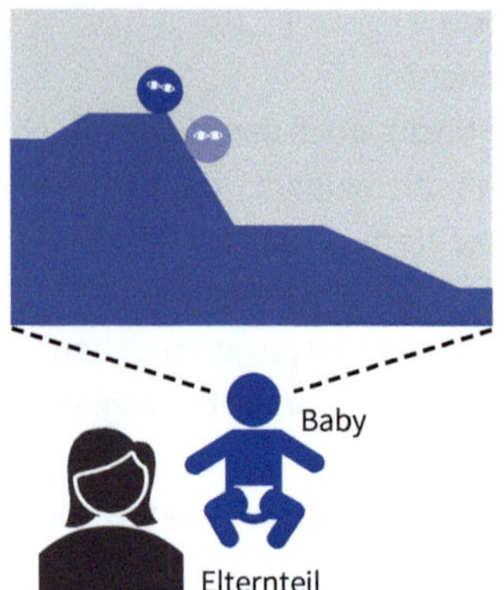

Abb.: Der Aufbau von Karen Wynns Experiment

Diese Experimente wurden mit drei Monate alten Babys, die noch nicht greifen, aber mit Blicken ihre Präferenz deutlich machen konnten, und mit über sechs Monate alten Babys, die nach dem Bevorzugten greifen konnten, durchgeführt.

Die Wissenschaftler bauten eine kleine Kiste, wie für ein Kasperle-Theater, und platzierten die Babys davor. Das Theater konnte von hinten bedient und mit Vorhängen verdeckt werden. Wenn diese geöffnet wurden, sahen die Babys eine einfache Berglandschaft und zwei farbige Männchen.

Erste Einstellung: Das Baby sieht den Berg, auf dem sich ein rotes Männchen zu einem blauen Männchen hinaufmüht. An einer Stelle kommt es trotz Anstrengung nicht wirklich voran. Da kommt ein gelbes Männchen und unterstützt das rote Männchen dabei hinaufzukommen.

Zweite Einstellung: gleicher Berg, gleiches blaues Männchen und wieder ein rotes Männchen, das sich den Berg hinaufmüht. Wieder kommt das rote Männchen am steilen Hang nicht wirklich voran. Da kommt das blaue Männchen von oben und stößt das rote Männchen den Berg hinab.

»Irina, was meinst du: Wie viele nahmen das gelbe, unterstützende Männchen und wie viele das blaue, zurückstoßende Männchen?«
»Na ja, ich weiß nicht. Vielleicht 60 zu 40 Prozent?«
»Hm, ja, so ähnlich haben die Wissenschaftler vor dem Versuch auch geschätzt. Sie waren dann über das Ergebnis so erstaunt, dass sie das Experiment noch ein paar Mal wiederholten: mit unterschiedlichen Formen, Babys mit unterschiedlichem kulturellen Hintergrund, unterschiedlicher Hautfarbe, rechts- und linkshändisch veranlagten Babys und mit getauschten Farben. Immer das gleiche Ergebnis!«

»Und zwar?«, fragt Irina.
»Nahezu 90 Prozent der Babys nahmen das gelbe unterstützende Männchen!«
Irina schaut Paula mit großen Augen an und schüttelt ungläubig den Kopf. »Aber so sieht doch nicht die Welt aus!«, wirft sie ein.
»Ja, das stimmt, das haben die Wissenschaftler auch gesagt. Also haben sie das Experiment einige Monate später wiederholt, um sicherzugehen, dass das Ergebnis stabil ist.«
»Und, was ist dann herausgekommen?«
»Nun, sie machten genau das gleiche Experiment: dieselben Babys, derselbe Kasten, gleicher Aufbau, Variation der Farben, Variation der Seite, auf der sie die Figur dem Baby vorlegten etc. Und diesmal kam ein anderes Ergebnis heraus!«
»Aha! Und zwar?«
»Diesmal war die Wahl der Babys, die inzwischen über ein Jahr alt waren, anders verteilt. Nun nahmen bereits über 20 Prozent das zurückstoßende Männchen. Was also war in der Zwischenzeit passiert?«
»Ja, was war passiert?«
»Nun, die Eltern waren die Gleichen wie vorher. Auch die Umgebung, in der die Babys aufwuchsen, hatte sich nur wenig geändert. Die stärkste Veränderung haben sie bei den Babys selbst festgestellt. Die Babys hatten mit ca. acht bis zehn Monaten begonnen, Sprache zu lernen – die Sprache ihrer Eltern. Und in dieser Sprache waren Bewertungen, Analysen und Diagnosen. Da war die Idee von ›richtig‹ und ›falsch‹, da waren Analysen, wie ein Mensch sich zu verhalten hat, um gut in die Gesellschaft zu passen, da waren Diagnosen, was ›mit jemandem stimmt‹ oder eben ›nicht stimmt‹ …«
»Du meinst, unsere Eltern sind schuld an der ganzen Sache? Also bei meinen kann ich mir das gut vorstellen!«

»Die wesentliche Natur jedes Menschen ist perfekt und fehlerlos,
aber nach Jahren des Eintauchens in die Welt vergessen wir leicht unsere
Wurzeln und nehmen eine falsche Natur an.«
Laotse

»Oh nein, Irina, das meine ich nicht! Auch unsere Eltern haben das Gleiche mit ihren Eltern erlebt. Aus ihrer Sicht ist das das Beste, was sie ihren Babys mitgeben können – tragischerweise erkennen sie nicht, was sie da tun.«
Irina schaut Paula ungläubig an. »Das soll das Beste sein?«
Paula schweigt, um sich zu sammeln. »Hm, als du dich mir gegenüber in den Meetings so verhalten hast, wusstest du da, wie du den Konflikt hättest klären können?«
Irina schweigt, dann murmelt sie leise: »Nein … stimmt.« Nach kurzer Überlegung sagt sie: »Aber wenn ich da meine Eltern anschaue: Da war doch trotzdem einiges unrecht!«
»Das brauchst du auch gar nicht gutzuheißen, denn Verständnis für ihre gute Absicht, dich aufs Leben vorzubereiten, heißt nicht, mit fatalem Verhalten einverstanden zu sein.«

»Nicht?«
»Nein, das sind zwei Paar Stiefel – wenn ich das so flapsig sagen darf.«
»Wie?«
»›Verstanden‹ heißt nicht ›einverstanden‹!«
»Soll das heißen, ich kann Verständnis für die Wünsche von jemanden haben und muss nicht einverstanden sein mit dem, wie er sie sich erfüllt?«
»Genau so sehe ich das!«
»Oh Mann, das habe ich mein Leben lang nie unterschieden!«, sagt Irina kopfschüttelnd.
»Wenn es dich beruhigt – ich auch nicht. Aber manchmal ist es gut dazuzulernen.«
»Bist du denn jetzt unter die Weisen gegangen?«
Paula lacht und sagt scherzhaft: »Wenn du das glaubst, dann stecken wir dich in die Klapsmühle! Nein, ich habe das große Glück, jemanden kennengelernt zu haben, der dieses Wissen mit mir teilt. Ich hab das lernen dürfen, weil ich es eben auch nicht klar hatte!«
»Ich glaube, das will ich auch lernen«, sagt Irina nach einem kurzen Augenblick.
»Dann sind wir schon zu zweit!«

»Das Schlimmste aber, wenn man ein Gefängnis aus unsichtbaren Mauern bewohnt, ist, dass man sich der Schranken nicht bewusst wird, die den Horizont versperren.«
Simone de Beauvoir

Prüfen, ob alle wichtigen Gefühle und Bedürfnisse geklärt sind

»Ist noch irgendetwas krumm oder unausgesprochen aus deiner Sicht?«, fragt Paula.
»Aus meiner Sicht: Nein«, sagt Irina.
»100 Prozent?«
»100 Prozent!«
»Aus meiner Sicht auch.«

Entschleunigter Dialog

Paula hat im Gespräch immer wieder bewusst ihr Sprechtempo reduziert. Sie spricht in dem Tempo, mit dem sie Konflikte klären kann, und nicht in dem üblichen Tempo, in dem sie in ihrem Arbeitsbereich agiert. Dies hilft ihr, die Konfliktthemen kurz und knapp zu halten, was wiederum Paulas Gegenüber dabei hilft, sie besser zu verstehen. Auch die Verbindung baut sich leichter auf, wenn nicht von Punkt zu Punkt gehetzt wird, sondern sich das Gespräch entwickeln und entfalten darf.

LÖSUNGEN

Fragen, Bitten und Lösungsideen einholen

Paula fährt fort: »Dann dürfen wir zunächst herausfinden, wie wir unseren Konflikt komplett lösen. Was meinst du, Irina, Peter hat doch schon öfter darüber gesprochen, unser Verständnis von HR in den anderen Abteilungen des Hauses vorzustellen und die Führungskräfte für eine engere strategische Zusammenarbeit mit uns zu öffnen. Du weißt ja: Die meinen teilweise immer noch, dass wir nur ihre Dienstleister und Verwalter sind, und nicht, dass wir mitgestalten und einen wertschöpfenden Beitrag fürs Unternehmens leisten.«

»Stimmt, die haben oft völlig unrealistische Vorstellungen davon, was wir bei HR machen.«

»Ja, und da brauchen wir jemanden, der HR für beratende und betreuende Aufgaben repräsentiert und vertritt. Jemanden mit sicherem Auftreten, der nicht gleich umfällt, wenn ein Abteilungstiger brüllt!«

»Hm. Ja, und?«

»Nun, es gibt noch eine wichtige weitere Fähigkeit, die diese Person braucht.«

»Was meinst du?«

»Was wollen die wohl, wenn von HR jemand vorbeikommt?«

»Sie wollen, dass wir ihnen alle Personalprobleme, die sie seit Monaten und Jahren haben, mal schnell lösen.«

»Genau, da sind sie sehr zuverlässig!«, lacht Paula. »Was gilt es da zu sagen?«

»Na ja, damit die Leute nicht auf wilde und unbezahlbare Ideen kommen, ist es gut, wenn da jemand ist, der auch mal Nein sagt.«

»Wer kann das besser als du?«

»Hm, ich glaube, ich bin da nicht so gut geeignet. Die meisten mögen mein Nein nicht hören!«

»Klingt, als hättest du da bereits schlechte Erfahrungen gemacht. Was, wenn ich dir zeige, was ich gelernt habe: wie du ein Nein ausdrücken kannst als ›Ja – zu etwas anderem‹?«

»Was ist das denn jetzt wieder?«

»Klingt zunächst sonderbar. Aber ist nicht jedes Nein ein Ja zu etwas anderem? Dummerweise hören wir jedoch bei einem Nein meist auf zu verhandeln, obwohl das der Beginn der Verhandlung ist.«

Irina runzelt die Stirn. »Hm, da könnte was dran sein.«

»Und ich glaube, dass du den Mut hast, auch mal deutlich Nein zu sagen, um unsere Abteilung vor unangemessenen Forderungen zu schützen.«

»Aber so was von!«, lacht Irina.

»Also, ich habe diese Option mit Peter bereits besprochen. Er fände das gut. Allerdings gibt es da noch einen Haken.«

»Wusste ich doch! Raus mit der Sprache!«

»Wir beide würden eine Business-Partner-Rolle übernehmen. Du hättest den klaren Lead rund um Weiterbildung und Leistung der Mitarbeiter sowie für beratende und betreuende Aufgaben – ich wiederum für die strategische Beratung der Geschäftsleitung. Das heißt, dass wir beide uns eng miteinander austauschen und zusammenarbeiten. Die anderen Personaler in unserer Abteilung machen weiter das operative Geschäft und die administrativen Aufgaben wie Urlaub, Gehälter, arbeitsrechtliche Belange, Freistellungen usw. Das würde uns zwei dazu bringen, uns auch öfter mal miteinander abzustimmen, und hilft, dass wir zwei uns besser verstehen.«

»Hm ... Da würde ich gern mal drüber nachdenken.«
»Klar!«
»Und was meinst du dazu, Paula?« Das ist das erste Mal, dass Irina sie so direkt fragt.
»Ich schätze, dass wir zwei recht unterschiedlich sind, doch das ist genau das, was erfolgreiche Teams brauchen.«
»Nee, nee. Ich meine nicht die offizielle Version, ich meine die echte Version!«

Paula schluckt. Irina hat sie erwischt.

»Nun, äh, hm ... Ehrlich gesagt?«
»Ja, genau, ehrlich gesagt!«
»Ich habe etwas Angst, irgendwie Schiss vor dir. Jetzt ist es raus!«
Irina sitzt da und nickt. »Ich auch vor dir!«
Paula schaut Irina mit großen Augen an: »Wirklich? Aber ich tue dir doch nichts ...«
»Tja, so ist es eben! Vielleicht liegt's daran, dass ich dir kein X für ein U vormachen kann.«
»Danke, Irina. Deine Offenheit macht's leichter für mich.«

Die Feindbilder sind verschwunden. Nun sitzen sich einfach zwei Menschen gegenüber, die manchmal Angst voreinander haben und nun die Größe besessen haben, dies offenzulegen. Paula sagt: »Ich finde das gerade so wertvoll und bin froh, dass wir einen Weg gefunden haben.«

Prüfen, ob damit die wichtigsten Bedürfnisse abgedeckt sind

»Meinst du, wir haben damit die Kuh endgültig vom Eis – damit meine ich: Sind mit dieser Lösung auch wirklich alle unsere wichtigen Bedürfnisse erfüllt?«, fragt Paula.
Irina denkt noch mal kurz nach und sagt: »Ja. Ehrlich gesagt hätte ich nie gedacht, dass wir uns mal verstehen würden.«
Paula nickt leise. Sie reflektiert ebenfalls noch mal und sagt: »Ich auch nicht. Vielen Dank, Irina!«
»Danke auch dir, Paula, für dein Insistieren. Das ist ja sonst meine Stärke«, sagt Irina mit einem Augenzwinkern. »Ich glaube, das hat sich gelohnt heute.«

Vereinbarungen treffen

»Okay, dann halten wir das mal fest, oder?«, sagt Paula.
»Genau. Und ich überlege mir das mit dem Business-Partner. Ist noch nicht entschieden.«
»Ja, klar! Was kann ich schreiben, bis wann du dich entscheiden willst, ob du die Funktion als Business-Partner gemeinsam mit mir übernehmen willst?«
»Also, das Angebot steht und ist mit Peter hundertprozentig abgestimmt?«
»Ja.«
»Gut, dann hörst du nächste Woche von mir.«

»Bis …?«
»Du bist ja ein ›pain in the ass‹ wie ich! Also gut, bis nächsten Mittwoch.«
»Und falls du es vergisst, darf ich auf dich zukommen?«
»Ich vergesse das nicht. Aber okay, klar.«

ABSCHLUSS

Das Gespräch reflektieren: Was lief gut? Was geht noch besser? Und *wie* geht es besser?

»Ich frage mich, ob es etwas gibt, was wir beim nächsten Mal noch verbessern können«, sagt Paula nun. »Und ich frage mich, wie wir das, was wir gemacht haben und wo wir hingekommen sind, den anderen mitteilen können. Schließlich kennen die uns ja meist im Zoff. Wenn wir jetzt plötzlich so anders miteinander umgehen, gibt es sicher viele Fragezeichen über ihren Köpfen. Das wäre wichtig, wenn wir deine Entscheidung haben, oder?«
»Ja, genau. Würden wir dann im folgenden Wochenmeeting machen, okay?«
»Okay.«

Positiven Abschluss finden

»Cool, Irina, wie wir das heute miteinander hingekriegt haben«, lächelt Paula, während sie, als Irina den Raum verlässt, noch kurz ihren Arm berührt.

NACHBEREITUNG

Paula sitzt noch still auf ihrem Stuhl. Sie ist erschöpft und zufrieden zugleich. Das Gespräch hat sie durchaus Kraft gekostet – doch am meisten Kraft hat sie der Umgang mit ihren eigenen Emotionen gekostet.

Reflexion des Gesprächs

Was war heute das Wichtigste, was ich getan habe?, fragt sich Paula nach einer kurzen Pause. Was würde ich sagen? Sie merkt, dass das gar nicht so einfach in Worte zu fassen ist. Da war etwas, das aus Irina und ihr hatte Partnerinnen werden lassen. Paula ist erleichtert, dass sie endlich mal alles sagen konnte – auch im Klartext. Vermutlich war auch »die beiderseitigen alten Feindbilder« stehen zu lassen, sich aufs »Jetzt« zu fokussieren und von da aus nach vorne zu blicken ein wesentlicher Erfolgsfaktor.

Durch die Konzentration auf das Hier und Jetzt und das empathische Hören und übersetzen auch herausfordernder Aussagen hatte Paula die Bedürfnisse beider recht schnell finden können. Ihre Hartnäckigkeit, sich für die Beilegung des alten Konflikts einzusetzen und beständig dranzubleiben, lässt Paula zufrieden sein. Sie merkt, wie aus Irina für sie sogar ein Vorbild geworden ist – ein Vorbild an Mut zur Aufrichtigkeit, das Paula inspiriert, diesen Aspekt bei sich noch zu stärken.

Paula lächelt sanft und sieht Taras Lächeln – ein Lächeln, das strahlt vor tiefer Zufriedenheit.

Persönliche Maßnahmen festlegen

Paula merkt, dass sie sich selbst noch mehr von der konstruktiven Form der Aufrichtigkeit aneignen will. Ihre Stärke ist mehr die Fähigkeit, sich in Menschen hineinzuversetzen, sie empathisch zu hören und zu verstehen. Gleichwohl will sie, dass die Aufrichtigkeit nicht ihre Schwachstelle bleibt. Sie beschließt, in den nächsten drei Wochen jeden Tag drei Mal aufrichtig zu sein in Situationen, in denen es ihr schwerfällt.

Persönliche Maßnahmen überprüfen

Paula schreibt die Ergebnisse – was geklappt hat, was nicht so sehr und wie sie dies besser machen kann – in ihr Tagebuch. Sie wird mit Tara die Ergebnisse durchgehen, um zu erkennen, was sie noch stimmiger machen könnte.

Als sie an diesem Abend im Bett liegt, spürt sie, wie eine tiefe Dankbarkeit Tara gegenüber in ihr aufsteigt. Wenn das geht, was geht dann noch alles?, fragt sie sich leise, als sie einschläft.

Als Paula am nächsten Tag im Gang unterwegs ist, auf dem Weg in die IT-Abteilung, kommt ihr Irina entgegen und sagt: »Hi Paula, ich hab da noch was zu unserem Thema von gestern!«
Als Paula Irinas knurriges Gesicht sieht, rutscht ihr das Herz in die Hose. »Hm, ja?«
»Geht klar!«, lacht Irina. »Reingelegt!«
»Wie? Was meinst du?«
»Nun, ich brauche nicht bis Mittwoch! So wie wir das gestern gesagt haben, geht es klar. Ich würde das nur gern schriftlich festhalten!«
»Würde dir nicht auch eine Absichtserklärung genügen oder willst du wirklich ein schriftliches Ergebnis?«, lacht Paula.
»Netter Versuch!«, lacht Irina. »Treffen wir uns um 17 Uhr bei Peter und halten das fest?«
»Passt, da bin ich eh bei ihm. Da kannst du dazukommen und wir machen das fix.«

Als Paula an diesem Tag beschwingt nach Hause geht, summt sie leise vor sich hin. Ich bin diejenige, auf die ich schon ein Leben lang gewartet habe. Ich bin diejenige, auf die ich schon ein Leben lang gewartet habe. Ich bin diejenige, auf die ich schon ein Leben lang gewartet habe …

Mitten im Abenteuer der Konfliktklärung – und einfache Wege, es zu bestehen

»Mut bedeutet Angst zu haben, nicht gut genug zu sein, und es trotzdem zu tun.«
Tara

10.1 Stallpferd oder Wildpferd? Du hast die Wahl

– »Also, wer bist du und wer willst du in deinem Leben sein: Stallpferd oder Wildpferd?« –

Sind wir umgeben von Stallpferden, so lernen wir, uns mit den Begrenzungen des Stalls abzufinden, aus dem wir von Zeit zu Zeit ins Freie dürfen. Wir werden versorgt, verhätschelt und nehmen dieses Leben als gegeben hin. Wir unterwerfen uns, wie die anderen Stallpferde auch, und vergessen, die uns innewohnende Freiheit zu leben. Wir glauben, uns sei dies nicht gegeben, wir begnügen und begrenzen uns. Wir werden »pflegeleicht«.

Dies zu erkennen und zunächst anzuerkennen ist alles andere als einfach, fühlt sich unsere Welt doch wie die einzig wahre Welt an. Wir erkennen nicht mehr, dass wir anderen gefolgt sind, anstatt unserer innersten Stimme. Haben wir uns doch diese unsere Welt im Laufe des Lebens selbst erschaffen!

Und irgendwann, wenn wir genügend Konflikte hinter uns haben, glauben wir zum Beispiel:

- Die Welt da draußen ist grausam und gefährlich.
- Alle wollen dich nur ausnutzen.
- Dort draußen kannst du nicht bestehen.
- ... und Ähnliches mehr.

»Wie will ich wirklich leben?«

Ein wesentlicher Bestandteil der Entwicklung einer gereiften Persönlichkeit ist, sich zu »ent-wickeln« aus dem Garn um ihren Geist und zurück zu ihrer ursprünglichen Kraft und zu ihren wahren Gaben zu finden. Dies kann zu Beginn anstrengend sein und uns fordern.

Den Frust des alten Lebens in Fesseln zu tauschen gegen den Mut zur eigenen Freiheit benötigt häufig die Begleitung durch Menschen, die diesen Weg bereits erfolgreich gemeistert haben.

Wenn du diese Entscheidung einmal getroffen hast, wirst du dich nicht mehr mit »Eintagsfliegen« oder mit »Nichtigkeiten« abgeben. Die Pessimisten und notorischen Nein-Sager werden weniger Einfluss auf dich haben. Denn es geht dir um mehr, viel mehr: ein Leben von größter Authentizität und Erfüllung. Eines, bei dem du spürst, dass es nicht mehr allein um dich geht, sondern auch um deinen Beitrag zum Leben auf diesem Planeten. Diesen Beitrag aus deinem Innersten geben zu können, wird manch schwere Entscheidung mit sich bringen, die du, wenn du an diesem Punkt bist, bereit sein wirst zu treffen.

»Es ist nicht wichtig, wie viel Geld du hast. Es ist nicht wichtig, wie viele Menschen dich lieben. Es ist nicht wichtig, wie viel Respekt du dir verdient hast. Es ist nicht wichtig, wie viele Firmen du leitest oder wie viele Regierungen du beeinflusst. Du wirst nicht glücklich sein, bevor du nicht selbst wächst und etwas Sinnvolles beiträgst. Und du kannst nicht wachsen, wenn du nicht den Schritt ins Unbekannte wagst.«
Tony Robbins

10.1.1 Abhängigkeit und Widerstand hinter sich lassen

– »Wieso wir? Du kennst dich mit diesen Themen doch gar nicht ausreichend aus! Da brauchst du mehr Erfahrung. So weit bist du noch nicht!« –

Es ist einfach für Paula, hier in den Widerstand zu gehen, wie sie es bereits so oft in ihrem Leben getan hat. Sie reagiert, wie die meisten von uns, auf eine alte Situation, in der sie schmerzhaft erleben musste, dass ihr nichts zugetraut wird. **Das Verführerische ist, dass wir in solchen Momenten glauben, dies hätte ausschließlich mit der Aussage des Gegenübers zu tun. Klar ist dies der Auslöser, doch die Ursache für unseren Widerstand ist in uns.**

Jeder Widerstand ist ein Widerstand gegen das Leben, das uns von unserer größeren Weisheit abhält. Eine Provokation (provocare (lt.) = hervorrufen) ist nur so lange eine Provokation, solange wir – aus Gewohnheit – darauf reagieren.

– Was für eine Besserwisserin, der werd ich's zeigen! –

Paulas Rachegedanken hängen ihr nach. Solange Wut in uns ist und die damit verbundenen Bewertungen anderer bzw. derer Handlungen, solange bleiben wir in der Abhängigkeit von ihnen.

Solange ich im Widerstand bin, bleibe ich in der Abhängigkeit.

Erst als die Wut verraucht ist, fragt Paula sich etwas selbstkritisch:

– Hab ich denn gar nichts gelernt in Spanien? –

Wenn wir etwas Neues lernen und begeistert sind von den ersten Erfolgen, ist die Verführung groß zu glauben, es ginge genau so weiter. Nach der ersten Begeisterung, einen neuen vielversprechenden Weg kennengelernt zu haben, kommt der Rückfall in alte Verhaltensweisen. Wir haben immer noch die alten Verdrahtungen in unserem Gehirn, gewohnte Worte, Haltungen und Verhaltensweisen sind stark ausgeprägt. Die neuen Verdrahtungen sind noch schwach ausgeprägt und werden in Stresssituationen selten, nur mit kurz anhaltender Willensstärke oder zumeist gar nicht genutzt. Mit diesem Frust umzugehen, unseren Ehrgeiz, uns weiterzuentwickeln, anzunehmen und mit der Diskrepanz zwischen Gewolltem und Erzieltem umzugehen gehört zu unserem persönlichen Lernprozess. Daher: dranbleiben und weiter trainieren!

Die gute Nachricht: Lektionen, die uns zu Beginn noch überfordert hätten, werden nun zur Herausforderung und wir bewältigen sie zunächst noch mit Unwillen, allmählich in Akzeptanz und dann mit frei werdender Energie.

»Es ist gerade der Gegenwind, der den Drachen steigen lässt.«
Chinesisches Sprichwort

– »Rückschläge finden im Leben statt, nicht im Training. Willst du zurück in das gewohnte Maß von Gleichgültigkeit, zurück in die Bequemlichkeit eines unerfüllten Lebens, in die verbreitete Tragik eines durchschnittlichen Lebens ohne große Tiefen und ohne große Höhen?« –

Gerade wenn wir uns auf diesem Pfad befinden und es so aussieht, als würden wir zurückfallen und uns vom Ziel entfernen, hilft es uns, uns bewusst zu machen, wo wir früher waren und wie wir manchen Lebenssituationen oft wie hilflos »ausgeliefert« waren. Wir erkennen, dass wir täglich immer wieder aufs Neue gefragt sind, uns für unsere Werte, unsere Integrität, unsere Würde und für unser neues Leben zu entscheiden.

– Jetzt dranbleiben oder aufgeben? –

Aufgeben wäre so leicht und ist so verführerisch, doch was oder wen geben wir auf? Was wäre mit Südafrika passiert, wenn Nelson Mandela, der nach 27 Jahren Haft entlassen wurde, seinen Traum von einer freien und friedlichen Nation nach 26 Jahren aufgegeben hätte? Wenngleich unsere Herausforderung nicht der von Nelson Mandela gleichen mag, so gleichen sich die Grundprinzipien.

Schnell sind unsere Werte und deren Umsetzung gefragt. **Jetzt stehen wir vor der Herausforderung unserer eigenen Entwicklung – und niemand ist da, der dies für uns übernehmen könnte.**

10.1.2 Kopf oder Herz – oder beides?

– Sie erkennt, dass ihr Kopf ihrem Herzen im Weg steht wie ein innerer Berserker, der ihre zarte Seite schützt. –

Wenn du, wie so viele von uns, ein Leben lang deinen Kopf trainiert hast, dann wird er versuchen, bei emotionalen Entscheidungen eine, wenn nicht gar *die* entscheidende Rolle zu spielen. **Sich in solchen Augenblicken seines Inneren gewahr zu sein und den Widerstreit zwischen kurzfristiger Bedürfnisbefriedigung und langfristiger Werteorientierung zu erkennen ist von erheblicher Bedeutung, um wichtige Entscheidungen im Leben zu treffen.** Wie oft treffen wir Entscheidungen, um (dem Leben) auszuweichen, der möglichen Anstrengung zu entgehen – und damit größerer Befriedigung? Jede dieser Entscheidungen prüft uns, ob wir nicht doch »lieber Stallpferd bleiben« wollen.

– »Merkst du, dass viel mehr in dir steckt, als du lebst?« –

Gerade in Momenten der Verzweiflung und Selbstzweifel sind Unterstützer wichtig, die uns an unsere innere Kraft erinnern und uns Wege zeigen, sie im Leben umzusetzen. Wir mögen glauben, dass Coaches Menschen seien, denen diese Fähigkeiten in die Wiege gelegt wurden. Doch in der Realität sind sie meist an ihren Schwierigkeiten gewachsen und haben ihre Kunst so weit entwickelt, dass sie diese nun anderen zukommen lassen können.

> Was ist der Unterschied zwischen einem Coach und einem Coachee?
> Der Coachee hat viele Fragen. Und der Coach? Hat noch mehr Fragen.

Wenn du erst einmal »Geschmack gefunden« hast an der reiferen und tieferen Persönlichkeit in dir, wird dir dein altes Leben nicht mehr gefallen – es kann geradezu langweilig werden. Dann willst du dein äußeres Leben in Einklang bringen mit deinem Inneren.

Es kann sein, dass du auf immer mehr Dinge verzichtest, die bisher noch eine Rolle gespielt haben. Es kann sein, dass du neue Freunde suchst, die dich anregen und dir in einem Bereich ein Stück voraus sind. Vielleicht willst du deine Ideen mit der Welt teilen in einem Blog, selbst dann, wenn andere nicht deiner Meinung sind. Oder du trägst dich mit dem Gedanken zu dichten oder ein Buch zu schreiben. Du schreibst Menschen an, die du bis dahin als »weit voraus« angesehen hast, und willst von ihnen persönlich lernen. Oder du fängst an, Reden zu schreiben und zu halten über dein Herzensthema. Plötzlich scheint so vieles möglich, woran du vorher nicht einmal zu denken gewagt hast.

10.2 Authentisch sein und bleiben

– »Was also ist wirklich sinnvoll zu fragen, selbst dann, wenn dir die Antwort nicht gefallen sollte?« –

Wenn es um Konflikte mit anderen geht, wollen viele gleich zu Beginn und schnell zu einer Lösung gelangen.

Wir erkennen, dass es nicht so sehr um die Sache wie um die Beziehung geht. »Schnell mal den Konflikt klären« kann ein jahrelanges Bearbeiten der Auswirkungen zur Folge haben, wenn wir nicht bereit sind, an den Kern heranzugehen. Solange wir uns nur in Rollenbildern begegnen anstatt als Menschen, kommen wir oft nur ein kleines Stückchen weit voran. **Die sie schützende Rolle loszulassen – die damit verbundenen Titel, Positionen und Abzeichen – ist für viele, die Jahre gebraucht haben, um sie zu erwerben, oft keine Kleinigkeit.**

Persona

Der Begriff »Person« leitet sich vom lateinischen Wort *persona* ab und bezeichnet die Schauspielermaske im antiken Theater. Die *persona* wird zur Rolle im Schauspiel – und auch zur Rolle, die jemand im Leben einnimmt. Unsere »persona« repräsentiert dabei unsere Einstellung, die unserer sozialen Anpassung dient und häufig dem Bild entspricht, wie wir glauben sein zu müssen (Jung 1949).

Das Wort »persona« wird auch als das »Hindurchtönen« (lat. *personare* = hindurchtönen, klingen lassen) der Stimme des Schauspielers durch die Maske, die seine Rolle typisiert, verstanden.[26]

Wofür nutzen wir diese *persona*? Für den Schutz unseres privaten Bereichs (siehe Kapitel 6.1 zum Thema Johari-Fenster) – wenn wir uns nicht gern zeigen wollen. Wir stellen unsere öffentliche *persona* dar und vergessen, dass wir mehr sind als das. Die kurze Aussage eines Seminarteilnehmers: »Hinter meiner Maske fühle ich mich sicher.« Des Preises dieser Show sind wir uns oft nicht bewusst.

26 Cambridge Dictionary: *the particular type of character that a person seems to have and that is often different from their real or private character.*

Wenn du bis hierher gelesen hast, wirst du vermutlich mehr wollen, als das altbekannte Versteckspiel zu perfektionieren. Wie also kannst du dich authentischer zeigen?

Das Authentischer-Werden ist ein Prozess und kein Ereignis. Lege alte Verhaltensweisen ab und eigne dir die an, die dir wirklich entsprechen. Du wirst zum Elefanten und, wenn du weiter gehen willst, zum Magier oder zur Magierin, wie Tara.

- Du verzichtest darauf, Schuldige zu suchen, und aufs Rechthaben.
- Du lebst Verantwortung vor für das, was du tust, *und* das, was du vermeidest.
- Du gibst Fehler so schnell wie möglich zu und übernimmst für sie die volle Verantwortung.
- Du stellst offene, empathische, gegenwärtige und zielführende Fragen – mit Blick auf die Bedürfnisse aller Beteiligten.
- Du triffst Entscheidungen *und* bedenkst dabei mögliche Auswirkungen auf Betroffene.

10.3 Bessere Fragen führen zu besseren Antworten

– »Was soll heute Gutes für unsere Abteilung, unsere internen Kunden und vor allem für dich und mich herauskommen?«
»Was ist der gute Grund – aus Irinas Sicht –, sich mir gegenüber so zu verhalten?«
»Wieso ausgerechnet ich? Was hab ich getan, das mir nicht bewusst ist?« –

Hilfreich um neue Ideen zu bekommen, ist es, **Fragen »aus der Vogelperspektive«** zu stellen – du schaust also wie von außen auf den Konflikt und die beteiligten Personen, z. B.: Wer außerhalb von dir und mir ist von dem Konflikt betroffen? Wer ist vielleicht beteiligt, ohne dass wir uns dessen bewusst sind? Wer will, dass wir uns besser nicht einigen? Wer profitiert davon, wenn wir uns einigen?

Gerade bei Verhandlungen brauchen wir die innere Bereitschaft, nicht nur den anderen infrage zu stellen, sondern auch uns selbst. Denn oft sind wir Teil des »Problems«, ohne uns dessen gewahr zu sein. Die anderen agieren dann nicht, sondern reagieren tatsächlich auf uns!

– Paula fragt sich: Tue ich etwas, was Irina so auf die Palme bringt? Ich bin doch freundlich zu ihr. Okay, vielleicht habe ich ihr in der Vergangenheit wenig Widerstand geleistet und war nicht wirklich bestimmt. Oje, vielleicht denkt sie: Mit der geht's? Da könnte etwas dran sein. Mist! –

Als Paula vor dem Gespräch ihr eigenes Verhalten und ihre Reaktionen reflektiert, merkt sie, dass sie tatsächlich einen Anteil an Irinas Verhalten haben könnte.

Tipp

Wenn du in deiner Situation auf keinen eigenen Anteil kommst, heißt das nicht automatisch, dass du keinen hast. Das kann immer noch ein blinder Fleck sein, der dir deswegen momentan nicht einfällt. Lösung? Nachfragen. Wie? Zum Beispiel mit:

- »Gibt es etwas, was ich tue, was dich in diese Art und Weise darauf reagieren lässt?«
- »Gib es etwas, das ich *nicht* tue, das dir viel bedeutet, aber schwer für dich wäre zu erbitten?

– Wie führe ich das Gespräch?, fragt sich Paula. Erst fachlich, dann emotional? Oder erst emotional und dann fachlich? –

In unserer kopflastigen Welt besteht für viele in Konfliktsituationen die Herausforderung: Wie spreche ich's an? Unsere Gehirnleistung reduziert sich bisweilen so sehr, dass wir die »einfachsten Dinge« nicht mehr ansprechen können. Das ist Teil des Stresses, den wir zu Beginn verspüren. Je mehr Routine du hast, desto leichter wird es dir fallen, nicht mit der Tür ins Haus zu fallen, sondern *zuerst* den anderen zu hören.

Erfordert das Training? Ja, denn viele sind trainiert, zuerst selbst zu sprechen – meist mit der Garantie, nicht gehört zu werden.

– »Kann es sein, dass ich ganz schön anstrengend für dich bin und du mich am liebsten los wärst?« –

Manchmal fungieren solche Fragen als **Eisbrecher**, die das Gespräch in Gang bringen. Paula erinnert sich und spricht aus, was ihr manchmal durch den Kopf geht.

> Klar, Sie können Ihren Chef hassen, sich woandershin versetzen lassen oder kündigen. Bis Sie an Ihrem neuen Arbeitsplatz jemanden finden, der Sie genauso wütend macht.

– »Soll das jetzt ein Trick sein? Willst du mich reinlegen?« –

In Konfliktgesprächen brauchen wir Geduld mit uns und den anderen. Vertrauen ist schnell verloren und wird nur langsam aufgebaut. Zu Beginn werden wir des Öfteren »getestet«, ob wir es aufrichtig meinen. Zu schmerzhaft sind bisweilen alte Erinnerungen, die noch lebendig sind.

– »Es scheint dir jetzt ziemlich schwerzufallen, das zu sagen, ist das so?« –

Wenn jemand sich augenscheinlich verletzlich zeigt, dann tut es ihm oder ihr oft gut zu hören, wie andere darauf reagieren. Dies anzusprechen fördert eine Atmosphäre, in der sich jeder sicher fühlen kann.

10.3.1 Gehörtes wiederholen mit Fragen

– »Höre nie die Urteile anderer, besonders, wenn sie sich auf dich beziehen. Höre ihre Gefühle und Bedürfnisse. Das ist nur eine verunglückte Version von ›sieh mich, höre mich und nimm mich bitte erst!‹.« –

Wir sind meist so daran gewöhnt, beurteilt und bewertet zu werden, dass wir die Botschaft dahinter nicht mehr erkennen. Unsere Erstreaktion mag dann Rechtfertigung, Gegenangriff oder das Vermeiden der Person sein, was weiter dazu führt, dass die eigentliche Botschaft nicht ankommt. **Was tun Menschen häufig, wenn sie merken, dass sie nicht gehört werden? Sie verdoppeln ihre Anstrengungen, gehört zu werden.** Das führt schnell zur Eskalation, die sich nicht langsam steigert, sondern in Stufen abläuft (siehe »Eskalationsstufen: In welchen Schritten Konflikte eskalieren« in Kapitel 4.8).

Da Paula sich dessen bewusst ist, ihr jedoch in dieser Drucksituation die sprachlichen Möglichkeiten fehlen, entscheidet sie sich für die einfachste Form: Sie wiederholt, was sie gehört hat – wie ein Papagei.

– »Ich verstehe, dass das gerade echt nervig für dich ist, und am liebsten hättest du wohl deine Ruhe?« Paula wiederholt Irinas Worte fast wie ein Papagei. –

»Empathie vor Aufrichtigkeit« ist Taras Botschaft, die Paula wiederholt durch den Kopf geht. Notfalls mit der »Papageienmethode«, wenn dir gerade der Zugang zur Empathie in Worten noch schwerfällt.

Tipp

Wenn du diese Methode häufig einsetzt, kann dein Gesprächspartner denken, dass er nicht ernst genommen wird. Daher sparsam einsetzen oder offenlegen: »Ich kann es gerade nicht besser ausdrücken als …«

Zwei Ohren, nur einen Mund – nicht ohne Grund

Bin ich bereit, die Größe zu haben, zuerst zuzuhören, bevor ich gehört werde?
Bin ich bereit, andere so ernst zu nehmen, wie ich selbst ernst genommen werden möchte?

Kannst du dir vorstellen, was passiert, wenn du nicht nur in Konfliktsituationen, sondern grundsätzlich in deinem Leben – egal was für Interpretationen, Bewertungen und Urteile du hörst, gleich ob von dir selbst oder von außen – diese übersetzen kannst in Gefühle und Bedürfnisse? Oder anders gesagt: **Kannst du dir vorstellen, wie sich deine Lebensqualität steigert, wenn du nie wieder Urteile hörst?** Deine Selbstführung wird dann so aussehen: Bei unwichtigen Themen wirst du nicht unnötig darauf beharren diese lösen zu wollen und bei starken Gefühlen wirst du dich hartnäckig für deine Bedürfnisse einsetzen.

Anmerkung: »situationsangemessen«

Wenn du Gefühle bekommst, die in ihrer Stärke überhaupt nicht zur Situation passen, dann kann es sein, dass alte (ungelöste) Konflikte sich ihren Weg bahnen und endlich gelöst werden wollen. Achte daher auf Angemessenheit. Das heißt nicht, deine Gefühle zu unterdrücken. Es kann auch sein, dass Themen, bei denen du wiederholt nicht situationsangemessen agieren kannst, eher Themen für ein Coaching oder eine Therapie sind und nicht für deinen Kollegen oder deine Kollegin.

10.3.2 Authentisch danken und bitten rundet Fragen ab

– »Na ja, danke für deine offenen Worte! Immerhin traust du mir zu, damit umgehen zu können.« –

Ist eine unangenehme Wahrheit ausgesprochen, ist sie immerhin auf dem Tisch und kann nun angepackt werden, anstatt im Dunkeln ein unkontrolliertes Eigenleben zu entwickeln. **Bei solchen herausfordernden Wahrheiten vergessen wir bisweilen, dass der oder die andere uns gerade zutraut, mit dem Gehörten umgehen zu können.**

Auch unter widrigen Umständen – wie in einem Konfliktgespräch – die Größe zu haben, sich offen zu zeigen, ist eine Seite der Medaille. Die andere ist: Wenn wir uns so offen zeigen, trauen wir auch unserem Gegenüber zu, mit unseren offenen Worten umgehen zu können. **Für dieses geschenkte Zutrauen Danke zu sagen fällt den meisten eher nicht ein und kann daher umso mehr verändern.**

Wenn wir uns bewusst machen, dass unsere Sprache aus einer Aneinanderreihung von »danke« und »bitte« besteht, können wir erkennen, wie selten wir im Alltag explizit »danke« und »bitte« sagen.

Beispiele für »danke«:

- »Geiler Film!« könnte heißen: »Danke an alle, die dazu beigetragen haben, dass ich diesen Film genießen konnte.«
- »Bin ich froh, dass ich das im Meeting eingebracht habe« könnte heißen: »Danke an mich, dass ich mich für ein besseres Verständnis untereinander stark gemacht habe.«
- »So ein Mist, dass ich heute länger im Büro für den Vortrag sitzen muss« könnte heißen: »Großartig, dass ich mich dafür einsetze, den Vortrag für die Zuhörer interessant zu gestalten.«

Authentisch öfter mal Danke zu sagen kann im Alltag eine Menge verändern, besonders, wenn wir dem noch hinzufügen, was uns die Aktion der anderen Person gegeben hat: »Danke, dass Sie die Kaffeemaschine sauber gemacht haben! Besonders dafür, dass Sie sich merklich engagieren, dass sich hier jeder wohlfühlt.« – »Danke für Ihr freundliches Lächeln jeden Morgen! Da merke ich schon zu Beginn des Arbeitstags, dass ich willkommen bin.« – »Danke, dass du mir so ein großes Projekt anvertraust und mich förderst mit solch einer Herausforderung.«

Macht mehr Freude als die Kurzversion »Danke« zu hören, oder?

Beispiele für »bitte«:
- »Du hörst mir nie zu!« könnte heißen: »Bitte höre mir zu.«
- »Wo sind die Zigaretten?« könnte heißen: »Bitte sag mir, wo du die Zigaretten vermutest.«
- »Ich verstehe das nicht« könnte heißen: »Bitte hilf mir, das zu verstehen.«

Auch unsere »Bitten«, gehen im hektischen Alltag schnell unter oder werden als etwas Selbstverständliches gesehen. Auch hier lassen wir oft unerwähnt, was uns die Erfüllung gibt: »Kannst du bitte die Hotelbuchungen für das Firmenevent im Herbst durchchecken? Das würde mich immens entlasten.« – »Können Sie bitte einen Flug für mich nach Hamburg buchen? Das würde mich sehr unterstützen, wenn Sie dies übernehmen, weil ich mit dem neuen Buchungsprogramm noch nicht zurechtkomme.« – »Kannst du mir bitte bei der Konzeption der Rede des Personalvorstands helfen? Ich mag, wie du seine letzte Rede konzipiert hast, und würde gern von dir lernen.«

Wäre das ein Weg hin zu mehr Life-in-my-Work-Balance statt einer Work-Life-Balance, die beides trennt?

10.4 Von »Ja, aber...« zu »gleichzeitig«

– »Ich verstehe, wie sehr du frustriert bist und Anerkennung für deinen langen Weg in der Personalabteilung möchtest. Gleichzeitig ist es mir wichtig, dass mit mir fair umgegangen wird. Kannst du dir vorstellen, dass ich keine Ahnung davon hatte?« –

Im ersten Satz spricht Paula eine Art »Notfallempathie« aus. Dies hilft, dass Irinas Ohren offenbleiben. **Statt dann fortzusetzen mit »aber«, sagt sie »gleichzeitig«. Dies ist kein Zufall, sondern entspricht ihrer Win-win-Haltung – sie macht diese damit sichtbar.** Anstatt Gegensätze aufzuzeigen, betont sie das Miteinander und die Bedeutung auch ihrer eigenen Bedürfnisse. So stehen nun Irinas Wunsch nach Anerkennung und Paulas Wunsch nach Fairness nebeneinander.

Paula hat gelernt, wie elementar es für die Verbindung ist, das vorher Gesagte abzuschließen und möglichst mit einer Frage zu enden – hier: »Kannst du dir vorstellen, ...?«

Die Wirkung von »Ja, aber …«

Sie: »Sehe ich gut aus für die Oper heute Abend?«
Er: »Ja, aber …«

Wir schätzen, die Szene geht nicht wirklich gut aus, denn »Ja, aber …« heißt im Sprachalltag »Nein«. Wenn mehrfach hintereinander mit »Ja, aber …« argumentiert wird, werden Gespräche zu intellektuellen Auseinandersetzungen und können eskalieren oder schließlich zum kalten Erliegen kommen.

10.5 Mit Authentizität überzeugen

– Es ist mehr, wie Paula spricht, als das, was sie sagt … –

Wenn wir uns in Konflikten befinden, sind alle unsere Sinne auf Empfang. Wie wir bereits gesehen haben, hören wir bei Weitem nicht nur die Worte. Wir hören auch den Ton der Stimme, wir nehmen die Gestik wahr, zum Beispiel um die Stuhlbeine »gewickelte« Beine, oder auch den Gesichtsausdruck, zum Beispiel zusammengekniffene Augen. Insbesondere achten wir unbewusst auf jede Unstimmigkeit und vertrauen oder misstrauen so den gehörten Worten. **Diese Signale nehmen andere übrigens sogar dann wahr, wenn wir versuchen, sie zu kaschieren.**

Albert Mehrabian, US-amerikanischer Psychologe, machte 1967 Studien zur emotionalen Wirkung von Worten je nach Art ihrer Aussprache. Daraus entstand seine 7-38-55-Formel. **Sie besagt, dass *bei Widersprüchlichkeiten (!)* nur sieben Prozent der Wirkung den gesprochenen Worten zugeordnet werden können.** Mehr als 90 Prozent werden durch die Stimme (38 %) und durch die Körpersprache (55 %) bestimmt.

Wenn also jemand auf der Bühne steht und betont, wie entspannt er ist, dann ist die Wahrscheinlichkeit gering, dass ihm geglaubt wird, wenn dabei seine Stimme zittert, er sich krampfhaft am Skript festhält und unruhig von einem Bein aufs andere tritt.

Damit soll nicht gesagt sein: Lerne, andere besser zu täuschen! Es soll vielmehr heißen: Sei authentisch – wenn du nervös bist, dann bist du es eben. Akzeptiere deine eigene Nervosität und erinnere dich z. B. daran, dass die anderen da sind, weil sie dich hören wollen. Gut, dass es dafür Fortbildungen gibt, die dir zeigen, wie du dich authentisch bei Vorträgen und auf Bühnen geben kannst, auch dann, wenn du damit wenig Erfahrung hast.

Lebensschlüssel: Von »fordernd« hin zu »hartnäckig«

Wir können beharrlich für uns einstehen, um unsere **Bedürfnisse** erfüllt zu bekommen. Dafür können wir uns mit ganzer Kraft einsetzen, solange wir flexibel in der Strategie bleiben. Wenn wir uns dagegen auf bestimmte **Strategien** fixieren, dann werden wir fordernd und die Beziehung leidet.

10.6 Mitarbeiter brauchen Wertschätzung – Führungskräfte auch

– »Wie wäre es mit so etwas Ähnlichem wie ›Danke‹? Oder wäre es dir lieber gewesen, Peter hätte dich ins Leere laufen lassen?«
Irina sieht Paula sichtlich irritiert an. Zum eigenen Vorgesetzten so etwas sagen? –

Es wäre für Paula einfacher gewesen, still zu sein und sich in Irinas Angelegenheiten nicht einzumischen. Das ist die ungefährliche Variante, die viele von uns wählen. In diesem Fall ist sie das Risiko eingegangen, sich unbeliebt zu machen. Sie macht deutlich, dass es ihr wichtig ist zu betonen, dass Peters Offenheit allen gedient hat. Dies kann ihn motivieren, sich in anderen Situationen ebenfalls offener zu zeigen. Häufig machen gerade solche Aktionen *den* Unterschied im »Standing« aus.

Konstruktiv aufrichtig sein

– »Du klingst etwas ratlos. Du willst aufrichtig sein und gleichzeitig weißt du nicht, wie du authentisch sein kannst, ohne andere vor den Kopf zu stoßen?« –

Vielleicht siehst du nun bereits das Muster?

1. empathisches Abholen genau dort, wo die oder der andere ist
2. nachfragen unter Betonung der Bedürfnisse: Authentizität ⇔ vorwurfsvolle Aufrichtigkeit

Dabei ist sich Paula des Schlüsselunterschieds bewusst, dass viele Menschen Aufrichtigkeit mit »dem anderen die Meinung geigen« gleichsetzen. Das entspricht der destruktiven Form. Konstruktive Aufrichtigkeit ist eine authentische Form, die darauf verzichten kann.

10.7 »Verstanden« heißt nicht »einverstanden«

Wenn wir nicht gelernt haben, zwischen »verstanden« und »einverstanden« zu unterscheiden, halten wir uns im Alltag, wenn wir anderer Meinung sind, häufig mit

Verständnis zurück. Was dazu beiträgt, dass der andere genau das Gleiche tut. So entfernen wir uns immer mehr voneinander.

Je geringer das Verständnis, desto größer die Kluft.

Zu erkennen, dass wir unendlich viel Verständnis für die Beweggründe bzw. Bedürfnisse des anderen haben können, ohne jemals seinen Strategien zuzustimmen, gibt uns den Raum, den anderen ganz zu verstehen – und ihn erleben zu lassen, ganz verstanden zu werden.

Wenn Menschen verstanden werden, öffnen sie sich und werden offen dafür, andere Strategien zu erforschen, die die Bedürfnisse beider Parteien erfüllen.

Tipp

Für den Fall, dass der andere vergisst, deine Bedürfnisse bei seinen Lösungsansätzen zu berücksichtigen, kannst du jederzeit deine Bedürfnisse betonen und sagen, was du in der Lösung anders haben willst, damit sie sich auch erfüllen.
Der andere wird – solange seine Bedürfnisse berücksichtigt sind – kein Problem damit haben, dass sich deine genauso erfüllen. Voraussetzung: emotionale Verbindung zwischen euch beiden.

GEDACHT IST NOCH NICHT GESAGT
GESAGT IST NOCH NICHT GEHÖRT
GEHÖRT IST NOCH NICHT VERSTANDEN
VERSTANDEN IST NOCH NICHT EINVERSTANDEN
EINVERSTANDEN IST NOCH NICHT ANGEWENDET
ANGEWENDET IST NOCH NICHT BEIBEHALTEN

WAHRNEHMEN
EINSCHÄTZEN KÖNNEN
ENTSCHEIDEN
MACHEN
ROUTINE

Abb.: Missverständnisse vermeiden, Miteinander fördern

10.8 Abschlussfragen

Nimm dir nun bitte mindestens 15 Minuten Zeit, in denen du ungestört über die folgenden Fragen nachdenkst und die Antworten aufschreibst. Hast du etwas zu trinken und zu schreiben? Dann kann's losgehen ...

Inspirationen für die praktische Umsetzung

1. Was unterscheidet ein »Stallpferd« von einem »Wildpferd«?
2. Was sind Fesseln in deinem Leben, die du loswerden willst?
3. Was ist die Schwierigkeit mit dem Gefühl Wut?
4. Was zeigt dir der Lebensweg Nelson Mandelas und dessen 27-jährige Haft?
5. Wozu verhilft es dir, die Konfliktsituation aus der Vogelperspektive zu betrachten?
6. Wofür ist es gut, sich den eigenen Anteil an einem Konflikt vor Augen führen?
7. Weshalb sind Menschen zu Beginn eines Konfliktgesprächs oft misstrauisch und was kannst du dann machen?
8. Was spielt die größte Rolle in der Wirkung, wenn sich deine Worte, Stimme und Körpersprache widersprechen?
9. Was ist der Unterschied zwischen »verstanden« und »einverstanden«?
10. Bist du bereit, dein Verhalten diesbezüglich infrage zu stellen, um einen nächsten Schritt machen zu können? Was tust du dann? Was tust du dann nicht mehr?

Notiere deine wichtigsten Erkenntnisse:

----

11 Konfliktmanagement von Menschen für Menschen

»Wenig ist verbindender als ein bereinigter Konflikt.«
Unbekannt

Die Situation und Klärung des Konflikts mit Irina hat Paula große Erleichterung verschafft. Irina begegnet nun nicht nur Paula offener – auch die Kolleginnen und Kollegen nehmen Irinas Veränderung über die letzten Wochen und Monate wahr.

Irina, die sich inzwischen immer wieder von einer Kollegin Taras telefonisch coachen lässt, lebt ihren Mut und ihre Entscheidungskraft mit viel mehr Freundlichkeit. Sie hat nun Biss, ohne bissig zu werden.

Eines Morgens klopft es an Paulas Tür. Paula, die im Auftrag von Peter gerade an dem neuen Homeoffice-Konzept arbeitet, das sie am nächsten Tag abzugeben hat, will gerade »Herein!« sagen, als die Tür bereits aufgerissen wird und Michael Fockler, der Leiter des Vertriebs, wutentbrannt in Paulas Büro stürmt.: »Frau Aulett, das kann doch nicht wahr sein, oder?«

Paula, völlig überrascht und aus ihren Gedanken gerissen, schaut von ihrem Tisch auf. Mit einem Gesichtsausdruck, der »Was ist denn los?« zu fragen scheint, führt sie die Hände auseinander.

»Unsere Frau Knolle raubt uns den letzten Nerv – und auch unseren Kunden! Sie müssen sofort etwas unternehmen!«
»Was? Wie meinen Sie das?«, fragt Paula alarmiert.
»Sie kümmert sich einfach nicht um die Aufgaben, die ich ihr anweise, ignoriert dringliche Kunden-E-Mails mit der Begründung, ›sie könne nicht alles gleichzeitig machen‹, und sie verbreitet im gesamten Team Missstimmung! Alles dauert viel zu lange. So kann ich hier keinen Vertrieb machen! Sie müssen als Personalabteilung da endlich mal für Recht und Ordnung sorgen! Morgen sind Sie bitte um 10 Uhr bei mir im Büro, wir holen dann die Knolle dazu und sie sprechen ihr eine Abmahnung aus. Mir reicht's – genug ist genug! Da müssen jetzt wirklich mal Sie ran! Also morgen 10 Uhr?!«
»Äh, 10 Uhr? ... Alles klar.«

Paula, die immer noch verdutzt schaut, als Herr Fockler ihr Zimmer verlassen hat, ist irgendwie nicht wohl bei der Sache. Was war denn das gerade für eine Aktion? So hoppladihopp mein Büro zu stürmen! Und ich lass das auch noch zu? Meint er jetzt, ich mahne Frau Knolle »einfach so« ab? Oje, hat er mein »Alles klar« als Bestätigung gehört?

Tausend spekulative Gedanken kommen Paula in den Kopf: Ich kann doch nicht ungeachtet der Faktenlage eine Abmahnung aussprechen ... Und was passiert, wenn ich mich nach Überprüfung entscheide, keine Abmahnung auszusprechen? Bin ich dann der Buhmann? Herr Fockler könnte sagen: »Sie haben's mir doch zugesagt!« oder: »Wenn ich einmal die Personalerin brauche, dann ist sie nicht für mich da. Wofür sind Sie eigentlich zuständig?!« Noch viel schlimmer: »Wenn Sie keine Abmahnung aussprechen, dann können unsere Mitarbeiter tun und lassen, was sie wollen, dann brauchen wir wirklich keine Personalabteilung!« Paula bremst sich, als sie merkt, dass sie sich in wilden Interpretationen ergeht und sich selbst dadurch verunsichert. Schluss damit!, sagt sie sich.

Jetzt erst merkt sie erschrocken, dass sie Herrn Fockler für 10 Uhr zugesagt hat, doch bis 12 Uhr hat sie das Homeoffice-Konzept bei Peter abzugeben. Sie schüttelt ratlos den Kopf – irgendwie hat sie sich überrumpeln lassen und hat auf alte Verhaltensweisen zurückgegriffen, von denen sie dachte, sie hätte sie hinter sich.

Als Ärger in Paula hochkommen will, sieht sie, wie Tara lächelnd zu ihr herübersieht, so als wäre sie mit im Raum. Tara wusste schon, dass es mich irgendwann wieder erwischt und ich ins Alte zurückfalle, denkt sie sich. Jetzt ist Paula gefordert, dranzubleiben und mutig den nächsten Schritt zu gehen. Und das heißt, sich selbst wichtig genug zu sein, um Hilfe zu suchen. Wenn ich nur mit Tara sprechen könnte!, geht ihr immer wieder durch den Kopf. Da fällt ihr plötzlich ein, dass Tara ihr am Ende ihres Urlaubs ein »Geschenk für Notfälle« mitgegeben hatte. Sobald ich zu Hause bin, mache ich es auf, denkt Paula. Vielleicht gibt es ja darin Tipps, was ich jetzt machen kann.

Mit Frust im Bauch setzt sich Paula wieder an das Konzept und sitzt bis zum Abend in ihrem Büro, um es fertigzustellen. Marina, die auf Corazón aufpasst, ist natürlich auch nicht allzu erfreut, als Paula sie anruft und bittet, heute länger auf Corazón aufzupassen, da sie erst spät nach Hause kommen würde.

Als Paula müde und abgekämpft zu Hause eintrifft und mit Corazón noch eine kleine Runde gehen will, merkt sie, dass sich eine Mischung aus Angst und Frust in ihr festgesetzt hat.

Während sie ihr Abendessen – eine Frust-Pizza – in sich hineinstopft, packt sie das wunderschön verpackte Präsent von Tara aus. Als Erstes sieht sie eine Karte. Sie dreht die Karte um und liest: »Öffnen nur unter widrigen Umständen!« Na, das passt doch! Dann bin ich ja mal gespannt, was da drin ist, denkt sich Paula, schaut sich den kleinen Karton an und schüttelt ihn vorsichtig. Sie beschließt, ihn zu öffnen. Wird schon kein Kastenteufel drin sein – auch wenn das Tara zuzutrauen wäre!

Als sie den Karton öffnet, sieht sie eine Tasse vom »Previsión«. Okay, immerhin schon mal keine üble Überraschung, aber jetzt auch nicht wirklich hilfreich für die Situation mit Herrn Fockler, denkt Paula. Sie nimmt die Tasse aus dem Karton und betrachtet sie. Irgendwie sieht sie anders aus als die Kaffeetassen, die Paula aus der Strandbar kennt. Als Paula genauer hinschaut, erkennt sie auf der Tasse außen das hellgraue Wort »WIE«. Sie entdeckt, dass das Tasseninnere auch bedruckt ist mit »WAS«. Und auf dem Henkel steht »HALTUNG«.

Wie? Was? Haltung? Was hat Tara damit wieder gemeint?, fragt sich Paula irritiert. Und überhaupt: Ich brauche jetzt eine Idee, wie ich aus dieser Sache herauskomme. Was soll ich da mit einer Tasse? Und wozu braucht man Tassen unter widrigen Umständen?

Als Paula sich ein Stück Pizza in den Mund schiebt und etwas enttäuscht aufsteht, um das Geschenkpapier und den Karton wegzuwerfen, fällt ihr eine kleine Schrift auf der Unterseite des Kartons auf: »Nicht grundlos anrufen!« – und eine Handynummer mit spanischer Vorwahl. Das klingt verdammt nach Tara, aber was, wenn jemand ganz anderes dran wäre?

Egal, Paula beschließt, einen Versuch zu wagen – zur Not kann sie ja auch einfach sagen, sie habe sich verwählt. Als Paula das Klingeln am anderen Ende hört, merkt sie, dass ihr Puls schneller schlägt. Es scheint niemand da zu sein. War das Ganze ein Scherz? Doch ... Da! Jetzt geht jemand dran:

»¿Digame?«
»Äh, ja, also hier ist Paula Aulett.«
»Ach, Paula, ja Moment, wenn du auf ihrer ›Geheimnummer‹ anrufst, dann willst du sicher Tara sprechen? Sie kommt gleich.« Jetzt erst merkt Paula, dass sie Taras Sohn Sergio am Telefon hat. Doch schon seine vertraute Stimme lässt sie etwas aufatmen. Sie hört, wie Sergio Tara ans Telefon ruft.
»Hallo?« Als Paula Taras vertraute Stimme hört, überwältigen ihre Gefühle sie fast. Tränen der Erleichterung steigen empor.
»Hallo, ich bin's, Paula!«
»Paula? Jetzt erst? Ich gratuliere! Ich hatte früher mit dir gerechnet.«
Paula schmunzelt. »Tja, manche brauchen eben länger, bis sie merken, dass sie Unterstützung gebrauchen könnten«, scherzt sie.
»Du wirst doch nicht wieder Pizza essen?«, fragt Tara.

Paula sagt nichts, sieht jedoch die Reste ihrer Pizza vor sich liegen und fragt sich: Wie kann sie das wissen?

»Also, äh, ich hab ehrlich gesagt ein größeres Problem!«
»Hast du etwa eine Familienpizza bestellt?«

»Nein … Etwas ganz anderes!«
»Wie, hast du etwa noch Eis dazu bestellt?«
»Okay, okay, ich habe tatsächlich daran gedacht«, entfährt es Paula.
Tara lacht am anderen Ende der Leitung. »Okay, Paula, was hast du auf dem Herzen? Irgendetwas läuft wohl nicht so, wie du dir das wünschst?« Als Paula ihr die Situation schildert, hört Tara still zu. Dann sagt sie: »Und das frustriert dich, weil du dir wünscht, ein klareres Bild vor Augen zu haben, wie du agieren könntest?«
»Ja, ich bin frustriert und will nur, dass ich in solchen Situationen das mache, was ich doch sonst auch in meinen Vieraugengesprächen in der Personalabteilung mache. Was stimmt mit mir nicht?«
»Nichts.«
»Wie?«
»Mit dir ist alles in Ordnung! Wovon du sprichst, ist, dass du von dir verlangst, ad hoc in eskalierten Situationen situationsangemessen zu reagieren. Klingt das nach ›mit dir stimmt etwas nicht‹ oder nach ›du überforderst dich selbst mit hehren Ansprüchen‹?«

Paula ist still. Sie merkt, dass sie wieder auf ihre überzogenen Ansprüche an sich selbst hereingefallen ist.

»Liebe Paula, vielleicht hilft dir das: Ich wusste jahrelang, was zu sagen ist – allerdings immer einen Tag zu spät.«
»Stimmt, genau so geht es mir auch manchmal. Dann, wenn ich es gerade brauche, kommt es nicht heraus.«
»Darf ich dir dazu eine Geschichte erzählen? Ich kenne da einen der erfolgreichsten Golfspieler der Welt, Gary Player. Er war vor vielen Jahren auf einem Turnier und trainierte, aus dem Sandhindernis zu spielen. Als ihm ein Journalist dabei zusah, sagte er, nachdem Gary mal wieder einen Ball direkt eingelocht hatte: ›Das ist ja unglaublich, wie viel Glück Sie haben!‹ Gary sagte daraufhin: ›Ja, je mehr ich trainiere, desto mehr Glück habe ich!‹ Kann es sein, dass solche Ad-hoc-Situationen, die bereits eskaliert sind und vermutlich schon seit einiger Zeit bestehen, noch mal eine andere Nummer sind? Und darin bist du eben noch nicht so trainiert wie in den gewohnten Situationen.«
»Ich glaube, das stimmt.«
»Was ist denn aus deiner Sicht schiefgegangen?«
»Nun, ich habe mich von seiner Vehemenz überrumpeln und von verbalen Angriffen à la ›Jetzt müssen Sie als Personalabteilung endlich mal Ihren Job machen und für Recht und Ordnung sorgen‹ manipulieren lassen und gleich zugesagt. Ich habe ja noch gar nicht mit der Dame aus dem Vertriebsinnendienst gesprochen.«
»Gut, dass du das schon mal erkennst. Du weißt ja: Wer sich zum Kamel macht …«
»… braucht sich nicht wundern, wenn andere auf ihm reiten«, ergänzt Paula. »So ein Mist, ich hab mich bereitwillig ausnutzen lassen!«

»Na ja, es ist ja noch nicht vorbei. Er hat es erfolgreich versucht und du hast mitgemacht. Das heißt ja nicht, dass du so weitermachst, oder?«
»Stimmt!«, sagt Paula nun wieder bestimmter.

Tara geht mit Paula verschiedene Optionen für den Fall durch.

Zum Ende ihres Gesprächs sagt Tara: »Ich hab da noch was!«
»Was meinst du?«
»Merkst du, dass du dich selbst vergessen hast?«
»Inwiefern?«
»Du hattest einen Termin mit Peter vereinbart. Und dann hast du versucht, die Zusage an ihn und an Herrn Fockler aufrechtzuerhalten, anstatt zu verhandeln. Du hast dich überreden lassen und deine eigenen Anliegen vergessen.«
Paula nickt, und sagt leise: »Ja, stimmt.«
»Wie bitte?«, fragt Tara.
»Ja, stimmt«, sagt Paula etwas lauter.
»Hallo, hallo, ich hör dich nicht!«
»Ja, stimmt!«, sagt Paula nun deutlich mit kräftiger Stimme.
»Genau! Geh genau mit dieser (!) Energie ins Gespräch. Du hast nichts falsch gemacht, es geht halt noch besser. Herr Fockler ist offensichtlich auch mit seiner Energie in deinem Raum gewesen. Geh auf Augenhöhe auch mit deiner Energie, sonst wirst du nicht wahr- bzw. ernst genommen!«
»Auf die gleiche wie Herr Fockler?«

Tara und Paula üben die Situation ein paar Mal durch. Dann erst versteht Paula, wie das gemeint ist:

»Aha! Wenig Energie bedeutet, ich hab fast keine Chance, gehört oder ernst genommen zu werden. Wenn ich genau auf dem gleichen Energieniveau bin, dann erlebt er das erstaunlicherweise, als würde ich mich über ihn stellen – dann geht er in Widerstand. Also ein klein wenig unter seinem Energieniveau, aber eben nur ein kleines bisschen. Das erlebt er dann als Augenhöhe. Danach kann ich dann wieder in einen angemesseneren Tonfall wechseln.«
»Genau! Es sind nicht nur deine Worte und deine Haltung, es ist auch deine *Energie*, die Einfluss auf die Situation hat. Ich schätze mal, du hast jetzt eine Erinnerung für die morgige Sitzung.«
»Wie meinst du das?«
»Hast du den Karton geöffnet und deine Tasse herausgenommen?«
»Ja, klar! Vielen Dank, die gefällt mir übrigens und sie erinnert mich an unsere Zeit im ›Previsión‹!«
»Das freut mich – nur: das ist damit nicht gemeint! Sie soll dir in schwierigen Situationen dienen. Die Kaffeetasse kannst du in Besprechungen als Erinnerung dabeihaben.

Und wenn du sie anfasst oder benutzt, kannst du dich auf die wichtigsten Punkte konzentrieren!«
»Ich bin mir nicht sicher, dass ich verstehe ...«
»Nun, die Tasse besteht aus einem Gefäß und einem Henkel. Und wir glauben, dass das Wichtigste was wäre: der Inhalt – der Kaffee, oder?«
»Ja, genau. Ist ja eine Kaffeetasse!«
»Die Tasse ist da, um dich zu erinnern: Das *Was* bekommt erst eine Bedeutung durch die Art, *wie* du etwas rüberbringst.«
»Ach, jetzt verstehe ich, weshalb innen ›WAS‹ steht und außen ›WIE‹.«
»Genau, das ist aber noch nicht alles.«
»Stimmt, da steht noch ›HALTUNG‹ am Henkel. Meinst du damit, dass alles, was ich anfasse, an Gehalt gewinnt durch meine Haltung?«
»Gut erkannt! Ohne Haltung verbrennst du dir die Finger«, sagt Tara. »Doch die ganze Tasse ist nichts mit kaltem Kaffee! Wenn du wirklich etwas erreichen willst, dann heißt es, für deine Sache mit ganzer Energie zu brennen, dich ganz für euer beider Bedürfnisse einzusetzen – keine Zurückhaltung mehr. Tritt ihnen respektvoll in den A... und verkaufe dich nicht wieder unter Wert!«

Paula merkt, dass sie entschlossen ist, sich ganz für sich einzusetzen und sich keiner Überraschung mehr auszuliefern, sondern selbst in die Gesprächsführung zu gehen.

»Und wenn Herr Fockler im Tiger-Quadranten mit voller Energie zu dir spricht?«, fragt Tara.
»Dann gehe ich wie vorhin mit ähnlicher Energie – etwas unter seiner – ins Gespräch. Zumindest kurzzeitig. Auch als Frau – kein lieb Kind mehr spielen.«
»Schweißperlen?«
»Äh, ja!«
»Gut so! Und vergiss nicht, es bringt nichts, wenn du ebenfalls zum Tiger wirst und ihn bekämpfst. Du wirst zur Elefantenkuh – allerdings mit ähnlicher Energie wie er!«
»Als Elefantenkuh hab ich mich noch nie gesehen. Das ist hoffentlich keine Anspielung auf meine Figur! Aber im Ernst: Ich glaub, ich bekomme noch mehr Schweißperlen«, lacht Paula.
»Besser Schweißperlen als gar keinen Schmuck! Okay, alter Spruch aus dem 19. Jahrhundert ... Im Ernst, ich glaube, du hast für solche Gespräche eine gute Kollegin in deiner Abteilung.«
»Wen meinst du?«
»Irina! Sie traut sich was, oder?«
»Ja, das stimmt! Da kann ich mir einiges von ihr abschauen. Das wird ihr gefallen, dass ich von ihr lernen kann! Ihr fällt es auch viel leichter, Nein zu sagen, als mir.«
»Genau, und das wirst du gleich zu Beginn brauchen. Schließlich hast du etwas geradezuziehen, oder?«
Paula schaut zu Boden. »Du meinst, das mit der Abmahnung? Da war ich so überrascht, dass ich mich selbst zum Erfüllungsgehilfen gemacht habe.«

»Lass dich nicht mehr überrumpeln. Bei Bedarf bitte um Bedenkzeit. Du hilfst niemandem, wenn du selbst nicht in Form bist. Und die beste Form ist deine Haltung: stabil und kraftvoll wie ein Elefant! Ein Elefant hat keine Angst vor Tigern! Damit unterscheidet er sich von all den anderen Tieren im Dschungel.«
»Das Bild vom Elefanten beginnt mir zu gefallen.«
»Gut! Dann mach dein Bedauern deutlich, dass du ›schneller reagiert hast, als du wolltest, und nicht missverständlich sein willst‹. Setze Herrn Fockler von Beginn an auf den Stand, dass du dir erst einmal die Faktenlage ansehen willst und erst dann entscheiden wirst.«
»Und wenn er protestiert?«
»Kann er doch – und das wäre doch auch verständlich. Dann gehst du damit empathisch um.«
»Ich weiß nicht, ob ich das schon kann.«
»Ich sag dir jetzt etwas – und du hörst ganz genau zu, okay?«
»Ja, ich bin ganz Ohr.«
»Fuck it!«
»Wie bitte?«
»Fuck it! Erstaunlich, dass sechs Buchstaben so unverständlich sein können«, lacht Tara. »Du kannst nicht ewig üben in der Personalabteilung, das ist doch inzwischen längst deine Komfortzone geworden! Wenn du in deiner Komfortzone bleibst, wirst du nie erfahren, was in dir steckt! Geh raus und lebe das, was du gelernt hast, und pfeif auf deine Fehler – Fehler machen wir alle … Oder willst du etwa alles für dich behalten?«

> Willst du vorankommen, wenn es schwierig wird?
> Willst du tiefe Spuren bei anderen hinterlassen?
> Dann brauchst du Profil und nicht eine Haltung, die versucht, es allen recht zu machen!

Die Nacht ist unruhig, viele von Taras Worten fliegen in Paulas Kopf herum. Am nächsten Morgen steht Paula Punkt 10 Uhr vor Herrn Focklers Zimmer. Sie klopft an. »Herein!«, hört sie Herrn Fockler sagen.

»Guten Morgen, Herr Fockler!«
»Morgen, Frau Aulett! Dann rufe ich gleich mal Frau Knolle.«
»Herr Fockler, ich möchte mich erst mal mit ihnen absprechen.«
»Was gibt's da noch abzusprechen? Die Sache ist doch klar und ich habe doch gestern schon alles gesagt! Machen Sie jetzt bloß keinen Rückzieher!«
»Ja, Sie haben mir gesagt, wie Sie die Sache sehen, aber wir haben kein Bild von dem, wie Frau Knolle die Sache sieht.«
»Wie soll sie die Sache schon sehen – die Fakten liegen doch auf dem Tisch! Bisher war ich bei Frau Saliva und die war immer nett und hat sich gekümmert, wenn ich zu ihr kam.«

»Bei allem Respekt, Herr Fockler, ich will nicht nett sein, sondern im Zweifel aufrichtig. Und momentan hab ich noch Zweifel. Das, was Sie Fakten nennen, sind für mich Spekulationen. Zu den Fakten gehört, dass sie eindeutig sind – das heißt, dass alle Seiten zweifelsfrei drauf schauen und sich einig sind. Das ist mir auch wichtig, um sicherzustellen, dass es einen rechtlich haltbaren Abmahnungsgrund gibt.«
»Ich soll mich ›der Faktenlage‹ meiner Mitarbeiterin beugen?«

Paula schweigt kurz, sie merkt, dass sie jetzt weiterargumentieren könnte – doch wohin würde das führen?

»Sind Sie irritiert und möchten, dass ihre Sicht voll verstanden wird?«, fragt sie deutlich hörbar.
»Na klar! Ich bin hier schließlich für die Auftragseingänge verantwortlich!«
»Und Sie wollen sichergehen, dass mir das klar ist?«, fragt Paula weiterhin lauter, als sie es gewohnt ist, aber etwas unterhalb der Lautstärke von Herrn Fockler.
»Ja, äh, nein, ich denke, das ist Ihnen schon klar«, meint Herr Fockler etwas ruhiger.
»Was meinen Sie, wie das dann bei mir ankommt?«, fragt Paula und bleibt weiterhin stabil auf beiden Beinen stehen.
»Na, heute sind Sie aber drauf!«, sagt Herr Fockler etwas widerwillig.
»Danke, das nehme ich als Kompliment. Also, was meinen Sie, wie das dann bei mir ankommt?«

Herr Fockler schweigt, doch sein Gesicht spricht Bände.

»Herr Fockler, ich glaube, wir kommen hier nicht weiter, wenn wir den ›Larry raushängen‹ lassen, wenn ich das so salopp ausdrücken darf. Gestern habe ich den Fehler gemacht, Ihnen zu signalisieren, dass ich die Abmahnung unterstütze. Das ist zum jetzigen Zeitpunkt nicht der Fall. Das ist mein Fehler gewesen, ich habe nicht klar reagiert, ich war zu überrascht von Ihrer Vehemenz gestern. Heute bin ich schlauer. Können Sie damit leben?«

Paula ist zufrieden, dass sie Verantwortung für ihren eigenen Fehler übernommen hat, und auch, dass sie Herrn Focklers Energie standhält, ohne sich über ihn zu stellen.

»Und was soll das jetzt heißen?«, fragt Herr Fockler. Seine Empörung ist nicht zu überhören.
»Dass wir erst mal Frau Knolle hören und dann weiterschauen.«
»Na gut, wenn Sie meinen … Dann rufe ich sie zu uns.«
»Herr Fockler, glauben Sie, es ist eine gute Idee, Frau Knolle in Ihr Büro zu rufen?«
»Ja, wohin denn sonst? Dazu habe ich doch extra die Gesprächsecke einrichten lassen!«
»Sie verstehen vermutlich nicht, worauf ich hinauswill. Wo machen Sie lieber das Jahresgespräch mit Ihrem Vertriebsvorstand: in seinem Büro oder in Ihrem Büro?«

»Das hat bisher immer bei ihm stattgefunden.«
»Okay, ich versuche es mal anders: Ist das der optimale Ort? Wo würden Sie das Gespräch lieber stattfinden lassen, wenn Sie die freie Wahl hätten?«
»Hm … Bei mir.«
»Ja, das ist Ihr Territorium – in seinem fühlen Sie sich offensichtlich nicht so wohl.«
»Da ist was dran.«
»Das Gleiche möchte ich Frau Knolle zugestehen. Fair?«
»Fair!«

Im Unternehmen geht es um Ideen und Freude an der Arbeit, um Begeisterung und Feiern, nicht um Reviere.

Paula merkt, dass ihr Standhaftbleiben und ihre offenen und direkten Worte bereits erste Spuren bei Herrn Fockler hinterlassen haben.

»Ich weiß allerdings nicht, ob noch ein Besprechungsraum frei ist«, sagt Herr Fockler und will am PC nachschauen.
»Den habe ich bereits vorsorglich reserviert – wir können nachher in den Raum AB7.«
»Gut, wollen Sie Frau Knolle dazurufen?«
»Üblicherweise gehe ich so vor, damit Betroffene beteiligt sind. In diesem Fall würde ich das gern anders machen. Ich vermute, Sie wollen wissen, weshalb?«
»Klar, ich hab keine Ahnung.«
»Ich möchte zunächst einmal allein mit Frau Knolle sprechen, um Vertrauen mit ihr aufzubauen, damit sie sich wirklich öffnen kann.« Paula hat eine Ahnung: Wenn Herr Fockler mit mir gestern so umgesprungen ist und es auch heute versucht hat, wie geht er dann erst mit seinen Mitarbeiterinnen um, wenn keiner zusieht?
»Das können Sie doch machen, während ich zuhöre. Ich sag auch nichts.«
»Vielleicht werde ich so verständlicher: Wenn ich Ihren Vertriebsvorstand Herrn Wentas dazuhole und ihn bitte, nichts zu sagen, während ich Sie, Herr Fockler, zu heiklen Themen befrage – wie wäre das für Sie?«
»Okay, dann machen Sie das so. Aber danach bin ich dabei?!«
»Selbstverständlich. Danke für Ihr Verständnis, ich melde mich.«

Paula geht aus Herrn Focklers Büro, zufrieden mit sich und ihrer Standhaftigkeit. Sie merkt, dass das Gespräch sie Kraft gekostet hat. Nach außen klingt alles so leicht, doch innerlich war mehr los, als ihr anzusehen war.

Tara hatte Paula vier Wirkungspunkte mitgegeben:

1. Kurze Sätze wirken.
2. Trotz Widerstand auf Augenhöhe zu bleiben, wirkt besonders unter Druck.

3. Fragen entfalten sofort eine Wirkung.
4. Wenn wenig Verständnis beim anderen vorhanden ist, versetze ihn in die Lage seines Gegenübers mit »Wie wäre das *für Sie*, wenn ich … tue?«.

Paula geht zu Frau Knolles Büro, klopft und schaut hinein, da keiner antwortet. Sie wird doch nicht …, denkt sich Paula, als sie von hinten die zarte Stimme von Frau Knolle hört.

»Ich bin hier, Frau Aulett, hab mir nur einen Kaffee geholt. Wollen Sie auch einen?«
»Nein, vielen Dank! Bereit, dass wir uns zusammensetzen?«
»Äh, ja«, sagt Frau Knolle und wird leicht rot.
»Wir gehen in Raum AB7.«
»Ach, nicht in Herrn Focklers Büro?«
»Nein. Ich glaube, es ist gut, wenn wir einen neutralen Ort haben. Auch für unser Gespräch. Ist AB7 okay für Sie?«
»Ja, klar, ist der denn frei?«
»Habe ich reserviert für uns.«
»Ach, gut, danke!«

Als sie im Raum Platz nehmen, achtet Paula darauf, Frau Knolle nicht konfrontativ frontal gegenüberzusitzen. Sie setzt sich im leichten Winkel zu ihr.

»Ich glaube, heute verzichten wir auf Small Talk. Wie wir zwei bereits besprochen haben, geht es heute um die Situation mit der Kunden-E-Mail und ihrem Kommentar gegenüber Herrn Fockler. Ich möchte gern verstehen, was aus Ihrer Sicht vorgefallen ist.«
»Wir fangen an – ohne Herrn Fockler?«
»Ja, er weiß Bescheid, dass ich erst mal Sie in Ruhe hören möchte.«
»Ah, gut. Gut, dass wir allein sprechen.«

Paula merkt, wie Frau Knolle ein Stein vom Herzen fällt.

»Ja, also … Ich habe eine E-Mail übersehen und das hat Herrn Fockler wütend gemacht.«
»Das ist alles?«
»Na ja, es war schon eine wichtige E-Mail.«
»Haben Sie ein schlechtes Gewissen, weil das eine wichtige E-Mail war?«
»Ja, klar, schon.«
»Ist das alles?«
»Es ist auch ein wichtiger Kunde, der sich wohl nicht so einfach von unserer Firma überzeugen ließ.«

Frau Knolle rutscht nervös auf ihrem Stuhl herum.

»Sie helfen mir doch, oder? Also, ich hab gehört, dass unser Kunde mit Vertragsstrafe gedroht hat. Es wurden wohl Termine nicht eingehalten.«
»Hm, das haben Sie gehört?«
»Ja, von Herrn Fockler. Er hat es mir ... gesagt.«
»Er hat es Ihnen ›gesagt‹?«
»Ja, schon.«

Paula merkt, als sie auf Taras Kaffeetasse schaut, dass sie an einigen von Frau Knolles Aussagen zweifelt. Es ist weniger, *was* sie gesagt hat, sondern vielmehr, *wie* sie es gesagt hat.

»Frau Knolle, haben Sie Bedenken, hier alles offen anzusprechen, weil ich aus dem Personalbereich bin?«
»Wie meinen Sie das, Frau Aulett?«
»Na ja, außer bei der Einstellung haben wir ja schon lange kein Gespräch mehr miteinander geführt. Und jetzt sitzen wir hier und es geht um diesen unangenehmen Vorfall.«
»Ja, das ist wahr. Hm, eigentlich schon.«
»Heißt das, Sie wissen nicht, ob bzw. wie sehr Sie sich mir hier anvertrauen können?«
»Ja, genau«, sagt Frau Knolle und schaut zu Boden.
»Wollen Sie mal von mir hören, wie ich die Sache sehe und wo ich stehe?«
»Ja, gerne.«
»Frau Knolle, ich vermute, dass irgendetwas schiefgegangen ist, über das wir noch nicht gesprochen haben. Ich schätze, Sie haben es auch nicht immer leicht mit Herrn Fockler. Ist da was dran?«

Obwohl Paula noch gar nicht alles gesagt hat, was sie sagen wollte, blickt Frau Knolle schon wieder zu Boden.

»Ja, er ist manchmal ziemlich gemein.«
»Was meinen Sie mit ›ziemlich gemein‹?«, fragt Paula nach.
»Wenn alles gut geht, ist er superfreundlich, aber wehe, man macht einen Fehler. Dann schreit er einen an. Und dann ... Dann droht er mit Abmahnung und ...« – sie zögert – »... dass er einen rausschmeißen will.«
»Er wirkt also sehr einschüchternd auf Sie. Und Sie haben Angst, dass er Sie abmahnt oder rauswirft?«
»Ja, ich hab's ja nicht mit Absicht getan!«
»Was meinen Sie?«
»Die E-Mail.«
»Hm?«
»Die E-Mail, die ich vergessen hatte.«

»Sie haben die E-Mail doch nicht ›mit Absicht vergessen‹. Ich bin überzeugt, dass wir alle Dinge tun, die nicht gut sind für andere, nicht gut fürs Unternehmen und manchmal auch nicht gut für uns selbst, doch wir tun alles aus nur einem guten Grund.«
»Aus welchem Grund denn?« Frau Knolle schaut Paula etwas irritiert an.
»Aus welchem Grund haben Sie die E-Mail vergessen? Könnte es sein, dass Sie sich auf andere Sachen konzentriert haben und sie abschließen wollten? Oder nicht wussten, wie Sie auf Anliegen des Kunden reagieren sollten, und lieber nicht fragen wollten? Ich sag es mal so: Ich glaube, egal *was* Sie tun, Sie haben immer einen guten Grund dafür. Nur *wie* Sie es tun, kann fatale Wirkung haben! Und für diese ist es wichtig einzustehen.«

Paula sieht Frau Knolle an, sieht, wie das Gehörte in ihr arbeitet.

Nach einer kurzen Pause fragt sie: »Wir haben heute ja einiges zu entscheiden. Gibt es denn noch etwas, das ich wissen sollte?«
Paula merkt, wie Frau Knolle sie und den Boden abwechselnd ansieht. Dann sagt sie leise: »Es fliegt ja eh auf.«
»Was meinen Sie, Frau Knolle?«
»Ich hab die E-Mail nicht ›nicht gesehen‹.«
»Sie kannten die E-Mail?«, fragt Paula noch einmal nach.
»Ja, es war … Es waren zwei.«
»Zwei E-Mails, die Sie haben verschwinden lassen?«
»Ja, weil der Kunde nachgefragt hat. Die erste hab ich gesehen, aber vergessen zu bearbeiten, und sie war dann aus meinem Gedächtnis. Und als die zweite kam, erinnerte ich mich an das Last-Call-Datum. Mir wurde ganz schlecht. Ich habe sie dann gelöscht. Das war so dumm – es tut mir so leid!«
»Und jetzt sind Sie über Ihr eigenes Verhalten ganz erschrocken und bedauern, dass Sie so kurzsichtig gehandelt haben?«
»Ja.« Frau Knolle schaut wieder zu Boden.
»Und haben Sie das Herrn Fockler gesagt?«
»Nein.«
»Wollen Sie mir sagen, was Sie davon abgehalten hat?«, fragt Paula – wissend, dass auch alles, was Menschen *nicht* tun, ein Versuch ist, sich Bedürfnisse zu erfüllen.
»Ich kann das nicht mehr aushalten!«
»Helfen Sie mir bitte, Sie besser zu verstehen, Frau Knolle. Was können Sie nicht ertragen?«
»Er hätte mich doch wieder nur angeschrien, wie sonst auch, wenn etwas schiefgeht bei uns.«
»Das heißt, Sie haben nichts von den E-Mails gesagt, weil Sie Angst hatten, er könnte Sie wieder anschreien?«
»Ja. Und dann hab ich sie gelöscht, damit keiner von den anderen Innendienstlern sie sieht. Wir wissen ja nie, wann er wieder austickt und wer diesmal dran ist. Hier ver-

sucht doch jeder, ihn bei Laune zu halten. Und manche stecken ihm dann was, was jemand angestellt hat, um selbst aus dem Schussfeld zu kommen. Ich wusste nicht, was ich machen kann.«

Paula schweigt und sitzt ruhig da. Sie erinnert sich an Herrn Focklers Energie, wie er am Tag zuvor in ihr Zimmer gestürmt war, und an die Art und Weise, wie er mit ihr gesprochen hatte. Auch das Gespräch von heute und ihre Anstrengung sind ihr noch sehr präsent.

»Wenn ich Sie richtig verstehe, haben Sie versucht, sich zu schützen vor Herrn Focklers – ich sage mal – ›barschen‹ Art, vor seinen Abwertungen und vor möglichen Folgen, denen Sie ausgesetzt wären, ist das so richtig?«
Frau Knolle schaut Paula an: »Ja, genau. Was sollte ich denn sonst tun?«
»Und dann haben Sie Ihre Fehler lieber verschwiegen?«
»Klar, Herr Fockler sagt ja immer: ›Fehler können passieren, aber maximal ein Mal‹ – also wäre ich dran gewesen!«
»Nach all dem, was Sie bereits erlebt haben, hätten Sie sich gewünscht, vertrauensvoll mit Ihrem Vorgesetzten sprechen zu können? Jemand, der Ihnen mit Wohlwollen begegnet, wenn Sie Fehler machen?«
»Ja. Je länger ich im Vertriebsinnendienst bin, desto unsicherer werde ich. Manchmal erkenne ich mich selbst nicht wieder. Das ist hier ein Spießrutenlauf – für uns alle. Manchmal wünsche ich mir, ich könnte hier weg. Aber mit der aktuellen Arbeitsmarktlage … Es ist zum Verzweifeln!«

Paula hat den Eindruck, dass Frau Knolle jetzt viel offener mit ihr spricht – sie benennt kritische Themen und zeigt ihre Gefühle. Jetzt passen auch die Worte von Frau Knolle mit ihrem Gesicht und ihrer Körpersprache zusammen.

»Frau Knolle, haben Sie Herrn Fockler das gesagt? Ich meine, dass Sie Angst vor ihm haben?«
»Natürlich nicht! Ich hatte doch Angst vor ihm!« Frau Knolle sieht Paula an, als hätte Sie gerade von ihr verlangt, gelbe Socken zum lila Dirndl anzuziehen.
»Sind Sie sicher, dass er das weiß?«
»Na ja, zumindest ist ihm das egal. Die Abteilung läuft doch.«
»Was wir allerdings nicht wissen, ist, ob sie nicht viel besser laufen könnte. Der besagte Kunde könnte davon ein Lied singen, oder?«, wirft Paula ein.
»Hm, ja, da ist was dran. Das stimmt, das ist meine Schuld!«
»Das ist nicht das, was ich damit sagen wollte. Ich sehe durchaus, welchen Anteil Sie an der Situation haben. Allerdings haben andere auch ihren Anteil an der Situation.«
»Und was heißt das jetzt? Bekomme ich jetzt eine Abmahnung?«
»Langsam, langsam. Erst will ich ein klares Bild von der Situation haben. Ist das für Sie okay, dass wir uns in 30 Minuten wieder hier in AB7 treffen?«

Nach Frau Knolles »Ja« geht Paula in den Vertriebsinnendienst und befragt Frau Knolles Kollegen. Zurück im Besprechungsraum ruft sie Frau Knolle zu sich und sagt: »Lassen Sie uns erst mal Herrn Fockler hören. Er ist ja in der Situation ebenfalls betroffen und auch an ihr beteiligt.« Und am Konferenzraumtelefon: »Hallo Herr Fockler, passt es jetzt für Sie? Ja, genau: Raum AB7.«

Als Herr Fockler eintrifft, beginnt Paula: »Vielen Dank, Herr Fockler, für Ihre Geduld und Ihre Bereitschaft zu warten. Dieses Gespräch soll uns allen helfen, die Fakten zu erkennen, Absichten verständlich zu machen und adäquate Maßnahmen festzulegen.«

Paula skizziert kurz, wie der Ablauf des Gesprächs geplant ist. »Meine Rolle ist hier nicht Partei zu ergreifen für einen von Ihnen, sondern im Sinne des gesamten Unternehmens und seines Erfolgs auf dem Markt dafür zu sorgen, dass das, was gesagt wird, die größtmögliche Chance hat, gehört und verstanden zu werden, damit wir ein Ergebnis haben, das allen zugutekommt. Bevor wir inhaltlich starten, können wir uns bitte auf die wichtigsten Regeln für unser Miteinander festlegen? Ich sehe Ihr Nicken. Vielen Dank! Damit das hier erfolgreich laufen kann und danach kein Scherbenhaufen übrig bleibt, empfehle ich, dass wir respektvoll miteinander umgehen, das heißt, dass jeder von sich selbst spricht, den anderen ausreden lässt und keine Beleidigungen oder Vorwürfe vorkommen. Können Sie da beide mitgehen? Und vielleicht bitte ich Sie auch mal, etwas Ungewohntes zu machen, nämlich wiederzugeben, was Sie vom anderen gehört haben. Das gibt Ihnen die Sicherheit, dass die Botschaft so angekommen ist, wie sie gemeint war. Und wenn es Ihnen zu viel werden sollte, dann können wir auch eine kurze Pause machen, einverstanden?«

Wieder nicken beide.

»Wer will starten?«, fragt Paula und schaut in die Runde.
Herr Fockler antwortet: »Die Sache ist doch klar. Brauchen wir nicht lange herumtun. Ich hab heute noch einiges zu tun und ein wichtiges Kundengespräch vorzubereiten. Also, wenn Sie ehrlich sind, Frau Knolle, dann geben Sie zu, dass Sie da riesig Mist gebaut haben, oder?«
»Herr Fockler, können Sie bitte sachlich bleiben? Frau Knolle, Sie brauchen nicht zu antworten. Bitte noch mal – und diesmal ohne Vorwurf, Herr Fockler.«

Herr Fockler merkt schon nach der ersten Frage, dass er seine »rhetorischen Spielchen« besser unterlässt, da Paula sofort entsprechend den vereinbarten Regeln agiert.

»Sie wollten doch, dass wir die Fakten auf den Tisch legen und reinen Tisch machen. Na gut, also noch mal: Was hat Sie geritten, die E-Mail nicht zu bearbeiten und unseren Kunden zu verärgern?«

»Okay, aus Ihrer Sicht sind das Fakten. Ich lass das im Moment mal so stehen. Frau Knolle, was sagen Sie dazu?«
»Ich hab's verbockt!«, sagt sie und schaut nach unten.
»Sehen Sie, sag ich doch! Das ging schnell. Also machen wir jetzt endlich den nächsten Schritt«, schlägt Herr Fockler vor.
»Herr Fockler, ist Ihnen bewusst, wie Sie hier auf Frau Knolle wirken und wie Sie sie vorverurteilen?«
»Was heißt denn ›vorverurteilen‹? Sie hat es doch selbst gesagt!«
»Ja, sie hat gesagt, was sie gemacht bzw. in diesem Fall nicht gemacht hat. Wir sehen die Folge. Nur: Es fehlen gewichtige Punkte, die Sie nicht zu hören bekommen, weil Sie nicht weiterfragen. Die Folge ist klar, die Ursache ist noch unklar.«
»Ja, bin ich hier Vertriebsleiter oder Pflichtverteidiger?«
»Wollen Sie auf diese Suggestivfrage eine Antwort?«
»Nee.«
»Grundsätzlich ist Ihr Job, den Vertrieb zu führen, und dazu gehören auch ein paar Regeln des Miteinanders. Sich vor seine Mitarbeiter zu stellen und herauszufinden, was sie Fehler machen lässt, um dann die Ursache abzustellen – gehört das nicht zu Ihrer Arbeit?«
»Äh ... Natürlich schon! Ich sag doch immer, meine Mitarbeiter dürfen jeden Fehler machen, aber nur ein Mal.«
»Weshalb leben Sie dann etwas anderes vor?«
»Wie? Wo habe ich denn bitte Fehler gemacht? Das ist ja ein Witz hier, jetzt mich anzugehen! Was soll das denn, Frau Aulett?!«

Frau Knolle schaut beide etwas ängstlich an. Gerade weiß sie nicht, was sie sich lieber wünscht: aufhören oder weitermachen.

»Frau Knolle, können Herr Fockler und ich bitte unter vier Augen sprechen? Ich würde Sie danach wieder hinzurufen.«

Paula entschließt sich zu diesem Schritt, weil sie davon ausgeht, dass das, was folgt, dazu beiträgt, das Gesicht von Herrn Fockler vor seiner Mitarbeiterin zu wahren. Ihr ist mulmig dabei – einerseits, weil sie das bisher noch nicht gemacht hat, und andererseits, weil Herr Fockler von ihrer Absicht ja noch nichts weiß.

Als Frau Knolle aus dem Raum gegangen ist, wendet sich Paula Herrn Fockler zu. Sie atmet bewusst drei Mal ruhig durch.

»Herr Fockler, ich möchte nicht Ihr Verhalten und damit verbundene Abteilungsthemen ansprechen, die Sie in einem schlechten Licht vor Frau Knolle dastehen lassen. Doch bevor wir fortfahren: So, wie Sie reagieren, bin ich nicht sicher, ob Sie gerade mit den Fakten umgehen können. Sollen wir lieber unterbrechen?«

»Ja ... Nein, wir ziehen das hier jetzt durch!«
»Gut, dann sage ich Ihnen, wie meine Sicht der Dinge ist. Wollen Sie sie hören?«
»Ja, jetzt weisen Sie mir mal nach, wo ich angeblich Fehler gemacht habe!« Paula erinnert sich an Taras Satz: *Höre nie, was ein Tiger über dich denkt.* Sie fährt fort: »In meinen Nachfragen beim Team ist mehrfach wiederholt worden, dass Ihre Mitarbeiter Angst vor Ihnen haben. Sie verbreiten mit Ihren Forderungen, die kein Nein dulden, und nahezu einem Diktat von Fehlerfreiheit eine Stimmung im Team, die einer Herrschaft gleichkommt. Ist Ihnen das bewusst oder soll ich Ihnen einige Situationen dazu schildern?«
»Hallo?! Die Leute machen doch sonst, was sie wollen, wo kommen wir denn da hin? Das ist doch Teil meines monatlichen Schmerzensgelds, das heißt, meines Gehaltschecks.«
»Ich kann Ihnen gern sagen, wo sich Ihr Team gerade hinbewegt. Ich bin mir nur nicht sicher, ob Sie das hören wollen. Soll ich fortfahren?«
»Sie scheinen das ja alles neunmalklug zu wissen! Also dann legen Sie mal los.« Leise murmelt er: »Was ein überzogenes Getöse!«
»Herr Fockler, ich habe das gehört! Wenn Sie nicht bereit sind, sich an die Regeln, z. B. zum gegenseitigen Respekt, die wir vorher vereinbart haben, zu halten, dann können wir hier abbrechen. Keine Beleidigungen! Sind Sie bereit, sich an unsere Regeln zu halten?«, fragt Paula, greift ihre Kaffeetasse am Henkel, auf dem »HALTUNG« steht, und richtet sich unwillkürlich auf.
»Ja, ja, ist ja gut! Sie sind ja echt ...!« Herr Fockler verkneift sich seine Worte.
»Danke! Sie sind Vertriebsleiter und haben auch einen Innendienst mit zwei Herren und fünf Damen, von denen heute eine hier beteiligt ist. Ich habe einige Dinge, die für diesen Fall wichtig sind, bei den anderen aus dem Innendienst nachgefragt und geklärt. Stimmt es, dass Sie im Innendienst bereits des Öfteren laut geworden sind?«
»Äh, na ja, wenn die Dinge nicht so laufen, wie sie laufen sollten, dann kann es schon mal eine klare Ansage geben.«
»Heißt das, dass Sie, wenn etwas schiefläuft, laut werden, weil Sie sich nicht anders zu helfen wissen?«
»Ich hab das doch auch ausgehalten.«
»Danke für Ihre Ehrlichkeit! Wenn ich Sie richtig verstehe, haben Sie das nicht anders erlebt in Ihrer Karriere?«
»Na klar, manchmal muss man eben die Peitsche schwingen, es gibt ja auch Zuckerbrot beizeiten! Das gilt es auszuhalten. Sie kennen ja den Spruch: Nur die Harten kommen in den Garten.«
»Wollen Sie im 21. Jahrhundert Menschen und insbesondere Frauen führen mit einem Menschenbild aus dem Mittelalter und Sprüchen aus dem Gartenbau? Würden Sie denn gern Teil Ihres Personals sein und unter einem Herrn Fockler arbeiten wollen?«
»Hä? Die Frage stellt sich doch gar nicht!«
»Nun, Sie haben vorhin unsere vereinbarten Spielregeln nicht eingehalten – zum zweiten Mal. Wie würde es Ihnen gefallen, wenn ich Sie, weil Sie hier einen Fehler bereits zum zweiten Mal gemacht haben, anschreie?«

Herr Fockler schaut Paula mit durchdringendem Blick an. Das, was er zu hören bekommt, gefällt ihm nicht, weil da etwas dran ist.

»Dann würde ich gehen. Das fände ich unverschämt«, sagt er schon etwas ruhiger.
»Weil Sie die Spielregeln in dem Moment vergessen hatten, oder? Oder haben Sie das mit voller Bewusstheit gesagt?«
»Äh, nein, das ist mir halt so rausgerutscht. Ich bin halt direkt.«
»Entschuldigen Sie bitte, Herr Fockler, wie Sie mit mir und anderen hier umgehen, ist nicht direkt – Sie stellen sich über andere und beleidigen sie, um Macht auszuüben!«
Herr Fockler ist kurz still. »Ich muss doch die Abteilung führen, sonst tut ja keiner was.«
»Entschuldigen Sie bitte, dass ich das infrage stelle. Werden Sie denn selber auch so geführt und würden sonst tatsächlich nichts tun?«
»Äh, nein, mein Chef, der Wentas, hat ja nie Zeit, der ist meist in Meetings und will nur die Zahlen sehen.«
»Meine Vermutung ist – und bitte korrigieren Sie mich, wenn ich danebenliege –, dass Sie das, was Sie tun, sehr gern machen: Kunden aufbauen, interessante Angebote erstellen, Angebote in Aufträge verwandeln und, und, und … Und dass Sie manchmal überfragt sind, wie das geht mit der Motivation anderer, wo Ihre eigene Motivation doch immer da ist.«
Paula schweigt und Herr Fockler auch. Dann sagt er »Ja, da ist was dran. Kann ich schlecht verleugnen. Ich weiß nicht, was ich sonst noch tun soll, um sie zu motivieren.«
»Nichts!«
»Wie, nichts?«
»Ihr Job ist nicht, Ihre Mitarbeiter zu motivieren – die Motivation bringen Mitarbeiter von Anfang an mit. Ihr Job ist, sie nicht zu demotivieren!«

Herr Fockler scheint zum ersten Mal wirklich zuzuhören.

»Wie, das soll genügen? Das kann doch nicht alles sein, um die Leute zum Arbeiten zu bringen.«
»Oh, bitte unterschätzen Sie das nicht! Menschen aus der Führungsposition heraus nicht zu demotivieren ist gar nicht so einfach, bei all den täglichen Herausforderungen. Könnte es sein, dass Sie sich möglicherweise etwas angewöhnt haben, von dem Sie dachten, es würde Ihnen das Leben leichter machen?«

Herr Fockler schaut Paula an.

»Herr Fockler, sehen Sie es mir bitte nach, ich sag's jetzt mal direkt: In den letzten Jahren haben Sie mit Ihrem Führungsstil eine Menge beigetragen zur Demotivation Ihrer Mannschaft. Dass Ihre Mitarbeiter dann unter Stress Fehler machen, hat bedauerlicherweise auch etwas mit Ihnen zu tun. Jeder Mitarbeiter bleibt für sein eige-

nes Handeln verantwortlich, nur: Sie haben auch einen Anteil am Verhalten von Frau Knolle. Könnte da etwas dran sein?«
»Hm.«
»Was meinen Sie, wie viele von Ihren Mitarbeitern so deutlich und nachhaltig Nein zu Ihnen sagen können wie ich, Stand heute?«
Herr Fockler zögert, dann sagt er: »Sie haben echt Haare auf den Zähnen! Das macht bei mir keiner.«
»Das nehme ich jetzt mal als Kompliment. Danke, dass Sie das heute mit mir durchhalten. Ist nicht einfach für Sie, oder?«
»Na ja, Sie haben es ja auch nicht einfach mit mir!«
»Stimmt auffallend, und wir sind noch nicht ganz durch! Ich habe noch eine Idee, wie Sie aus dem Mist Dünger machen können. Möchten Sie sie hören?«, sagt Paula mit einem Augenzwinkern.
»Was kommt denn jetzt noch?«
»Herr Fockler, danke für Ihre Nachsicht für meine direkten Worte. Schön, dass wir uns jetzt schon etwas besser verstehen. Doch damit sind Ihre Einstellung und Ihre Gewohnheiten ja nicht verändert. Wie wäre es, wenn Sie in unser Konfliktmanagement-Training für Führungskräfte gehen würden? Dort bekommen Sie weitere wertvolle Tipps und können sich noch intensiver bei Ihren individuellen Themen unterstützen lassen.«
»Hm, ja, vielleicht. Überleg ich mir.«

Die ausweichende Antwort bleibt Paula nicht verborgen.

»Ich verstehe, dass Sie gern Bedenkzeit hätten. Jetzt gilt es zunächst das zerdepperte Porzellan zu reparieren. Wie wollen Sie das glaubwürdig hinbekommen, wo Sie jahrelang anders mit den Leuten umgegangen sind?«
»Ich weiß nicht, vielleicht kann ich ja gar nicht aus meiner Haut?«
»Wenn das so wäre, dann hätten Sie das hier ›knallhart‹ durchgezogen, aber irgendetwas in Ihnen hat es nicht zugelassen.«
Herr Fockler sitzt still da. »Sie waren ja auch nicht gerade eine einfache Gesprächspartnerin.«
»Stimmt. Jedem das Seine!«, sagt Paula schmunzelnd. Sie kann Herrn Fockler ansehen, dass er etwas müde geworden ist.
»Das ist jetzt nicht irgend so ein spirituelles Zeug, oder? Aber Sie haben vermutlich recht, auch wenn ich das nicht gern zugebe.«
»Geben Sie mir morgen Bescheid wegen des Trainings? Dann kann ich bei Bedarf alles Notwendige in die Wege leiten.«
»Nö, kann ich schon sagen. Wir machen das. Aber hängen Sie es nicht an die große Glocke, okay?«
»Geht klar. Danke! Dann holen wir jetzt Frau Knolle wieder herein und kümmern uns um das zerdepperte Porzellan?«, fragt Paula.
»Ja.«

Als Frau Knolle ihren Platz eingenommen hat, sieht Paula, wie angespannt sie weiterhin ist.

»Hallo Frau Knolle.«
»Hallo.«
»Herr Fockler, wollen Sie es selbst sagen oder soll ich sagen, was wir in der Zwischenzeit gemacht haben?«
»Nun, Frau Aulett hat mir den Kopf gewaschen, dass ich wohl manchmal übers Ziel hinausschieße. Ich habe Sie etwas hart angefasst.«
»Wollen Sie etwas dazu sagen, Frau Knolle?«
»Nee, ist schon okay.«
»Frau Knolle, es hilft niemanden, wenn Sie nicht die Wahrheit sagen, sondern die Dinge schönreden. Sagen Sie bitte die Version, mit der Sie heute Abend stolz ins Bett gehen könnten.«
Frau Knolle schaut Paula mit großen Augen an. Dann holt sie tief Luft und sagt: »Also, also … Ja, Herr Fockler ist manchmal …«
»Würden Sie das bitte direkt zu ihm sagen? Ich glaube, das kann er nehmen. Sonst unterstütze ich.«
Frau Knolle rutscht auf ihrem Stuhl hin und her und atmet noch einmal tief ein: »Also, manchmal sind Sie echt heftig, und wenn Sie herumschreien im Innendienst, haben wir alle Angst – nicht nur ich, auch die anderen.«
»Danke, Frau Knolle, das war jetzt vermutlich nicht leicht. Sprechen Sie da von ›das ist einmal passiert‹?«
»Nein, das haben wir jeden Monat, manchmal auch öfter.«
»Sie hatten, bevor wir auseinandergingen, gesagt, Sie hätten es ›verbockt‹. Verstehe ich Sie richtig, dass Sie die volle Verantwortung dafür übernehmen, dass Sie die E-Mail nicht bearbeitet haben?«
»Ja, schon«, sagt Frau Knolle und schaut geknickt zu Boden.
»Ist das schon alles?«
»Wie meinen Sie das?«
»Wir wollen doch heute reinen Tisch machen, oder?«
»Ach, so … Hm, ja, ich habe die erste E-Mail vergessen zu bearbeiten und dann …«
»Und dann?«, fragt Paula nach.
»Dann habe ich die Nachfrage-Mail vom Kunden auch gelöscht.«
»Was?«, platzt es aus Herrn Fockler heraus. »Das gibt es doch gar nicht! Wie können Sie es wagen, so etwas tun? Haben Sie eigentlich eine Ahnung wie schwer es war, diesen Kunden an Land zu ziehen?«
»Ich hatte so Angst!«
»Also …« Als Herr Fockler wütend wird, zeigt Paula mit ihren Händen »Auszeit« an.
»Wir machen eine Pause! Nehmen Sie sich 15 Minuten, holen Sie sich etwas zu trinken oder vertreten Sie sich die Füße. Dann sehen wir uns wieder hier.«

Paula bleibt im Raum, Herr Fockler läuft wütend auf den Flur hinaus. »Das hat Folgen!«, hört Paula ihn noch sagen. Frau Knolle, die zitternd am Tisch sitzt, kämpft mit den Tränen.

»Geht es, Frau Knolle?«, fragt Paula nach.
»Ich bin so dumm!«
»Manchmal können wir selbst nicht verstehen, was wir tun. Und danach sehen wir, dass wir auch anders hätten agieren können. Ist oft alles andere als leicht, oder?«
»Ja, ich weiß nur nicht, was ich anderes hätte tun können. Helfen Sie mir?«
»Wen hätten Sie um Hilfe bitten können?«
»Ich weiß es nicht!«
»Waren Sie allein auf dem Globus?«, lächelt Paula Frau Knolle an.
»Ach so, Sie meinen meine Kollegen?«
»Wen noch?«
»Unseren Betriebsrat?«
»Ja, genau, oder den Vertrauensmann. Sie sehen jetzt selbst, es hätte schon einige Optionen gegeben.«

Als Paula weitersprechen will, sieht sie die Tür aufgehen und Herr Fockler kommt immer noch sichtlich verärgert in den Raum zurück.

»So, wie soll's jetzt weitergehen, Frau Aulett?«
»Wenn Sie mich fragen, würde ich an die Ursache des Ganzen gehen.«
»Und die wäre?«
»Das Klima in Ihrem Innendienst. Wenn Sie das ändern, werden sich vermutlich auch Ihre Mitarbeiter anders verhalten. Oder wollen Sie noch mehr solcher Überraschungen?«
»Natürlich nicht! Und was ist mit der Abmahnung?«
»Für wen? Für Sie beide?«

Herr Fockler zuckt und schaut Paula etwas betreten an.

Schwach ist der, der meint, nur stark sein zu müssen.
Du kannst nur so stark sein, wie du auch schwach sein kannst.

»Was ist Ihnen wichtiger: eine Abmahnung und demnächst eine ähnliche Baustelle zu haben oder zu verstehen, was schiefläuft, und die Ursachen zu beheben? Vorausgesetzt, beide Seiten gehen aufrichtig mit der Situation um.«
»Ich glaube, Sie brauchen da keine Antwort!«
»Da ist was dran. Ich vertraue darauf, dass Sie beide nach dem heutigen Tag wissen, dass das, was Sie gemacht haben, so nicht geht. Wie also wollen Sie miteinander umgehen?«

»Ich will hier erst mal sagen …« Herr Fockler stockt – er kann offensichtlich nicht aussprechen, was er sagen will.

Paula schaut ihn an und sieht, wie er mit sich ringt, als er seinen Blick auf Frau Knolle richtet.

»Also, boah, echt jetzt! Ich will nicht, dass Sie Angst haben!«
»Sondern? Was wollen Sie denn, Herr Fockler?«, fragt Paula wohl wissend, dass Herr Fockler so ungünstigerweise Frau Knolles Fokus auf die Angst ausrichtet.
»Äh, sondern dass, äh, dass Sie sich hier wieder wohlfühlen können.«
»Und dafür haben Sie heute bereits erste Vorkehrungen getroffen, nicht wahr?«, meint Paula mit Blick auf Herrn Focklers Training.
»Ja, genau.«
»Vielen Dank, Herr Fockler! Und wie ist das bei Ihnen, Frau Knolle?«
»Ich bin jetzt sehr froh, mein schlechtes Gewissen erleichtert zu haben, und danke Ihnen – und Ihnen.« Sie schaut Herrn Fockler an. »Mir fehlen etwas die Worte. Auf jeden Fall tut es mir sehr leid, dass ich so mit den Kunden-E-Mails umgegangen bin. Ich weiß, ich kann das nicht rückgängig machen, obwohl ich es gern würde. Und ich weiß jetzt, wenn ich künftig ein Problem habe, wo ich hingehen kann, bevor Schlimmeres passiert, und das ist echt beruhigend und gibt mir eine Menge Sicherheit. Ich will wirklich, dass wir wieder besser miteinander auskommen«, betont Frau Knolle.
»Vielen Dank – an Sie beide! Ich würde gern einiges schriftlich festhalten, einverstanden?«

Herr Fockler und Frau Knolle nicken. Nachdem sie zu dritt ihre konkreten Vereinbarungen terminiert haben, ergänzt Paula: »Und wie wollen Sie mit dem Kunden umgehen, der ja nicht gerade freudig reagiert hat?«

Eine kurze Pause entsteht, in der alle nachdenken.

»Ich glaube, das ist mein Ding, Frau Aulett. Ich rufe ihn an und sage, was ich gemacht habe – volle Verantwortung«, sagt Frau Knolle.
»Und wenn der Kunde sauer wird?«
»Ich bin Schlimmeres gewohnt«, lächelt Frau Knolle und schaut etwas spitzbübisch zu Herrn Fockler.

Paula lächelt und denkt sich: Es ist immer wieder erstaunlich, wie der Mut von Menschen größer wird, wenn sie wirklich gehört und ernst genommen werden.

Als Frau Knolle den Raum verlassen hat, wartet Herr Fockler noch einige Sekunden. Dann sagt er zu Paula: »Ich muss sagen, Frau Aulett, ich habe Sie unterschätzt! Das war heute … erstaunlich, wie sie das Gespräch geführt haben!«

Als Herr Fockler den Raum verlässt, hört Paula ihn noch mal in seinen Bart nuscheln: »Erstaunlich!«

Einige Wochen später

Paula schaut bei Herrn Fockler vorbei – wohl wissend, dass er bereits beim Training war.

»Hallo Frau Aulett – schön, dass Sie kommen! Ich wollte heute auch noch zu Ihnen!«
»Hallo Herr Fockler! Darf ich neugierig sein und fragen, wie es Ihnen beim Training ergangen ist?«
»Von den Inhalten erzähle ich jetzt nichts, dafür etwas anderes. Ich hab die ›BIG4‹ gegründet«, grinst Herr Fockler. »Aber hängen Sie es nicht an die große Glocke, okay?«
»Okay. ›BIG4‹ – was ist denn das?«, fragt Paula neugierig.
»Das ist der Name unserer Coaching-Gruppe. Wir sind vier aus der Führungsebene, die sich gegenseitig coachen in der täglichen Anwendung.«
»Oh, das ist ja 'ne tolle Idee!«
»Ja, wir haben allesamt gemerkt, dass ein Training sehr inspirierend sein mag, doch die Wahrheit liegt in der Anwendung danach. Da hing ein Spruch an der Wand: ›Wer nichts anwendet, hat nichts gelernt‹. Das hat meinen Ehrgeiz so getroffen, dass ich spontan gefragt habe, ob die anderen drei mitmachen wollen.«
»Sie haben etwas gefragt?!«
»Ja, auch gelernt! Ich danke Ihnen für die schwierige OP, die Sie mit mir hatten«, lacht Herr Fockler.
»Habe ich gern getan, auch wenn es mich ganz schön gefordert hat – damit war ich vermutlich nicht allein. Und wann starten die ›BIG4‹?«
»Gestern!«
»Wie – gestern?«
»Wir haben noch am gleichen Abend die erste Sitzung online gemacht und haben unsere nächsten Termine festgelegt.«
»Klingt nach einem Plan! Und wie wollen Sie Ihrer Mannschaft das Ganze verklickern? Die sind ja einen anderen Herrn Fockler gewohnt und denken vielleicht: Jetzt hat er einen neuen Spleen – der beruhigt sich schon wieder.«
»Tja, gute Frage. Habe ich mir auch schon gestellt. Ob ich die alle in das Training schicken sollte?«
»Keine gute Idee, vermute ich.«
»Weshalb?«
»Weil es einigen Ihrer Mitarbeiter guttun wird, ein Vorbild zu haben. Und Vertrauen wird dadurch aufgebaut, dass Sie des Öfteren Vorbild sind – nicht nur ein, zwei Mal. Und die anderen werden Sie testen, da können Sie sich sicher sein. Dafür ist es hilfreich, wenn Sie in einigen Personalthemen bereits Vorsprung haben.«
»Das heißt, Sie würden ...«

»… es nicht an die große Glocke hängen«, sagt Paula mit einem Augenzwinkern, als sie Herrn Focklers Standardspruch benutzt.
»Und was sag ich meinen Mitarbeitern?«
»Gar nichts. Es geht nicht ums Sagen, es geht ums Tun.«

»Jede Form von Erwartung ist eine Falle.«
Reshad Feilo

»Bleiben Sie deutlich und aufrichtig, wo Ihnen das wichtig ist – das ist aus meiner Sicht Ihre Stärke. Und zeigen Sie auch mal Ihre weiche Seite, die sich hinter Ihrer harten Schale verbirgt. Seien Sie empathisch – da, wo es Ihnen leichtfällt. Das ist Ihre Schwäche, aber Sie können sie so abschwächen, dass sie Ihnen nicht in den Weg kommt. Und geben Sie auch mal Fehler zu. Fehler sind …«
»… Teil der Weiterentwicklung. Ja, das hab ich jetzt auch verstanden. Wir vier haben da schon eine Idee, wollen Sie sie hören?«
»Aber so was von!«
»Wir lassen an unseren Zimmern jeweils einen Flaggenhalter anbringen. Und ich habe schon eine Flagge gemacht, auf der steht: ›Heute ist alles mein Fehler!‹«
»Ich bin mir nicht sicher, dass ich das verstehe …«
»Nun, wir vier haben logischerweise vier Zimmer, meines eingeschlossen. Und an jedem Tag wechselt die Flagge zu einem anderen Zimmer.«

Paula grinst und gibt Herrn Fockler lachend ein High five.

»Außerdem habe ich mir das hier besorgt«, sagt er und deutet auf zwei blaue Kisten neben seinen Beinen.
»Alte Werkzeugkästen?«, fragt Paula.
»Ja, schauen Sie mal, was drin ist.«

Paula schaut in die Werkzeugkästen. In dem einen ist eine Unmenge von Schraubenziehern, Spachteln und Zangen. In dem anderen nur ein großer dicker Hammer.

»Verstehen Sie?«, fragt Herr Fockler.
»Verraten Sie's mir!«
»›Wer als Werkzeug nur einen Hammer hat, sieht in jedem Problem einen Nagel.‹ Der Satz hat mich voll erwischt! Also hab ich mir meine alten Werkzeugkästen von zu Hause ins Büro mitgebracht.« Etwas ruhiger fügt er hinzu: »Ich hab jetzt meine persönlichen ›BIG4‹ – Wahrnehmung, Gefühl, Bedürfnis und Frage – und kann viel mehr bewegen als vor dem Training. Ach ja, und ich hab noch einen. Wollen Sie den noch hören?«
»Sie sind ja echt in Fahrt! Okay, den letzten.«

»Von jetzt an küren wir am Ende jedes Wochenmeetings einen ›Fehler der Woche‹ und was die Person daraus gelernt und abgeleitet hat. Und wenn einer das Letztere nicht weiß, helfen wir alle mit.«
»Hm, finde ich grundsätzlich eine tolle Idee. Nur, trauen sich das Ihre Leute?«
»Da ist was dran. Hab ich mich auch schon gefragt – hallo, Empathie, nicht wahr?«, grinst Herr Fockler. »Deswegen fange ich die ersten vier Mal selber an. ›BIG 4‹ – Sie verstehen?«

Paula schmunzelt – sie sieht: Herrn Focklers »innere Führungskraft« hat eine neue Richtung eingeschlagen und eine Menge Kreativität freigesetzt.

»Und wie wollen Sie nun sicherstellen, dass Sie nach der Anfangseuphorie dranbleiben?«, fragt Paula interessiert.

Maximale Integration des Gelernten: Das Training nach dem Training genauso ernst nehmen.

»Na ja, zuerst dachte ich mir, ob Sie mich nicht coachen könnten. Aber der Trainer meinte, dass das nicht geht, da Sie Personalerin sind und in einen Interessenkonflikt geraten würden. Aber ich könnte Sie ja nach einem guten Coach für solch einen schweren Fall wie mich fragen.«
»Hm, ich hab da eine Idee – ich frag da mal nach. Ich komme auf Sie zu, sobald ich mehr weiß.«

Am nächsten Morgen, nach dem Joggen mit Corazón, ruft Paula Tara an und fragt sie, ob sie nicht einen Coach kenne, der über ähnliche Fähigkeiten wie Tara verfügt und selbst erfolgreiche Führungsperson ist oder war.

»Ja, Paula, ich habe da jemanden. Nur … Er wird allerdings die Person, also deinen Herrn Fockler, genau prüfen, ob er mit ihm zusammenarbeiten will. Ich gebe dir seine Telefonnummer. Und sag ihm bitte, dass du von mir kommst, dann weiß er Bescheid.«
»Was meinst du mit ›dann weiß er Bescheid‹?«
»Er weiß dann, durch welche Schule du selbst gegangen bist und was du erleben durftest.«
»Durfte!«, lacht Paula. »Alles klar, mache ich.«

Drei Wochen später hat Herr Fockler den ersten, noch unverbindlichen Gesprächstermin mit Michael König. Eine weitere Woche später stimmt Michael König einem Coaching zu – unter einigen Rahmenbedingungen. Herr Fockler weiß, dass der Weg nicht einfach wird, doch sein Wunsch, aus seinem alten Gefängnis auszubrechen und seine Fähigkeiten nicht mehr selbst zu sabotieren, treibt ihn an.

Ein halbes Jahr später

Paula bittet Herrn Fockler zu einem Gespräch ins »Café Español« gegenüber dem Firmenhauptsitz.

Nach etwas Small Talk fragt Herr Fockler: »Weswegen haben Sie mich eigentlich zum Gespräch eingeladen?«
»Ja, ich will Sie nicht auf die Folter spannen. Eine Kollegin von mir ist dabei, die Personalentwicklung – unser Center of Expertise – bei uns auszubauen. Wie wäre es, wenn wir das einmal zu dritt besprechen? Sie hat auch die Aufgabe, Sparringspartner für unsere Führungskräfte auszusuchen. Wir suchen noch Führungskräfte, die uns unterstützen, einen gemeinsamen Code of Honor im Unternehmen einzuführen – also ca. zehn bis zwölf ›lebende‹ Regeln pro Abteilung, die zu unserem Unternehmen passen, unsere Philosophie unterstützen, je nach Abteilung unterschiedlich sein werden und vor allem: regelmäßig auf Umsetzung überprüft werden. Wir wollen nicht ein totgeborenes Leitbild, das an der Wand hängt, sondern etwas, was wirklich gelebt wird. Da dachte ich an Sie.«
»An mich? Ich hab mich da doch vor einigen Monaten nicht gerade mit Ruhm bekleckert!«

»Jeder kann jederzeit etwas aus dem machen, was aus ihm gemacht wurde.«
Rolf Merkle

»Genau deswegen! Sie kennen die Verführungen, weil Sie Ihnen selbst erlegen sind, und sind deswegen besonders aufmerksam. Wir brauchen Leute mit operativer Personalerfahrung an Bord, die bereit sind, sich selbst und einige Themen im Unternehmen zu reflektieren. Sie sind nicht allein im Team und könnten umgekehrt von unserer Personaler-Erfahrung profitieren. Gemeinsam dürfte das richtig gut werden. Überlegen Sie sich, ob Sie bereit sind, andere im Unternehmen auf höherer Ebene an Ihren Erfahrungen partizipieren zu lassen. Brauchen Sie noch mehr Infos?«

Herr Fockler schaut Paula ins Gesicht, sagt jedoch nichts.

»Sonst geben Sie mir doch bitte bis nächsten Mittwoch, 17 Uhr, Bescheid!«
»Bescheid!«
»Wie bitte? Was meinen Sie?«
Herr Fockler lacht und seine Augen strahlen: »Bin dabei!«

»In 20 Jahren wirst du enttäuschter sein über das, was du nicht getan hast, als über das, was du getan hast. Also Leinen los, raus aus dem sicheren Hafen und auf zu unbekannten Ufern, Träumen und Gestaden.«
Mark Twain

Mitten im Abenteuer der Konfliktklärung – und einfache Wege, es zu bestehen

»Alle Träume können wahr werden, wenn wir den Mut haben, ihnen zu folgen.«
Walt Disney

11.1 Die höhere Energie gewinnt

Paula weiß, dass sie, um im Elefanten-Quadranten an Stärke zu gewinnen, lernen darf, die starken Seiten des Tigers bei sich ebenfalls zu kultivieren – ohne die Stärken des Stallpferds zu verlieren. Beim Tiger ist das besonders die Direktheit und das Vermögen, Dinge direkt beim Namen zu nennen. Und beim Stallpferd sind besondere Stärken die Rücksichtnahme und die Fähigkeit, sich in andere einzufühlen.

Als Herr Fockler in ihr Büro stürmt, fällt sie aus Gewohnheit in ihr altes Stallpferd-Verhalten zurück. Paula erlebt in diesem Moment, dass auch die Energie, mit der jemand auftritt, eine Rolle spielt. Die Bestimmtheit, mit der diese Person spricht, hat ebenfalls einen Einfluss und kann Menschen einschüchtern.

Wir brauchen somit Energie und Bestimmtheit, um uns für unsere Anliegen einzusetzen, damit sie wahrgenommen werden. Energie und Bestimmtheit sind also per se keine negativen Eigenschaften, sie werden erst dann dazu, wenn sie ohne Rücksicht auf die Bedürfnisse anderer eingesetzt werden. Dann sind wir in der Gefahr, zarter besaitete Menschen zu verschrecken und schließlich deren Vertrauen zu verlieren.

Die Folgen sind in diesem Fall kostspielig:
1. Wir bekommen keine Rückmeldung mehr, auch keine positive, da sich die anderen zurückziehen.
2. Wir werden gemieden, erhalten kein Feedback und lernen nur noch wenig.
3. Sind wir Führungskraft, bedeutet das, ein einsames Leben zu führen und inhaltlich zunehmend schwächer zu werden.

Rücksicht zu nehmen, hilft demnach *beiden* Seiten.

Dass Paula unter diesem Einfluss vergisst, für sich zu sorgen, ist dabei klassisch – sie vergisst ihren Termin mit Peter. Ergebnis: Sie macht Überstunden, die nicht nötig gewesen wären.

Die Unterwerfung anderer sorgt dafür, dass die energetische Person, hier Herr Fockler, genau so weitermacht, weil es »funktioniert«. Deswegen ist Aufrichtigkeit über die tatsächliche – und nicht die angenommene – Wirkung hier immens wichtig, damit Herr Fockler eine Chance hat zu erkennen, »was er sich selbst antut«.

Die Fähigkeit einer Führungskraft lässt sich am besten anhand dessen beurteilen, wie sehr die Mitarbeiter wirklich hinter ihren eigenen Handlungen stehen.

11.2 Wie, Was, Haltung, Energie: Was Paulas Tasse ihr sagt

In kritischen Situationen konzentrieren sich viele auf die Inhalte. Dann können Menschen sich stunden-, ja sogar jahrelang mit diesen beschäftigen, ohne voranzukommen. Das ist, als würden wir uns streiten, ob wir den Porsche 911 oder die Mercedes-S-Klasse buchen, bis einer hereinkommt, der uns deutlich macht, dass wir, um zum Ziel zu kommen, ein Boot brauchen. Wir sind mit dem *was* beschäftigt und machen uns keine Gedanken über das *wie*.

Im menschlichen Miteinander ist das *wie* aber immens wichtig. Wenn unser *wie*, also wie wir miteinander umgehen, leidet, leidet auch unsere Kapazität, etwas umzusetzen, also das *was*.

Doch all das ist nichts wert, wenn die Haltung fehlt. Wenn das *wie* nur ein Fake ist und wir lediglich manipuliert werden, dann kann das *was* noch so attraktiv sein – die meisten werden sich andere Partner suchen. Das gilt für das Geschäftsleben genauso wie fürs Liebesleben.

Und was ist mit der *Energie*? Sie ist das i-Tüpfelchen, wenn die anderen Punkte bereits stimmig sind. Dann kann *Energie* immens begeistern und auch auf andere überspringen. Eine energetische Person, die mit ihrer Haltung ihr *wie* bestimmt, um das *was* zu erreichen, wird zunehmend bestechen durch

- ihre Präsenz in Gesprächen,
- ihre Selbstsicherheit auch in schwierigen Situationen,
- ihre Individualität, da sie sich traut, auch unangenehme Wege zu gehen,
- die inspirierende Wirkung auf andere,

- die glasklare Fokussierung auf das Thema, das ansteht,
- das Herz, mit dem sie ihre Vorhaben angeht,
- den Mut, den sie zeigt, um sich für sich und andere einzusetzen, und
- ihren Idealismus, der heißt, sich für ihre Werte – auch gegen Widerstände – einzusetzen.

Beste Zutaten für inneres Standing und charismatische Wirkung – statt Show.

Abb.: Paulas Tasse

11.3 Jeder Konflikt hat mindestens zwei Seiten

– »Ja, Sie haben mir gesagt, wie Sie die Sache sehen, aber wir haben kein Bild von dem, wie Frau Knolle die Sache sieht.« –

Gerade in Konflikten steigt die Wahrscheinlichkeit, von der eigenen Meinung überzeugt zu sein. Mangels Feedback und verständnisfördernder und -bildender Auseinandersetzung bleiben Menschen schnell in eigenen Bildern und Meinungen stecken, von denen sie zunehmend überzeugt sind.

Wenn eine Führungskraft von ihren Mitarbeitern keine Rückmeldung erhält – z. B. wegen deren eigener Ängste aufgrund schmerzhafter Erfahrungen mit der Führungskraft –, nimmt die Anzahl »einsamer und häufig fehlerhafter Entscheidungen« zu. Gleichzeitig wird die eigene Überzeugung, »die Wahrheit« zu kennen, immer verhärteter, denn schließlich sind die »schlechten Ergebnisse ja deutlich zu sehen«. Wer wird dann irgendwann entlassen? Die Mitarbeiter. Die Führungskraft sieht sich dadurch bestätigt – und macht weiter. Ein Teufelskreis!

Hier ist besonders der erste Lebensschlüssel – Wahrnehmungen von Interpretationen unterscheiden zu können – hilfreich, sowohl für den Personaler als auch für die Führungskraft. Wir erinnern uns: »Bei einem Streit ist der Wunsch, ernst genommen zu werden, auf beiden Seiten gleich groß« (Marshall B. Rosenberg). Auch deswegen ist es wichtig, die Wahrnehmungen aller Beteiligten zu hören und nicht ihre bisweilen vorschnellen Interpretationen.

Paula holt sich die Rückmeldung durch die Befragung der anderen Mitarbeiter. Alternativ könnte Paula auch Herrn Fockler fragen:

- **Aktion oder Reaktion?** »Ich habe Ihre Sichtweise gehört. Kann es auch sein, dass Ihre Mitarbeiter eher auf Sie reagieren als zu agieren? Wenn ›Nein‹, was macht Sie da so sicher? Wenn ›Ja‹, was könnte Ihr eigener Anteil daran sein?«
- **Hineinversetzen in die andere Person:** »Klar, dass Sie damit nicht einverstanden sind, *wie* Frau Knolle agiert hat. Wenn Sie sich mal kurz in sie hineinversetzen: *Wofür* könnte Frau Knolles Verhalten ihr selbst dienen?«
- **Verhalten am eigenen Fall reflektieren und infrage stellen:** »Haben Sie in der Vergangenheit auch schon mal etwas gemacht, das Sie im Nachhinein bereut haben? Was hat Sie bewogen, das dann trotzdem zu tun? ... Könnte es sein, dass Frau Knolle aus ähnlichen Gründen agiert hat?« **Achtung:** Dem Wunsch, sich wichtige Bedürfnisse zu erfüllen, nachzugeben heißt nicht, die Handlung bzw. Strategie gutzuheißen.

11.4 Den blinden Fleck aufdecken

– »Das, was Sie Fakten nennen, sind für mich Spekulationen. Zu den Fakten gehört, dass sie eindeutig sind – das heißt, dass alle Seiten zweifelsfrei drauf schauen und sich einig sind. Das ist mir auch wichtig, um sicherzustellen, dass es einen rechtlich haltbaren Abmahnungsgrund gibt.« –

Die Aufdeckung eines blinden Flecks ist oft von Widerstand und Äußerungen begleitet wie:

- »Das kann gar nicht sein! Unmöglich!«
- »Wie soll das wahr sein, wenn ich es nicht mitbekomme!«
- »Sie kennen doch meine Abteilung gar nicht!«

Blinde Flecken aufzudecken erfordert ein inneres Standing, die Fähigkeit, Wahrnehmungen benennen zu können, und die glasklare Haltung des »Magiers«, sonst könntest du schnell einknicken. Dafür brauchst du Erfahrung – und Erfahrung ist ein anderes Wort für »viele Fehler gemacht, sie offengelegt und ausgebügelt zu haben«.

Dabei stellt sich Paula nicht gegen Herrn Fockler, sondern bleibt stabil bei sich und ihren Bedürfnissen – auch bei Gegenwind –, ohne die Ohren oder ihr Herz zu verschließen. Paula ist klar, dass eine Abmahnung, die unfair wirkt oder unverständlich bleibt, die Mitarbeitermotivation negativ beeinflusst. Dies teilt sie aufrichtig mit und ist sich bewusst, dass ihre Aufrichtigkeit ein deutliches »Nein, so nicht!« an Herrn Fockler sendet. Gleichzeitig ist Sie sich bewusst, dass Herrn Focklers Beweggründe noch nicht auf dem Tisch liegen.

11.5 Eigenes Bedauern ausdrücken

– »Herr Fockler, ich glaube, wir kommen hier nicht weiter, wenn wir den ›Larry raushängen‹ lassen, wenn ich das so salopp ausdrücken darf. Gestern habe ich den Fehler gemacht, Ihnen zu signalisieren, dass ich die Abmahnung unterstütze. Das ist zum jetzigen Zeitpunkt nicht der Fall. Das ist mein Fehler gewesen, ich habe nicht klar reagiert, ich war zu überrascht von Ihrer Vehemenz gestern. Heute bin ich schlauer. Können Sie damit leben?« –

Paulas Abgrenzung und ihr Bedauern drückt sie in Herrn Focklers Sprache aus. Das ist die Sprache, die er leichter verstehen kann. »Personalerdeutsch« würde er wohl als »Geschwurbel« abtun.

Paula geht auf ihren Fehler vom Vortag ein und übernimmt dafür die Verantwortung. Sie schließt mit einer Frage ab – einer Frage, die Herrn Fockler ein Stück weit herausfordert – etwas, was Tiger ganz gern mögen.

11.6 Territorien berücksichtigen

– »Herr Fockler, glauben Sie, es ist eine gute Idee, Frau Knolle in Ihr Büro zu rufen?« »Ja, wohin denn sonst? Dazu habe ich doch extra die Gesprächsecke einrichten lassen!« –

Vielen Führungskräften ist nicht bewusst, dass ihr Büro als ihr eigenes Territorium fungiert. Wir haben schon Büros gesehen, in denen Mitarbeiter kleine Hocker bekamen, und Gesprächsecken, in denen Mitarbeiter wie eingekesselt saßen. Dass diese Konstellationen kaum zu offenem Austausch führen, kannst du dir vorstellen.

Daher ist es für Konfliktklärungen hilfreich, neutrale Orte zu nutzen und sich dort auch nicht konfrontativ gegenüber, sondern eher über Eck zu setzen. Das sind kleine Änderungen, die unterbewusst wahrgenommen werden und zu mehr Augenhöhe beitragen.

11.7 Ideale Voraussetzungen für den Schwächsten schaffen

Paula will zunächst allein mit Frau Knolle sprechen. So, wie sie spricht – mehrfach »schon«, »Ja, also …« – und wie sie sich verhält – nervös auf ihrem Stuhl herumrutscht –, scheint sie Angst zu haben und händeringend nach Hilfe zu suchen:

– »Sie helfen mir doch, oder?« –

Der Grund dafür ist allerdings noch unklar.

– Paula merkt, als sie auf Taras Kaffeetasse schaut, dass sie an einigen von Frau Knolles Aussagen zweifelt. Es ist weniger, was sie gesagt hat, sondern vielmehr, wie sie es gesagt hat. –

Weshalb hat Paula diese Zweifel? Es liegt an der Unstimmigkeit zwischen Paulas Wahrnehmungen und der Körperreaktion von Frau Knolle, die so gar nicht dazu passen will. Weil Paula klar ist, dass dies nur ihre Interpretation ist, will sie diese überprüfen. Auch der Vertrauensaufbau ist noch nicht abgeschlossen. Daher fragt sie:

– »Frau Knolle, ich vermute, dass irgendetwas schiefgegangen ist, über das wir noch nicht gesprochen haben. Ich schätze, Sie haben es auch nicht immer leicht mit Herrn Fockler. Ist da was dran?« –

Das gibt Paula die Möglichkeit, mehr auf die Gefühlsebene zu wechseln und zu dem hinzugehen, was Frau Knolle tatsächlich auf der Seele liegt. Sie macht auch ihre eigene Haltung in der Situation deutlich:

– »Sie haben die E-Mail doch nicht ›mit Absicht vergessen‹. Ich bin überzeugt, dass wir alle Dinge tun, die nicht gut sind für andere, nicht gut fürs Unternehmen und manchmal auch nicht gut für uns selbst, doch wir tun alles aus nur einem Grund.« –

– »Wir haben heute ja einiges zu entscheiden. Gibt es denn noch etwas, das ich wissen sollte?« –

Hier forscht sie nochmals nach. Paulas Stimme und ihre – auch körperliche – Zugewandtheit vermitteln ihre empathische Haltung, die eine Verbindung zwischen beiden leichter macht.

– »Und jetzt sind Sie über Ihr eigenes Verhalten ganz erschrocken und bedauern, dass Sie so kurzsichtig gehandelt haben?« –

Auch wenn Frau Knolle dies hätte selbst sagen können, wäre es für sie doch schwer zu artikulieren gewesen. Paula nimmt ihr das ab, fragt aber nach, um sicherzustellen, dass sie nicht versehentlich etwas hineininterpretiert.

Frau Knolle offenbart Paula den Ablauf, was ihr schlechtes Gewissen erleichtert. Paula erkennt, wie Frau Knolle unter dem Führungsverhalten von Herrn Fockler leidet:

– »Wenn ich Sie richtig verstehe, haben Sie versucht, sich zu schützen vor Herrn Focklers – ich sage mal – ›barschen‹ Art, vor seinen Abwertungen und vor möglichen Folgen, denen Sie ausgesetzt wären, ist das so richtig?« –

Paula richtet danach zunehmend den Blick nach vorn, da sonst die Neigung entsteht, sich »im Desaster zu suhlen«. Diese kleinen Interventionen bauen zunehmend ein Vertrauensverhältnis zwischen Frau Knolle und Paula auf.

Paula überprüft, welche Maßnahmen Frau Knolle bereits selbst ergriffen hat. Und sie macht Frau Knolle auch deren Anteil am Konflikt bewusst, für den sie verantwortlich ist.

– »Und was heißt das jetzt? Bekomme ich jetzt eine Abmahnung?« –

Frau Knolle ist innerlich immer noch mit der Abmahnung beschäftigt. Für sie – als Stallpferd – ist das eine potenzielle Bedrohung, daher hat sie weiterhin ihren Fokus darauf.

11.8 Die eigene Rolle und Regeln den Beteiligten verständlich machen

– »Meine Rolle ist hier nicht Partei zu ergreifen für einen von Ihnen, sondern im Sinne des gesamten Unternehmens und seines Erfolgs auf dem Markt dafür zu sorgen, dass das, was gesagt wird, die größtmögliche Chance hat, gehört und verstanden zu werden, damit wir ein Ergebnis haben, das allen zugutekommt.« –

Paula macht auf Ihre Rolle als Vertreterin des Unternehmens aufmerksam – eine Rolle, die vielen Mitarbeitern oft nicht bewusst ist. Sie bringt damit auch das höhere Ziel ein und dass eine Lösung verfolgt wird, die dem größeren Ganzen (Abteilung, Unternehmen, Kunden ...) dient.

Verhandlungen erfordern zunächst gemeinsame Regeln

Wie oft werden kritische Gespräche und Verhandlungen begonnen, ohne sich auf Regeln für das Miteinander festzulegen? Wenn es erst mal kracht, ist es zu spät für Regeln, weil die Beteiligten dann mit der inhaltlichen Argumentation beschäftigt sind und nicht »reguliert« werden wollen.

– »Bevor wir inhaltlich starten, können wir uns bitte auf die wichtigsten Regeln für unser Miteinander festlegen?« –

Vorsorge erspart Nachsorge.

– »Damit das hier erfolgreich laufen kann und danach kein Scherbenhaufen übrig bleibt, empfehle ich, dass wir respektvoll miteinander umgehen, das heißt, dass jeder von sich selbst spricht, den anderen ausreden lässt und keine Beleidigungen oder Vorwürfe vorkommen. Können Sie da beide mitgehen?« –

Insbesondere bei dem Bedürfnis nach Respekt ist es immens wichtig, welche Bitte wir an den Verhandlungspartner haben. Viele sprechen von Respekt, ohne klar zu machen, was sie gern hätten, das der andere tut oder nicht tut.

Das ist der Grund, weswegen Paula dies spezifiziert: »... einander zuhören, ausreden lassen und keine Beleidigungen ...«.

Sie ist sich auch klar, dass in der Hitze des Gesprächs die »Intelligenz häufig nachlässt«. Sie stellt sich bereits darauf ein, deswegen nicht zu streng zu sein – und trotzdem hartnäckig dranzubleiben.

Mit Suggestivfragen umgehen

– »Also, wenn Sie ehrlich sind, Frau Knolle, dann geben Sie zu, dass Sie da riesig Mist gebaut haben, oder?« –

Suggestivfragen, wie hier von Herrn Fockler formuliert, nehmen das Ende vorweg – sie sind das Gegenteil von offen. Sie manipulieren das Gegenüber, auf die eigenen Wünsche einzugehen.

– »Herr Fockler, können Sie bitte sachlich bleiben? Frau Knolle, Sie brauchen nicht zu antworten. Bitte noch mal – und diesmal ohne Vorwurf, Herr Fockler.« –

Paula stellt sich zunächst vor Frau Knolle – nicht um Partei zu ergreifen, sondern um Frau Knolle vor der unfairen Gesprächsführung von Herrn Fockler zu schützen. Indem sie sich nicht manipulieren lässt, zeigt Paula von Beginn an, dass sie für ein faires Miteinander eintritt, ohne sich von solchen Fragetechniken verunsichern zu lassen.

Manipulation bedeutet, ich nehme Einfluss, ohne meine wahre Absicht offenzulegen.

Beispiele für Suggestivfragen und mögliche Antworten darauf:

Suggestivfrage	Mögliche Antwort
»Sind Sie **nicht auch der Meinung**, dass das die beste Strategie ist?«	»Ich vermute, dass das Ihre Meinung ist, sind Sie offen für andere Meinungen?«
»**Wie alle anderen möchten Sie sich doch sicher auch** bei der Veranstaltung engagieren, oder?«	Kurzversion: »Nein, danke.« Etwas sanfter: »Kommen Sie auch mit einem Nein zurecht?« oder »Sie hätten mich wohl gern dabei? Interessiert Sie, was aus meiner Sicht dagegen spricht?«
»**Sie wollen doch auch**, dass die Arbeit so schnell wie möglich erledigt wird?«	»Termingerechtes Abliefern ist Ihnen vermutlich wichtig. Gibt es etwas, was Sie in dieser Sache so unter Druck setzt?«

Die fiesere Version der Suggestivfrage und mögliche Antworten darauf:

Suggestivfrage	Mögliche Antwort
»Die erste Option ist immer noch **besser als alles andere. Da müssen Sie doch** zum selben Ergebnis kommen!«	»Ich höre, was Sie bevorzugen. Können Sie mit anderen Meinungen umgehen?«
»**Findest du nicht auch**, dass diese Idee **totaler Schwachsinn** ist?«	»Ich bekomme deine Sichtweise mit. Kommst du mit anderen Sichtweisen zurecht?«
»So ein **Schwachsinn**!«	»Gibt's Ihre Meinung auch in motivierend?«
»**Betrügen** Sie **immer noch** Ihren Arbeitgeber?«	»Interessant, wie kommen Sie darauf?« Oder: »Diese Frage sagt vermutlich mehr über Sie aus, als jede Antwort es könnte.« »Ich bin mir nicht sicher, ob Ihre Vorurteile eine Antwort brauchen.« »Glauben Sie, dass uns Suggestivfragen in unserer Diskussion weiterbringen?« »Was bringt Ihnen das, so über andere zu denken?«

Suggestivfragen selbstsicher begegnen

Aus den oben genannten Antworten kannst du erkennen, dass schon etwas Mut dazugehört, Nein zu sagen. Selbstsicherheit ist eine Voraussetzung, um solche Sprachgewalt zu parieren.

Wie kannst du deine Selbstsicherheit aufbauen? In der Regel durch das Bestehen schwieriger Situationen. Du wirst dir deiner sicher. Du kannst klein anfangen und die Herausforderungen zunehmend steigern. Das kann im Alltag geschehen oder gezielt trainiert werden durch sogenannte Selbstsicherheitsübungen, die in Trainings angeboten werden.

1. Werde dir deiner Wahlfreiheit bewusst. **Du hast immer die Wahl, ob und wie du antwortest!**
2. Widersprich mutig und **antworte, wie es deinen Werten entspricht**.
3. **Halte deine Antwort kurz.**

Wechsle in die Vogelperspektive und zeige, dass du erkannt hast, was der andere vorhatte, und dass du dich nicht manipulieren lässt. Sonst versucht er es immer wieder, da er damit vordergründig »erfolgreich« war. Dass die Beziehung dadurch immens leidet kann, merkt er noch nicht.

Komm zum Punkt und verzichte auf Füllwörter

Kein »Drumherumreden« – komm zum Punkt! Je mehr du drum herumredest, desto mehr lässt die Aufmerksamkeit deines Gegenübers nach. Bereits ab 50 Wörtern ist dieser Effekt in Gesprächen zu erkennen.

Verwende möglichst wenig Füllwörter wie »letztendlich«, »gewissermaßen«, »sozusagen«, »also«, »halt«, »quasi«, ... Du wirkst selbstsicherer ohne sie. Braucht das Training? Ja, und bisweilen auch Feedback, denn einige der Füllwörter können so vertraut sein, dass du sie beim Aussprechen nicht mehr bemerkst.

11.9 Häufige Fehler in der Gesprächsführung

Fehlt dem Gespräch die Führung und herrschen Rechthaberei, betretenes Schweigen, unangenehme Atmosphäre und Missverständnisse, dann ist es gar nicht so einfach, ein gutes Gespräch zu führen, bei dem sich alle Gesprächspartner wieder wohlfühlen. Gelungene Konversation ist eine hohe Kunst. Aber auch eine erlernbare.

Die Voraussetzungen dafür bringt jeder mit, der eine verbindende Haltung einnehmen kann. Aus dieser Haltung resultiert echtes Interesse am Gegenüber, jenseits der unterschiedlichen Sichtweisen.

Die drei häufigsten Fehler in Gesprächen

- **Es wird aneinander vorbeigeredet**
  Die Gesprächsteilnehmer reden zwar viel, aber nicht miteinander. Im Endeffekt versteht keiner, was der andere wirklich sagt oder sagen will. Es ist wie bei zahlreichen Podiumsdiskussionen: Jeder nutzt seine Airtime, um *seine* Position deutlich zu machen. Auf den anderen eingehen? Fehlanzeige. In einer solchen Situation sind Missverständnisse und Frustration nur eine Frage der Zeit.
- **Das Wesentliche wird zur Nebensache**
  Oft schweifen Gespräche auf Nebengleise oder Nebenkriegsschauplätze ab – nicht selten, weil einem der Teilnehmer die Argumente ausgehen – dann wird zum Beispiel lieber über den »professionellen« Ton als über den Inhalt gestritten. Die Beteiligten verlieren so das eigentliche Thema des Gesprächs aus den Augen und kommen nicht zum erhofften Ergebnis.
- **Vorurteile bestimmen das Gespräch**
  Oder anders formuliert: Jeder hat einen Standpunkt, und der ist fest zementiert. Keiner ist wirklich bereit, diesen zu hinterfragen oder gar zu ändern. So führen Meinungsverschiedenheiten zwangsläufig zu Konflikten, die Diskussion dient ausschließlich Rechtfertigungen und Beschuldigungen. Streit ist also vorprogrammiert. Leider verlaufen die meisten Gespräche, Meetings und Online-Diskussionen nach diesem Muster, wenn sie nicht professionell moderiert werden – im Großen wie im Kleinen. Gesprächsführung bedeutet hierbei natürlich nicht, das Gespräch an sich zu reißen und zu dominieren. Vielmehr ist damit sanftes Lenken im Sinne der Sache gemeint.

Gespräche führen ist »Führungsarbeit«

Führen kann jeder – sinnvolle Gespräche führen kann nicht jeder. Um erfolgreiche Gespräche führen zu können, sind folgende Erkenntnisse und Fertigkeiten wichtig:

- sinnvolle Fragen entsprechend der Gesprächsphase stellen
- wiedergeben, was der andere im Kern gesagt bzw. gemeint hat, und sich dazu eine Bestätigung einholen
- auf Gehörtes eingehen
- empathisches Nachfragen bei kritischen Themen
- die Widersprüche auf der Strategie-Ebene klären und die Bedürfnis-Ebenen zusammenführen
- das Gespräch auswerten und klare Vereinbarungen treffen

Zuhören ist mehr als warten, bis man dran ist.

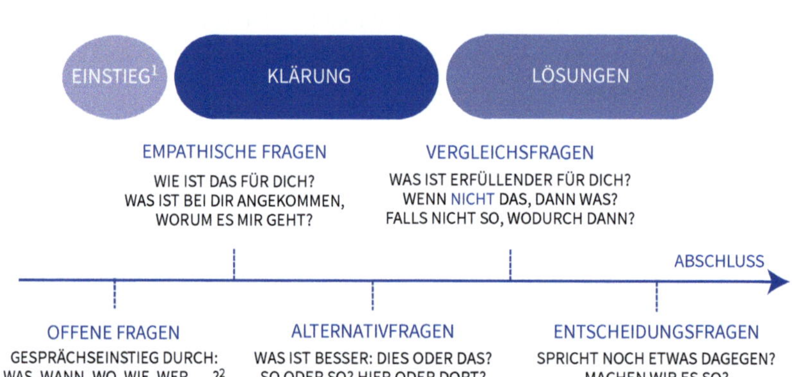

Abb.: Führen durch Fragen

Führen ist mehr als nur ein bestimmtes Auftreten – dazu gehört auch:

- Beziehung klären
- Beziehung herstellen
- Vorschläge einholen
- strukturieren
- Stellung nehmen
- Feedback einholen
- Beteiligung bei Entscheidungen
- Eigenverantwortung fördern
- Aufgaben adäquat zuteilen
- Selbstführung fördern

- Lösungen erarbeiten
- Gemeinsamkeiten und Anstrengungen würdigen
- eigenes Führungsverhalten reflektieren
- sich coachen lassen
- Danke sagen und meinen
- ...

11.10 Nicht einsteigen auf Fehlverhalten

– »Ja, bin ich hier Vertriebsleiter oder Pflichtverteidiger?«
[...]
»Grundsätzlich ist Ihr Job, den Vertrieb zu führen, und dazu gehören auch ein paar Regeln des Miteinanders. Sich vor seine Mitarbeiter zu stellen und herauszufinden, was sie Fehler machen lässt, um dann die Ursache abzustellen – gehört das nicht zu Ihrer Arbeit?« –

Paula holt Herrn Fockler an der Stelle ab, an der er ist – in seiner Sprache. Sie geht ihrerseits in Führung und konfrontiert ihn an Fakten gespiegelt. Standhaftigkeit und Aufrichtigkeit sind nun erst mal gefragt. Sie macht Herrn Fockler durch ihre Frage darauf aufmerksam, dass zum Führungskraft-Sein mehr gehört als der fachliche Teil. Ein gewichtiger Teil ist die Menschenführung. Und diese kann als Diktat erfolgen, wie in einer Diktatur – oder beteiligend, wie in einer Demokratie.

Dadurch, dass Paula einigen Verhaltensweisen begründet (!) widerspricht und ihre eigene Haltung wiedergibt, ohne Herrn Fockler als Menschen zu verurteilen, kann sie in kleinen Schritten zunehmend seinen Respekt und sein Vertrauen gewinnen.

Bin ich bereit, mich zu irren?
– »So, wie Sie [Herr Fockler] reagieren, bin ich nicht sicher, ob Sie gerade mit den Fakten umgehen können. Sollen wir lieber unterbrechen?« –

Paula ist sich recht sicher, dass Herr Fockler das Gespräch »durchziehen« will – aber sie weiß, dass sie sich auch irren kann. Daher fragt sie nach.

Unterschätze nicht die »kleinen« Fragen! Sie tragen viel zur Verbindung bei.

11.11 Den Tiger an den Ohren ziehen

– »Hallo?! Die Leute machen doch sonst, was sie wollen, wo kommen wir denn da hin? Das ist doch Teil meines monatlichen Schmerzensgelds, das heißt, meines Gehaltschecks.« –

Offensichtlich ist Herrn Fockler noch nicht klar, dass Menschen immer tun, was sie wollen. Die Frage ist vielmehr, aus welcher Motivation sie etwas tun und welche Folgen daraus entstehen. Das »Dann machen die Leute doch, was sie wollen« entstammt, wie so viele Sprüche, die in Unternehmen anzutreffen sind, früheren herrschaftlichen Diktaturen. Je höher eine Führungskraft aufsteigt, desto mehr von den realitätsfernen und abwertenden Sprüchen kann sie zu hören bekommen – und einige Führungskräfte reichen diese dann weiter an ihre Mitarbeiter.

– »Herr Fockler, ich habe das gehört! Wenn Sie nicht bereit sind, sich an die Regeln, z. B. zum gegenseitigen Respekt, die wir vorher vereinbart haben, zu halten, dann können wir hier abbrechen. Keine Beleidigungen! Sind Sie bereit, sich an unsere Regeln zu halten?« –

Wenn Paula nicht auf Herrn Focklers Regelüberschreitungen reagiert, wird er davon ermutigt zunehmend mehr davon machen. Daher zieht sie hier die Reißleine.

»Spannung ist das, was du glaubst, sein zu müssen.
Entspannung ist das, was du bist.«
Chinesisches Sprichwort

– »Na klar, manchmal muss man eben die Peitsche schwingen, es gibt ja auch Zuckerbrot beizeiten! Das gilt es auszuhalten. Sie kennen ja den Spruch: Nur die Harten kommen in den Garten.« –

Je länger lebensverachtende Sprüche keinen Widerspruch erhalten, der ihre trennende Haltung oder ihren Irrtum aufdeckt, desto länger hält sich deren Wirkung in Unternehmen.

– »Äh, nein, das ist mir halt so rausgerutscht. Ich bin halt direkt.«
»Entschuldigen Sie bitte, Herr Fockler, wie Sie mit mir und anderen hier umgehen, ist nicht direkt – Sie stellen sich über andere und beleidigen sie, um Macht auszuüben!« –

Paula führt Herrn Fockler an der kurzen Leine, da sie erkannt hat, dass er in seiner Abteilung schalten und walten kann, ohne je Widerspruch zu erleben. Sie übernimmt diesen – herausfordernden und unangenehmen – Teil des Gesprächs, weil sie mit Tara herausgefunden hat, dass sie sich meist lediglich aufs Erreichen eines Ziels konzentriert.

Als Tara ihr an die Hand gab, sich stärker auf die *Bedeutung des Ziels* als auf das Ziel selbst zu konzentrieren, merkte Paula, wie neue Energie in sie strömte. Eine Energie, die Paula nun auch durch die schwierigen Momente trägt.

»Ziel des Lebens ist es, nicht ein erfolgreicher Mensch zu sein, sondern ein wertvoller.«
Albert Einstein

11.12 Die gute Absicht im Blick halten

– »Meine Vermutung ist – und bitte korrigieren Sie mich, wenn ich danebenliege –, dass Sie das, was Sie tun, sehr gern machen: Kunden aufbauen, interessante Angebote erstellen, Angebote in Aufträge verwandeln und, und, und … Und dass Sie manchmal überfragt sind, wie das geht mit der Motivation anderer, wo Ihre eigene Motivation doch immer da ist.« –

Hier erforscht Paula die guten Absichten von Herrn Fockler. **Die »Bitte um Korrektur«, falls sie danebenliegt, ist wieder eine *Standardfrage*, die ihre Haltung sichtbar macht.** Gleichzeitig spricht sie Herr Focklers Unklarheit an, was Motivation anbelangt.

Herausforderung Demotivation vermeiden

– »Ihr Job ist nicht, Ihre Mitarbeiter zu motivieren – die Motivation bringen Mitarbeiter von Anfang an mit. Ihr Job ist, sie nicht zu demotivieren!« –

Wie bei den bereits erwähnten Schulkindern ist es auch bei uns Erwachsenen: Wir haben eine natürliche innere Motivation und bringen diese mit – bis etwas vorfällt, das uns demotiviert. Mitarbeiter nicht zu demotivieren ist sicher eine der größten Herausforderungen für viele Führungskräfte. Da demotivierende Worte oder Handlungen im Alltag auch bei besten Absichten passieren können, ist die Fähigkeit, sein Bedauern auszusprechen und neue Wege für das Miteinander zu finden, Teil der Führungsaufgabe. **Wenn Führungskräfte die Bedürfnisse ihrer Mitarbeiter herausfinden können, dann können viele neue Strategien in kurzer Zeit im Unternehmen umgesetzt werden.**

– »In den letzten Jahren haben Sie mit Ihrem Führungsstil eine Menge beigetragen zur Demotivation Ihrer Mannschaft. Dass Ihre Mitarbeiter dann unter Stress Fehler machen, hat bedauerlicherweise auch etwas mit Ihnen zu tun. Jeder Mitarbeiter bleibt für sein eigenes Handeln verantwortlich, nur: Sie haben auch einen Anteil am Verhalten von Frau Knolle. Könnte da etwas dran sein?« –

Paula fasst die Situation zusammen und prüft ihre Schlüsse aufgrund der Faktenlage. Sollte Herr Fockler damit oder mit Teilen davon nicht einverstanden sein, hat er jetzt die Möglichkeit, Nein zu sagen. Sie unterscheidet zwischen »Anteilen« bzw. »Einflüssen« von Herrn Fockler und der Verantwortung von Frau Knolle für ihr Verhalten.

Paulas Ruhe vermittelt Herrn Fockler, dass er nicht verurteilt wird, auch wenn sein Verhalten nicht akzeptiert wird. Auch hier achtet sie darauf, mit einer Frage abzuschließen.

»Wollen« ist nicht »können«

– »Herr Fockler, danke für Ihre Nachsicht für meine direkten Worte. Schön, dass wir uns jetzt schon etwas besser verstehen. Doch damit sind Ihre Einstellung und Ihre Gewohnheiten ja nicht verändert. Wie wäre es, wenn Sie in unser Konfliktmanagement-Training für Führungskräfte gehen würden? Dort bekommen Sie weitere wertvolle Tipps und können sich noch intensiver bei Ihren individuellen Themen unterstützen lassen.« –

Auch wenn Herr Fockler nun merkt, dass er eine ebenbürtige Personalerin vor sich hat, muss er sie nicht gleich lieben. Der Respekt, den sich Paula aufgebaut hat, zeigt Wirkung bei Herrn Fockler, der sich sonst bei anderen Personalern leicht hat durchsetzen können. Auch dass sie ihn nicht einfach nur mit einer Absichtserklärung aus dem Fall herauslässt, zeigt ihre Entschlossenheit, eine nachhaltige Veränderung bewirken zu wollen.

Dass ein »geläuterter Chef« bei seinen Mitarbeitern mit kurzfristigen Verhaltensänderungen, hinter denen keine tiefere Absicht steckt, schnell Misstrauen weckt, ist Paula klar. Sie lässt Herrn Fockler nicht nur in die Schulung gehen, sondern sie wird sich später auch die ersten Umsetzungsmaßnahmen ansehen.

Bedauern aussprechen braucht Größe

– »Nun, Frau Aulett hat mir den Kopf gewaschen, dass ich wohl manchmal übers Ziel hinausschieße. Ich habe Sie etwas hart angefasst.« –

Herr Fockler ist in der Lage, sich selbst zu reflektieren, und kann sein Bedauern gegenüber Frau Knolle ausdrücken. Das zeigt Größe – er hätte ja auch auf seiner einseitigen Sicht beharren können. Ihm ist wohl klar, dass er sich damit keinen Gefallen tun würde.

Sehr wichtig ist, dass Paula nun auch bei Frau Knolle ansetzt, denn sonst wäre Herr Fockler einseitig in Vorleistung gegangen – und vermutlich zum letzten Mal. Deswegen bleibt sie auch an Frau Knolles Anteil dran, bis dieser geklärt ist. Frau Knolle merkt, wie wenig sie sich selbst hat unterstützen lassen.

Bestrafung oder aus Fehlverhalten lernen – was ist wertvoller?

– »Was ist Ihnen wichtiger: eine Abmahnung und demnächst eine ähnliche Baustelle zu haben oder zu verstehen, was schiefläuft, und die Ursachen zu beheben? Vorausgesetzt, beide Seiten gehen aufrichtig mit der Situation um.« –

Paula macht hier deutlich, unter welchen Umständen die Strategie »Abmahnung« nicht viel bringt: Sie behebt meist keine der Ursachen von Konflikten. Einsicht kommt durch »ein tieferes Verstehen« und nicht durch Bestrafung. Durch Bestrafung entsteht in vielen Fällen nur ein verbessertes Ausweichverhalten: ein geschickteres Vermeiden, erwischt zu werden.

– »Auf jeden Fall tut es mir sehr leid, dass ich so mit den Kunden-E-Mails umgegangen bin. Ich weiß, ich kann das nicht rückgängig machen, obwohl ich es gern würde.« –

Die Versöhnung dadurch, dass jeder Verantwortung für sein eigenes Fehlverhalten übernimmt, bringt eine Menschlichkeit, die in Unternehmen oft zu kurz kommt. Glaubwürdig wird dies weniger durch die Wahl der Worte, sondern mehr durch die Art und Weise, wie wir sprechen – die Gefühle, die in unserer Stimme hörbar sind. Wir alle können den Unterschied ganz gut heraushören – traue dich deinen Sinnen und deiner Intuition zu folgen.

11.13 In der Umsetzung liegt die Wahrheit

– »Ja, wir haben allesamt gemerkt, dass ein Training sehr inspirierend sein mag, doch die Wahrheit liegt in der Anwendung danach. Da hing ein Spruch an der Wand: ›Wer nichts anwendet, hat nichts gelernt‹.« –

Damit spricht Herr Fockler einen wichtigen Aspekt von Fortbildungen an. **Viele Fortbildungen scheinen mit dem letzten Seminartag abgeschlossen zu sein – doch eigentlich kommt erst danach die wichtigste Lernphase: die Umsetzung.** Leider werden an dieser Stelle viele sich selbst überlassen. Erst in der Umsetzung zeigt sich, was wir wirklich gelernt haben. Sonst bleibt es bei Absichtserklärungen, Ausgaben und einem netten Trainingserlebnis.

Mitarbeiter werden Chefs, von deren Fortbildung sie erfahren, oft argwöhnisch betrachten. Manche gute Absicht geht dann schnell verloren, die Integration des Gelernten fällt immer schwerer und irgendwann unter den Tisch. Zur Integration in den Alltag bieten sich zum Beispiel Lerngruppen unter Gleichgesinnten und Coaches an, die den Coachee nicht nur lieb begleiten, sondern auch unbequeme Aufgaben stellen, um das neue Level zu erreichen – was nicht ohne Rückschläge und Herausforderungen abgeht. So schön und wichtig es auch ist, Ermutigung zu erhalten, so bedeutsam für deinen eigenen Erfolg ist es auch zu hinterfragen: Kann dir der Coach **aufgrund seiner eigenen Erfahrung** Wege aufzeigen, auf denen du den nächsten Schritt hin zu deinem erstrebten Level machen kannst?

Wer lernt und nichts umsetzt, hat nichts gelernt.

11.14 Entfaltung deiner Persönlichkeit

Die nachfolgende Grafik zeigt dir die verschiedenen Stadien, die wir typischerweise auf unserem Weg zum nächsten Level durchlaufen.

Seminare und Kurse decken meist nur die Phasen »Erkenntnis und erstes Handeln« ab. Um das Gelernte in die Persönlichkeit zu integrieren, ist ein Begleiten in den Höhen und Tiefen der Anwendung erforderlich, bis eine tiefere Erkenntnis erreicht und die neue Kompetenz integriert ist.

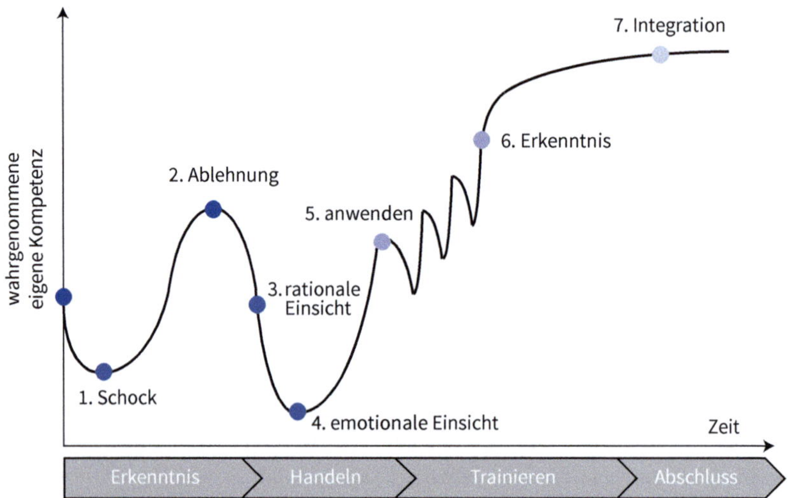

Abb.: Erst durch konsequentes Umsetzen entsteht Integration

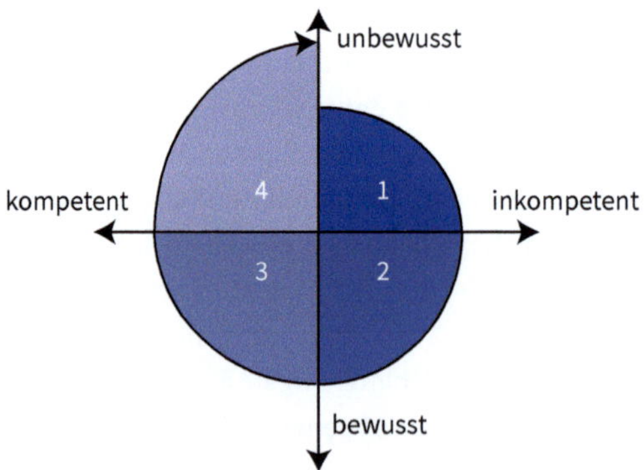

Abb.: Die Lernspirale – in welchen Phasen Erwachsene lernen

In Kapitel 7.2.2 »Wie wir lernen« hast du bereits gesehen, welche Stadien (Quadranten 1 bis 4) wir Erwachsenen durchlaufen, wenn wir etwas Neues lernen.

Die Lernreise zu einem höheren Level verläuft in der Realität nicht ganz so einfach von Quadrant 1 zu Quadrant 2 … bis Quadrant 4, sondern vielmehr über Höhen und Tiefen ab, wobei wir die verschiedenen Quadranten von 1 bis 4 emotional mehrfach durchlaufen:

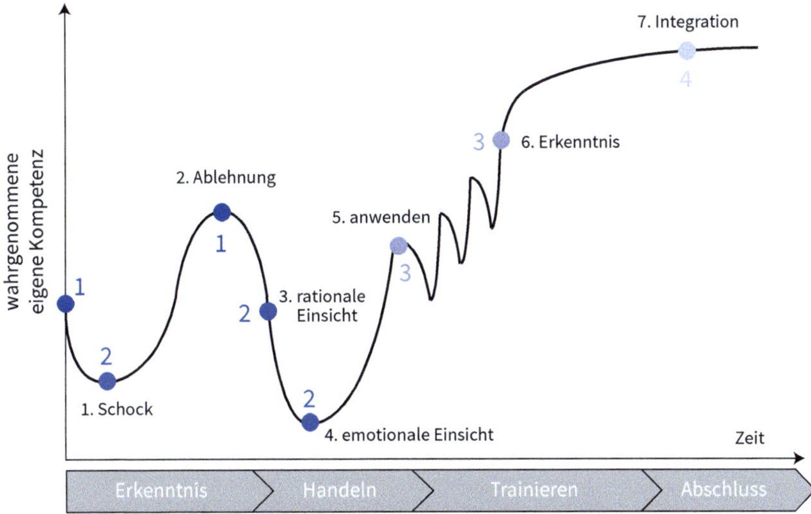

Abb.: Lernspirale und Lernintegration kombiniert

Entsprechend deinen Emotionen in den Quadranten 1–4 der Lernspirale kannst du den Verlauf der Emotionen von einem Level auf das nächste leichter nachvollziehen. Im Veränderungsprozess ist die »wahrgenommene eigene Kompetenz« vertikal aufgeführt und zeigt, wie diese zeitlich variiert über die Phasen

- Erkenntnis,
- Handeln,
- Konsequenz und
- Abschluss.

Unsere wahrgenommene Kompetenz entwickelt sich nicht geradlinig, sondern unterliegt meist vielen Be- und Abwertungen, Überhöhungen, Durchbrüchen und Umkehrpunkten. **Anzufangen ist keine Garantie, das Abenteuer auch erfolgreich zu beenden!**

Ein typischer Verlauf zeigt folgende wiederkehrende Muster:

1. Nach dem ersten enthusiastischen Beginn erfolgt meist ein **Schock**: Hier wird uns bewusst, wie viel wir noch nicht wissen.
2. Danach kommt häufig **Ablehnung** – hier wird das Ziel bezweifelt (»unmöglich«, »nicht durchführbar«, »geht nicht«).
3. Nach weiterer Investition ins *Was* und *Wie* kommt zunächst ein Punkt, an dem wir die Technik **rational** einsehen und denken: »Ich kann das.«

4. Dann kommt der **emotionale Tiefpunkt**: Hier erkennen wir, dass unsere bisherigen Strategien erfolglos waren, doch neue sind noch nicht wirklich funktionsfähig – wir bekommen »es« einfach nicht hin. Das ist vielleicht der wichtigste und emotionalste Zeitpunkt: Entscheiden wir uns dranzubleiben oder geben wir auf? Hier entwickelt sich die eigene Haltung am meisten.
5. Wenn wir dranbleiben, gehen wir mit neuer Demut an die **Anwendung** und das Trainieren heran. Wir wenden neue Verhaltensweisen an und akzeptieren zunehmend, dass wir immer noch einige Rückschläge zu verkraften haben. Allein könnten wir auch hier geneigt sein aufzugeben, deswegen sind Gleichgesinnte und Unterstützung durch erfahrene Experten in dieser Phase besonders wichtig.
6. Hier erleben wir eine zweite, **tiefere Erkenntnis**. Wir verstehen nicht nur mit dem Kopf oder aus dem Schmerz heraus, sondern nun auch mit dem Herzen. Aus einer Technik wird eine integrierte Fähigkeit.
7. Erst jetzt ist die Fähigkeit Teil unserer Persönlichkeit geworden und **wir verkörpern, was wir sagen**.

Und dann? Dann geht das Ganze wieder von vorne los. Auf zum nächsten Level!

»Fange nie an aufzuhören. Höre nie auf anzufangen.«
Chinesisches Sprichwort

Vielleicht kannst du dir vorstellen, an wie vielen Punkten du aufgeben könntest. An diesen Punkten kann eine Gruppe Gleichgesinnter oder ein erfahrener Coach sehr hilfreich sein, damit du durchhältst, bis du am Ziel bist. Was viele nicht wissen: die größten Coaches haben selbst *mehrere* spezialisierte Coaches!

Was öffnet sich in deinem Leben, wenn du diese Lernphasen akzeptierst, ohne dich zu kritisieren, zu verdammen, dich zu fragen, was mit dir nicht stimmt? Welche Gelassenheit, Lebensfreude und Leidenschaft entwickelst du dann?

Der Job von Vorbildern heißt: dienen

– »Weil es einigen Ihrer Mitarbeiter guttun wird, ein Vorbild zu haben. Und Vertrauen wird dadurch aufgebaut, dass Sie des Öfteren Vorbild sind – nicht nur ein, zwei Mal. Und die anderen werden Sie testen, da können Sie sich sicher sein. Dafür ist es hilfreich, wenn Sie in einigen Personalthemen bereits Vorsprung haben.« –

Jetzt ist dieser Satz von Paula vermutlich leichter zu verstehen: Wer würde sich seinem Chef anvertrauen, wenn dieser sagt: »Vertrau mir, ich kann es zwar oft selbst nicht, aber egal, ich führe dich!«?

– »Gar nichts. Es geht nicht ums Sagen, es geht ums Tun.« –

Das heißt: **Wenn die Haltung stimmt, dann zählen nicht die Worte, sondern die Taten. Erst sie zeigen die erfolgreiche Umsetzung. Noch glaubwürdiger wird es, wenn die Umsetzung mehrfach erfolgreich ist.** Deswegen ist die mehrfache erfolgreiche Umsetzung und der Umgang mit allen – sicher kommenden – Hürden und Widerständen ein wesentliches Qualitätskriterium für deinen Coach.

Erfrage, ob der Coach auf Fälle spezialisiert ist, die mit deinem vergleichbar sind, und ob er entsprechende Erfahrungen vorweisen kann. Auch wenn jemand seit mehreren Jahren Coaching anbietet, ist dies allein noch kein Qualitätskriterium. Seriöse selbstbewusste Coaches werden dich nicht nur offen über Erfolge informieren, sondern auch über ihre Misserfolge.

Tipp

Misstraue Alleskönnern
Professionelle Coaches sind häufig auf bestimmte Themen und Zielgruppen spezialisiert und kennen ihre Kompetenzen und Grenzen. Wenn sie ein spezifisches Anliegen nicht bearbeiten können, empfehlen sie in der Regel einen Kollegen.

Vertraue deinem Bauchgefühl
Höre auf dein Bauchgefühl und engagiere keinen Coach, wenn er dir unsympathisch ist und die Beziehung nicht stimmig ist. Eine gute Beziehung zwischen dir und deinem Coach ist die Grundlage eines erfolgreichen Coachings.

»Nur tote Fische schwimmen mit dem Strom.«
Indianische Weisheit

11.15 Unterschätze nicht den Welleneffekt

Welleneffekte umgeben uns die ganze Zeit, nur bemerken wir sie nicht immer. Was ist darunter zu verstehen?

Vor einigen Jahren haben Wissenschaftler der Universitäten San Diego und Harvard gezeigt, dass Kooperationsbereitschaft »ansteckend« ist (Wolking 2020). Sie überträgt sich von Mensch zu Mensch und springt dabei auch auf völlig fremde Personen über. So entsteht eine Kaskade der Kooperation.

In diesem Experiment ließen die Wissenschaftler die Teilnehmenden im Rahmen eines Spiels Geld verteilen, um anderen zu helfen. Taten sie das, stieg die Wahrscheinlichkeit, dass auch die Empfänger ihr Geld weiterverteilten. Ein Helfer bewirkte so, dass drei andere zu Helfern wurden. Die wiederum machten neun andere zu Helfern und so weiter. Die Hilfsbereitschaft war wie eine Welle – sie wurde immer größer. Kollegen, die anderen unter die Arme greifen, können erstaunliche und positive Welleneffekte auslösen.

Geht das auch auf der destruktiven Seite? Ja! »Kotzbrocken« verbreiten ihre schlechte Laune schnell im ganzen Haus, von wo aus die Mitarbeiter sie mit nach Hause nehmen und an ihre Mitbewohner weitergeben. Schlechte Laune kann sich verbreiten wie ein Buschfeuer. Auch deswegen ist es so wichtig, einen positiven Welleneffekt zu kreieren.

Du kannst dir das vorstellen wie einen Stein, der in einen ruhigen See hineinfällt. Sobald er die Wasseroberfläche berührt, bilden sich Wellen, die konzentrisch auseinandertreiben. Alles rundherum – nicht nur die Stelle, an der der Stein ins Wasser gefallen ist – wird davon erfasst.

Abb.: Der Welleneffekt

Arbeitgeber, die diesen Effekt kennen, haben meist ein ausgeprägtes Interesse an einer konstruktiven und kooperativen Arbeitsatmosphäre.

Beispiele für Welleneffekte:

- Sigmund Freund begründet die Psychoanalyse, und damit beginnt 1899 die Beschäftigung mit Traumdeutungen, Neurosen und Traumata, die zu Hunderttausenden von Therapeuten und Psychologen geführt hat.
- Die *MeToo*-Bewegung, ausgelöst durch die Anklage Dutzender Frauen gegen Harvey Weinstein, macht auf jahrzehntelange Praktiken in Hollywood aufmerksam.
- Veränderungen in der Arbeitswelt durch die Pandemie: massiver Trend zum Homeoffice, das vorher vor sich hindümpelte.

Wie du den Welleneffekt für dich nutzen kannst:

- Welchen Welleneffekt hat deine Art zu denken – einen negativen oder einen positiven?
- Wenn du deine Bedürfnisse nicht beachtest, werden es dann andere tun? Also achte auf dich und inspiriere andere, es dir gleich zu tun.
- Vielleicht haben andere Menschen einen Welleneffekt auf dein Leben gehabt und dies hat dein Leben verändert? Nun gibst du das, was dich im tiefsten Herzen bewegt, an viele andere weiter und trägst dazu bei, dass sie ein schöneres Leben führen.

11.16 Abschlussfragen

Nimm dir nun bitte mindestens 15 Minuten Zeit, in denen du ungestört über die folgenden Fragen nachdenkst und die Antworten aufschreibst. Hast du etwas zu trinken und zu schreiben? Dann kann's losgehen …

Inspirationen für die praktische Umsetzung

1. Weshalb reagieren wir in hitzigen Situationen oft unbedacht und bereuen hinterher, was wir gesagt haben?
2. Wofür stehen »Wie«, »Was«, »Haltung« und »Energie«?
3. Weshalb ist das *Wie* wichtiger als das *Was?*
4. Was brauchst du, um anderen ihre blinden Flecken aufzuzeigen?
5. Wie ist die Wirkung, wenn du »den anderen in seiner Sprache abholst« statt »in deiner eigenen Sprache«?
6. Wenn sich Körpersprache, Stimme und Gesagtes widersprechen, welchem Teil glauben wir im Konfliktfall dann am wenigsten?
7. Wozu dienen von Beginn an vereinbarte Pausen und Unterbrechungen bei Konfliktgesprächen?
8. Weshalb gilt es, über eine Abmahnung differenziert nachzudenken?
9. Weshalb haben wir nach der »großen Erkenntnis« noch viele Rückschläge zu erwarten? Was hilft dir, bis zur Integration dranzubleiben?
10. Bist du bereit, dein Verhalten diesbezüglich infrage zu stellen, um einen nächsten Schritt machen zu können? Was tust du dann? Was tust du dann nicht mehr?

Notiere deine wichtigsten Erkenntnisse:

----

12 Epilog

»Frieden ist nicht die Abwesenheit von Krieg. Er ist das Ergebnis der Kunst, Konflikte konstruktiv bewältigen zu können.«
Tara

Was erst die Endlichkeit schafft, die stärker ist als jeder Wille
Tara kostet es zunehmend Mühe, die Gedanken, die immer noch so einfach durch ihren Kopf fließen, in Worte zu fassen. Sie spürt, wie das Leben langsam aus ihrem Körper entweichen will …

Sie sieht Paula, die an ihrem Bett sitzt, sieht die gemeinsamen Reisen, die sie gemacht hatten – innere, wie äußere. Wie tief ihre Beziehung, Freundschaft und Verbundenheit im Laufe der Jahre geworden war!

Paula sieht in Taras etwas blasses Gesicht. Gedanken schwirren durch Paulas Kopf: Sind nicht alle Menschen im gleichen Boot – das sie Erde nennen? Sind nicht alle Menschen im gleichen Boot – das sie Leben nennen? Sind nicht alle Menschen im gleichen Boot – das sie »auf der Suche nach einem glücklichen Leben« nennen? Was, wenn ich aus dem, was ich gelernt habe, etwas erschaffen könnte – nicht für mich allein, nicht für meine Generation allein, sondern etwas, das es wert ist, über zehn Generationen weitergegeben zu werden?

Paula ist bereit, einen Baum zu pflanzen, in dessen Schatten sie sich nie würde ausruhen können. Da hört sie Taras Stimme, ganz leise, sodass sie sich hinunterbeugen muss, um sie zu verstehen: »Nichts offenlassen, voll kommen und voll enden. Nie wieder dich selbst begrenzen – es gibt keine Potenzialgrenze! Das ist eine überholte Erfindung, um uns gefügig zu machen. Menschen wie du haben immer wieder ihre Grenzen erweitert! Was wir brauchen, ist, unserem inneren Drang nach Wachstum nicht mehr zu widerstehen. Ein wildes, erfüllendes Leben, in dem wir jede Sekunde mit der gleichen Intensität trinken wie einen hervorragenden Wein …

Etwas, was du in deinem Leben oft verlierst und niemals wiederfindest, ist Zeit. Werde achtsam mit deiner Zeit. Du hast keine Zeit, um zu verschieben – dein Leben zu verschieben. Jede Sekunde dieses Lebens ist wertvoll, verschwende es nicht an Streit, Unterwerfung, Unterdrückung, Ablenkung, Leiden und Drama, nicht an Gewinnsucht und Geltungsstreben, sondern lerne, wie du Frieden in dir und anderen herbeiführst, ohne friedhöflich zu werden – das ist eine Art friedvolle Kampfkunst.

Jeder kleine Schritt ist von Wert, feiere ihn. Feiere täglich, was du an diesem Tag getan hast, um dein Leben schöner zu machen, und was du getan hast, um das Leben anderer ein Stückchen schöner zu machen. Und betrauere, was dir nicht gelungen ist, ohne Scham oder Schuldgefühle, sondern in dem Bewusstsein, dass all dies dein Bestes zu diesem Zeitpunkt war. Und dann bringe deine integrierten Erkenntnisse denen bei, die händeringend danach suchen – nicht erst, wenn du alles beherrschst, sondern während du dir deiner Unvollkommenheit bewusst bist.«

»Liebe Tara, meine Worte sind nicht mächtig genug, um dir für das zu danken, was du mir geschenkt hast: eine Sprache, wie sie wohl gedacht ist, ein Leben, das mich jeden Tag wunderbar herausfordert, und eine Beziehung mit meinem Mann, die ich mir kaum habe erträumen können!« »Der Glanz in deinen Augen, wenn du davon sprichst, ist der Dank, den ich mitnehme. Dann war alles die Anstrengungen wert!« Tara lächelt Paula an mit ihrem unwiderstehlichen, doch nun etwas ermatteten Lächeln: »Wenn ich sterben sollte, nimm's nicht persönlich!« Paula schmunzelt und sagt mit wehmütigem Herzen: »Wenn nicht jetzt, wann dann?«

Dann bittet Tara Paula darum, allein gelassen zu werden – sie ist müde.

Paula und ihr Mann berühren Tara vorsichtig, als sie sich verabschieden. Als beide zum Ausgang gehen, bleibt Paula kurz stehen, schaut ihn an und blickt zurück in den Gang. Viele Bilder fliegen wie in Hochgeschwindigkeit durch ihr Bewusstsein. Ihr wird klar, dass Tara ihr nicht nur ein neues Leben im Umgang mit Konflikten geschenkt hatte, sondern dass sie in späteren Jahren auch so viel Neues über die Natur von Paarbeziehungen gelernt hatte – so vieles, was im verwirrenden Dunst der allgemeinen und überlieferten Irrtümer und mancher kirchlicher Tradition untergegangen war. Paula schüttelt den Kopf und lächelt ihren Mann an. Sie sieht, wie sie ihn … Aber das ist eine andere Geschichte.

In dieser Nacht stirbt Tara.

Taras Schönheit lebt – in ihren klaren Worten, die Paulas Leben bereits seit Jahren begleiten, in ihren ausgelassenen Abenteuern, die immer noch ein Lächeln in Paulas Gesicht zaubern, und in den Spuren im Leben anderer, die Paula in jeder Begegnung hinterlässt. Tara hat Paula ihre innere Kraft erleben lassen, die sie nun bereits seit Jahren begleitet und führt. Tara würde ihr Erbe nicht in Euro oder Dollars hinterlassen, sondern in der Anzahl von Leben, die sie schöner gemacht hat – es war, als würde jeder, der mit ihr zusammen gewesen ist, wieder aus purer Lebenslust lachen und anfangen, das Leben zu tanzen, anstatt sich durchzuschlagen.

Was für eine Reise!, geht es Paula am Morgen danach durch den Kopf. Sie geht intensiv ins Trauern und feiert gleichzeitig ihre Zeit mit Tara. Corazón kommt mit seinem inzwischen weißen Schnäuzchen zu ihr und stupst sie an. Dann legt er sich ganz nah an Paula. Er spürt, wie es Paula geht.

Einige Monate später

Paula spürt durch ihren Verlustschmerz hindurch: Es ist nun an ihr, ihr Erbe ins Leben zu bringen. Ist die Grundlage, auf der alles aufbaut, die Selbstliebe? Keine pathetische Selbstverliebtheit, kein oberflächlicher Egotrip oder verletzender Narzissmus, sondern die natürliche Liebe, die vor vielen Jahren verschüttgegangen war und die sie nun ins Leben zurückgebracht hat?

Zu viel für sie allein, zu wenig für die ganze Welt – doch genug, um all die Menschen zu unterstützen, die vergessen hatten, wie es geht, sich selbst zu lieben. Ja, Paula spürt, dass sie dieses Juwel nicht für sich allein behalten darf.

»Voll kommen, voll enden« hatte Tara gesagt. Ja, da ist etwas dran. Etwas, das Paula in stillen Stunden spürt, wenn sie ganz ruhig im Bett liegt: dass sie schon immer vollkommen war – voll gekommen auf diese »süße kleine Erde«. Und sie würde genauso vollkommen gehen, wenn sie ihr Werk vollendet hat …

Sie sieht so viele Menschen da draußen, die ihre Schönheit nicht erkennen, an sich zweifeln, sich verbiegen, andere oder sich selbst bekämpfen, ihre Bestimmung nicht leben, ja nicht mal erahnen. Paulas Aufgabe ist, sie wieder in Kontakt zu bringen mit ihrer eigenen authentischen Schönheit – ihre Arbeit gleicht eher der einer Geburtshelferin, die anderen hilft, ihre einzigartige Bestimmung zu erkennen und ins Leben zu bringen.

Es ist Zeit, sich fertig zu machen und zur Strandbar zu gehen, wo Paula heute ihren Vortrag hält. Als Paula dort ankommt, schaut sie seitlich aufs Meer. Sie genießt die sanfte Brise, die sie umschmeichelt. Paula ist nun online und die ersten Teilnehmer kommen in ihren virtuellen Raum. Paula sieht vor ihrem geistigen Auge ein sanftes Lächeln – Tara ist »bei ihr«.

Paula lächelt und beginnt. Die Worte strömen anstrengungslos aus ihr heraus:

Wie könntest du die Welt verstehen, wenn du dich selbst nicht verstehst?

»Du bist zu Höherem berufen – Höherem, als du es dir vielleicht selbst vorstellen kannst. Jetzt *kannst* du es dir aus gutem Grund nicht vorstellen. Du kannst es dir nicht vorstellen, denn dann wäre es Hochmut. Und doch ist es bereits angelegt in dir. Noch nicht gereift. Aber schon lange da. Unsichtbar. Möglicherweise ahnbar … Hast du Erfolg und bist doch unzufrieden?«

Sie sieht einige der Teilnehmer nicken.

»Gut, genau das ist es, was ich meine. Etwas in dir spürt es und treibt dich an. Ist da mehr – weitaus mehr als Ehrgeiz, Hunger nach Erfolg oder Anerkennung, die du, selbst wenn du diese bekommst, doch nicht ganz glaubst? Du spürst: da ist etwas in dir angelegt, das seinen Platz braucht und sucht – ihn in dir sucht. Du kannst ihm diesen Platz noch nicht geben – das ist wie eine entstehende Skulptur, von der du zunächst nur den rohen, groben, festen Marmorblock siehst.

Du willst etwas erschaffen, lernst, deine Werkzeuge zu handhaben, und setzt sie bewusst ein. Du richtest den Marmorblock auf, du lernst, Hammer und Meißel intuitiver zu führen – und plötzlich merkst du, dass es nicht darum geht, die Werkzeuge zu beherrschen.

Ich hatte lange keine Ahnung, was meine große Freundin Tara damit meinte, doch nun scheint mir, dass der Weg über den David, den Michelangelo aus dem Marmorblock erschuf, zu Michelangelo selbst führte. Der David war immer noch ein Marmorblock, der nun anders aussah. Doch wie konnte Michelangelo ihn so kunstvoll behauen? Kann es sein, dass wir alle solche Künstler sind und es unsere Aufgabe ist, unser Leben zu einem David zu formen?

Was, wenn wir uns nicht mehr von uns selbst oder anderen ab- oder aufhalten ließen, unser Leben außergewöhnlich zu gestalten? Was, wenn in jedem von uns etwas Besonderes steckt, das herauszuheben wir angetreten sind? Dein unverwechselbares Leben, deinen Beitrag für das Unendliche. Für die Schönheit in dir, die deine Hand und deine Vorstellungskraft führt. Deine Vision von Menschsein in sanfter Demut und voller Handlungskraft.

Du könntest jetzt sagen: ›Das liegt nicht in mir, das haben nicht viele, sondern nur einige wenige Menschen!‹ Weißt du das wirklich? Oder könnte es sein, dass dir das jemand beibringen musste, damit du es glaubst?

Ja, du wirst recht sicher schwitzen und leiden, lachen und weinen, und wirst immer mehr zu dir selbst. ›Etwas‹ wird immer kräftiger deine Hände, deinen Willen führen. Du wirst äußerlich stiller, doch innerlich freier, und erschaffst, was andere Menschen berührt. Vielleicht bewundern dich einige, doch dich lässt dies unberührt, denn in dir ist eine Ruhe und Unberührtheit wie bei einem Baby, das noch nicht lächelt.

Weil du nichts willst, wird dir alles gegeben. Weil du still bist, wirst du unüberhörbar. Innere Kraft führt dich sanft zu Echtheit und zur Einheit. Etwas, was schwer zu beschreiben ist, wenn du es nicht erlebst, etwas, was viel größer ist als alles, was Menschen im Leben da draußen erreichen könnten. Etwas, was dich so erfüllt, wie es keine Million oder Milliarde Euros erreichen könnte.

Inzwischen spüre ich in jeder Faser meines Körpers und sehe in meinen täglichen Handlungen meine Unaufhaltbarkeit, statt nur an sie zu glauben. Eine Unaufhaltbarkeit, die wir alle in uns haben. Denn wenn wir das Glück nicht in uns selbst finden, dann finden wir es nirgendwo. Es ist an uns, etwas aus dem zu machen, was aus uns gemacht wurde. Wir brauchen nicht alles zu glauben, was andere denken, und auch nicht, was *wir* jeden Tag denken!«

Es ändert sich nichts in deinem Leben, wenn du es nicht änderst!

»Wer von euch glaubt, dass eine Berufung nur wenigen Menschen gegönnt ist?«

Paula sieht die fragenden Blicke der Zuhörenden.

»So viele Jahre hatte ich – vielleicht wie du gerade – geglaubt: Mir eben nicht. Ich müsse hart arbeiten, um irgendetwas zu erreichen. Von Spaß war nicht die Rede! So sei das im Leben. Ich wusste nicht, dass Berufene ganz gewöhnliche Menschen sind wie du und ich.

Einige haben herausgefunden, was diese authentische Berufung ist und wie sie darauf aufbauend ihr Leben neu ausrichten und selbst gestalten können. Und wenn du das weißt, dann arbeitest auch du nicht mehr an ungeeigneten Projekten, an ungeeigneten Stellen und in ungeeigneten Umfeldern, denn du willst das tun, wozu du berufen bist, selbst wenn du – noch aus Gewohnheit – Angst hast zu versagen.

Könnte es sein, dass viele Menschen ihre Berufe nur deshalb ergreifen, weil sie damit tun, was andere von ihnen wollen, oder weil sie sich damit Liebe und Anerkennung kaufen? Was, wenn es deinen Lebensweg nicht zu finden gäbe? Lohnt es sich dann zu suchen? Was, wenn es nicht ums Finden ginge, sondern ums ›Erschaffen‹?

Heute hat das größte Taxiunternehmen der Welt keine eigenen Fahrzeuge. Das populärste Medienunternehmen der Welt erschafft keine eigenen Inhalte. Der größte Übernachtungsanbieter besitzt keine Immobilien. Sie alle wurden gegründet von Menschen, die ›ihr Ding‹ machten. Es ist immer unmöglich, bis jemand kommt, der davon nichts weiß – und es einfach tut.

Manches wird ›zunehmend reif‹, es selbst in die Welt zu bringen. Unterschätze nie deine Kreativität, die auf allem aufbauen kann, das bereits da ist. Besonders wenn deine Kreativität nicht mehr behindert wird von deinen Urteilen und den Urteilen anderer.

Was, wenn deine Sehnsucht dich führt – wie ein innerer Kompass? Was, wenn der Sehnsuchtspunkt der ist, an dem du dich gerade befindest? Wäre das dann dein wichtigstes inneres Bild, deine wichtigste Intuition, die es gilt wahrzunehmen, ernst zu nehmen und wirklich werden zu lassen?«

Es hilft dir keiner – wenn du es nicht zulässt

»Lass los, lass die Ideen anderer von deinem Leben los, gehe wieder aus eigener Selbstbestimmung für dich – jetzt entscheidest du!

Vielleicht hatte ich zu Beginn noch viel weniger Ahnung als du und habe deswegen einige Jahre länger gebraucht, um Menschen zu verstehen: um den wichtigsten Menschen in meinem Leben nicht nur zu verstehen, sondern auch aus dem über Jahrzehnte aufgebauten Schlamassel zu befreien: mich.

Wen könntest du erreichen und was könnte passieren, wenn du all deine Andersartigkeit, selbst deine Schwächen und Unsicherheiten offen zeigen könntest, ohne dabei deine Selbstachtung und Beziehungen zu verlieren? Wenn du in der Hitze des Gefechts, trotz deiner Bedenken und Ängste dastehst, ohne zu schwanken?

Was könnte passieren, wenn du dir wieder grundlos selbst vertraust? Ist nicht alles Vertrauen im Kern Selbstvertrauen?

Wir alle brauchen Menschen, die uns auf diesem Weg begleiten, ohne ihre eigene Agenda auf uns zu projizieren, ohne uns zu sagen, was wir zu tun hätten. Versteht mich bitte nicht falsch: Das heißt nicht, nicht mit Rat und Tat zur Seite zu stehen – doch nur dann, wenn die Person wirklich nicht weiterweiß.«

Manchmal brauchen wir jemanden, der uns besser versteht als wir uns

»Erst mit Anfang 30 traf ich Tara, die mich in der Tiefe verstand – etwas, wonach ich mich bereits mein Leben lang gesehnt hatte. Sie verstand meine Selbstzweifel, meinen Frust mit Kollegen, Vorgesetzten und mit vielen meiner Mitmenschen. Sie verstand mich nicht nur inhaltlich oder rational, sondern vor allem emotional und darin, worum es mir im Kern ging – und wie oft verstand sie mich besser als ich mich! Sie sprach, wie ich nie jemanden zuvor habe sprechen hören. Sie konnte so sprechen und handeln, dass ich meine Wahrheit darin erkennen konnte.

Wie oft verbarg ich meine aufkommenden Tränen, verkniff sie mir und verbog mich immer noch weiter – aus Gewohnheit. Tara verstand, wie ich mir selbst mein Leben zur Hölle machte und an wem ich tatsächlich scheiterte. Ich vermute, ihr habt die Antwort darauf, wer das war?

Ich begann, die Worte in meinem Kopf und auf meiner Zunge infrage zu stellen, und erschuf eine neue Welt um mich herum. Meine Freundschaften veränderten sich, meine Beziehungen veränderten sich, die Bücher, die ich las, veränderten sich. Einige sagten: ›Du bist nicht mehr so, wie du früher warst!‹ Und ich sagte: ›Danke für die Ermutigung!‹

Meine unstillbare Sehnsucht nach dem Leben – meinem für mich gedachten Leben – war tausendmal größer als die gewohnte Gleichgültigkeit mir selbst gegenüber. Ich spürte, wie viel Kraft in mir immer noch vorhanden war, wie nichts von all den Lebenswidrigkeiten diesen Funken in mir hat erlöschen lassen können. So wie deine Widrigkeiten den Funken in dir nicht haben erlöschen lassen können!

Woher ich das weiß? Wofür würdest du sonst heute hier sitzen?«

Die Fesseln ablegen

»Ich habe mein Leben geführt, indem ich mich Ideen anderer unterwarf – habe mich selbst in Fesseln gelegt und mir mein Leben schöngeredet.

Vielleicht brauchen wir alle jemanden, der den Weg bereits vor uns erfolgreich begangen hat und uns begleitet durch die guten und vor allem die dunklen Stunden unserer Entfaltung. Jemanden, der weiß, was es bedeutet, sich von seinen Fesseln zu befreien.

Mit Tara fing ich endlich an, die Person ernst zu nehmen, die ich so häufig an die letzte Stelle setzte. Ich fing an, meine Wünsche nicht aufzubewahren und beizeiten zu betrachten, sondern mich auf den Weg zum Stern meines Universums zu machen.

Irrational? Warum nicht? Wer kann schon rational träumen?«

»Tue etwas, wovon du dein Leben lang geträumt hast, und du wirst etwas erleben, wovon du dir nichts hast träumen lassen.«
Rolf Merkle

»Wollte ich meine wilden Ideen weiterhin verbergen, geheim halten und verschieben? Nein, es war Zeit, mein wahres Leben zu wagen.

Konnte ich alles von Beginn an umsetzen? Nein! Wer kann das schon? So wie kein Weltunternehmen mit 100.000 Mitarbeitern beginnt, so kann auch ein Leben nicht vom Ende her gelebt werden.

Lasst uns wieder diese Lust am Leben spüren, denn nur Menschen mit dieser Lust sind diejenigen, die je wirklich etwas Bedeutendes in diese Welt gebracht haben!«

Eine Stunde später

Als Paula es sich nach ihrem Vortrag am Strand auf Taras Liege Nummer 89 gemütlich macht, sieht sie aus dem Augenwinkel, wie eine Dame, vielleicht Mitte 30, auf sie zukommt. Sie scheint ziemlich genervt und wütend zu sein. Als sie vor Paula steht, sagt sie: »Hallo! Sie liegen auf meiner Liege! Können Sie diese bitte verlassen, ich möchte mich jetzt hinlegen!« Und leise murmelt sie kopfschüttelnd: »Diese Touristen! Werden immer unverschämter!«

Paula blinzelt unter ihrem Strohhut hervor und fragt in ruhigem Ton: »Wie bitte?«

Du nützt niemandem, wenn du klein spielst und dein Licht unter den Scheffel stellst.
Brenne mit ganzer Leidenschaft, dann kannst du andere entzünden.

Willst du mehr dazu erfahren? Dann besuche uns auf: www.sparks-journey.com

Autobiografie in 5 Kapiteln

Der Weg der Persönlichkeitsentwicklung

Ich gehe die Straße entlang.
Da ist ein tiefes Loch im Gehsteig.
Ich falle hinein.
Ich bin verloren … Ich bin ohne Hoffnung.
Es ist nicht meine Schuld.
Es dauert endlos, wieder herauszukommen.

Ich gehe dieselbe Straße entlang.
Da ist ein tiefes Loch im Gehsteig.
Ich tue so, als sähe ich es nicht.
Ich falle wieder hinein.
Ich kann es nicht glauben, schon wieder am gleichen Ort zu sein.
Aber es ist nicht meine Schuld.
Immer noch dauert es sehr lange herauszukommen.

Ich gehe dieselbe Straße entlang.
Da ist ein tiefes Loch im Gehsteig.
Ich sehe es.
Ich falle wieder hinein – aus Gewohnheit.
Meine Augen sind offen.
Ich weiß, wo ich bin.
Es ist meine Verantwortung. Ich komme sofort heraus.

Ich gehe dieselbe Straße entlang.
Da ist ein tiefes Loch im Gehsteig.
Ich gehe darum herum.

Ich gehe eine andere Straße.

Aus dem Tibetanischen

Nachwort

Dieses Buch ist ein dringend notwendiger Beitrag zur Entwicklung der Fähigkeit, Konflikte gut lösen zu können. Zeigen nicht die Fehler der Vergangenheit, dass dies ein Gebot der Stunde ist?

Oft wird verzweifelt gefragt, warum Menschen aus der Vergangenheit nichts gelernt haben, da es immer wieder zu menschgemachten Katastrophen und Kriegen kommt, zu Machtmissbrauch und schrecklichen Verbrechen gegen die Menschlichkeit. Die Frage ist berechtigt, aber ich stelle ihr die These gegenüber, dass wir *aus der Zukunft* und *für die Zukunft* lernen sollten – ja müssen! Wenn wir das Bestehen der Probleme leugnen – Klimakatastrophe, Kriege, Gesundheit, Hunger, Armut, politische Verrohung – und wenn wir heute den Kopf in den Sand stecken, werden wir morgen mit den Zähnen knirschen! Wir müssen zur Sicherung der Überlebenschancen der Menschheit und unseres Planeten für die existenzbedrohlichen Krisen endlich innovative Problemlösungen finden. Die alten Rezepte können nicht taugen, weil sie ja zu den Problemen geführt haben, auch wenn sie nach wie vor propagiert werden, weil sie ein Gefühl der Sicherheit zu geben scheinen – nämlich der Scheinsicherheit des Bekannten. In den Auseinandersetzungen über die Ursachen der Probleme und deren Lösungen werden sicherlich die unterschiedlichsten Ideen heftig aufeinanderprallen. Angesichts dieser Erfahrungen werden wir lernen müssen, dass gar nicht das Bestehen von Differenzen das eigentliche Problem ist. Worauf es nämlich ankommt, ist, *wie wir mit den Differenzen umgehen*! Dafür brauchen wir in allen Bereichen der Gesellschaft Konfliktlösungskompetenz.

Die Vielfalt von Sichtweisen und fachlichen Hintergründen, von unterschiedlichem Wissen und Können sowie der Erfahrungen und Arbeitsweisen von Menschen ist eine unverzichtbare Ressource. Um sie zu nutzen, sind ja Organisationen geschaffen worden, in denen durch wertschätzende Kommunikation eine Synergie der verschiedenen Fähigkeiten zu einer guten Leistungsqualität möglich wird. Und wenn wir als Gesellschaft von unterschiedlichen Ideen mündiger Bürgerinnen und Bürger profitieren wollen, braucht es die Staatsform der Demokratie. Wirksame Lösungen können nur durch wahre Achtung des Andersseins und durch ehrliche Sachorientierung gefunden werden – niemals durch Macht oder Gewalt.

Darum muss für die Bewältigung der Herausforderungen eine neue Konfliktkultur aufgebaut werden. Dazu bedarf es vieler unterschiedlicher großer und kleiner Bausteine. Das hier vorliegende Buch ist dafür ein kleiner, aber wichtiger Baustein, denn es baut auf der gewaltfreien Kommunikation von Marshall Rosenberg auf und entwickelt diese zur konstruktiven Kommunikation weiter, die mehr ist als Gewaltfreiheit. Esther und Andreas Basu schöpfen dafür zusätzlich aus verschiedenen Strömungen der Psychologie und der Kommunikationswissenschaften, wo diese einander stimmig ergänzen und vertiefen, ohne daraus ein buntes Sammelsurium von beliebigen Theorien und Techniken zu machen. Denn das im Buch konsequent angesprochene Streben nach Echtheit, Wahrhaftigkeit und Authentizität liegt allen hier gebotenen Verhaltensoptionen und Hintergrundmodellen als Haltung zugrunde.

Wenn die hier gebotene Kunst des konstruktiven Kommunizierens im Alltag praktiziert wird, kann eine Konfliktkultur entstehen, die heute mehr denn je gebraucht wird. Denn die Kunst des Konfliktmanagements ist eine der wichtigsten Kernkompetenzen der Zukunft in allen Bereichen der Gesellschaft – damit wir überhaupt noch eine Zukunft haben!

Prof. Dr. Dr.h.c. Friedrich Glasl
Univ.-Prof., Konfliktforscher und internationaler Krisenberater
Salzburg, im November 2022

Romanteil – Figuren

Paula Aulett, Personalreferentin

Dominanter Konfliktstil zu Beginn: Stallpferd

Was sie mag

- Integrität und Miteinander
- Themen auf den Punkt bringen
- andere im Blick haben

Was sie nicht mag

- Egoismus
- Unsicherheit auszuhalten
- sich zu konfrontieren

Typische Sätze

- Gefallen: Ich muss gefallen und lieb sein, sonst bin ich in Gefahr.
- Leistung: Ich muss etwas leisten, sonst bin ich nichts wert.
- Perfektion: Es muss perfekt sein, sonst ist es nichts wert.

Tara Marin, Coach und Personalmanagement-Trainerin

Dominanter Konfliktstil: Elefant und Magierin

Was sie mag

- Konsens erreichen statt Kompromisse
- synergetische Lösungen kreieren, die allen dienen
- erst verstehen, dann verstanden werden

Was sie nicht mag

- wenn sich Menschen rücksichtslos über andere stellen
- Kompromisse, die nur kurzfristig halten
- wenn Menschen ihre Werte nicht leben

Typische Sätze

- Entfache das Feuer in anderen!
- Entscheide und handle!
- Gehe mit ganzer Leidenschaft!

Irina Fällasie, Gruppenleitung Fortbildung

Dominanter Konfliktstil zu Beginn: Tiger

Was sie mag

- Bedeutung und Fachkompetenz haben
- vorankommen
- Entscheidungen treffen

Was sie nicht mag

- Widerstände und ausgebremst werden
- wenn Menschen sich nicht für ihre Ziele einsetzen
- Ungerechtigkeit

Typische Sätze

- Das steht mir zu!
- Wieso sieht mich keiner?
- Nur die Harten kommen in den Garten.

Peter Void, Leiter der Personalabteilung

Dominanter Konfliktstil zu Beginn: Schildkröte

Was er mag

- entspannte und stressfreie Beziehungen
- wenn andere für ihn die Kartoffeln aus dem Feuer herausholen und er den Applaus bekommt
- betont nett und wohlwollend sein – bis zum Schönreden

Was er nicht mag

- Konflikte
- schwierige Themen und Probleme in seinem Bereich
- unbequeme Entscheidungen treffen und Verantwortung tragen

Typische Sätze

- Da kann man nichts machen.
- Wir haben keine Konflikte bei uns.
- Alles halb so wild.

Michael Fockler, Leiter Vertrieb

Dominanter Konfliktstil zu Beginn: Tiger

Was er mag

- vorankommen
- Entscheidungen durchziehen
- sich ausprobieren

Was er nicht mag

- Widerstand
- Einwände
- Kritik an ihm

Typische Sätze

- Fehler kann man machen, aber nur einmal!
- Ich will Ergebnisse sehen, nicht von Problemen hören!
- Wo sind die Aufträge?

Weitere Personen

- Berta Saliva, Personalabteilung Fortbildung
  Konfliktstil: Schildkröte; will die Nachfolge von Irina übernehmen
- Heinz Höner, Personalabteilung
  Konfliktstil: Schildkröte; Mitläufer, traut sich nichts zu sagen, wegen seiner schlechten Erfahrungen mit Irina und Peter
- Petra Knolle, Innendienst Vertrieb
  Konfliktstil: Schildkröte; schüchtern und unsicher, geht Konflikten aus dem Weg und leidet still vor sich hin
- Tobias Lenhart, Mitarbeiter IT
- Sergio Marin, Sohn von Tara, betreibt mit ihr das »Previsión«
- Maria Meusel, Mitarbeiterin Personalabteilung
  Konfliktstil: Schildkröte; Urlaubsvertretung von Paula
- Martina Möllenkopf
  Dame, die am Ende der Probezeit entlassen wird
- Ignacio de la Fuerte, Hotelmanager
  Konfliktstil: »lächelnder« Tiger
- Brigitte Bogner, Vermieterin von Paula
- Marina Bogner, 15-jährige Tochter der Vermieterin
- Michael König, Führungskräfte-Coach
- Volker Wentas, Vertriebsvorstand
- Sven Galeo, Personalvorstand

und …

- Corazón, Paulas Hund

Übersicht der Lebensschlüssel

Lebensschlüssel
Die »BIG4« 1. Von Interpretationen hin zu Wahrnehmungen 2. Von Gedanken hin zu Gefühlen 3. Von Strategien hin zu Bedürfnis 4. Von Forderungen hin zu Fragen/Bitten
Von »dogmatisch« hin zu »situationsangemessen«
Von »abhängig« hin zu »wahlfrei«
Von »schuldig« hin zu »verantwortlich«
Von »jammern« hin zu »feiern«
Von »man« hin zu »ich«
Von »müssen« hin zu »entscheiden«
Von »hinnehmen« hin zu »annehmen«
Von »entschuldigen« hin zu »trauern«
Von der Strafe hin zur Folge
Von »intellektuell verstehen« hin zu »empathisch wahrnehmen«
Von Verständnis hin zu Einverständnis
Von »fordernd« hin zu »hartnäckig«

Dies ist ein Auszug aus mehr als 50 Lebensschlüsseln, mit denen wir Menschen helfen, Konflikte leichter zu lösen und wieder in ihre Kraft und Leidenschaft zu kommen.

Hinweis

DIGITALE EXTRAS

Willst du wissen, zu welchem Verhalten du neigst und wie sehr? Einen Test findest du auf unserer Website: https://sparks-journey.com/konflikttest/ Passwort: KTest2022

Konfliktstile im Überblick

Auf www.sparks-journey.com findest du die Konfliktstile und Eigenschaften von Tiger, Stallpferd, Schildkröte und Elefant sowohl in der Position einer Führungskraft als auch eines Mitarbeiters: https://sparks-journey.com/2022-kp/ Passwort: KMPersonaler_Tiermodell.

Danksagung

Esther Basu

Ich danke dir für die unermüdliche Unterstützung und Ermutigung beim Schreiben – nicht nur wenn ich mal wieder in einem Tief war. Für die wertvollen Ideen aus dem Reichtum deiner Erfahrungen als Personalverantwortliche und für die wundervolle Herzenspartnerin, die du mir seit Langem bist. Ohne dich würde dieses Buch nicht existieren. Wenn es das Leben von hoffentlich vielen Menschen leichter macht, dann liegt das zu einem großen Teil an dir!

Dr. Bernhard Landkammer, Haufe

Vielen Dank für Ihr geduldiges Nachhaken, ob wir nicht doch bereit sind, dieses Buch zu schreiben. Für Ihre unglaubliche Geduld, wenn mal wieder ein Termin überschritten war, und Ihr Vertrauen, dass wir zu einem guten Ergebnis kommen, das andere Menschen dabei unterstützt, ihre Arbeit leichter zu machen, ihr Leben zu vereinfachen, und ihnen neue Perspektiven aufzeigt.

Maria Ronniger, Lektorin

Für Ihre unerschöpfliche Geduld, die vielen Fehler im Text zu erkennen, Unverständliches verständlich zu formulieren und für die Finesse, die Sie mit Ihrer Kunst dem Text eingehaucht haben.

Die vielen Interviewpartner aus dem Personalwesen

Manu Mandl, Nicole Tangen, Carsten Wanderburg, Regina Storz, Kathrin Finsterwalder, Brigitte Murr – vielen Dank an euch alle dafür, dass ihr uns im Vorfeld des Schreibens bereitwillig an euren Schwierigkeiten zu diesem Thema und Wünschen für dieses Buch habt teilhaben lassen! Ihr habt uns unglaublich inspiriert und neue Ideen entwickeln lassen.

Gerd Bauer

Vielen Dank für deine fortwährende Ermutigung und dafür, dass du selbst unter widrigen Bedingungen, mitten in Pandemie und dem Ukraine-Krieg, an unserer Seite gestanden, das Buch Probe gelesen und redigiert, die Grafiken verbessert und uns wertvolle Anregungen gegeben hast! Ohne dich wäre das Buch nicht das, was es geworden ist.

Richard Sämmer

Vielen Dank für das Vorleben des Welleneffekts. Bei dir habe ich ihn zum ersten Mal bewusst im positiven Sinn erlebt. Dein Leben zeugt davon, was entsteht, wenn wir konsequent mit der Schönheit des Lebens gehen und vorleben, wovon wir sprechen.

Ich, Andreas, hatte in meinem Leben das Glück, Menschen wie dich zu treffen, die mein Leben für immer verändert haben.

Marshall B. Rosenberg

Vielen Dank für dein Lebenswerk, das so vielen Menschen weltweit einen Weg zeigt, wie sie sich aus ihrem sprachlichen Gefängnis, das sie unerkannt mit sich tragen, lösen und wieder ein Leben in echter Harmonie führen können. Ich fühle mich immer noch geehrt, dich kennengelernt zu haben und dass ich die letzten Jahre deines Lebens an deiner Seite gehen durfte.

Tony Robbins

Vielen Dank für deine Kraft, deinen Tiefgang und deine Leidenschaft, anderen Menschen zu zeigen, wie sie ein einzigartiges Leben führen können. Dein Lebensweg hat uns immer wieder Inspiration gegeben, einen Baum zu pflanzen, in dessen Schatten wir uns nie werden ausruhen können.

Blair Singer und meine Coachinggruppe

Vielen Dank, Blair, für deinen Tiefgang, deine Mühen, mich aufs nächste Level zu bringen, und die immensen Anregungen und Ideen, die du mir mitgegeben hast – fürs Buch und mein Leben. Vielen Dank auch an meine Coachinggruppe, deren Mitglieder nicht müde wurden, mir immer wieder Antworten zu geben, wo ich manchmal nur Fragen hatte.

Literaturverzeichnis

Albat, Daniela (2019), Empathische Tiere. https://www.scinexx.de/dossierartikel/empathische-tiere/ (zuletzt abgerufen am 4.10.2022)

Allen, David G. (2008), Retaining Talent. A guide to analyzing and managing employee turnover. SHRM Society for Human Resource Management. https://www.shrm.org/hr-today/trends-and-forecasting/special-reports-and-expert-views/documents/retaining-talent.pdf (zuletzt abgerufen am 4.10.2022)

Babauta, Leo (2009), Weniger bringt mehr. 1. Aufl., München: Riemann Verlag

Babauta, Leo (2016), The Zen Habits Beginner's Guide to Mindfulness: Learn the fundamental skill for habit change & happiness. Northern California: Pipe Dreams Publishing

Bach, George R., Goldberg, Herb (1981), Keine Angst vor Aggression. Die Kunst der Selbstbehauptung. Frankfurt am Main: S. Fischer Verlag

Badura, Bernhard; Ducki, Antje; Schröder, Helmut; Meyer, Markus (2021), *Fehlzeiten-Report 2021.* Wissenschaftliches Institut der AOK (WIdO), Berlin: Springer

Bryson, Kelly (2006), Sei nicht nett, sei echt! Das Gleichgewicht zwischen Liebe für uns selbst und Mitgefühl mit anderen finden, Paderborn: Junfermann-Verlag,

Buber, Martin (1999), Das dialogische Prinzip: Ich und Du. Zwiesprache. Die Frage an den Einzelnen. Elemente des Zwischenmenschlichen. Zur Geschichte des dialogischen Prinzips. Gütersloh/München: Gütersloher Verlagshaus

Chancel, Lucas; Alvaredo, Facundo; Piketty, Thomas; Saez, Emmanuel; Zucman, Gabriel (2018), World Inequality Report 2018. https://wid.world/document/world-inequality-report-2018-english/ (zuletzt abgerufen am 4.10.2022)

DAK (2021), Psychreport 2021. Entwicklungen der psychischen Erkrankungen im Job: 2010–2020. https://www.dak.de/dak/bundesthemen/psychreport-2429400.html#/ (zuletzt abgerufen am 4.10.2022)

Damásio, António R. (2005), Descartes' Error: Emotion, Reason, and the Human Brain. London (UK): Penguin Books

Deutschmann, Franziska (2013), Empathie in der Mensch-Tier-Beziehung. https://www.grin.com/document/459421 (zuletzt abgerufen am 4.10.2022)

Domeneck, Ricardo; Cords, Suzanne (2022), »Guru für Millionen«: Bestseller-Autor Paulo Coelho wird 75. https://www.dw.com/de/paulo-coelho-75/a-40216933 (zuletzt abgerufen am 4.10.2022)

Elrod, Hal (2014), The Miracle Morning. München: Irisiana Verlag

Ferreira, Francisco; Jolliffe, Dean Mitchell; Prydz, Espen Beer (2015), The international poverty line has just been raised to $1.90 a day, but global poverty is basically unchanged. How is that even possible? https://blogs.worldbank.org/developmenttalk/international-poverty-line-has-just-been-raised-190-day-global-poverty-basically-unchanged-how-even (zuletzt abgerufen am 4.10.2022)

Frankl, Viktor E. (1977), … trotzdem Ja zum Leben sagen. München: Kösel Verlag

GEO Epoche (2002), Paläogenetik: Wie alt ist die Sprache? https://www.geo.de/magazine/geo-epoche/10682-rtkl-palaeogenetik-wie-alt-ist-die-sprache (zuletzt abgerufen am 4.10.2022)

Glasl, Friedrich (2020), Konfliktmanagement. 12. Auflage, Bern – Stuttgart: Verlag Freies Geistesleben

Glasl, Friedrich (2022), Selbsthilfe in Konflikten. 9. Auflage, Bern – Stuttgart: Verlag Freies Geistesleben

Greenleaf, Robert K. (1998), The Power of Servant Leadership. San Francisco: Berret-Kohler Publishers

Harris, Thomas Anthony (1973): Ich bin o. k. Du bist o. k. Wie wir uns selbst besser verstehen und unsere Einstellungen zu anderen verändern können. Eine Einführung in die Transaktionsanalyse. Reinbek bei Hamburg: Rowohlt

Headstrom-Page, Deborah (2007), From Telegraph to Light Bulb with Thomas Edison. Nashville (USA): B&H Publications

Hickel, Jason (2021), Less is more: How degrowth will save the world. London (UK): Windmill Books

Hüther, Gerald (2011), Was wir sind und was wir sein könnten. Frankfurt am Main: S. Fischer Verlag

Hüther, Gerald (2018), Würde. München: Albrecht Knaus Verlag

Inamori, Kazuo (2009), A Compass to Fulfillment: Passion and Spirituality in Life and Business. New York: McGraw Hill

Jönsson, Ingrid (2000), Vereinbarkeit von Berufs- und Familienleben in Schweden. Ministry of Education and Science, Early childhood education and care policy in Sweden, Stockholm

Jung, Carl Gustav (2021), Gesammelte Werke 1–20 Broschur, Bd. 6: Psychologische Typen, 5. Aufl., Ostfildern: Patmos Verlag

KKH (2019), Wenn Arbeit die Psyche verbrennt. https://www.kkh.de/presse/pressemeldungen/wenn-arbeit-die-psyche-verbrennt (zuletzt abgerufen am 4.10.2022)

Kohn, Alfie (1993), Punished by Rewards. New York: Houghton Mifflin Company

Kohn, Alfie (1986), No Contest. The Case against Competition. Why we lose our race to win. New York: Houghton Mifflin Company

Dunning, David; Kruger, Justin (1999), Unskilled and unaware of it: how difficulties in recognizing one's own incompetence lead to inflated self-assessments. Journal of personality and social psychology, Band 77, Nr. 6, 1999, S. 1121–1134

Lewin, Kurt; Lippitt, Ronald; White, Ralph (1939), Experimental studies of Leadership in social climates of groups. State University of Iowa

Lorenz, Konrad (2018), Er redete mit dem Vieh, den Vögeln und den Fischen. München: dtv Verlag

Luft, Joseph; Ingham, Harry (1955), The Johari window, a graphic model of interpersonal awareness. In: Proceedings of the western training laboratory in group development, Los Angeles: UCLA

Matthews, Andrew (2019), Follow Your Heart. Finding Purpose in Your Life and Work. Australia: Seashell Publishers

Max-Neef, Manfred A. (1991), Human Scale Development. New York: The Apex Press

Milgram, Stanley (1974), Das Milgram-Experiment. Zur Gehorsamkeit gegenüber Autorität. Reinbek bei Hamburg: Rowohlt Verlag

Mukamel, Roy; Ekstrom, Arne D.; Kaplan, Jonas; Iacoboni, Marco; Fried, Itzhak (2010), Single-Neuron Responses in Humans during Execution and Observation of Actions. In: Current biology 20(8), S. 750–756

Muller, Wayne (1993), Legacy of the Heart. The Spiritual Advantages of a Painful Childhood. New York: Fireside

Rizzolatti, Giacomo; Sinigaglia, Corrado (2008), Empathie und Spiegelneurone: Die biologische Basis des Mitgefühls. Frankfurt am Main: Suhrkamp

Rogers, Carl R. (1961), Entwicklung der Persönlichkeit. Stuttgart: Klett-Cotta

Rosenberg, Marshall B. (2001), Gewaltfreie Kommunikation. Paderborn: Junfermann Verlag

Rosenberg, Marshall B. (2004), Konflikte lösen durch Gewaltfreie Kommunikation. Freiburg: Verlag Herder

Schmidbauer, Wolfgang (1992), Hilflose Helfer. Reinbek bei Hamburg: Rowohlt Verlag

Singer, Blair (2004, 2012), Team Code of Honor. Scottsdale: BZK Press LLC

Singer, Blair (2011), Little Voice Mastery. Innsbruck: Life Success Media

Ury, William (1999), The Third Side. New York: Viking Penguin

Ware, Bronnie (2012), 5 Dinge, die Sterbende am meisten bereuen. München: Wilhelm Goldmann Verlag

Watzlawick, Paul (1983), Anleitung zum Unglücklichsein. München: Piper Verlag

Wolking, Sebastian (2020): Ripple-Effekt: So mächtig ist er. https://karrierebibel.de/ripple-effekt/ (zuletzt abgerufen am 4.10.2022)

Stichwortverzeichnis

Mit digitalen Extras: Exklusiv für Buchkäuferinnen und Buchkäufern!

Ihre Arbeitshilfen zum Download:

- **http://mybook.haufe.de/**
- **Buchcode:** XOU-2251

Die Autoren

Andreas R. Basu

Dipl.-Ing. (TU), Projektmanager PMA, Zertifizierter Trainer CNVC®

Er begann seine Karriere bei der MicroSys GmbH und war schon im ersten Berufsjahr als Leiter des Vertriebs verantwortlich für den gesamten Umsatz des Unternehmens.

Krisenmanager und Projektmanager PMA

In der T-Data GmbH stieg er innerhalb des ersten Jahres zum Niederlassungsleiter auf. Er übernahm die Projekte der größten internationalen Kunden der Telekom AG, die sich keiner traute anzugehen. Nach kurzer Zeit eilte ihm der Ruf voraus, selbst Krisenprojekte zu Vorzeigeprojekten zu machen. Sämtliche Projekte im Wert von Hunderten Millionen von Euro wurden Referenzprojekte, für die er und sein Team wiederholt den Projektmanagement-Award verliehen bekamen.

Zertifizierter Trainer CNVC®

2001 traf er Dr. Marshall B. Rosenberg, den vielfach ausgezeichneten und weltweit anerkannten Konfliktschlichter, der in über 40 Ländern aktiv war. Sie arbeiteten bis zu Rosenbergs Lebensende zusammen, der Andreas Basu in sein Nachfolgeteam berief.

Gründer SPARKS JOURNEY Ltd.

Parallel zu seiner Angestellten-Laufbahn machte er sich 1989 selbstständig. In den letzten 20 Jahren; hat Andreas Basu Top-Führungskräfte und Projektmanager begleitet, Konflikte und Krisen in Win-win-win-Situationen zu verwandeln. Seit 15 Jahren schreibt er Bücher und bildet Menschen als Coach und Trainer aus, diese Kunst weiterzugeben und sich ein erfülltes Leben aufzubauen.

Der Kurs zum Buch: https://sparks-journey.com/academy/konfliktmanagement

Esther Basu

Volljuristin und praktische Betriebswirtin

Sie begann ihre berufliche Karriere als Personalreferentin im Bayerischen Rundfunk, einem Medienunternehmen mit rund 5.000 festen und freien Mitarbeitenden in München.

Mediatorin BM® und zertifizierte ECA-Coach/Businesscoach®

Sie profitiert von 20 Jahren Berufserfahrung im Personalmanagement bis hin zur höchsten Führungsebene.

Beraterin und Trainerin für Konflikt- und Krisenmanagement

Sie ist seit 2011 u. a. für Auftraggeber wie die Haufe Akademie, Daimler AG, Bayerischer Rundfunk und ARD und ZDF tätig.

Der Kurs zum Buch: https://sparks-journey.com/academy/konfliktmanagement

PI13757550

9811009